21世纪普通高等学校数字媒体技术专业规划教材精选

ASP动态网页设计与Ajax技术（第2版）

唐四薪 主编
郑光勇 林睦纲 副主编

清华大学出版社
北 京

内容简介

本书全面介绍 ASP 动态网页设计与 Ajax 技术，采用 ASP 作为开发环境结合基于 jQuery 的 Ajax 技术，降低了 Ajax 的入门难度；在叙述有关原理时安排大量的相关实例，使读者能迅速理解有关原理的用途。全书分为 10 章，内容包括动态网站开发基础，HTML＋CSS、JavaScript 和 jQuery 框架，以及 ASP 网站后台程序设计、Ajax 开发技术等。附录中安排了 ASP 的实验。全书面向工程实际，强调原理性与实用性。

本书既可作为高等院校各专业“动态网页设计”或“Web 编程技术”等课程的教材，也可作为 Web 编程的培训类教材，还可供网页设计和开发人员参考使用。

图书在版编目(CIP)数据

ASP 动态网页设计与 Ajax 技术/唐四薪主编. —2 版. —北京：清华大学出版社，2017（2021.1 重印）
（21 世纪普通高等学校数字媒体技术专业规划教材精选）
ISBN 978-7-302-47513-2

Ⅰ. ①A… Ⅱ. ①唐… Ⅲ. ①网页制作工具－程序设计－高等学校－教材 Ⅳ. ①TP393.092

中国版本图书馆 CIP 数据核字(2017)第 142122 号

责任编辑：刘向威 王冰飞
封面设计：文 静
责任校对：胡伟民
责任印制：杨 艳

出版发行：清华大学出版社
网 址：http://www.tup.com.cn，http://www.wqbook.com
地 址：北京清华大学学研大厦 A 座 **邮 编**：100084
社 总 机：010-62770175 **邮 购**：010-83470235
投稿与读者服务：010-62776969，c-service@tup.tsinghua.edu.cn
质量反馈：010-62772015，zhiliang@tup.tsinghua.edu.cn
课件下载：http://www.tup.com.cn，010-83470236
印 装 者：北京鑫海金澳胶印有限公司
经 销：全国新华书店
开 本：185mm×260mm **印 张**：25 **字 数**：615 千字
版 次：2012 年 1 月第 1 版 2017 年 10 月第 2 版 **印 次**：2021 年 1 月第 3 次印刷
印 数：2501～3000
定 价：59.00 元

产品编号：075230-01

ASP是经典的动态网页制作技术，相对于其他几种动态网页开发语言，ASP具有简单易学、运行环境易于配置等优点，是初学者学习Web应用程序设计的理想入门语言，且通过学习ASP能为以后学习其他Web编程技术打下良好的基础。

由于动态网页设计技术的实用性强，在各行各业中应用广泛，已成为一项基本的计算机应用技能。因此在我国高校中有很多专业都开设了动态网页设计方面的课程，该门课程的内容以讲述ASP或ASP.NET两种编程环境最常见。虽然ASP.NET代表更新的技术，但教学难度也更大，主要表现为：

(1) ASP.NET的优点是代码与页面分离，但对于初学者来说，这个优点却变成了"缺点"，因为开发ASP.NET不得不安装Visual Studio和Dreamweaver两种开发软件，而ASP应用程序的开发却可以完全在Dreamweaver中进行。

(2) ASP.NET封装了很多功能细节，如开发者无须编写代码，使用一个数据控件就可以在页面上显示一个数据表，虽然这样入门学习会快些，但不利于了解具体的实现原理。

(3) 对于完成同一个功能的程序而言，ASP.NET的代码通常要比ASP的代码长得多，代码太长浪费阅读时间，且不利于初学者找到代码中的关键内容。

动态网页设计课程的教学目标是让学生了解Web应用程序开发的基本原理，从这一点上看，ASP完全能够满足教学需要，而不必刻意去追求新技术，因为新技术在若干年后也会成为老技术。但本书在最后的附录中总结了ASP和ASP.NET技术的区别，读者在掌握ASP后，再学习这两种技术的不同之处，相信也能很快掌握ASP.NET技术。

目前市场上ASP的教材很多，但这些教材在使用时仍存在一些问题，本书在写作时主要解决以下问题。

(1) 对于安装IIS来说，绝大多数教材都以Windows XP为环境进行介绍，但教学中发现，现在很多学生用的操作系统都是Windows 7，普遍反映不知道如何在Windows 7中安装IIS，因此本书同时介绍了这两种操作系统下IIS的安装。

(2) 对ASP的传统内容去粗取精，Web应用程序的功能主要是查询、添加、删除和修改记录，因此本书对这些功能的实现进行了重点叙述，在普通的ASP程序、生成静态网页的ASP程序和Ajax程序中分别实现了查询、添加、删除和修改等功能模块，并介绍了相关实例。对ASP中一些不常用的或过时的组件，则内容从略。

(3) 在传统 ASP 教材内容的基础上，增加了新的流行内容，如不使用分页属性对大型记录集进行分页，可生成静态 HTML 文件的新闻系统，尤其是对基于 jQuery 的 Ajax 技术进行了全面的介绍。

(4) Ajax 技术已经成为企业开发中应用最广泛的技术之一，不管采用什么样的开发平台，只要开发 B/S 架构的应用，那么表现层就一定会使用 Ajax 技术。但对于初学者来说，常常对原始 Ajax 程序中冗长的代码和晦涩的名称感到畏惧，失去了学习的信心。

但 Ajax 技术是当今 Web 编程中非常有必要学习的一种技术，这主要基于以下几方面原因。

(1) Ajax 技术非常具有实用价值。目前，无论是大型门户网站，还是电子商务类网站，都充斥着大量 Ajax 技术应用的典型例子。另外，基于 B/S 架构的管理信息系统(如 ERP)中，也需要大量应用 Ajax 技术。

(2) 通过学习 Ajax 技术可以使读者对 XML、RSS、Web Service、SOAP 这些技术的用途有更深入的理解，是读者学习更高级软件开发技术的一条便捷通道。

(3) 学习 Ajax 技术的难度其实并不大，一般认为，只要扎实地掌握了 JavaScript 技术和一门服务器端编程语言(如 ASP)，就能在短时间内掌握 Ajax 技术，因为 Ajax 技术涉及的知识内容并不多，而且 jQuery 已在很大程度上简化了 Ajax 的开发。

(4) 通过学习 Ajax 开发实用的程序能使读者巩固已学习过的 JavaScript 和 ASP 的知识。这就是本书使用较大篇幅介绍 Ajax 技术的初衷。

本书的内容可分为三部分，第 1～4 章是 Web 前端开发的内容，第 5～8 章是 ASP 动态网页开发的内容，第 9 章和第 10 章是基于 jQuery 的 Ajax 开发的内容。之所以这样安排，是因为 Ajax 是一种比较复杂的技术，需要读者对客户端开发和服务器端编程都要有比较深入的理解。因此书中这些内容并不是完全独立的，而是相互联系组成一个整体。如果教师只讲授第 5～10 章的内容，大概需要 54 学时，讲授全部内容则需要约 80 学时。

本书为教师提供了教学用多媒体课件、实例源文件和习题参考答案，可登录清华大学出版社网站免费下载，也可和作者联系(tangsix@163. com)。

本书由唐四薪担任主编，郑光勇、林睦纲担任副主编，唐四薪编写了第 3～8 章的内容。郑光勇、林睦纲编写了第 1 章和第 2 章的部分内容。参加编写的还有：中兴网信科技有限公司欧阳宏和秦智勇，编写了第 9～10 章内容；谭晓兰、喻缘、刘燕群、唐沪湘、刘旭阳、陆彩琴、唐金娟、谢海波、尹军、袁建君等，编写了第 2 章的部分内容。

本书的写作得到衡阳师范学院“十三五”专业综合改革试点项目“计算机科学与技术”的支持。

由于编者水平和教学经验有限，书中错误和不妥之处在所难免，欢迎广大读者和同行批评指正。

编　者

2017 年 6 月

目录

CONTENTS

第1章

动态网站开发基础

网站作为Internet上展示信息、沟通交流与办理业务的平台，已经广泛应用于各行各业，并深入到人们的日常生活中。目前的网站一般都是动态网站，简单地说，动态网站是一种使用HTTP(超文本传输协议)作为通信协议，通过网络让浏览器与服务器进行通信的计算机程序。制作动态网站可分为两个方面：一是网站的界面设计，主要是用浏览器能理解的代码及图片设计网页的界面；二是网站的程序设计，主要是用来实现网站的新闻管理、与用户进行交互等各种功能。

1.1 动态网站概述

1.1.1 动态网站的起源

动态网站是一种基于B/S结构的网络程序。那么什么是B/S结构呢？这需要从网络软件的应用模式说起。

早期的应用程序都是运行在单机上的，称为桌面应用程序。后来由于网络的普及，出现了运行在网络上的网络应用程序(网络软件)，网络应用程序有C/S和B/S两种体系结构。

1. C/S体系结构

C/S是Client/Server的缩写，即客户机/服务器结构，这种结构的软件包括客户端程序和服务器端程序两部分。就像人们常用的QQ或MSN等网络软件，需要下载并安装专用的客户端软件(图1-1)，并且服务器端也需要特定的软件支持才能运行。

C/S模式最大的缺点是不易部署，因为每台客户端计算机都要安装客户端软件。而且，如果客户端软件需要升级，则必须为每台客户端单独升级。另外，客户端软件通常对客户机的操作系统也有要求，如有些客户端软件只能运行在Windows平台下。

2. B/S体系结构

B/S是Browser/Server的缩写，即浏览器/服务器结构。它是随着Internet技术的兴起，对C/S结构的一种变化或改进的结构。在这种结构下，客户端软件由浏览器来代替(图1-2)，一部分事务逻辑在浏览器端(Browser)实现，但是主要事务逻辑在服务器端(Server)实现，目前流行的是三层B/S结构(即表现层、事务逻辑层和数据处理层)。

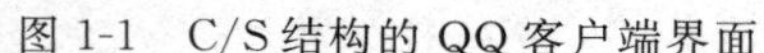
图 1-1 C/S结构的QQ客户端界面

图 1-2 B/S结构的浏览器端界面

B/S结构很好地解决了C/S结构的上述缺点。因为每台客户端计算机都自带浏览器,就不需要额外安装客户端软件了,也就不存在客户端软件升级的问题了。另外,由于任何操作系统一般都带有浏览器,因此B/S结构对客户端的操作系统也就没有要求。

但是B/S结构与C/S结构相比,也有其自身的缺点。首先,因为B/S结构的客户端软件界面就是网页,因此操作界面不可能做得很复杂,如很难实现树型菜单、选项卡式面板或右键快捷菜单等(或者虽然能够模拟实现,但是响应速度比C/S中的客户端软件要慢很多);其次,B/S结构下的每次操作一般都要刷新网页,响应速度明显不如C/S结构;再次,在网页操作界面下,操作大多以鼠标方式为主,无法定义快捷键,也就无法满足快速操作的需求。

1.1.2 动态网站的运行原理

动态网站通常由HTML文件、服务器端脚本文件和一些资源文件组成。

(1) HTML文件提供静态的网页内容。

(2) 脚本文件提供程序,实现客户端与服务器之间的交互,以及访问数据库或文件等。

(3) 资源文件提供网站中的图片、样式表及配置文件等资源。

1. 运行动态网站程序的要素

动态网站的运行需要Web服务器、浏览器和HTTP通信协议3个要素的支持。

(1) Web服务器。动态网站的运行需要一个载体,这就是Web服务器。一个Web服务器可以部署多个网站(或Web应用程序)。

Web服务器有两层含义:其一是指放置网站的物理服务器,一台计算机只要安装了操作系统和Web服务器软件,就可作为一台Web服务器;其二是指一种软件——Web服务器软件,它是一种可以运行和管理Web应用程序的软件,该软件的功能是响应用户通过浏览器提交的HTTP请求。例如,用户请求的是ASP脚本,则Web服务器软件将解析并执行ASP脚本,生成HTML格式的文本,并发送到客户端,显示在浏览器中。

(2) 浏览器。浏览器是一种用于解析和执行HTML代码(可包括CSS代码和客户端JavaScript脚本)的应用程序,它可以从Web服务器接收、解析和显示信息资源(可以是网页或图像等)。信息资源一般使用统一资源定位符(URL)标识。

浏览器只能解析和显示HTML文件,而无法处理服务器端脚本文件(如PHP文件),

这就是为什么直接用浏览器能打开 HTML 网页文件，而服务器端脚本文件只有被放置在 Web 服务器上才能被正常浏览的原因。

(3) HTTP 通信协议。HTTP 通信协议是浏览器与 Web 服务器之间通信的语言。浏览器与服务器之间的会话(图 1-3)，总是由浏览器向服务器发送 HTTP 请求信息开始(如用户输入网址，请求某个网页文件)，Web 服务器根据请求返回相应的信息，这称为 HTTP 响应，响应中包含请求的完整状态信息，并在消息体中包含请求的内容(如用户请求的网页文件内容等)。

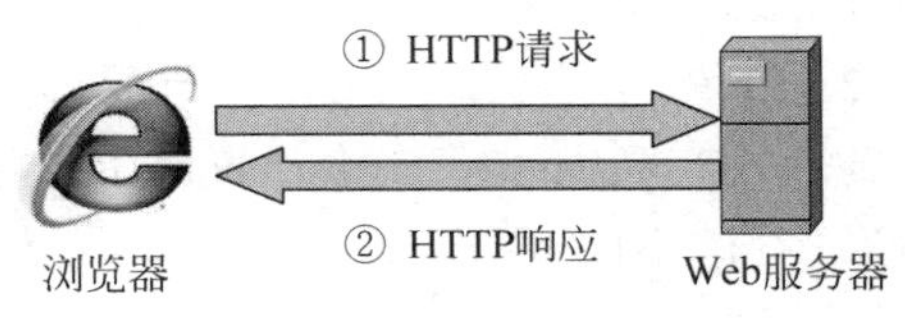

图 1-3　浏览器与服务器之间的会话

2. 动态网站与 Web 应用程序

一般来说，网站的内容需要经常更新，并添加新内容。早期的网站是静态的，更新静态网站的内容是非常烦琐的。例如，要增加一个新网页，就需要手动编辑这个网页的 HTML 代码，然后再更新相关页面到这个页面的链接，最后把所有更新过的页面重新上传到服务器。

为了提高网站内容更新的效率，可以通过构建 Web 应用程序来管理网站内容。Web 应用程序可以把网站的 HTML 页面部分和数据部分分离开。要更新或添加新网页，只要在数据库中更新或添加记录就可以了，程序会自动读取数据库中的记录，生成新的页面代码发送给浏览器，从而实现了网站内容的动态更新。

可见，Web 应用程序能够动态生成网页代码，可以通过各种服务器端脚本语言来编写。而服务器端脚本代码是可以嵌入到网页的 HTML 代码中的，嵌入了服务器端脚本代码的网页就称为动态网页文件。因此，如果一个网站中含有动态网页文件，则这个网站就相当于是一个 Web 应用程序。

Web 应用程序是 B/S 结构软件的产物。它首先是“应用程序”，与标准的程序语言，如 C、C++编写出来的程序没有本质的区别。然而 Web 应用程序又有其自身独特的地方，表现在：①Web 应用程序是基于 Web 的，依赖于通用的浏览器来表现它的执行结果；②需要一台 Web 服务器，在服务器上对数据进行处理，并将处理结果生成网页，以方便客户端直接使用浏览器浏览。

利用 Web 应用程序，网站可以实现动态更新页面，以及与用户进行交互(如留言板、论坛、博客、发表评论)等各种功能。但 Web 应用程序并不等同于动态网站，它们的侧重点不同。一般来说，动态网站侧重于给用户提供信息，而 Web 应用程序侧重于完成某种特定任务，如基于 B/S 的管理信息系统(Management Information System，MIS)就是一种 Web 应用程序，但不能称为网站。Web 应用程序的核心功能是与数据库进行交互。

1.1.3　动态网站开发语言

动态网站开发语言用来编写动态网站的服务器端程序。目前流行的动态网站开发语言有 CGI、PHP、ASP、ASP. NET 和 JSP 等。

1. CGI

最早能够动态生成 HTML 页面的技术是 CGI(Common Gateway Interface，通用网关接口)，由美国 NCSA(National Center for Supercomputing Applications)于 1993 年提出。

CGI技术允许服务器端应用程序根据客户端的请求,动态生成HTML页面。早期的CGI大多是编译后的可执行程序,其编程语言可以是C、C++等任何通用的程序设计语言,也可以是Perl、Python等脚本语言。但是,CGI程序的编写比较复杂而且效率低,并且每次修改程序后都必须将CGI的源程序重新编译成可执行文件。因此目前很少有人使用CGI技术。

2. PHP

1994年,Rasmus Lerdorf发明了专门用于Web服务器编程的PHP工具语言,与以往的CGI程序不同,PHP语言将HTML代码和PHP指令结合为完整的服务器端动态页面,执行效率比完全生成HTML标记的CGI要高得多。PHP的其他优点包括:跨平台并且开放源代码,支持几乎所有流行的数据库,可以运行在UNIX、Linux或Windows操作系统下。开发PHP时通常搭配Apache Web服务器和MySQL数据库。

3. ASP

1996年,Microsoft公司推出了ASP 1.0。ASP是Active Server Pages的缩写,即动态服务器页面。它是一种服务器端脚本编程环境,可以混合使用HTML、服务器端脚本语言(VBScript或JavaScript),以及服务器端组件创建动态、交互的Web应用程序。从Windows NT 4.0开始,所有Windows操作系统都提供了IIS(Internet Information Services)组件,它可以作为ASP的Web服务器软件。

4. JSP

1997—1998年,SUN公司相继推出了Servlet技术和JSP(Java Server Pages)技术。这两者的组合(还可以加上Javabean技术)让程序员可以使用Java语言开发Web应用程序。

JSP实际上是将Java程序片段和JSP标记嵌入HTML文档中,当客户端访问一个JSP网页时,将执行其中的程序片段,然后返回给客户端标准的HTML文档。与ASP不同的是:客户端每次访问ASP文件时,服务器都要对该文件解释执行一遍,再将生成的HTML代码发送给客户端;而在JSP中,当第一次请求JSP文件时,该文件会被编译成Servlet,再生成HTML文档发送给客户端,当以后再次访问该文件时,如果文件没有被修改,就直接执行已经编译生成的Servlet,然后生成HTML文档发送给客户端,由于以后每次都不需要重新编译,因此JSP在执行效率和安全性方面有明显优势。JSP另一个优点是可以跨平台,缺点是运行环境及Java语言都比较复杂,导致学习难度大。

5. ASP. NET

2002年,Microsoft公司正式发布了.NET FrameWork和Visual Studio. NET,它引入了ASP. NET这种全新的Web开发技术。ASP. NET可以使用VB. net、C#等编译型语言,支持Web窗体、.NET Server Control和ADO. NET等高级特性。ASP. NET应用程序最大的特点是程序与页面分离,也就是说它的程序代码可单独写在一个文件中,而不是嵌入到网页代码中。ASP. NET需要运行在安装了.Net FrameWork的IIS服务器上。

总体来说,ASP和PHP属于轻量级的Web程序开发平台,只要安装Dreamweaver就可进行程序的编写。而ASP. NET和JSP属于重量级的开发平台,除了安装Dreamweaver外,还必须安装Visual Studio或Eclipse等大型开发软件。

6. Python

当前,Python已经成为了一种很流行的程序设计语言。作为一种解释型的语言,Python具有高效的数据结构,提供了一种简单但很有效的方式以便进行面向对象编程。最初，Python 主要用于科学计算，但目前也用于动态网站开发，国内的豆瓣网就是使用 Python 开发的。一般使用 Python+Django 进行 Web 开发。Django 是一个用 Python 语言编写的 Web 开发框架，采用 MVC(Model View Controller)编程模式。

7. Ruby on Rails

Ruby on Rails 是一个 Web 应用程序框架，构建在 Ruby 语言之上。Ruby 是一种类似于 Python 和 Perl 的服务器端脚本语言。但 Ruby on Rails 不适于在 Windows 下开发，而是适于在 Linux 或 Apple OS 上开发。

提示：在本书中，之所以选择介绍 ASP 语言，主要是基于以下两方面考虑。

(1) ASP 是这几种语言中最简单易学的，并且配置 ASP 的 Web 服务器也是最简单的。能够让初学者在短时间内领会到 Web 服务器编程的开发思路。

(2) 这几种语言的编程思想其实都是很相似的，像每种语言基本上都有 Request、Response、Session、Cookies、Application 和 Server 这样一些服务器对象或集合(或名称不同但功能相同)，只要深刻掌握了其中的一种，再去学其他语言就比较容易了。

1.1.4 动态网站的有关概念

在学习动态网站编程前，有必要明确 URL、域名、HTTP 和 MIME 这些概念。

1. URL

当用户使用浏览器访问网站时，通常都会在浏览器的地址栏中输入网站地址，这个地址就是 URL(Universal Resource Locator，统一资源定位器)。URL 信息会通过 HTTP 请求发送给服务器，服务器根据 URL 信息返回对应的网页文件代码给浏览器。

URL 是 Internet 上任何资源的标准地址，每个网站上的每个网页(或其他文件)在 Internet 上都有一个唯一的 URL 地址，通过网页的 URL，浏览器就能定位到目标网页或资源文件。

URL 的一般格式为"协议名://主机名[:端口号][/目录路径/文件名][#锚点名]"，图 1-4 所示的是一个 URL 的结构示例。

图 1-4 URL 的结构

URL 协议名后必须接"://"，其他各项之间用"/"隔开。例如，图 1-4 中的 URL 表示信息被放在一台被称为 www 的服务器上，hynu.cn 是一个已被注册的域名，cn 表示中国。主机名、域名合称为主机头。web/201409/是服务器网站目录下的目录路径，而 first.html 是位于上述目录下的文件名，因此该 URL 能够让用户访问到这个文件。

在 URL 中，常见的"协议"有 http 和 ftp。http 是超文本传输协议，用于传送网页。例如：

```
http://bbs.runsky.com:8080/bbs/display.asp#fid
```

2. 域名

在 URL 中，通常使用域名或 IP 地址来标识一台服务器主机，如 www.qq.com 就是一个域名。最初，域名是为了方便人们记忆 IP 地址的，使用户在地址栏中不必输入难记的 IP 地址。但后来域名的作用发生了扩展：多个域名可对应一个 IP(一台主机)，即在一台主机上可架设多个网站,这些网站的存放方式称为“虚拟主机”方式,此时由于一个IP地址(一台主机)对应多个网站,就不能采用输入IP地址的方式访问网站,而只能在URL中输入域名。Web服务器为了区别用户请求的是这台主机上的哪个网站,通常必须为每个网站设置“主机头”来区分这些网站。

因此域名的作用有两个：一是将域名发送给DNS服务器解析得到域名对应的IP地址以进行连接；二是将域名信息发送给Web服务器,通过域名与Web服务器上设置的“主机头”进行匹配确认客户端请求的是哪个网站,如图1-5所示。若客户端没有发送域名信息给Web服务器,如直接输入IP,则Web服务器将打开服务器上的默认网站。

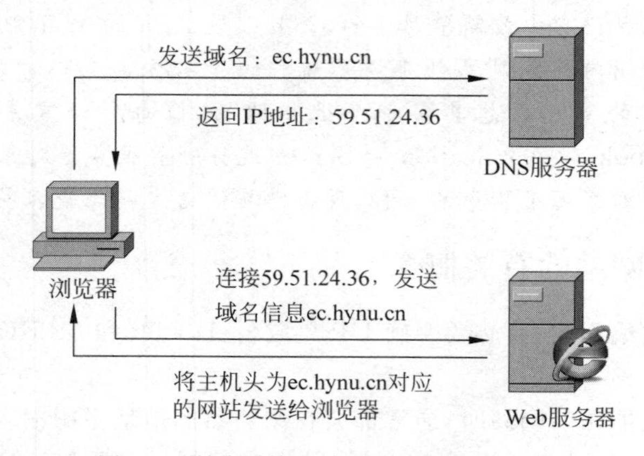

图1-5 浏览器输入域名访问网站的过程

3. HTTP协议

HTTP协议是浏览器发送请求信息到服务器,服务器再传输超文本(或其他文档)到浏览器的传输协议。这就是在浏览器中看到的网页地址都是以“http://”开头的原因。它不仅能保证计算机正确快速地传输网页文档,还能确定传输文档中的哪一部分,以及哪一部分内容首先显示,如文本先于图形等。

HTTP包含两个阶段：请求阶段和响应阶段。浏览器和服务器之间的每次HTTP通信(请求或响应)都包含两部分：头部和主体。头部包含了与通信有关的信息；主体则包含了通信的数据,当然,前提是存在这样的数据。

(1) HTTP请求阶段。HTTP请求的通用格式如下。

① 首行。首行包括HTTP方法、URL中的域名部分、HTTP版本,下面是一个首行的示例：

```
GET / content.html HTTP/1.1
```

它表示使用GET方式向服务器请求content.html文档,使用的协议是HTTP 1.1版本。对于HTTP方法来说,最常用的是GET和POST两种方法。GET方法用来请求服务器返回指定文档的内容；POST方法表示发送附加的数据并执行指定的文档,它最常见的应用是从浏览器向服务器发送表单数据,同时还发送一个请求执行服务器中的某个程序(动态页),这个程序将处理这些表单数据。

② 头部字段。一个常用的头部请求字段为Accept字段,该字段用来指定浏览器可以

接受哪些类型的文档。例如，Accept：text/html 表示浏览器只可接受 HTML 文档。文档类型采用 MIME 类型来表示。如果浏览器可以接受多种格式的文档，那么可以指定多个 Accept 字段。

③ 空行。请求的头部之后必须有一个空行，该空行用于将请求的主体和头部分隔开来。使用了 GET 方法的请求没有请求主体。因此，这种情况下，空行是请求结束的标记。

④ 消息主体。消息主体包含了通信的数据，如服务器返回的网页或图片数据。

(2) HTTP 响应阶段。HTTP 响应的通用格式如下。

① 状态行。状态行包含了所用 HTTP 的版本号，此外还包括一个 3 位数表示的响应状态码和针对状态码的一个简短的文本解释。例如，大部分响应都是以下面的状态行开头的。

```
HTTP/1.1 200 OK
```

它表示响应使用的协议是 HTTP 1.1，状态码是 200，文本解释是 OK。

其中，状态码 200 表示请求得到处理，没有发生任何错误，这是用户希望看到的。而状态码 404 表示请求的文件未找到，状态码 500 表示服务器出现了错误，且不能完成请求。

② 响应头部字段。响应头部字段包含多行有关响应的信息，每条信息都对应一个字段。响应头部中必须使用的字段只有一个，即 Content-type。例如：

```
Content - type: text/html, charset = UTF - 8
```

它表示响应的内容是 HTML 文档类型，内容采用的编码方式是 UTF-8。

③ 空行。响应头部之后必须有一个空行，空行之后才是响应数据。

④ 响应主体。响应主体是服务器返回的数据。例如，浏览器请求 content.html 文档，则响应主体就是这个 HTML 文件。

4. MIME

浏览器从服务器接收返回的文档时，必须确定这个文档属于哪种格式。如果不了解文档的格式，浏览器将无法正确显示该文档，因为不同的文档格式要求使用不同的解析工具。例如，服务器返回的是一个 JPG 图片格式的文档，而浏览器把它当成 HTML 文档去解析，则显示出来的将是乱码。通过多用途网际邮件扩充协议(MIME)可以指定文档的格式。

MIME 最初的目标是允许各种不同类型的文档都可以通过电子邮件发送。这些文档可能包含各种类型的文本、视频数据或音频数据。由于 Web 也存在这方面的需求，因此，Web 中也采用了 MIME 来指定所传递的文档类型。

Web 服务器在一个将要发送到浏览器的文档头部附加了 MIME 的格式说明。当浏览器从 Web 服务器中接收到这个文档时，就根据其中包含的 MIME 格式说明来确定下一步的操作。例如，如果文档内容为文本，则 MIME 格式说明将通知浏览器文档的内容是文本，并指明具体的文本类型。MIME 说明的格式如下：

```
类型/子类型
```

最常见的 MIME 类型为 text(文本)、image(图片)和 video(视频)。其中，最常用的文本子类型为 plain、html 和 xml。最常用的图片子类型为 gif 和 jpeg。例如,images/gif 就是一个 MIME 说明,表示该文档的内容应作为 gif 图片去解析。服务器通过将文件的扩展名作为类型表中的键值来确定文档的类型。例如,扩展名为. html 意味着服务器应该在将文档发送给浏览器之前为文档附加 MIME 说明,如 text/html。

1.2 网页的类型和工作原理

根据 Web 服务器是否需要对网页中脚本代码进行解释(或编译)执行,网页可分为静态网页和动态网页。

1.2.1 静态网页和动态网页

在 Internet 发展初期,Web 上的内容都是由静态网页组成的,Web 开发就是编写一些简单的 HTML 页面,页面上包含一些文本、图片等信息资源,用户可以通过超链接浏览信息。采用静态网页的网站有很明显的局限性,如不能与用户进行交互,不能实时更新网页上的内容。因此像用户留言、发表评论等功能都无法实现,只能做一些简单的展示型网站。

后来 Web 开始由静态网页向动态网页转变,这是 Web 技术经历的一次重大变革。随着动态网页的出现,用户能与网页进行交互,表现在除了能浏览网页内容外,还能改变网页内容(如发表评论)。此时用户既是网站内容的消费者(浏览者),又是网站内容的制作者。

1. 静态网页和动态网页的区别

(1) 静态网页。静态网页是纯粹的 HTML 页面,网页的内容是固定的、不变的。用户每次访问静态网页时,其显示的内容都是一样的。

(2) 动态网页。动态网页是指网页中的内容会根据用户请求的不同而发生变化的网页,同一个网页由于每次请求的不同,可显示不同的内容,如图 1-6 所示,两个网页显示的实际上是同一个动态网页文件(product. asp)。动态网页中可以变化的内容称为动态内容,它是由 Web 应用程序来实现的。

在 URL 表现形式上,每个静态网页都有一个固定的 URL 地址,而且网页的文件名以. htm、. html、. shtml 等形式为后缀,且不含有“?”号,如 http://ec. hynu. cn/list. html。而动态网页的文件名以. asp、. php、. aspx、. jsp、. cgi. 、perl 为后缀,文件名后可以有“?”号,如 http://www. amazon. com/product. aspx? id=204。

在网站的内容上,静态网页内容发布到网站服务器上后,无论是否有用户访问,每个静态网页文件都保存在网站服务器上,每个网页都是一个独立的文件,且内容相对稳定。在网站维护方面,静态网页一般没有数据库的支持,因此在网站制作和维护方面工作量较大,当网站信息量很大时仅仅依靠静态网页来发布网站内容就会变得非常困难。

提示:动态网页绝不是页面上含有动画的网页,即使在静态网页上有一些动画(如 Flash 或 Gif 动画)或视频,但用户每次访问它时显示的内容都是一样的,因此仍然是静态网页。

2. 静态网页的工作流程

用户在浏览静态网页时,Web 服务器找到网页就直接把网页文件发送给客户端,服务

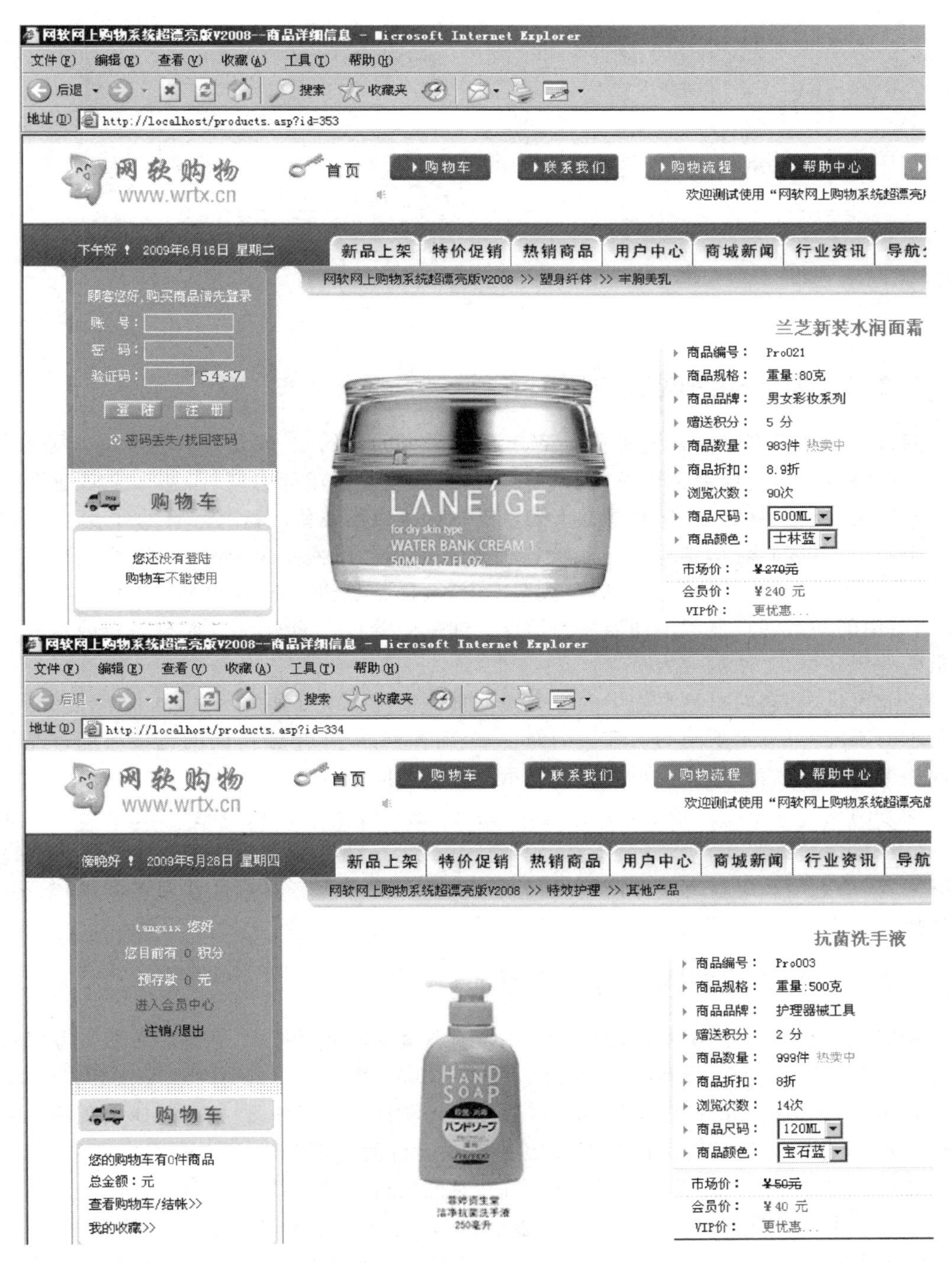

图 1-6　动态网页可根据请求的不同每次显示不同的内容

器不会对网页作任何处理，如图 1-7 所示。静态网页在每次浏览时，内容都不会发生变化，网页一经编写完成，其显示效果就确定了。如果要改变静态网页的内容就必须修改网页的源代码再重新上传到服务器。

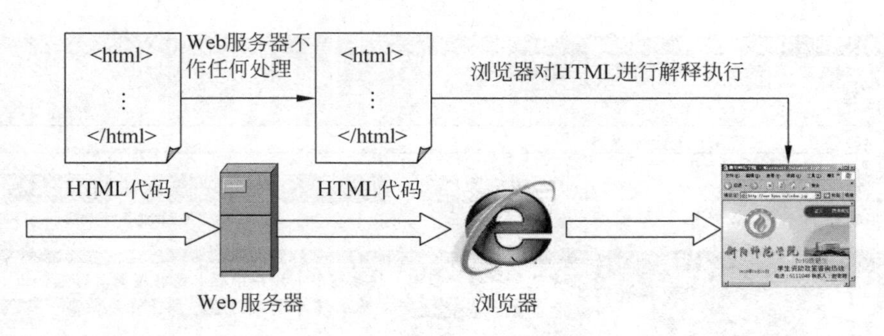

图 1-7 静态网页的工作流程

1.2.2 需要动态网页的原因

静态网页在很多时候是无法满足 Web 应用需要的。例如,假设有个电子商务网站需要展示 1000 种商品,其中每个页面显示一种商品。如果制作成静态网页,那么需要制作 1000 个静态网页,这带来的工作量是非常大的。而且如果以后要修改这些网页的外观风格,就需要一个一个网页的修改,工作量也很大。而如果使用动态网页来制作,只需要制作一个页面,然后把 1000 种商品的信息存储在数据库中,页面根据浏览者的请求调用数据库中的数据,即可用同一个网页显示不同商品的信息。如果要修改网页外观时也只需修改这一个动态页的外观即可,工作量大为减少。

由此可见,动态网页是页面中内容会根据具体情况发生变化的网页,同一个网页根据每次请求的不同,可显示不同的内容。例如,一个新闻网站中,单击不同的链接可能都是链接到同一个动态网页,但是该网页能每次显示不同的新闻。

动态网页技术还能实现诸如用户登录、博客、论坛等各种交互功能,可见动态网页带来的好处是显而易见的。动态网页要显示不同的内容,往往需要数据库的支持。从网页的源代码来看,动态网页中含有服务器端代码,需要先由 Web 服务器对这些服务器端代码进行解释执行生成 HTML 代码后再发送给客户端。

1.2.3 ASP 动态网页的工作原理

ASP 是微软公司推出的用于取代 CGI 的动态服务器网页技术,它是一种服务器端脚本编写环境,可以创建和运行动态的、交互式的 Web 应用程序。

Web 应用程序是指基于 B/S(Browser/Server,浏览器/服务器)架构的应用程序。一个完整 Web 应用程序的代码可以包含在服务器端运行的代码和在浏览器中运行的代码,如 HTML。以 ASP 创建的 Web 应用程序为例,它的执行过程如图 1-8 所示。

可以看出,ASP 程序经过 Web 服务器时,Web 服务器会对它进行解释执行,生成纯客户端的 HTML 代码再发送给浏览器。因此,保存在服务器网站目录中的 ASP 文件和浏览器接收到的 ASP 文件的内容一般是不同的,无法通过在浏览器中查看源代码的方式获取 ASP 程序的代码。

图 1-8 中的 Web 服务器主要是指一种软件,它具有解释执行 ASP 代码的功能,IIS (Internet Information Services,Internet 信息服务器)就是一种 Web 服务器软件。因此,要运行 ASP 程序,必须先安装 IIS,这样才能对 ASP 程序进行解释执行。安装了 IIS 的计算机

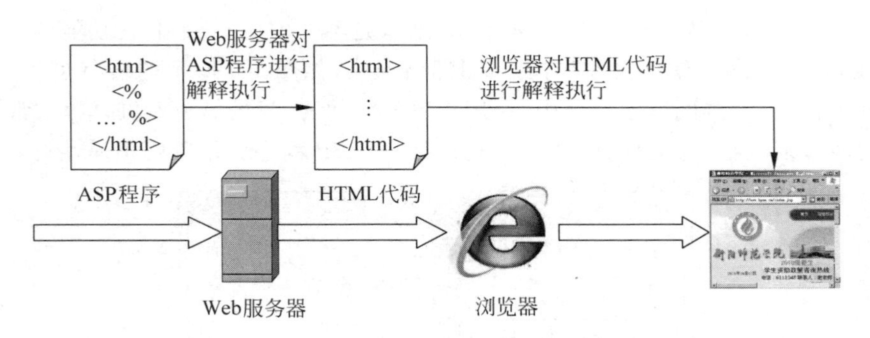

图 1-8　ASP 程序的执行过程

就成了一台 Web 服务器。

对比一下静态网页，Web 服务器不会对它进行任何处理，直接找到客户端请求的 HTML 文件，发送给浏览器，其运行过程如图 1-7 所示。

因此，Web 服务器的作用是：对于静态网页，Web 服务器仅仅是定位到网站对应的网站目录，找到客户端请求的网页就发送给浏览器；对于动态网页，Web 服务器找到动态网页后要先对动态网页中的服务器端代码（如 ASP）进行解释执行，生成只包含静态网页的代码再发送给浏览器。

提示：ASP 文件不能通过双击文件直接用浏览器打开，因为 ASP 代码没有经过 Web 服务器的处理。运行 ASP 文件的具体方法将在 1.3 节中介绍。

1.3　ASP 的运行环境

要想使计算机能运行 ASP 程序，一般应在该机上安装运行 ASP 的 Web 服务器软件——IIS。IIS 有很多种版本，对应不同的 Windows 操作系统，如表 1-1 所示。

表 1-1　Windows 系统与 IIS 版本的对应关系

操作系统	Windows XP	Windows 2003	Windows 7	Windows 2008	Windows 8	Windows 10
IIS 版本	IIS 5.1	IIS 6.0	IIS 7.5	IIS 7.5	IIS 8.0	IIS 8.5

每种版本的 Windows 只能安装相应版本的 IIS。需要说明的是，各种 Windows 系统的 Home 版（家庭版）是不带 IIS 功能的，因此无法用常规方法安装 IIS。

1.3.1　IIS 的安装

对于 ASP 的学习者来说，目前通常采用 Windows 7＋ IIS 7.5、Windows 10＋IIS 8.5 或 Windows XP ＋ IIS5.1 作为 ASP 的运行环境，下面介绍这 3 种平台下 IIS 的安装。

1. 在 Windows 7 中安装 IIS 7.5

在“开始”菜单中依次选择“控制面板”→“程序”→“程序和功能”图标。在“程序和功能”面板左侧选择“打开或关闭 Windows 功能”，将弹出“Windows 功能”对话框。选中其中的“Internet 信息服务”复选框，单击“确定”按钮即可进行 IIS 的安装，在安装过程中不需要插入系统光盘。

需要注意的是，在 Windows 7 中安装 IIS 默认是不会安装 ASP 开发功能的。因此在安装前需要双击“Internet 信息服务”前的＋图标，将显示如图 1-9 所示的所有可供安装的 IIS 组件，展开下面的“万维网服务”，选中“应用程序开发功能”下的 ASP 复选框和“常见 HTTP 功能”下的所有复选框，才能保证 IIS 7.5 可以运行 ASP 程序和设置网站属性。

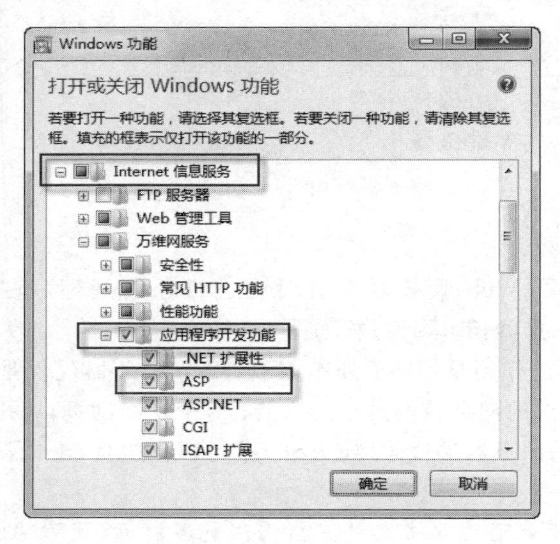

图 1-9　在 Windows 7 下安装 IIS 7.5

2. 在 Windows 10 中安装 IIS 8.5

在“开始”按钮上右击，选择“控制面板”选项，在控制面板的右上角将“查看方式”选择为“类别”，在控制面板中依次选择“程序”→“启用或关闭 windows 功能”选项。从列表中选择“Internet Infomation Services”选项，把相应的功能条目全部选中，尤其是“万维网服务”下的所有功能条目都要选中。

3. 在 Windows XP 中安装 IIS 5.1

(1) 依次选择“开始”→“设置”→“控制面板”→“添加/删除程序”命令。

(2) 在“添加/删除程序”面板中选择“添加/删除 Windows 组件”选项，就会弹出如图 1-10 所示的“Window 组件向导”对话框。在其中选中“Internet 信息服务(IIS)”复选框。

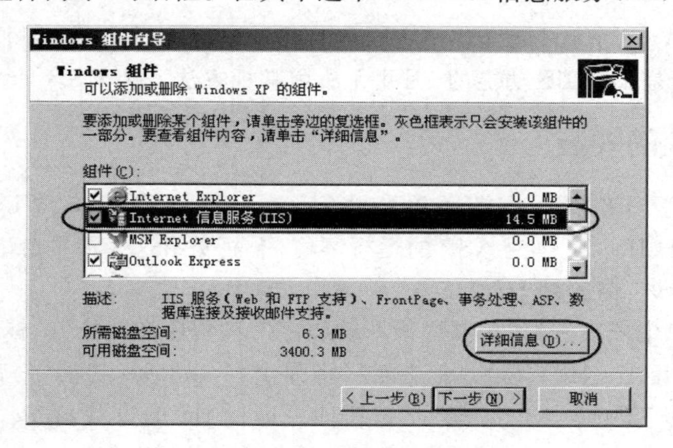

图 1-10　“Windows 组件向导”对话框

(3) 然后单击“下一步”按钮，就会开始安装 IIS，在安装过程中会提示要插入 Windows 安装光盘，插入安装光盘或选择包含有 IIS 安装文件的文件夹即可完成安装。

提示：由于 IIS 不仅是一个 Web 服务器，它还具有 SMTP(电子邮件)服务器和 FTP 服务器的功能。如果只是用来运行 ASP 程序，只要安装 Web 服务器功能即可，可以在选中“Internet 信息服务(IIS)”复选框后，单击图 1-10 中的“详细信息”按钮，取消选中“SMTP 服务”和“FTP 服务”复选框。

安装完成后，IIS 并不会出现在“开始”菜单的“程序”中，要打开 IIS，有以下两种方法。

(1) 在“我的电脑”上右击，选择“管理”选项，依次双击左侧的“服务和应用程序”→“Internet 信息服务”展开图标，就会出现如图 1-11 所示的“Internet 信息服务”窗口。

(2) 在开始菜单中选择“设置”→“控制面板”→“管理工具”→“Internet 服务管理器”命令，也会出现类似图 1-11 所示的“Internet 信息服务”窗口。

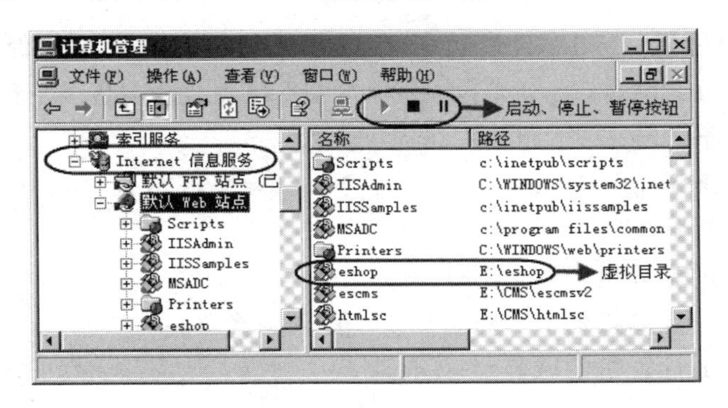

图 1-11 IIS 管理器界面

在图 1-11 中左侧依次选择“网站”和“默认网站”，则右边显示的就是 IIS 默认网站主目录中的内容，该主目录默认是“C:\Inetpub\wwwroot”，是 IIS 安装过程中自动生成的。

4. 测试 IIS

IIS 安装完成后，即可打开浏览器，在浏览器地址栏中输入“http://localhost”，如果出现 IIS 的欢迎界面，就表明 IIS 安装成功了。如果要停止或启动 IIS，可以在图 1-11 中先选中“默认 Web 站点”，然后单击图中的“启动”或“停止”按钮即可。

提示：除了 IIS 外，ASP 还有一些简易的 Web 服务器，如 Netbox、Aws. exe 等，可以在百度上搜索下载，用于在没有安装 IIS 的计算机上作为临时服务器使用。

1.3.2 运行第一个 ASP 程序

1. 新建第一个 ASP 程序

ASP 文件和 HTML 文件一样，也是一种纯文本文件，因此可以用记事本来编辑，只要保存成后缀名为“. asp”的文件就可以了。在“记事本”中输入如图 1-12 中所示代码，新建 ASP 文件。

无标题 - 记事本
文件(F) 编辑(E) 格式(O) 查看(V) 帮助(H)

```
<h1><%= "今天是: "& date() %></h1>
```

图 1-12 在记事本中新建 ASP 文件

输入完成后，选择“文件”→“保存”命令，就会弹出如图 1-13 所示的“另存为”对话框，这时首先应在“保存类型”列表框中选择“所有文件”选项，再在“文件名”文本框中输入“1-1.asp”，并选择保存在“C:\Inetpub\wwwroot”文件夹中，单击“保存”按钮即新建了一个“1-1.asp”文件。

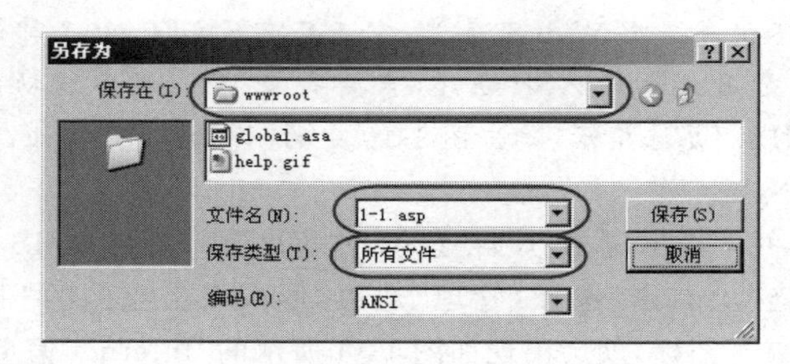

图 1-13 “另存为”对话框

2. 运行 ASP 文件

ASP 文件要通过 IIS 服务器才能运行，因此刚才将“1-1.asp”文件保存在了 IIS 默认网站的主目录“C:\Inetpub\wwwroot”下。要运行 IIS 默认网站主目录下的文件，可以在浏览器地址栏中使用以下 5 种形式的 URL 访问该文件。

(1) http://localhost/1-1.asp。

(2) http://127.0.0.1/1-1.asp。

(3) http://你的计算机的名称/1-1.asp。

(4) http://你的计算机的 IP 地址/1-1.asp。

(5) http://你的计算机的域名/1-1.asp。

说明：

① http://localhost 相当于本机的域名。大家知道，当在地址栏中输入某个网站的域名后，Web 服务器就会自动到该网站对应的主目录中去找相应的文件。也就是说，域名和网站主目录是一种一一对应关系，因此 Web 服务器(这里是 IIS)会到本机默认网站的主目录(C:\Inetpub\wwwroot)中去找文件 1-1.asp。

提示：可以通过“http://localhost/文件名”直接访问 IIS 根目录下的文件。如果根目录下有子目录的话，要访问子目录下的文件用“http://localhost/子目录名/文件名”即可。例如，如果要访问 C:\Inetpub\wwwroot\temp 下的 test.asp 文件，就在地址栏中输入“http://localhost/temp/test.asp”即可。

② 关于服务器地址：localhost 表示本机的域名，127.0.0.1 是表示本机的 IP 地址，这两种方式一般是在本机上运行 ASP 文件使用。第(3)种方式可以在本机或局域网内使用；第(4)、(5)种方式一般是供 Internet 上其他用户访问你的计算机上的 ASP 文件使用，也就是把你的计算机作为网络上一台真正的 Web 服务器。

为了简便，本书都采用第一种方式访问。打开浏览器，在地址栏中输入 http://localhost/1-1.asp，按 Enter 键后，就会出现如图 1-14 所示的运行结果，显示的是服务器端的当前日期。

在图 1-14 中右击，在出现的快捷菜单中选择“查看源文件”命令，就会出现如图 1-15 所示的源文件，与图 1-12 中的 ASP 源程序比较，可以发现 ASP 代码已经转化为纯 HTML 代码了，这验证了 IIS 确实先执行了 ASP 源程序，再将生成的 HTML 代码发送给浏览器。

图 1-14 程序 1-1.asp 的运行结果

图 1-15 在浏览器端查看源文件

3. 运行 ASP 程序的步骤总结

ASP 程序需要先经过 Web 服务器(IIS)的解释执行，生成的静态代码才能在浏览器中运行。为了让 ASP 文件经过 IIS 的解释执行，需要通过如图 1-16 所示的步骤进行。

(1) 把 ASP 文件放置或保存到 IIS 的根目录(或子目录)下，这样 IIS 才能找到这个 ASP 文件。

(2) 在浏览器中输入“http://localhost/文件名”，这就相当于向 IIS 服务器发送了一个请求，请求 IIS 执行 URL 地址中的文件，这样 IIS 就会对这个 ASP 文件进行执行。

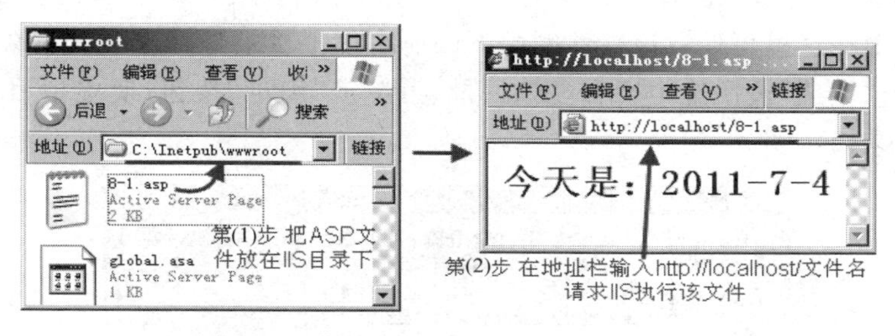

图 1-16 运行 ASP 程序的步骤

1.3.3 Windows XP 下 IIS 的配置

1. 主目录的设置

IIS 的主目录默认为“C:\Inetpub\wwwroot”，这使得要运行的 ASP 文件都必须保存在这个目录下，有些不容易。实际上，可以设置 IIS 的主目录为其他目录，方法如下。

(1) 打开如图 1-11 所示的 IIS 管理界面，在“默认 Web 站点”上右击，选择“属性”命令，将弹出如图 1-17 所示的“默认 Web 站点属性”对话框，在这里可以对 IIS 的各种属性进行设置。

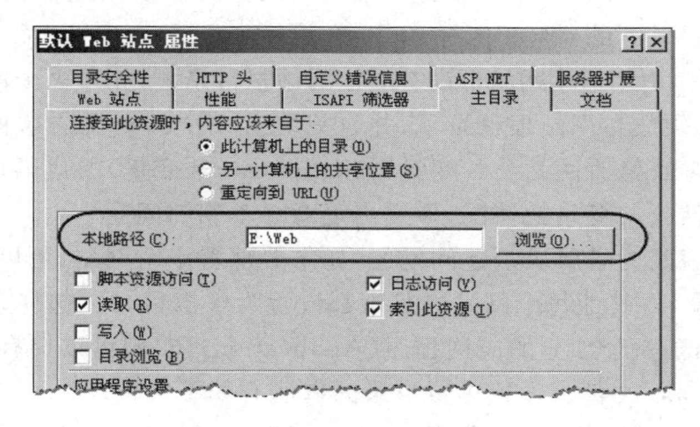

图 1-17 设置 IIS 的主目录

(2) 选择"主目录"标签页，在本地路径中可以输入任何一个文件夹路径作为IIS的主目录(也可通过单击"浏览"按钮选择一个目录)，在此选择"E:\Web"作为IIS默认网站的主目录，单击"确定"按钮后，就完成了设置。

设置完毕后，可以将文件"1-1. asp"从"C:\Inetpub\wwwroot"目录移动到"E:\Web"目录下，输入"http://localhost/1-1. asp"仍然可以访问该文件，因为"http://localhost"对应"E:\Web"目录。

2. 默认文档的设置

所谓默认文档，就是指网站的首页(主页)，它的作用是这样的，如果在浏览器中只输入http://localhost或http://localhost/子文件夹名，并没有输入哪个网页文件的名称，IIS就会自动按默认文档的顺序在相应的文件夹里查找，找到后就会显示。例如，如果按照图1-18中默认文档的设置，IIS就会首先去找index. asp，如果找不到，就再去找Default. asp。

默认文档建议设置为index. asp或default. asp。设置方法如下。

在图1-18所示的"默认 Web 站点属性"对话框中选择"文档"选项卡，单击"添加"按钮，在其中添加index. asp、Default. asp等文档并调整顺序后，单击"确定"按钮，如果弹出"继承覆盖"对话框，则在这里可设置该默认网站下的所有虚拟目录是否也继承该网站的默认文档设置，建议单击"全选"按钮选中所有虚拟目录，再单击"确定"按钮，使虚拟目录的默认文档和网站的默认文档一致。

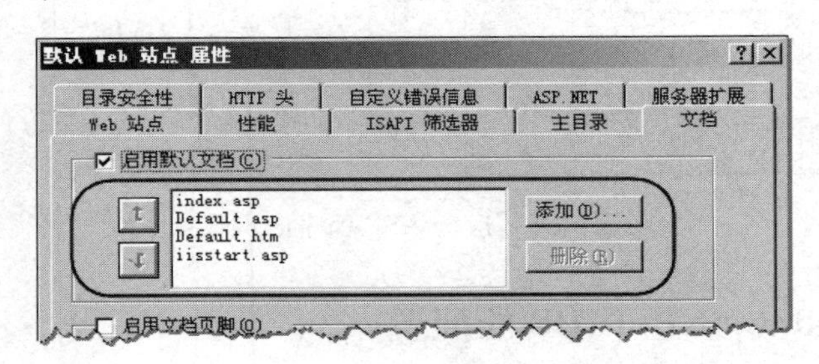

图1-18 设置默认文档

3. 虚拟目录的建立和设置

有时用户可能要在一台计算机的IIS上部署(deploy，即建立和运行)多个网站，如在网上下载了很多个ASP网站的源代码想在本机上运行。虽然可以在网站主目录"E:\Web"下建立多个文件夹，每个文件夹下分别放置一个网站的文件。但是这样就要把每个网站的文件都移动到网站根目录下的对应目录中，有些麻烦。

而且更重要的是，由于这些网站都没有放在网站根目录下，如果多个网站里有Global. asa文件(该文件规定必须放在网站根目录下，并且只能有一个)，则无法这样存放。另外，如果多个网站的程序中都有修改网站公共变量(如Application变量)的代码，则可能会发生这个网站修改了其他网站公共变量的情况，导致出现意想不到的问题。

设置虚拟目录就是为了解决上述问题的，如果要部署多个网站，可以将一个网站的目录设置为IIS的主目录，将其他每个网站的目录都设置为虚拟目录。这样，这些网站都真正独立了，每个网站相当于一个独立的应用程序(Application)，它们可以拥有自己的一套公共变量和独立的Global. asa文件。设置虚拟目录的方法有如下两种。

(1) 打开如图1-11所示的IIS管理界面，在"默认 Web 站点"上右击，在出现的快捷菜单中选择“新建”→“虚拟目录”命令，将弹出“虚拟目录创建向导”对话框，单击“下一步”按钮，为虚拟目录设置别名(即虚拟目录名)，如 eshop，接下来设置虚拟目录对应的文件夹，这里选择“E:\eshop”选项(注意该文件夹在网站主目录之外)，最后设置虚拟目录的访问权限，保持默认值“读取”和“脚本”两项选中即可。

(2) 安装 IIS 后，在计算机的任意一个文件夹上右击，选择“属性”选项，就会发现文件夹的属性面板中多了一个“Web 共享”选项卡(这是判断计算机是否安装了 IIS 的一个快捷方法)。在“Web 共享”选项卡中可将该文件夹设置为虚拟目录，如在 E:\eshop 目录的“Web 共享”选项卡中，选择“共享这个文件夹”选项，就会弹出如图 1-19 所示的“编辑别名”对话框，在这里可设置别名(即虚拟目录名)和访问权限，默认情况下别名和文件夹名名称相同，单击“确定”按钮即可新建一个虚拟目录。

虚拟目录建立好后，就会发现图 1-20 中“默认 Web 站点”下多了一个名称为“eshop”的虚拟目录。要运行虚拟目录下的文件，可以使用“http://localhost/虚拟目录名/路径名/文件名”的方式访问。例如，在 E:\eshop 目录(对应虚拟目录 eshop)下有一个名称为 index. asp 的文件，要运行该文件，只需在地址栏中输入 http://localhost/eshop/index. asp 或 http://localhost/eshop (如果已设置 index. asp 为默认文档)即可。而要运行 E:\eshop\admin 目录下的 index. asp 文件，只需在地址栏输入 http://localhost/eshop/admin/index. asp 即可，该 URL 的含义如图 1-20 所示。

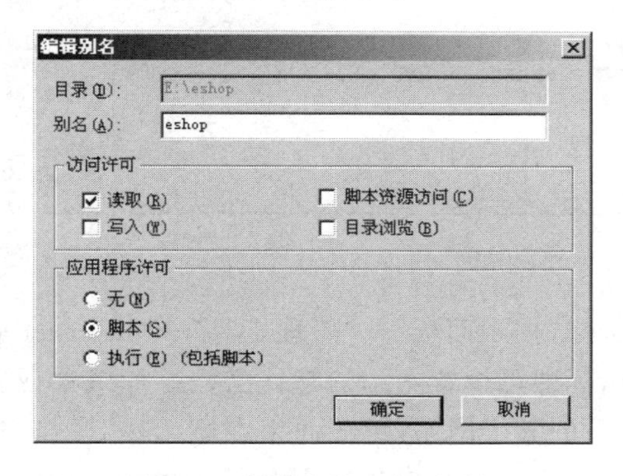

图 1-19　创建虚拟目录对话框

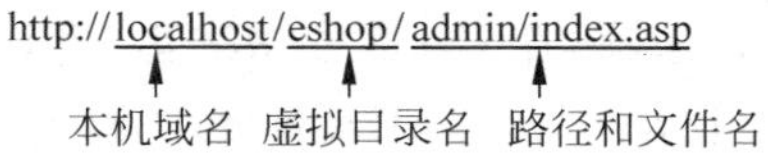

http://localhost/eshop/admin/index.asp

本机域名　虚拟目录名　路径和文件名

图 1-20　访问虚拟目录下文件的 URL

由此可见，访问虚拟目录下文件的 URL 分为三部分，依次是本机域名、虚拟目录名和文件相对于虚拟目录的相对路径和文件名。从访问的 URL 形式上来看，虚拟目录就好像是网站主目录下的一个子目录。

1.3.4　Windows 7 下 IIS 的配置

在 Windows 7 中安装完 IIS 以后，要打开 IIS，有以下 3 种方法。

(1) 在“计算机”图标上右击，选择“管理”选项，在计算机管理界面中，展开“服务和应用程序”，单击“Internet 信息服务(IIS)管理器”图标，就会出现如图 1-21 所示的 IIS 管理器界面。

(2) 在“开始”菜单中，依次选择“控制面板”→“管理工具”→“Internet 服务管理器”选项。

(3) 进入 C:\Windows\system32\inetsrv 目录下，双击 InetMgr. exe 图标也能启动 IIS 管理器。建议将 InetMgr. exe 发送快捷方式到桌面，这样桌面上就有 IIS 管理器的图标了。

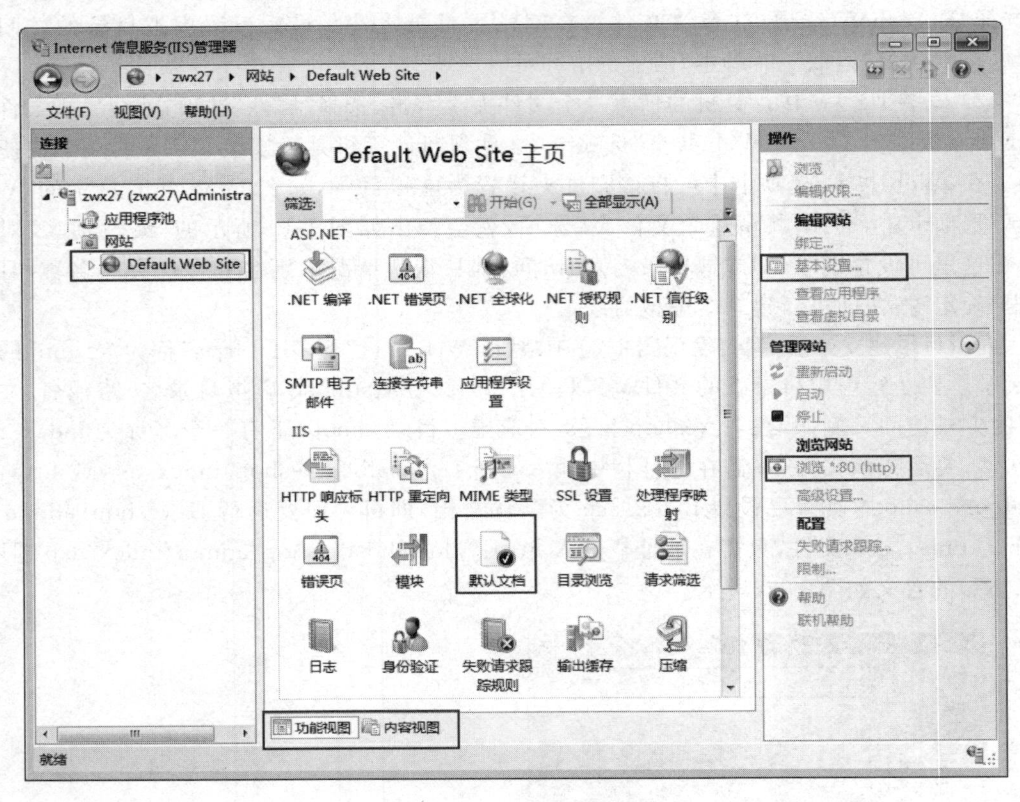

图 1-21　IIS 管理器界面

在 Windows 7 中配置 IIS 的方法：依次选择“控制面板”→“管理工具”→“Internet 服务管理器”选项，在 IIS 面板中双击“默认文档”图标即可设置网站的默认文档。如果要设置网站的主目录，则应在 IIS 面板左侧选择“网站”下的某个网站，再在面板右侧选择“操作”栏中“编辑网站”下的“基本设置”选项，弹出“编辑网站”对话框，在“物理路径”中就可以设置网站的主目录了。

1. 主目录的设置

在图 1-21 所示界面左侧选择一个网站(如 Default Web Site)，再在界面右侧选择“操作”栏中“编辑网站”下的“基本设置”选项，弹出图 1-22 所示的“编辑网站”对话框，在“物理路径”中就可以设置网站的主目录了。

图 1-22　“编辑网站”对话框

2. 默认文档的设置

在图 1-21 所示的 IIS 管理器界面中，双击“默认文档”图标，就会转到如图 1-23 所示的“默认文档”界面，在右侧单击“添加”链接，可添加一个默认文档(如 index. asp)，选中已有的默认文档，则可进行编辑或删除操作。

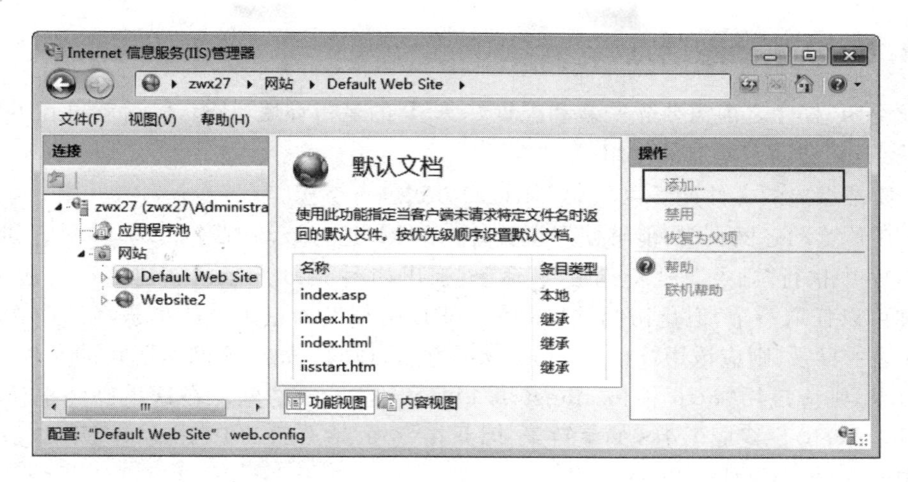

图 1-23 “默认文档”界面

3. 虚拟目录的建立和设置

在图 1-21 所示的 IIS 管理器界面左侧,在某个网站名(如 Default Web Site)上右击,在弹出的快捷菜单中选择“添加虚拟目录”选项,就会弹出如图 1-24 所示的“添加虚拟目录”对话框。在此可设置虚拟目录的别名和对应的物理路径。

图 1-24 “添加虚拟目录”对话框

4. IIS 7.5 的功能升级

在 Windows 7 系统或 Windows 2003 等服务器版本的操作系统中,其 IIS 具有建立多个网站的功能。这样可在一台计算机上部署多个网站,方法是:在图 1-21 所示界面左侧的“网站”上右击,选择“添加网站命令”选项,就能添加多个网站了。但是,多个网站必须使用不同的 TCP 端口才能访问,在“添加网站”对话框的“绑定”选项中,为每个网站分配不同的 TCP 端口号,就能用“http://localhost:端口号”的形式访问该端口对应的网站。

在 IIS 7.5 中,如果要转到网站的主目录,则可单击图 1-21 所示 IIS 管理器界面底部的“内容视图”按钮,就可快速进入网站的文件目录。而在 IIS 的老版本中,只能通过资源管理器进入网站的文件目录。

在 IIS 7.5 中,还可快速运行网站,方法是:单击图 1-21 所示界面右侧的“浏览 * :80”链接,IIS 就会自动启动浏览器打开对应的网站。

1.4 使用 Dreamweaver 开发 ASP 程序

Dreamweaver(以下简称 DW)对开发 ASP 程序有很好的支持,包括代码提示、自动插入 PHP 代码等,使用 DW 开发 ASP 程序的最大优势在于,使开发人员能在同一个软件环境中制作静态网页和动态程序。

1.4.1 新建动态站点

开发 ASP 程序之前需要先安装和配置好 ASP 的运行环境(IIS),然后就可在 DW 中新建动态站点,新建动态站点的作用是:

(1) 使站点内的文件能够以相对 URL 的方式进行链接。

(2) 在预览动态网页时,能够使用设置好的 URL 运行该动态网页。具体过程如下。

在 DW 中执行"站点"→"新建站点"命令,弹出如图 1-25 所示的新建站点对话框,其中站点名称可以任取一个,但是访问该网站的 URL 必须设置正确。如果该网站所在的文件夹是 IIS 的主目录,则应该用"http://localhost"方式访问;如果该网站所在的文件夹是 IIS 的虚拟目录,则应该用"http://localhost/虚拟目录名"方式访问。在这里已经把该网站的文件夹(E:\Web)设置成了 IIS 的主目录,因此在"您的站点的 HTTP 地址(URL)是什么?"文本框中输入"http://localhost"。

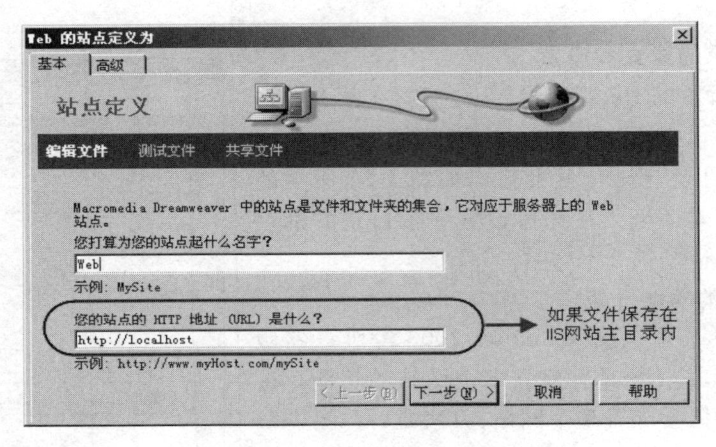

图 1-25 新建动态站点第一步

单击"下一步"按钮,出现如图 1-26 所示的对话框,在"您是否打算使用服务器技术,如 ColdFusion、ASP.NET、ASP、JSP 或 PHP"中,选中"是,我想使用服务器技术"单选按钮,在"哪种服务器技术"列表框中,选择"ASP VBScript"选项,因为通常都是使用 VBScript 作为 ASP 编程语言的。

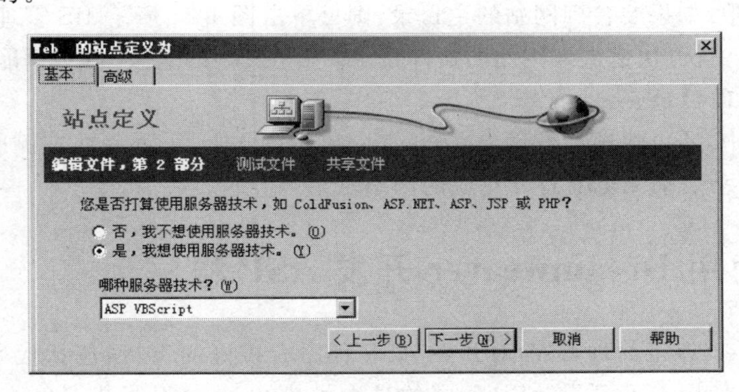

图 1-26 新建动态站点第二步

单击“下一步”按钮，在图 1-27 所示的对话框中先选中“在本地进行编辑和测试”单选按钮。在“您将把文件存储在计算机上什么位置?”浏览框中必须选择网站的主目录，因为这是在问您的网站的主目录在哪。需要注意的是，该网站的主目录必须与 IIS 的主目录一致，因为 DW 预览文件时是打开浏览器并在文件路径前加“http://localhost”，这样实际上是定位到了 IIS 的主目录，而不是 DW 中设置的主目录。如果不一致，预览时就会出现“找不到文件”的错误。

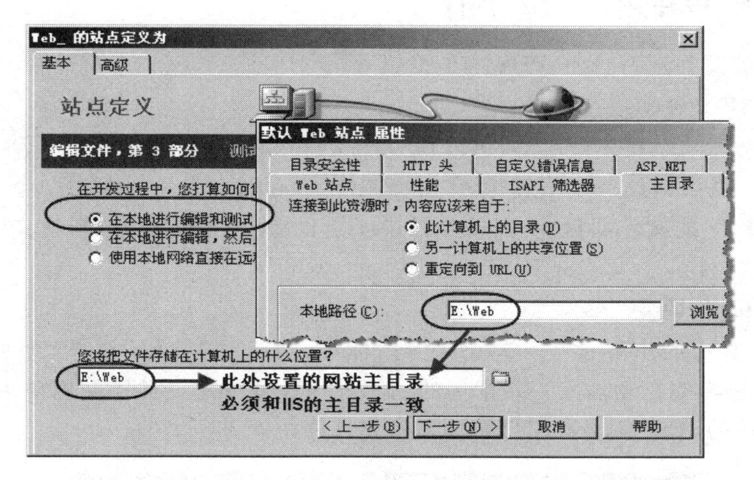

图 1-27　新建动态站点的第三步

单击“下一步”按钮，在图 1-28 所示的对话框中“您应该使用什么 URL 来浏览站点的根目录?”文本框中仍选择 http://localhost 来浏览根目录，因为网站目录是 IIS 的主目录。

提示：如果在上一步是选择了“在本地进行编辑和测试”单选按钮，则这里输入的 URL 和图 1-25 中新建动态站点第一步中的 URL 应该相同。

最后系统会弹出提示框提示“编辑完一个文件后，是否将该文件复制到另一台计算机中”，单击“否”按钮即可，这样就完成了一个动态站点的建立。

定义好本地站点之后，DW 窗口右侧的“文件”面板(图 1-29)就会显示刚才定义的站点的目录结构，可以在此面板中右击，在站点目录内新建文件或子目录，这与在资源管理器中的网站目录下新建文件或子目录的效果一样。

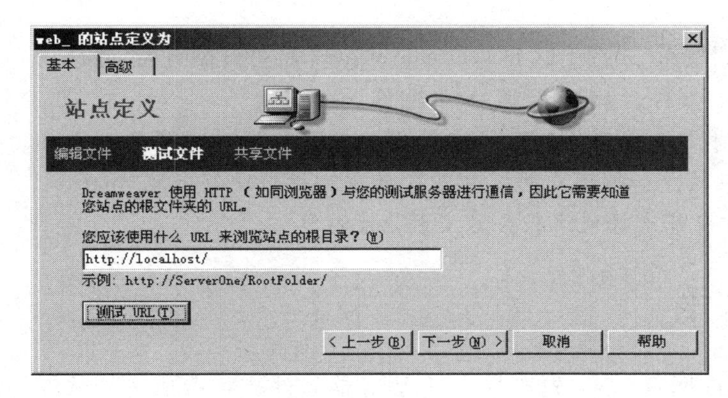

图 1-28　新建动态站点第四步

图 1-29　DW 的“文件”面板

如果要修改定义好的站点，只需执行“站点→管理站点”命令，选中要修改的站点，单击“编辑”按钮，即可在站点定义对话框中对原来的设置进行修改。

提示：如果网站目录被设置成为IIS的一个虚拟目录，如E:\eshop。则在新建站点时，图1-25和图1-28中的URL应输入“http://localhost/eshop”，在图1-27中网站目录应输入“E:\eshop”。

1.4.2 编写并运行ASP程序

在DW中编写并运行ASP程序的步骤如下。

1. 新建ASP文件

(1) ASP动态站点建立好之后，可以在DW文件菜单中选择“新建”→“动态页”→“ASP VBScript”命令，就会新建一个动态ASP网页文件，保存时会自动保存为.asp文件。

(2) 在图1-29的文件面板中，在站点目录或子目录上右击，选择“新建文件”选项，也可新建一个ASP文件。

2. 编写ASP代码

在图1-30所示的主界面中，单击“代码”标签，切换到“代码”视图，即可在其中输入PHP代码。如果希望自动插入一些常用的ASP代码，可以在工具栏左侧单击“ASP”按钮，即可将一些常用的ASP代码或定界符插入到光标停留处。

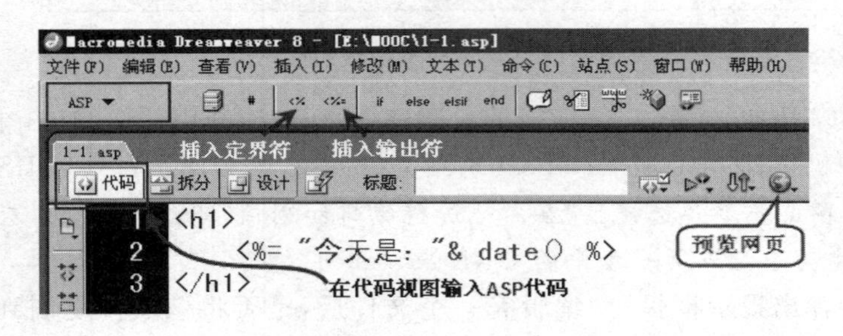

图1-30 Dreamweaver中的代码视图

代码编写完毕后，应该按Ctrl+S组合键保存文件，第一次保存时会要求输入文件名。

3. 运行ASP程序

在图1-30中，单击“预览网页”按钮(或按F12键)，Dreamweaver将打开浏览器，并自动在浏览器中输入“http://localhost/文件名”来运行该ASP文件。

提示：如果预览网页时出现“找不到文件”错误，一般是因为在图1-27中设置的站点目录与IIS中的网站目录不一致导致的。如果预览网页时浏览器地址栏中没有出现“http://localhost/…”，则是因为图1-26中没有选择使用服务器技术导致的。

1.5 Web服务器软件

要在计算机上运行动态网站或网页，必须先安装Web服务器软件。Web服务器软件是一种可以运行和管理Web应用程序的软件。对于不同的Web开发技术来说，其搭配的

Web 服务器软件是不同的。表 1-2 所示的是几种 Web 开发语言的特点及其运行环境(搭配的 Web 服务器)。

表 1-2　Web 开发语言的特点及其运行环境

	PHP	ASP	ASP.NET	JSP
Web 服务器	Apache	IIS	IIS	Tomcat
运行方式	解释执行	解释执行	预编译	预编译
跨平台性	任何平台	Windows 平台	Windows 平台	任何平台
文件扩展名	.php	.asp	.aspx	.jsp

Web 服务器的功能是解析 HTTP 协议，当 Web 服务器接收到一个 HTTP 请求后，会返回一个 HTTP 响应。例如，返回一个 HTML 静态页面给浏览器、进行页面跳转或调用其他程序(如 CGI 脚本、PHP 程序等)，产生动态响应。而这些服务器端的程序通常会产生一个 HTML 的响应来让浏览器可以浏览。

选择 Web 服务器时，应考虑的因素包括性能、安全性、日志和统计、虚拟主机、代理服务器和集成应用程序等。下面介绍几种常用的 Web 服务器。

1. Apache

Apache 是世界上使用最广泛的 Web 服务器，市场占有率达 60%左右，它的成功之处在于它是免费的、开放源代码的，并且具有跨平台性(可运行在各种操作系统下)，因此部署在 Apache 上的动态网站具有很好的可移植性。Apache 通常作为 PHP 的 Web 服务器，但安装一些附加软件后它也能支持 JSP 或 ASP，如果要在 Linux 下运行 ASP，可考虑这种方案。

2. IIS

IIS 是 Microsoft 公司推出的 Web 服务器软件，是目前流行的 Web 服务器软件之一。IIS 的优点是提供了图形界面的管理工具，可以用来可视化的配置 IIS 服务器。

实际上，IIS 是一种 Web 服务组件，它包括了 Web 服务器、SMTP 服务器和 FTP 服务器 3 种软件，分别用于发布网站或 Web 应用程序、提供电子邮件服务和提供文件传输服务。它使得在网络上发布信息成为一件很容易的事。IIS 提供 ISAPI(Intranet Server API)作为扩展 Web 服务器功能的编程接口；同时，它还提供一个 Internet 数据库连接器，可以实现对数据库的访问。IIS 的缺点是只能运行在 Windows 平台下。

3. Tomcat

Tomcat 是一个开放源代码、运行 Servlet 和 JSP Web 应用软件的基于 Java 的 Web 应用软件容器。Tomcat 是基于 Java 的并根据 Servlet 和 JSP 规范进行执行的。由于有了 Sun 公司(Java 语言的创立者)的参与和支持，最新的 Servlet 和 JSP 规范总是能在 Tomcat 中得到体现。

Tomcat 是一个轻量级应用服务器，在中小型系统和并发访问用户不是很多的场合下被普遍使用，是开发和调试 JSP 程序的首选。实际上 Tomcat 是 Apache 服务器的扩展，但它是独立运行的，所以当运行 Tomcat 时，它将作为一个与 Apache 独立的进程单独运行。

提示：Apache 和 Tomcat 都没有提供可视化的界面对服务器进行配置和管理，配置 Apache 需要修改 httpd.conf 文件，配置 Tomcat 需要修改 Server.xml 文件，因此管理起来没有 IIS 方便。

习题 1

一、选择题

1. 对于采用虚拟主机方式的多个网站,域名和 IP 地址是(　　)的关系。

   A. 一对多　　B. 一对一　　C. 多对一　　D. 多对多

2. 网页的本质是(　　)文件。

   A. 图像　　B. 纯文本

   C. 可执行程序　　D. 图像和文本的压缩

3. 以下(　　)技术不是服务器端动态网页技术。

   A. PHP　　B. JSP　　C. ASP. NET　　D. Ajax

4. ASP 服务器技术的 Web 服务器是(　　)。

   A. Apache　　B. IIS　　C. Tomcat　　D. Nginx

二、简答题

1. 请解释 http://www.moe.gov.cn/business/moe/115078.html 的含义。
2. Web 技术经历的第一次重大变革是什么,目前 Web 编程的新趋势有哪些?
3. 简述 URL 的含义和作用。
4. 简述网站和 Web 应用程序的联系和区别。

三、实操题

使用 DW 新建一个名称为 wgzx 的网站目录,该网站目录对应硬盘上的“D:\wgzx”文件夹。

第2章

HTML与CSS

网站是由网站目录下的很多网页组成的。开发动态网站之初需要先制作静态网页，然后再将PHP程序嵌入到静态网页中。静态网页是由HTML语言编写的。HTML文档可以运行在不同操作系统的浏览器上，是所有网页制作技术的基础。无论是在Web上发布信息，还是编写可供交互的程序，都离不开HTML语言。

2.1 HTML概述

HTML(HyperText Markup Language)即超文本标记语言。网页是用HTML语言编写的一种纯文本文件。用户通过浏览器所看到的包含了文字、图像、动画等多媒体信息的每一个网页，其实质是浏览器对该纯文本文件进行了解释，并引用了相应的图像、动画等资源文件，才生成了多姿多彩的网页。

HTML是一种标记语言。可以认为，HTML文档就是"普通文本+HTML标记"，而不同的HTML标记能表达不同的效果，如表格、图像、表单、文字等。

虽然网页的本质是纯文本文件，但一个网页并不是由一个单独的HTML文件组成的，网页中显示的图片、动画等文件都是单独存放的，这与Word、PDF等文件有明显区别。

2.1.1 HTML文档的基本结构

HTML文件本质是一个纯文本文件，只是它的扩展名为".htm"或".html"。任何纯文本编辑软件都能创建、编辑HTML文件。用户可以打开记事本，在记事本中输入如图2-1所示的代码。

输入完成后选择"文件"→"保存"命令，注意先在"保存类型"中选择"所有文件"选项，再输入文件名"2-1.html"。单击"保存"按钮，这样就新建了一个后缀名为.html的网页文件，可以看到其文件图标为浏览器图标，双击该文件则会用浏览器显示如图2-2所示的网页。

2-1.html是一个最简单的HTML文档。可以看出，最简单的HTML文档包括4个标记，各标记的含义如下。

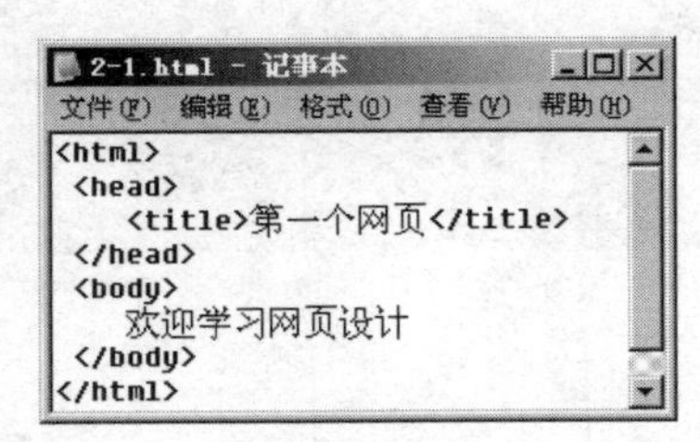

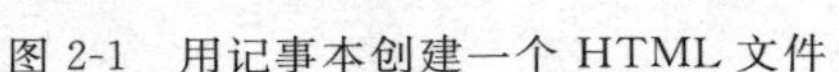
图 2-1　用记事本创建一个 HTML 文件

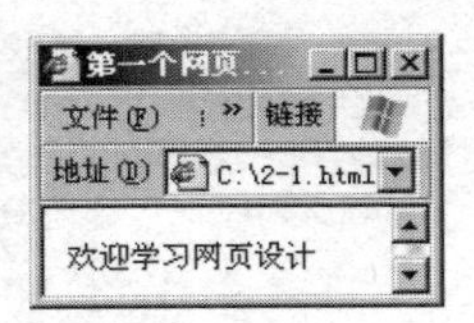

图 2-2　2-1.html 在 IE 浏览器中的显示效果

(1) <html>…</html>：指明浏览器 HTML 文档开始和结束的位置，HTML 文档包括 head 部分和 body 部分。HTML 文档中所有的内容都应该在这两个标记之间，一个 HTML 文档总是以<html>开始，以</html>结束。

(2) <head>…</head>：HTML 文档的头部标记，头部主要提供文档的描述信息，head 部分的所有内容都不会显示在浏览器窗口中，在其中可以放置页面的标题<title>，以及页面的类型、使用的字符集、链接的其他脚本或样式文件等内容。

(3) <title>…</title>：定义页面的标题，页面的标题将显示在浏览器的标题栏中。

(4) <body>…</body>：用来指明文档的主体区域，主体包含 Web 浏览器页面显示的具体内容，因此网页所要显示的内容都应放在这个标记内。

提示：HTML 标记之间只可以相互嵌套，如<head><title>…</title></head>，但绝不可以相互交错，如<head><title>…</head></title>，就是绝对错误的。

2.1.2　HTML 5 语法的改进

HTML5 是 HTML 语言的最新版本，HTML5 的正式版本于 2010 年 9 月向公众推荐。

HTML5 已经被 IE 9+、Firefox 4、Safari 等浏览器支持，对于不支持 HTML5 的旧版浏览器，HTML5 也能保证旧版浏览器能够安全地忽略掉 HTML5 代码，力图让不同的浏览器即使在发生语法错误时也能返回相似的显示结果。

HTML5 在以下几方面对 HTML 4.01 进行了改进。

1. 文档类型声明的改进

在 HTML5 文档中声明文档类型的(DOCTYPE)的代码通常如下：

```
<! DOCTYPE html >
```

可见它比 HTML 4.01 中的文档类型声明简单得多，因为在 HTML 4 中有 3 种不同类型的文档类型(过渡型、严格型和框架型)，而 HTML5 中只有一个。

提示：文档类型声明代码必须写在 HTML 文档的第一行，且前面不能有任何空格。

2. 指定字符编码

如果想指定文档使用的字符编码，HTML5 仍然使用 meta 属性，但代码已经简化如下：

```
< meta charset = "utf - 8">
```

3. 属性书写的简化

HTML 5 对标记和属性的写法又回归到了简化的风格，这包括：属性如果只有唯一值

(如 checked)，则可省略属性值，属性值两边的引号也可省略，如以下的代码都是正确的：

```
< input type = "text" name = "pwd" required >
< img src = foo alt = bar >
< p class = foo > Hello world </p >
```

4. 超链接可以包含块级元素

在过去，想给很多块级元素添加超链接，只能在每个块级元素内嵌入 a 标记，在 HTML5 中，只要简单地把所有内容都写在一个链接元素中就可以了。示例代码如下：

```
<a href = "#">
    < h2 >标题文本</h2 >
    < p >段落文本</p >
</a >
```

2.1.3　Dreamweaver 的开发界面

Dreamweaver 为网页制作及 PHP 程序设计提供了简洁友好的开发环境，DW 的工作界面包括视图窗口、属性窗口、工具栏和浮动面板组等，如图 2-3 所示。

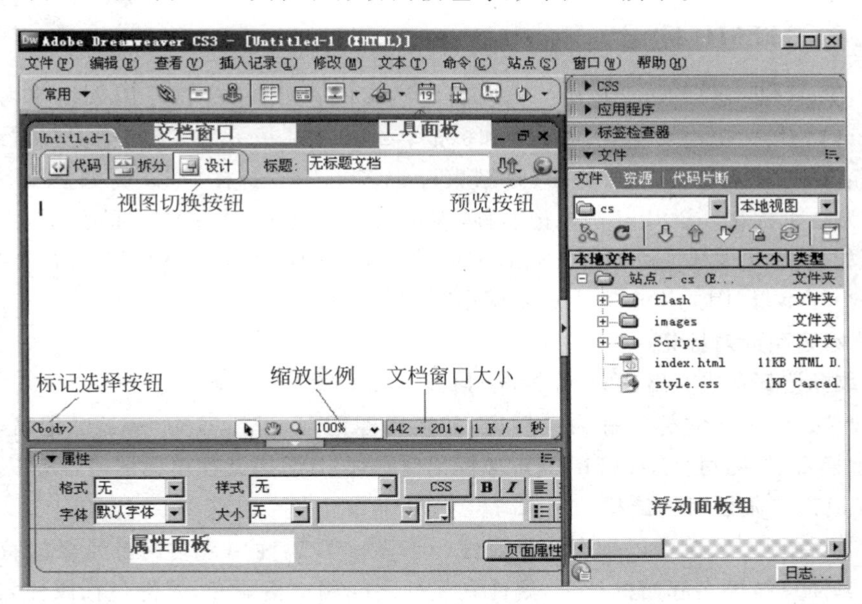

图 2-3　Dreamweaver CS3 的工作界面

DW 的视图窗口可在“代码视图”和“设计视图”之间切换。

(1) “设计视图”的作用是帮助用户以“所见即所得”的方式编写 HTML 代码，即通过一些可视化的方式自动编写代码，减少用户手动书写代码的工作量。DW 的设计视图蕴含了面向对象操作的思想，它把所有的网页元素都看成是对象，在设计视图中编写 HTML 的过程就是插入网页元素，再设置网页元素的属性。

(2) “代码视图”供用户手动编写或修改代码，因为在网页制作过程中，有些操作不能

(或不方便)在设计视图中完成,此时用户可单击“代码”按钮,切换到代码视图直接书写代码,代码视图拥有代码提示的功能,即使是手动编写代码,速度也很快。

为了提高网页制作的效率,建议用户首先在“设计视图”中插入主要的HTML元素(尤其是像列表、表格或表单等复杂的元素),然后切换到“代码视图”中对代码的细节进行修改。

注意:由于网页本质上是HTML代码,在“设计视图”中的可视化操作实质上仍然是编写代码。因此可以在“设计视图”中完成的工作一定也可以在“代码视图”中完成,也就是说编写代码方式制作网页是万能的,因此要重视对HTML代码的学习。

2.1.4 使用DW新建HTML文件

打开DW,在“文件”菜单中选择“新建”选项(或Ctrl+N键),在新建文档对话框中选择“基本页”→“HTML”选项,单击“创建”按钮即可出现网页的文档编辑窗口。在设计视图或代码视图中可输入网页的内容,然后选择“文件”→“保存”命令,或者按Ctrl+S键(第一次保存时会要求输入网页的文件名)保存文件,即可新建一个HTML文件,最后可以按F12键在浏览器中预览网页,也可以在保存的文件夹中找到该文件双击运行。

注意:网页在DW设计视图中的效果和浏览器中显示的效果并不完全相同,所以测试网页时应按F12键在浏览器中预览最终效果。

2.1.5 HTML标记

标记(Tags)是HTML文档中一些有特定意义的符号,这些符号用来指明内容的含义或结构。HTML标记由一对尖括号<>和标记名组成。标记分为“起始标记”和“结束标记”两种。两者的标记名称是相同的,只是结束标记多了一个斜杠“/”。例如,<b>为起始标记,</b>为结束标记,其中“b”是标记名称,表示内容为粗体。HTML标记名是大小写不敏感的。例如,<b>…</b>和<B>…</B>的效果都是一样的,但是XHTML标准规定,标记名必须是小写字母,因此用户应注意使用小写字母书写。

1. 单标记和配对标记

大多数标记都是成对出现的,称为配对标记,如<p>…</p>、<td>…</td>。有少数标记只有起始标记,这样的标记称为单标记,如换行标记
,其中br是标记名,它是英文break row(换行)的缩写。XHTML规定单标记也必须封闭,因此在单标记名后应以斜杠结束。

2. 标记带有属性时的结构

实际上,标记一般还可以带有若干属性(attribute),属性用来对网页元素的特征进行具体描述。属性只能放在起始标记中,属性和属性之间用空格隔开,属性包括属性名和属性值(value),它们之间用“=”分隔,如图2-4所示。

图2-4 带有属性的HTML标记结构

2.2　使用 HTML 制作网页

网页中的文本、图像、超链接、表格等元素，其实质上都是使用对应的 HTML 标记制作的。要在网页中添加各种网页元素，只要在 HTML 代码中插入对应的 HTML 标记并设置属性和内容即可。

2.2.1　创建文本和列表

在网页中添加文本的方式主要有以下几种。

1. 直接写文本

直接写文本是最简单的插入文本方法，有时候文本并不需要放在文本标记中，完全可以直接放在其他标记中，如<div>文本</div>、<td>文本</td>、<body>文本</body>、<li>文本</li>。

2. 用段落标记<p>…</p>格式化文本

用段落标记格式化文本，各段落文本将换行显示，段落与段落之间有一行的间距。例如：

```
<p>第一段</p><p>第二段</p><p>第三段</p>
```

3. 用标题标记<hn>…</hn>格式化文本

标题标记是具有语义的标记，它指明标记内的内容是一个标题。标题标记共有 6 种，用来定义第 n 级标题($n=1\sim6$)，n 的值越大，字越小，所以<h1>是最大的标题标记，而<h6>是最小的标题标记。标题标记中的文本将以粗体显示，实际上可看成是特殊的段落标记。

标题标记和段落标记均具有对齐属性 align，用来设置元素的内容在元素占据的一行空间内的对齐方式。该属性的取值有 left(左对齐)、right(右对齐)、center(居中对齐)。

**4. 文本换行标记
**

标记是强制换行标记，如果希望 HTML 代码中的文本在浏览器中换行，可在要换行处插入
标记。在 DW 中插入
标记要按 Shift+Enter 组合键。

5. 列表标记

为了合理地组织文本或其他元素，网页中经常要用到列表。列表标记分为无序列表<ul>、有序列表<ol>和定义列表<dl>3 种。每个列表标记都是配对标记，在列表标记中可包含若干个<li>标记，表示列表项。

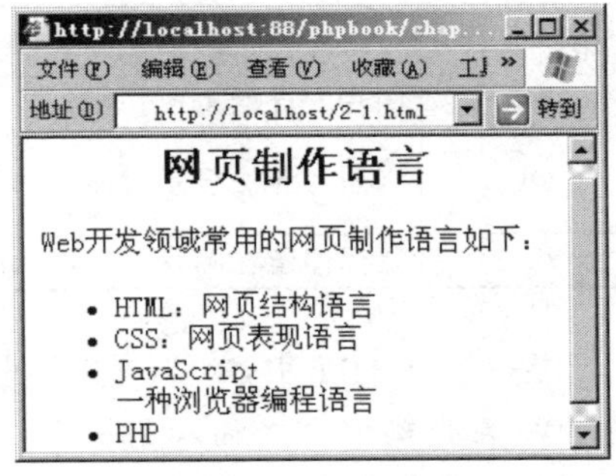

图 2-5　包含各种文本标记的网页

图 2-5 所示的是一个包含了各种文本和列表的网页。其对应的 HTML 代码如下：

```
<html><body>
    <h2 align="center">网页制作语言</h2>
```

```
    <p>Web开发领域常用的网页制作语言如下:</p>
    <ul>
        <li>HTML:网页结构语言</li>
        <li>CSS:网页表现语言</li>
        <li>JavaScript<br>一种浏览器编程语言</li>
        <li>PHP</li>
    </ul>
</body></html>
```

提示:换行标记
不会产生空行,而两个段落标记<p>之间会有一行的空隙。

2.2.2 插入图像

网页中图像对浏览者的吸引力远远大于文本,选择最恰当的图像,能够牢牢吸引浏览者的视线。图像直接表现主题,并且凭借图像的意境,使浏览者产生共鸣。缺少图像而只有色彩和文字的设计,给人的印象是没有主题的空虚的画面,浏览者将很难了解该网页的主要内容。

在HTML中,用<img>标记可以插入图像文件,并可设置图像的大小、对齐等属性,它是一个单标记。图2-6所示的网页中就插入了一张图片,其对应的HTML代码如下。

图2-6 在网页中插入图片

```
<html><body>
<p>今天钓到一条大鱼,好高兴!</p>
<img src="images/dayu.jpg" width="200" height="132" align="center" title="好大的鱼"/>
</body></html>
```

该网页中显示的图片文件位于当前文件所在目录下的images目录中,文件名为dayu.jpg,如果不存在该文件,则会显示一片空白。<img>标记的常见属性如表2-1所示。

表2-1 <img>标记的常见属性

属性	含义	属性	含义
src	图片文件的URL地址	align	图片的对齐方式,共有9种取值
alt	当图片无法显示时显示的替代文字	width、height	图片在网页中的宽和高,单位为像素或百分比
title	鼠标停留在图片上时显示的说明文字		

提示:在DW中,单击工具栏中的图像按钮( )可让用户选择插入一张图片,其实质是DW在代码中自动插入了一个<img>标记,选中插入的图像,还可在属性面板中设置图像的各种属性及图像的链接地址等。

2.2.3 创建超链接

超链接是组成网站的基本元素,通过超链接可以将很多网页链接成一个网站,并将Internet上的各个网站联系在一起,浏览者可以方便地从一个网页跳转到另一个网页。

超链接是通过URL(统一资源定位器)来定位目标信息的。URL包括网络协议(如http://)、域名或IP地址、文件路径、文件名四部分。

在网页中,<a>…</a>标记且带有href属性时表示超链接,图2-7所示的网页中创建了两个超链接,当鼠标指针移动到超链接上时会变成小手形状。其代码如下:

图2-7 网页中的超链接

```
<html><body>
  <a href="/index.html" target="_blank">网站首页</a>
  <a href="mailto:xia@qq.com" title="欢迎给我来信">联系我们</a>
</body></html>
```

<a>标记的属性及其取值如表2-2所示。

表2-2 <a>标记的属性及其取值

属性名	说明	属性值
href	超链接的URL路径	相对路径或绝对路径、Email、#锚点名
target	超链接的打开方式	_blank:在新窗口打开 _self:在当前窗口打开,默认值 _parent:在当前窗口的父窗口打开 _top:在整个浏览器窗口打开链接 窗口或框架名:在指定名称的窗口或框架中打开
title	超链接上的提示文字	属性值是任何字符串
id、name	锚点的id或名称	自定义的名称,如id="ch1"。<a>标记作为锚点使用时,不能设置href属性

超链接的源对象是指可以设置链接的网页对象,主要有文本、图像或文本图像的混合体,它们对应<a>标记的内容,另外还有热区链接。在DW中,这些网页对象的属性面板中都有"链接"设置项,可以很方便地为它们建立链接。

1. 用文本做超链接

在DW中,可以先输入文本,然后选中该文本,在属性面板的"链接"框中输入链接的地址并按Enter键;也可以单击"常用"工具栏中的"超级链接"图标,在出现的对话框中输入"文本"和链接地址;还可以在代码视图中直接写代码。无论用哪种方式做,生成的超链接代码都类似于下面的形式。

```
<a href="index.htm" target="_blank">首页</a>
```

2. 用图像做超链接

首先需要插入一幅图片,然后选中图片,在属性面板的"链接"文本框中设置图像链接的地址。生成的代码如下:

```
<a href="index.htm"><img src="images/info.gif" title="返回首页" border="0" /></a>
```

提示:用图像做超链接,最好设置<img>标记的border属性等于0,否则图像周围会出现一个蓝色的 2 像素宽的边框,很不美观。

3. 热区链接

用图像做超链接只能让整张图片指向一个链接,那么能否在一张图片上创建多个超链接呢?这时就需要热区链接。热区链接就是在图片上划出若干个区域,让每个区域分别链接到不同的网页。例如,在一张中国地图中,单击不同的省份会链接到不同的网页,就是通过热区链接实现的。

制作热区链接首先要插入一张图片,然后选中图片,在展开的图像“属性”面板上有“地图”选项,它的下方有 3 个小按钮分别是绘制矩形、圆形、多边形热区的工具,如图 2-8 所示。可以使用它们在图像上拖动绘制热区,也可以使用箭头按钮调整热区的位置。

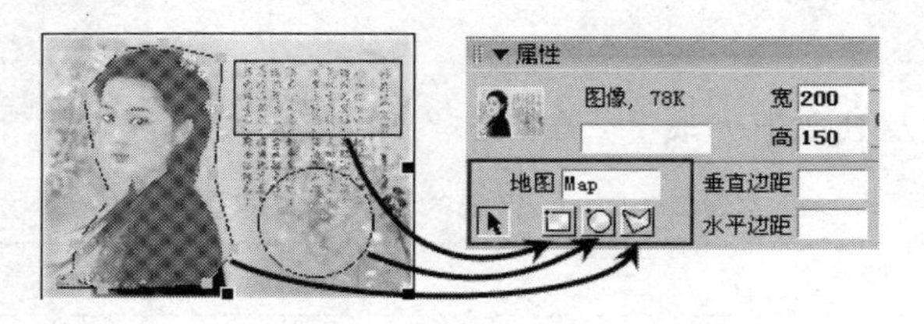

图 2-8 图像属性面板中的地图工具

绘制了热区后,可看到在 HTML 代码中增加了< map >标记,表示在图像上定义了一幅地图。地图就是热区的集合,每个热区用< area >单标记定义,因此< map >和< area >是成组出现的标记对。定义热区后生成的代码如下:

```
<img src = "images/xf.jpg" alt = "说明文字" border = "0" usemap = "#Map" />
<map name = "Map" id = "Map">
    <area shape = "rect" coords = "51,131,188,183" href = "title.htm" alt = "说明文字" />
    <area shape = "rect" coords = "313,129,450,180" href = "#h3" />
</map>
```

其中,< img >标记会增加 usemap 属性与它上面定义的地图(热区)建立关联。

< area >标记的 shape 属性定义了热区的形状,coords 属性定义了热区的坐标点,href 属性定义了热区链接的文件;alt 属性可设置鼠标指针移动到热区上时显示的提示文字。

2.2.4 创建表格

表格是网页中常见的页面元素,网页中的表格不仅用来显示数据,还可用来对网页进行排版和布局,以达到精确控制文本和图像在网页中位置的目的。通过表格布局的网页,网页中所有元素都是放置在表格的单元格(< td >标记)中的。

1. 表格的定义及其属性

表格由< table >标记定义。一个表格被分成许多行,行由< tr >标记定义,每行又被分成多个单元格,单元格由< td >标记定义。因此< table >、< tr >、< td >是表格中 3 个最基本的标记,必须同时出现才有意义。单元格< td >能容纳网页中的任何元素,如图像、文本、列表、表单,表格等。

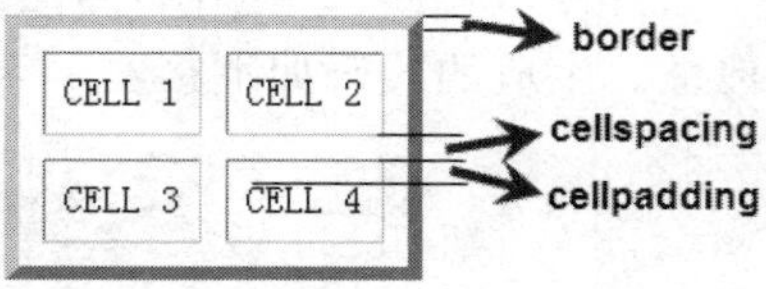

CELL 1 CELL 2 CELL 3 CELL 4 border cellspacing cellpadding

图 2-9 一个简单的表格

下面是一个简单的表格代码,它的显示效果如图 2-9

所示。

```
<table border = "6" cellpadding = "8" cellspacing = "10">
    <tr><td> CELL 1 </td>
        <td> CELL 2 </td>
    </tr>
    <tr><td> CELL 3 </td>
        <td> CELL 4 </td>
    </tr>
</table>
```

从图 2-9 可知，一个< tr >标记表示一行，< tr >标记中有两个< td >标记，表示一行中有两个单元格，因此显示为两行两列的表格。要注意在表格中行比列大，总是一行< tr >中包含若干个单元格< td >。< table >标记中还使用了几个属性，其中 border 表示表格外边框的粗细，cellspacing 表示相邻单元格之间（以及单元格与边框之间）的间距，cellpadding 表示单元格中的内容到单元格边框之间的距离。这 3 个属性都是可选的，如果省略，则它们的默认值为：border=0，cellspacing=1，cellpadding=0。

表格< table >标记还具有宽（width）和高（height）、水平对齐（align）、背景颜色（bgcolor）等属性，表 2-3 所示的是< table >标记的常见属性。

表 2-3 < table >标记的属性

属　性	含　义	属　性	含　义
border	表格外边框的宽度，默认值为 0	cellpadding	表格的填充，默认值为 0
bgcolor	表格的背景色	width，height	表格的宽和高，可以使用像素或百分比作单位
cellspacing	表格的间距，默认值为 1	align	表格的对齐属性，可以让表格左右或居中对齐

2. 单元格的对齐属性

单元格< td >标记具有 align 和 valign 属性，其含义如下。

(1) align：单元格中内容的水平对齐属性，取值为 left（默认值）、center、right。

(2) valign：单元格中内容的垂直对齐属性，取值为 middle（默认值）、top、bottom。

单元格中的内容默认是水平左对齐、垂直居中对齐的。由于默认情况下单元格是以能容纳内容的最小宽度和高度定义大小的，因此必须设置单元格的宽和高使其大于最小宽和高的值时才能看到对齐的效果。例如，下列代码的显示效果如图 2-10 所示。

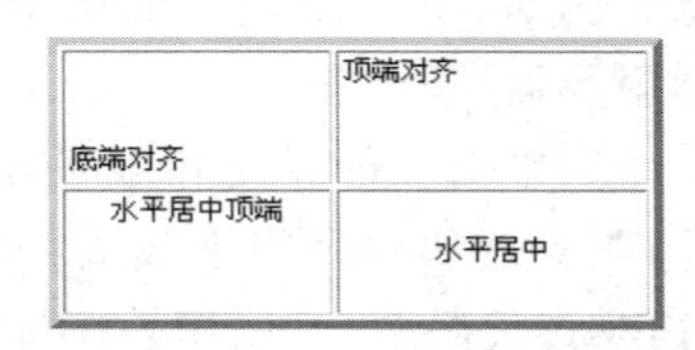

图 2-10 align 属性和 valign 属性

```
<table width = "256" border = "4" cellpadding = "2">
  <tr valign = "bottom" height = "58">
    <td width = "82">底端对齐</td>
    <td width = "96" valign = "top">顶端对齐</td>
```

```
    </tr>
    <tr align="center" height="54">
      <td valign="top">水平居中顶端</td>
      <td>水平居中</td>
    </tr>
  </table>
```

3. 单元格的合并属性

如果要合并某些单元格才能制作出如图 2-11 所示的表格,则必须使用单元格的合并属性,单元格< td >标记的合并属性有 colspan(跨多列属性)和 rowspan(跨多行属性),是< td >标记特有的属性,分别用于合并列和合并行。例如:

课程表	星期一	
	上午	下午
	语文	数学

图 2-11　单元格合并后的效果

```
<td colspan="2">星期一</td>
```

表示该单元格由两列(两个并排的单元格)合并而成,它将使该行< tr >标记中减少一个< td >标记。又如:

```
<td rowspan="3">课程表</td>
```

表示该单元格由 3 行(3 个上下排列的单元格)合并而成,它将使该行下的两行,两个< tr >标记中分别减少一个< td >标记。

实际上,colspan 和 rowspan 属性也可以在一个单元格< td >标记中同时出现。例如:

```
<td colspan="3" rowspan="3"> </td>  <! -- 合并了 3 行 3 列的 9 个单元格 -->
```

2.3　创建表单

表单是浏览器与服务器之间交互的重要手段,利用表单可以收集客户端提交的有关信息。例如,图 2-12 所示的是用户注册表单,用户单击"提交"按钮后表单中的信息就会发送到服务器。

表单由表单界面和服务器端程序(如 ASP)两部分构成。表单界面由 HTML 代码编写,服务器端程序用来收集用户通过表单提交的数据。本节只讨论表单界面的制作。在 HTML 代码中,可以用表单标记定义表单,并且指定接收表单数据的服务器端程序文件。

表单处理信息的过程为:当单击表单中的"提交"按钮时,在表单中填写的信息就会发送到服务器,然后由服务器端的有关应用程序进行处理,处理后或者将用户提交的信息储存在服务器端的数据库中,或者将有关的信息返回到客户端浏览器。

2.3.1　< form >标记及其属性

< form >标记用来创建一个表单,即定义表单的开始和结束位置,这一标记有几方面的作用。首先,限定表单的范围,一个表单中的所有表单域标记,都要写在< form >与</form >

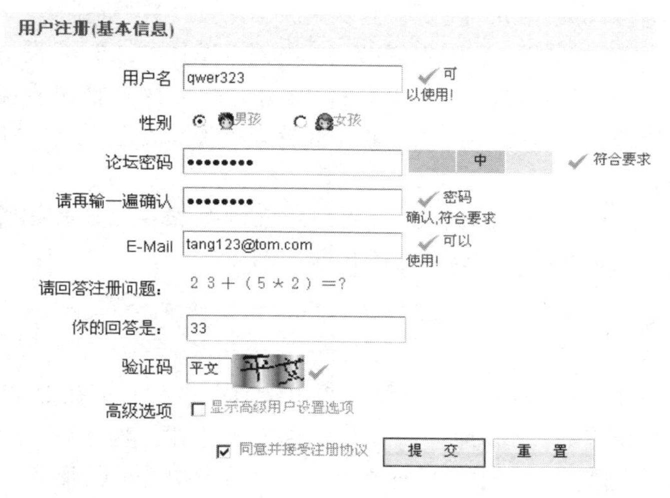

图 2-12 用户注册表单

之间,单击“提交”按钮时,提交的也是该表单范围内的内容。其次,携带表单的相关信息,如处理表单的脚本程序的位置(action)、提交表单的方法(method)等。这些信息对于浏览者是不可见的,但对于处理表单却起着决定性的作用。

< form >标记中包含的表单域标记通常有< input >、< select >和< textarea >等,图 2-13 所示的是 Dreamweaver 表单工具栏中各种表单元素与表单标记的对应关系。

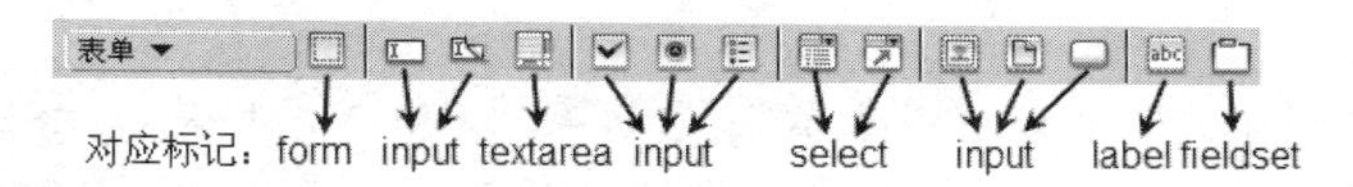

图 2-13 表单元素与表单标记的对应关系

在图 2-13 中单击“表单”按钮( )后,就会在网页中插入一个表单< form >标记,此时会在属性面板中显示< form >标记的属性设置,如图 2-14 所示。

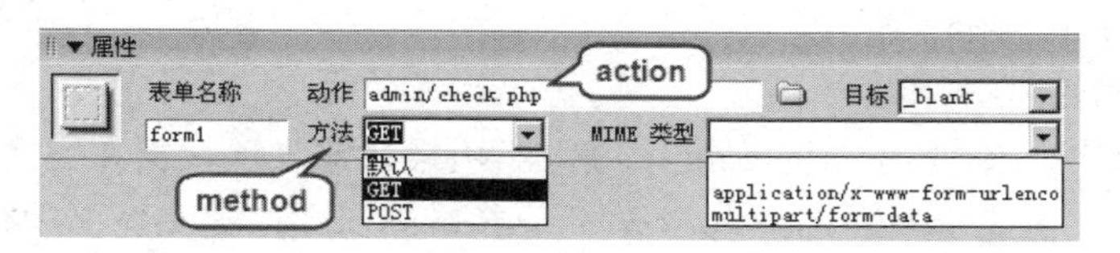

图 2-14 < form >标记的属性面板

在图 2-14 中,< form >标记具有的属性如下。

1. name 属性

“表单名称”对应表单的 name 属性,可设置一个唯一的名称以标识该表单,如< form name= "form1">,该名称仅供 JavaScript 代码调用表单中的元素。

2. action 属性

“动作”对应表单的 action 属性。action 属性用来设置接收表单内容的程序文件的 URL。例如,< form action="admin/check.asp">表示当用户提交表单后,将转到 admin 目录下的 check.asp 页面,并由 check.asp 接收发送来的表单数据,该文件执行完毕后(通常是对表单数据进行处理),将返回执行结果(生成的静态网页)给浏览器。

在“动作”文本框中可输入相对 URL 或绝对 URL。如果不设置 action 属性(即 action=""),表单中的数据将提交给表单自身所在的文件,这种情况常见于将表单代码和处理表单的程序写在同一个动态网页中,否则将没有接收和处理表单内容的程序。

3. method 属性

“方法”对应< form >的 method 属性,用来定义浏览器将表单数据传递到服务器的方式,取值只能是 GET 或 POST(默认值是 GET)。例如:

```
<form method = "post">
```

(1) 使用 GET 方式时,Web 浏览器将各表单字段名称及其值按照 URL 参数格式的形式,附在 action 属性指定的 URL 地址后一起发送给服务器。例如,一个使用 GET 方式的 form 表单提交时,在浏览器地址栏中生成的 URL 具有类似下面的形式:

```
http://ec.hynu.cn/admin/check.asp?name = alice&password = 123
```

使用 GET 方式生成的 URL 格式为:每个表单域元素名称与取值之间用“=”分隔,形成一个参数;各个参数之间用 & 分隔;而 action 属性所指定的 URL 与参数之间用“?”分隔。

(2) 使用 POST 方式时,浏览器将把各表单域元素名称及其值作为 HTTP 消息的实体内容发送给 Web 服务器,而不是作为 URL 参数传递。因此,使用 POST 方式传送的数据不会显示在地址栏中。

提示: 不要使用 GET 方式发送大数据量的表单(如表单中有文件上传域时)。因为 URL 长度最多只能有 8192 个字符,如果发送的数据量太大,数据将被截断,从而导致发送的数据不完整。另外,在发送机密信息时(如用户名和口令、信用卡号等),不要使用 GET 方式。否则,浏览者输入的口令将作为 URL 显示在地址栏上,而且还将保存在浏览器的历史记录文件和服务器的日志文件中。因此,GET 方式不适合于发送有机密性要求的数据和发送大数据量数据的场合。

4. enctype 属性

“MIME 类型”对应< form >的 enctype 属性,用来指定表单数据在发送到服务器之前应该如何编码。默认值为 application/x-www-form-urlencode,表示表单中的数据被编码成“名=值”对的形式,因此在一般情况下无须设置该属性。但如果表单中含有文件上传域,则需设置该属性为 multipart/form-data,并设置提交方式为 POST。

5. target 属性

“目标”对应< form >的 target 属性,用来指定当提交表单时,action 属性所指定的动态网页以哪种方式打开(如在新窗口还是原窗口)。target 属性取值方式有 4 种,其含义与< a >标记的 target 属性相同,如表 2-2 所示。

2.3.2 < input/>标记

< input/>标记是用来收集用户输入信息的标记,它是一个单标记。< input/>至少应具有两个属性:一是 type 属性,用来决定这个< input >标记的含义,type 属性共有 10 种取值,

各种取值的含义如表 2-4 所示；二是 name 属性，用来定义该表单域标记的名称，如果没有该属性，虽然不会影响表单的界面，但服务器将无法获取该表单域提交的数据。

表 2-4 <input>标记 type 属性取值的含义

type 属性值	含　义	type 属性值	含　义	type 属性值	含　义
text	文本框	file	文件域	submit	提交按钮
password	密码框	hidden	隐藏域	reset	重置按钮
radio	单选按钮			button	普通按钮
checkbox	复选框			image	图像按钮

1. 单行文本框

当<input/>的 type 属性为 text 时，即<input type="text" …/>将在表单中创建一个单行文本框，如图 2-15 所示。文本框用来收集用户输入的少量文本信息。例如：

```
姓名：<input type="text" name="user" size="20" />
```

上述代码表示该单行文本框的宽度为 20 个字符，名称属性为 user。

如果用户在该文本框中输入了内容（假设输入 Tom），那么提交表单时，提交给服务器的数据就是 user=Tom。即表单提交的数据总是 name=value 对的形式。由于 name 的属性值为 user，而文本框的 value 属性值为文本框中的内容，因此有以上结果。

如果用户没有在该文本框中输入内容，那么提交表单时，提交给服务器的数据就是“user=”。

在初次打开网页时文本框一般是空的。如果要使文本框显示初始值，可设置其 value 属性，value 属性的值将作为文本框的初始值显示。如果希望单击文本框时清空文本框中的值，可对 onfocus 事件编写 JavaScript 代码，因为单击文本框时会触发文本框的 onfocus 事件。其示例代码如下，效果如图 2-15 所示。文本框和密码框的常用属性如表 2-5 所示。

```
查询 <input type="text" name="seach" value="请输入关键字" onfocus="this.value=''" />
```

查询 请输入关键字　　查询

图 2-15 设置了 value 属性值的文本框在网页载入时（左）和单击后（右）

表 2-5 文本框和密码框的常用属性

属 性 名	功　能	示　例
value	设置文本框中显示的初始内容，如果不设置，则文本框显示的初始值为空，用户输入的内容将会作为最终的 value 属性值	value="请在此输入"
size	指定文本框的宽度，以字符个数为度量单位	size="16"
maxlength	设置用户能够输入的最多字符个数	maxlength="11"
readonly	文本框为只读，用户不能改变文本框中的值，但用户仍能选中或复制其文本，其内容也会发送到服务器	readonly="readonly"
disabled	禁用文本框，文本框将不能获得焦点，提交表单时，也不会将文本框的名称和值发送给服务器	disabled="disabled"

提示：readonly 可防止用户对值进行修改，直到满足某些条件为止（如选中了一个复选框），此时需要使用 JavaScript 清除 readonly 属性。disabled 可应用于所有表单元素。

2. 密码框

当< input/>的 type 属性为 password 时，表示该< input/>是一个密码框。密码框与文本框基本相同，只是用户输入的字符会以圆点显示，以防被旁人看到。但表单发送数据时仍然会把用户输入的真实字符作为其 value 值以不加密的形式发送给服务器。示例代码如下，显示效果如图 2-16 所示。

```
密码：<input type="password" name="pw" size="15" />
```

3. 单选按钮

< input type="radio"…/>用于在表单上添加一个单选按钮，但单选按钮需要成组使用才有意义。只要将多个单选按钮的 name 属性值设置为相同，它们就形成一组单选按钮。浏览器只允许一组单选按钮中的一个被选中。当用户提交表单时，在一个单选按钮组中，只有被选中的单选按钮的名称和值（即 name/value 对）才会被发送给服务器。

因此同组的每个单选按钮的 value 属性值必须各不相同，以实现选中不同的单选按钮，就能发送同一 name 不同 value 值的功能。下面是一组单选按钮的代码，效果如图 2-17 所示。

```
性别：男 <input type="radio" name="sex" value="1" checked="checked" />
      女 <input type="radio" name="sex" value="2" />
```

密码：••••••

图 2-16　密码框

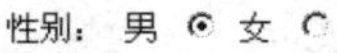

性别：男 ◉ 女 ○

图 2-17　单选按钮

其中，checked 属性设定初始状态时单选按钮哪一项处于选中状态，不设定表示都不选中。

4. 复选框

< input type="checkbox" />用于在表单上添加一个复选框。复选框可以让用户选择一项或多项内容，复选框的一个常见属性是 checked，该属性用来设置复选框初始状态时是否被选中。复选框的 value 属性只有在复选框被选中时才有效。如果表单提交时，某个复选框是未被选中的，那么复选框的 name 和 value 属性值都不会传递给服务器，就像没有这个复选框一样。只有某个复选框被选中，它的名称（name 属性值）和值（value 属性值）才会传递给服务器。下面的代码是一个复选框的示例，显示效果如图 2-18 所示。

```
爱好：<input name="fav1" type="checkbox" value="1" /> 跳舞
      <input name="fav2" type="checkbox" value="2" /> 散步
      <input name="fav3" type="checkbox" value="3" /> 唱歌
```

提示：从以上示例可看出，选择类表单标记（单选按钮、复选框或下拉列表框等）和输入类表单标记（文本域、密码域、多行文本域等）的重要区别是：选择类标记必须事先设定每个元素的 value 属性值，而输入类标记的 value 属性值一般由用户输入，可以不设定。

5. 文件上传域

< input type="file" …/>是表单的文件上传域，用于浏览器通过表单向服务器上传文件。使用< input type="file" />元素，浏览器会自动生成一个文本框和一个“浏览”按钮，供用户选择上传到服务器的文件，其示例代码如下，效果如图 2-19 所示。

```
< input type = "file" name = "upfile" />
```

图 2-18 复选框

图 2-19 文件上传域

用户可以使用“浏览”按钮打开一个文件对话框选择要上传的文件，也可以在文本框中直接输入本地的文件路径名。

注意：如果< form >标记中含有文件上传域，则< form >标记的 enctype 属性必须设置为“multipart/form-data”，并且 method 属性必须是 post。

6. 隐藏域

< input type="hidden" …/>是表单的隐藏域，隐藏域不会显示在网页中，但是当提交表单时，浏览器会将这个隐藏域元素的 name/value 属性值对发送给服务器。因此隐藏域必须具有 name 属性和 value 属性，否则毫无作用。例如：

```
< input type = "hidden" name = "user" value = "Alice" />
```

隐藏域是网页之间传递信息的一种方法。例如，假设网站的用户注册过程由两个步骤完成，每个步骤对应一个网页文件。用户在第一步的表单中输入了用户名，接着进入第二步的网页中，在这个网页中填写爱好和特长等信息。如果在第二个网页提交时，要将第一个网页中收集到的用户名也传送给服务器，就需要在第二个网页的表单中加入一个隐藏域，让它的 value 值等于接收到的用户名。

2.3.3 < select >和< option >标记

< select >标记表示下拉列表框或列表框，是一个标记含义由其 size 属性决定的元素。如果该标记没有设置 size 属性，那么就表示是下拉列表框。如果设置了 size 属性，则变成了列表框，列表的行数由 size 属性值决定。如果再设置了 multiple 属性，就表示列表框允许多选。下拉列表框中的每一项都由< option >标记定义，还可使用< optgroup >标记添加一个不可选中的选项，用于给选项进行分组，如下面代码所示，其显示效果如图 2-20(a)所示。

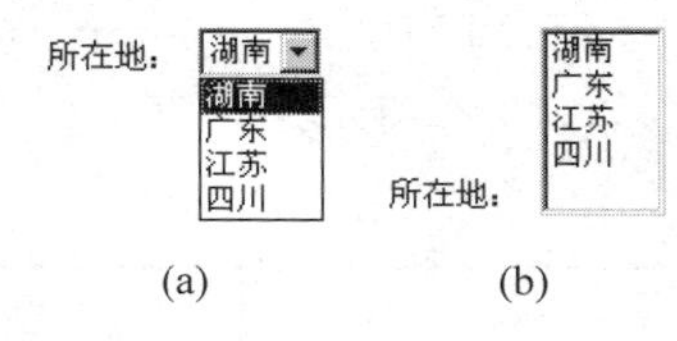

(a) (b)

图 2-20 下拉列表框和列表框

```
所在地：< select name = "addr">     <! -- 添加属性 size = "5"则为图 2 - 20(b)所示的列表框 -- >
    < option value = "1">湖南</option >
    < option value = "2">广东</option >
    < option value = "3">江苏</option >
    < option value = "4">四川</option ></select >
```

提交表单时,select 标记的 name 属性值将与选中选项的 value 属性值一起作为 name/value 信息对传送给服务器。如果< option >标记没有设置 value 属性,那么提交表单时,将把选中选项中的文本(如“湖南”)作为 name/value 信息对的 value 部分发送给服务器。

2.3.4 多行文本域标记< textarea >

< textarea >是多行文本域标记,用于让浏览者输入多行文本,如发表评论或留言等。< textarea >是一个双标记,它没有 value 属性,而是将标记中的内容显示在多行文本框中,提交表单时也是将多行文本框中的内容作为 value 值提交。例如:

```
<textarea name = "comments" cols = "40" rows = "4" wrap = "virtual">
```

上述代码表示是一个多行文本域有 4 行,每行可容纳 40 个字符,换行方式为虚拟换行的多行文本域。

</textarea >< textarea >的属性有以下几种。

(1) cols:用来设置文本域的宽度,单位是字符。

(2) rows:用来设置文本域的高度(行数)。

(3) wrap:设置多行文本的换行方式,取值方式有以下 3 种,默认值是文本自动换行,对应虚拟(virtual)方式。

① 关(off):不让文本换行。当用户输入的内容超过文本区域的右边界时,文本将向左侧滚动,不会换行。用户必须按 Return 键才能将插入点移动到文本区域的下一行。

② 虚拟(virtual):表示在文本区域中设置自动换行。当用户输入的内容超过文本区域的右边界时,文本换行到下一行。当提交数据进行处理时,换行符并不会添加到数据中。

③ 实体(physical):文本在文本域中也会自动换行,但是当提交数据进行处理时,会把这些自动换行符转换为< br/>标记添加到数据中。

2.3.5 HTML5 新增的表单标记和属性

HTML5 在表单方面作了很大的改进,包括使用 type 属性增强表单、表单元素可以出现在 form 标记之外、input 元素新增了很多可用属性等。

1. input 标记的新增类型值

在 HTML5 中,< input >标记在原有类型(type 属性值)的基础上,新增了许多类型名称,如表 2-6 所示。

表 2-6 < input >标记新增的类型

类型名称	type 属性	功能描述
网址输入框	< input type="url">	用来输入网址的文本框
E-mail 输入框	< input type="email">	用来输入 E-mail 地址的文本框
数字输入框	< input type="number">	输入数字的文本框,并可设置输入值的范围
范围滑动条	< input type="range">	可拖动滑动条,用于改变一定范围内的数字
日期选择框	< input type="date">	可选择日期的文本框
搜索输入框	< input type="search">	输入搜索关键字的文本框

其中，网址输入框与 E-mail 输入框虽然从外观上看与普通文本框相同，但是它会检测用户输入的文本是否是一个合法的网址或 E-mail 地址，从而不需要再使用 JavaScript 脚本来验证用户输入内容的有效性。

数字输入框示例代码如下，在 Google 浏览器中的外观如图 2-21(a)所示。

```
< input type = "number" min = "1960" max = "1990" step = "1" value = "1980" />
```

相对于普通文本框，数字文本框会检验输入的内容是否为数字，并且可以设置数字的最小值(min)、最大值(max)和步进值(step)。当单击数字输入框右侧的上下箭头时，就会递增或递减当前值。

范围滑动条的示例代码如下，在 Google 浏览器中的外观如图 2-21(b)所示。

```
0 < input type = "range" min = "0" max = "20" value = "10" /> 20
```

搜索输入框专门用于关键字查询，该类型输入框与普通文本框在功能和外观上没有太大区别，唯一区别是，当用户在搜索输入框中填写内容时，输入框右侧将会出现"×"按钮，单击该按钮，就会清空输入框中内容。搜索输入框示例代码如下，运行结果如图 2-21(c)所示。

```
< input name = "keyword" type = "search" />
```

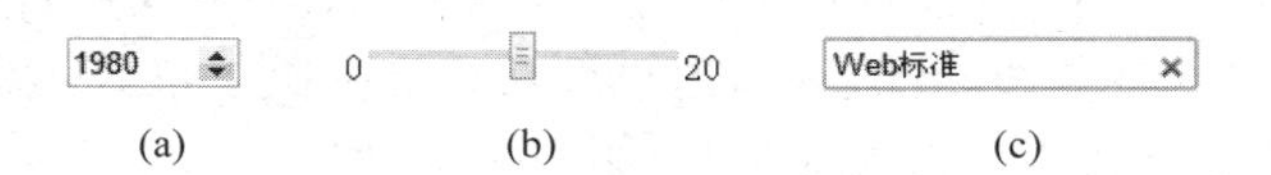

图 2-21　数字输入框、范围滑动条和搜索输入框的效果

日期选择框的示例代码如下，在浏览器中将显示一个日期选择的界面。

```
< input name = "birth" type = "date" value = "2013 - 06 - 10" />
```

可见，日期选择框能够弹出日期界面供用户选择，如果对其设置 value 属性，则会显示该属性中的值作为默认日期。type 属性除了 date 外，将 type 属性设置为 time、month、week、datetime、datetime-local 均表示日期选择框，只不过此时只能选择时间、月份、星期等值。

提示： 如果浏览器不支持这些 HTML 5 中的 type 属性值，则会取 type 属性的默认值 text，从而将 input 元素解释为文本框。

2. input 标记新增的公共属性

在 HTML5 中，input 标记新增了很多公共属性，如表 2-7 所示。除此之外，还新增了一些特有属性，如 range 类型中的 min、max、step 等。

(1) autofocus 属性：当 input 元素具有 autofocus 属性时，会使页面加载完成后，该元素自动获得焦点(即光标位于该输入框内)。

(2) pattern 属性：对于比较复杂的规则验证，如验证用户名"是否以字母开头，包含字符或数字和下画线，长度为 6～8"。则需要使用 pattern 属性设置正则表达式验证，如 pattern="^[a-zA-Z]\w(5,7) $ "。

表 2-7　input 标记新增的公共属性

属　　性	HTML 代码	功能说明
autofocus	<input autofocus="true">	设置元素自动获得焦点
pattern	<input pattern="正则表达式">	使用正则表达式验证 input 元素的内容
placeholder	<input placeholder="默认内容">	设置文本输入框中的默认内容
required	<input required="true">	是否检测文本输入框中的内容为空
novalidate	<input novalidate="true">	是否验证文本输入框中的内容
autocomplete	<input autocomplete="on">	使 form 或 input 具有自动完成功能

(3) placeholder 属性：该属性可在文本框中放置一些提示文本(通常以灰色显示)，当输入文本时，提示文本消失。placeholder 属性示例代码如下，其效果类似于图 2-15。

```
<input name = "keyword" type = "search" placeholder = "请输入关键字" />
```

(4) required 属性：该属性用来验证输入框的内容是否为空，如果为空，在表单提交时，会显示错误提示信息。

(5) novalidate 属性：该属性表示提交表单时不验证表单或输入框的内容，该属性适用于<form>及以下类型的<input>标记，包括 text、search、url、telephone、email、password、date pickers、range 及 color。

(6) autocomplete 属性：该属性用来设置表单或输入框是否具有自动完成功能，其属性值是 on 或 off。开启自动完成功能后，当用户成功提交一次表单后，以后每次再提交表单时，都会在输入框下方出现以前输入过的内容供用户选择。

这些属性的功能过去一般都是用 JavaScript 脚本实现，而现在用 HTML5 属性实现后，可以大大减少对 JavaScript 代码的使用。

3. 新增的表单元素

在 HTML5 中，除新增了 input 标记的类型外，还新增了许多新的表单元素，如 datalist、keygen、output 等。这些元素的加入，极大地丰富了表单数据的操作，优化了用户体验。

(1) datalist 元素。datalist 标记的功能是辅助表单中文本框的数据输入。datalist 元素本身是隐藏的，它需要与文本框的 list 属性绑定，只要将 list 属性值设置为 datalist 元素的 ID 属性即可。绑定成功后，用户在文本框输入内容时，datalist 元素将以列表的形式显示在文本框底部，提示输入的内容，与自动完成的功能类似。datalist 元素示例代码如下，运行效果如图 2-22 所示。

```
<input type = "text" id = "zhiye" list = "career" />
<datalist id = "career">
    <option value = "工人"></option>
    <option value = "医生"></option>
    <option value = "公务员"></option>
</datalist>
```

(2) <output>元素。<output>元素的功能是在页面中显示各种不同类型表单元素的内容或运算后的结果，如输入框的值。output 元素需要配合 onFormInput 事件使用，在表单输入框中输入内容时，将触发该事件，从而可方便地获取到表单中各个元素的输入内容。下面是一个例子，当改变表单中两个文本框的值时，output 元素的值也随之改变，其效果如图 2-23 所示。

```
<form oninput = "x.value = parseInt(a.value) + parseInt(b.value)">
0 < input type = "range" id = "a" value = "50"> 100
  + < input type = "number" id = "b" value = "50">
  = < output name = "x" for = "a b"></output >
</form >
```

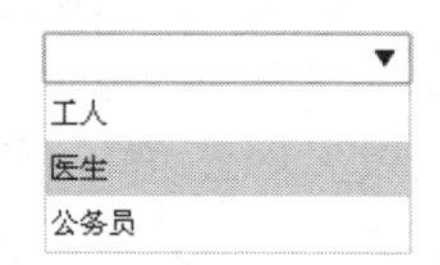

图 2-22 datalist 元素示例

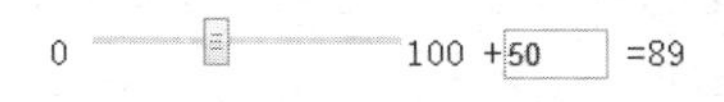

图 2-23 <output>元素示例

（3）keygen 元素。keygen 元素用于生成页面的密钥。如果在表单中添加该元素，那么当表单提交时，该元素将生成一对密钥：一个称为私钥，将保存在客户端；另一个称为公钥，将发送给服务器，由服务器进行保存，公钥可用于客户端证书的验证。

在表单中，插入一个 name 值为 userinfor 的<keygen>元素，其代码如下：

```
<keygen name = "userinfor" keytype = "rsa" />
```

则会在页面中显示一个选择密钥位数的下拉列表框，当选择列表框中的密钥长度值后，提交表单，将根据所选择的密钥位数生成一对公私钥，并将公钥发送给服务器。

目前，只有 Google Chrome、Firefox 和 Opera 浏览器支持该元素，因此，如果将 keygen 作为客户端安全保护的一种有效措施，还需要一些时间。

2.3.6 表单数据的传递过程

1. 表单向服务器提交的信息内容

当单击表单的"提交"按钮后，表单将向服务器发送表单中填写的信息，发送形式是各个表单元素的"name=value & name= value & name= value…"。下面以图 2-24 中的表单为例来分析表单向服务器提交的内容(输入的密码是 123)，该表单的代码如下。

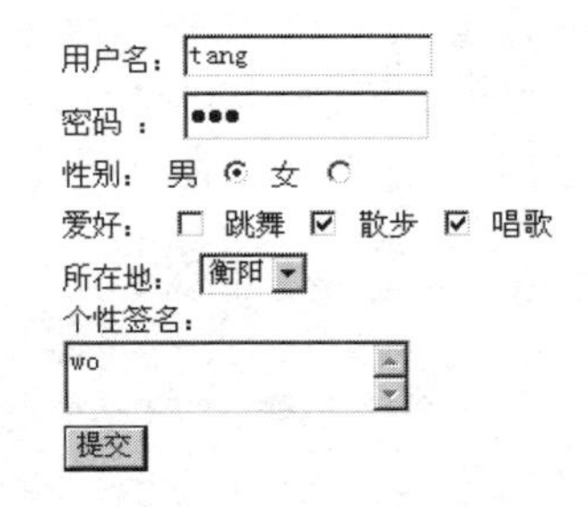

图 2-24 一个输入了数据的表单

```
<form action = "login.php" method = "post">
  <p>用户名: < input name = "user" id = "xm" type = "text" size = "15" /> </p>
  <p>密码: < input name = "pw" type = "password" size = "15" /></p>
  <p>性别: 男 < input type = "radio" name = "sex" value = "1" />
     女 < input type = "radio" name = "sex" value = "2" /></p>
```

```
<p>爱好：<input name="fav1" type="checkbox"  value="1" />跳舞
        <input name="fav2" type="checkbox" value="2" />散步
        <input name="fav3" type="checkbox" value="3" /> 唱歌 </p>
  <p>所在地：<select name="addr">
      <option value="1">长沙</option>
      <option value="2">湘潭</option>
      <option value="3">衡阳</option>
    </select></p>
  <p>个性签名：<br/><textarea name="sign"></textarea></p>
  <p><input type="submit" name="Submit" value="提交" /></p>
</form>
```

表单向服务器提交的内容总是 name/value 信息对，对于文本类输入框来说，value 的值是用户在文本框中输入的字符。对于选择框（单选按钮、复选框和列表框）来说，value 的值必须事先设定，只有某个选项被选中后它的 value 值才会生效。因此图 2-21 提交的数据是：

```
user=tang&pw=123&sex=1&fav2=2&fav3=3&addr=3&sign=wo&Submit=提交
```

提示：

① 如果表单只有一个提交按钮，可去掉它的 name 属性（如 name="Submit"），防止提交按钮的 name/value 属性对也一起发送给服务器，因为这些是多余的。

② <form>标记的 name 属性通常是为 JavaScript 调用该 form 元素提供方便的，没有其他用途。如果没有 JavaScript 调用该 form 则可省略其 name 属性。

2. 表单的三要素

一个最简单的表单必须具有以下三要素。

(1) <form>标记，没有它表单中的数据不知道提交到哪里去，并且不能确定这个表单的范围。

(2) 至少有一个输入域（如 input 文本域或选择框等），这样才能收集到用户的信息，否则没有信息提交给服务器。

(3) 提交按钮，没有它表单中的信息无法提交。（当然，如果使用 Ajax 等高级技术提交表单，表单也可以不具有第(2)项和第(3)项，但本章不讨论这些）。

用户可查看百度首页中表单的源代码，这算是一个最简单的表单了，它的源代码如下：

```
<form name=f action=s>
    <input type=text name=wd id=kw size=42 maxlength=100>
    <input type=submit value=百度一下 id=sb>……
</form>
```

从上述代码可以看出，它具有上述的表单三要素，因此是一个完整的表单。

2.4 CSS 基础

CSS(Cascading Styles Sheets，层叠样式表)是用于控制网页样式并允许将样式信息与网页内容分离的一种标记性语言。HTML 和 CSS 的关系就是“内容”和“形式”的关系，由

HTML 组织网页的结构和内容,而通过 CSS 来决定页面的表现形式。CSS 和 XHTML 都是由 W3C 负责组织和制定的。

2.4.1 CSS的语法

CSS 样式表由一系列样式规则组成,浏览器将这些规则应用到相应的元素上,CSS 语言实际上是一种描述 HTML 元素外观(样式)的语言,一条 CSS 样式规则由选择器(Selector)和声明(Declarations)组成,如图 2-25 所示。选择器是为了选中网页中某些元素的,也就是告诉浏览器,这段样式将应用到哪组元素。

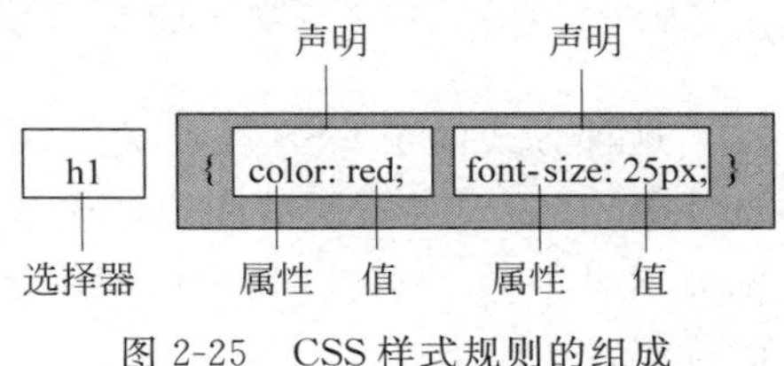

图 2-25 CSS 样式规则的组成(标记选择器)

选择器用来定义 CSS 规则的作用对象,它可以是一个标记名,表示将网页中所有该标记的元素全部选中。图 2-25 中的 h1 选择器就是一个标记选择器,它将网页中所有<h1>标记的元素全部选中,而声明则用于定义元素样式。在{ }之内的所有内容都是声明,声明又分为属性(Property)和值(value),属性是 CSS 样式控制的核心,对于每个 HTML 元素,CSS 都提供了丰富的样式属性,如颜色、大小、背景、盒子、定位等,表 2-8 所示的是一些最常用的 CSS 属性。值指属性的值,CSS 属性值可分为数值型值和枚举型值,数值型值一般都要带单位。

表 2-8 最常用的 CSS 属性

CSS 属性	含　义	举　例
font-size	字体大小	font-size:14px;
color	字体颜色(仅能设置字体的颜色)	color:red;
line-height	行高	line-height:160%;
text-decoration	文本修饰(如增删下画线)	text-decoration:none;
text-indent	文本缩进	text-indent:2em;
background-color	背景颜色	background-color:#ffeeaa;

CSS 的属性和值之间用冒号隔开,注意 CSS 属性和值的写法与 HTML 属性的区别。如果要设置多个属性和值,可以书写多条声明,并且每条声明之间要用分号隔开。对于属性值的书写,有以下 3 个规则。

(1) 如果属性的某个值不是一个单词,则值要用引号引起来,如 p {font-family: "sans serif"}。

(2) 如果一个属性有多个值,则每个值之间要用空格隔开,如 a {padding: 6px 4px 3px}。

(3) 如果要为某个属性设置多个候选值,则每个值之间用逗号隔开,如 p {font-family: "Times New Roman", Times, serif}。

2.4.2 在 HTML 中引入 CSS 的方法

HTML 和 CSS 是两种作用不同的语言,它们同时对一个网页产生作用,因此必须通过一些方法,将 CSS 与 HTML 挂接在一起,才能正常工作。

在 HTML 中，引入 CSS 的方法有行内式、嵌入式、导入式和链接式 4 种。

1. 行内式

所有 HTML 标记都有一个通用的属性"style"，行内式就是将元素的 CSS 规则作为 style 属性的属性值写在元素的标记内，例如：

```
<td style = "color: red; text - decoration: underline" width = "92 %">
```

这种方式由于 CSS 规则就在标记内，其作用对象就是该元素。因此不需要指定 CSS 的选择器，只需要书写属性和值。该方法的优点是对代码的改动最小，如果需要做测试或对个别元素设置 CSS 属性时，可以使用这种方式，但它没有体现出 CSS 统一设置许多元素样式的优势。

2. 嵌入式

嵌入式将页面中各种元素的 CSS 样式设置集中写在< style >和</style >之间，< style >标记是专用于引入嵌入式 CSS 的一个 html 标记，它只能放置在文档头部，即< style >…</style >只能放置在文档的< head >和</head >之间。例如：

```
<head>
<style type = "text/css">
    h1{
        color: red;
        font - size: 25px;   }
</style>
</head>
```

对于单一的网页，这种方式很方便。但是对于一个包含很多页面的网站，如果每个页面都以嵌入式的方式设置各自的样式，不仅麻烦，冗余代码多，而且网站每个页面的风格不好统一。因此一个网站通常都是编写一个独立的 CSS 文件，使用链接式或导入式，引入到网站的所有 HTML 文档中。

3. 链接式和导入式

当样式需要应用于很多页面时，外部样式表(外部 CSS 文件)将是理想的选择。外部样式表就是将 CSS 规则写入到一个单独的文本文件中，并将该文件的后缀名命名为. css。链接式和导入式的目的都是为了将外部 CSS 文件引入到 HTML 文件中，其优点是可以让很多网页共享同一个 CSS 文件。

链接式是在网页头部通过< link >标记引入外部 CSS 文件，例如：

```
<link href = "style1.css" rel = "stylesheet" type = "text/css" />
```

而导入式是通过 CSS 规则中的@import 指令来导入外部 CSS 文件，例如：

```
<style type = "text/css">
   @import url("style2.css");
</style>
```

链接式和导入式最大的区别在于，链接式使用HTML的标记引入外部CSS文件，而导入式则是用CSS的规则引入外部CSS文件，因此它们的语法不同。

此外，这两种方式的显示效果也略有不同。使用链接式时，会在装载页面主体部分之前装载CSS文件，这样显示出来的网页从一开始就是带有样式效果的；而使用导入式时，要在整个页面装载完之后再装载CSS文件，如果页面文件比较大，则开始装载时会显示无样式的页面。从浏览者的感受来说，这是使用导入式的一个缺陷。

提示：在学习CSS或制作单个网页时，为了方便可采取行内式或嵌入式方法引入CSS，但若要制作网站则主要应采用链接式引入外部CSS文件，以便使网站内的所有网页风格统一。而且在使用外部样式表的情况下，可以通过改变一个外部CSS文件来改变整个网站所有页面的外观。

2.4.3 选择器的分类

选择器就是为了选中文档中要应用样式的那些元素，为了能够灵活选中文档中的某类或某些元素，CSS定义了很多种选择器。CSS的基本选择器包括标记选择器、类选择器、ID选择器和伪类选择器4种。

1. 标记选择器

标记是元素的固有特征，CSS标记选择器用来声明哪种标记采用哪种CSS样式。因此，每一种HTML标记的名称都可以作为相应的标记选择器的名称，标记选择器形式如图2-31所示，它将拥有该标记的所有元素全部选中。例如：

```
< style type = "text/css">
p{                                  /* 标记选择器 */
      color:blue;
      font - size:18px;   }
</style >
      < p>选择器之标记选择器 1 </p>
      < p>选择器之标记选择器 2 </p>
      < p>选择器之标记选择器 3 </p>
      < h3 > h3 则不适用</h3 >
```

以上所有3个p元素都会应用p标记选择器定义的样式，而h3元素则不会受到影响。

2. 类选择器

标记选择器一旦声明，那么页面中所有该标记的元素都会产生相应的变化。例如，当声明< p >标记为红色时，页面中所有的< p >元素都将显示为红色。但是如果希望其中某些< p >元素不是红色，而是蓝色时，就需要将这些< p >元素自定义为一类，用类选择器来选中它们；或者希望不同标记的元素属于同一类，应用同一样式，如某些< p >元素和< h3 >元素都是蓝色，则可以将这些不同标记的元素定义为同一类。

要应用类选择器，首先应使用HTML标记的通用属性class对元素定义类别，只要对不同的元素定义相同的类名，那么这些元素就会被划分为同一类，然后再根据类名定义类选择器来选中该类元素，类选择器以半角“.”开头，下面是一个例子。

```
<style type="text/css">
.one{                                 /* 类选择器.one */
    color: red;      /* 字体颜色红色 */  }
.two{                                 /* 类选择器.two */
    font-size:20px;      /* 文字大小20像素 */  }
</style>
    <p>选择器之标记选择器1</p>
   <p class="one">应用第一种class选择器样式</p>
   <p class="two">应用第二种class选择器样式</p>
   <p class="one two">同时应两种class选择器样式</p>
   <h3 class="two">h3同样适用</h3>
```

以上定义了类别名的元素都会应用相应的类选择器的样式,其中第三行的p元素和h3元素被定义成了同一类,而第四行通过class="one two"将同时应用两种类选择器的样式,得到红色20像素的大字体,对一个元素定义多个类别是允许的,就好像一个人既是教师又是作家一样。第一行的p元素因未定义类别名则不受影响,仅作为对比时参考。

3. ID选择器

ID选择器的使用方法与class选择器基本相同。不同之处在于,一个ID选择器只能应用于一个元素,而class可以应用于多个元素。ID选择器以半角#开头。

```
<style type="text/css">
    #one{
        font-weight:bold;              /* 粗体 */  }
</style>
   <p id="one">ID选择器1</p>
```

2.4.4 CSS的盒子模型

在网页的布局和页面元素的表现方面,要掌握的最重要的概念是CSS的盒子模型(Box Model)及盒子在浏览器中的排列(定位),这些概念控制元素在页面上的排列和显示方式,形成CSS的基本布局。

页面上的每个元素都被浏览器看成是一个矩形的盒子,这个盒子由元素的内容、填充、边框和边界组成,如图2-26所示。在浏览器看来,页面中任何元素,无论是图像、段落还是标题都只是一个盒子。网页就是由许多个盒子通过不同的排列方式(上下排列、并列排列、嵌套)堆积而成的。

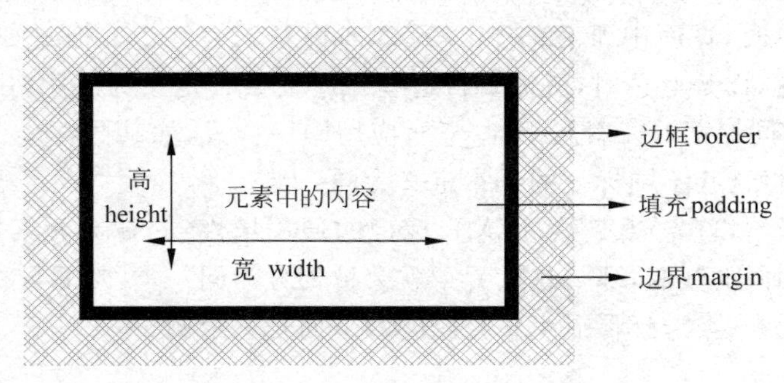

图2-26 盒子模型及有关属性

但是在默认情况下绝大多数元素的盒子边界、边框和填充宽度都是 0，元素的背景是透明的，所以在不设置 CSS 样式的情况下看不出元素是个盒子，但这个盒子确实是存在的。

盒子的概念是非常容易理解的，但是如果要精确地利用盒子排版，有时候 1 像素都不能够差，这就需要非常精确地理解盒子的计算方法。盒子模型的填充、边框、边界宽度都可以通过相应的属性分别设置上、右、下、左 4 个距离的值，内容区域的宽度可通过 width 和 height 属性设置，增加填充、边框和边界虽不会影响内容区域的尺寸，但会增加盒子的总尺寸。

因此一个元素盒子的实际宽度＝左边界＋左边框＋左填充＋内容宽度＋右填充＋右边框＋右边界。例如，有 div 元素的 CSS 样式定义如下：

```
div{
    background: #9cf;     margin: 20px;
    border: 10px solid #039;     padding: 40px;
    width: 200px;    }
```

则其总宽度为：20＋10＋40＋200＋40＋10＋20＝340(px)。

通过 CSS 重新定义元素样式，用户不仅可以设置盒子的 margin、padding 和 border 的宽度值，还可以设置盒子边框和背景的颜色，从而美化网页元素。

习题 2

一、选择题

1. HTML 中最大的标题元素是(　　)。
   A. <head>　　B. <title>　　C. <h1>　　D. <h6>
2. 下列(　　)元素不能够相互嵌套使用。
   A. 表格　　B. 表单 form　　C. 列表　　D. div
3. 下述元素中(　　)都是表格中的元素。
   A. <table><head><th>　　B. <table><tr><td>
   C. <table><body><tr>　　D. <table><head><footer>
4. <title>标记中应该放在(　　)标记中。
   A. <head>　　B. <table>　　C. <body>　　D. <div>
5. 下述(　　)表示的是图像元素。
   A. <img>image.gif</img>　　B. <img href="image.gif" />
   C. <img src="image.gif" />　　D. <image src="image.gif" />
6. 要在新窗口打开一个链接指向的网页需用到(　　)。
   A. href="_blank"　　B. name="_blank"
   C. target="_blank"　　D. href="#blank"
7. align 属性的可取值不包括以下哪一项(　　)。
   A. left　　B. center　　C. middle　　D. right

8. 下述(　　)表示表单控件元素中的下拉列表框元素。

A. <select>　　B. <input type="list">

C. <list>　　D. <input type="options">

9. 下列(　　)表述是不正确的。

A. 单行文本框和多行文本框都是用相同的 HTML 标记创建的

B. 列表框和下拉列表框都是用相同的 HTML 标记创建的

C. 单行文本框和密码框都是用相同的 HTML 标记创建的

D. 使用图像按钮<input type="image">也能提交表单

二、填空题

1. colspan 是________标记的属性，cellpadding 是________标记的属性，target 是________标记或________标记的属性，<input>标记至少会具有________属性，<img>标记必须具有________属性，如果作为超链接，<a>标记必须具有________属性。

2. 设#title{padding：6px 10px 4px}，则 id 为 title 的元素左填充是________。

3. 如果要使下面代码中的文字变红色，则应填入：

```
<h2 ________>课程资源</h2>
```

三、简述题

下面的表单元素代码都有错误，你能指出它们分别错在哪里吗？

```
① <input name="country" value="Your country here." />
② <checkbox name="color" value="teal" />
③ <input type="password" value="pwd" />
④ <textarea name="essay" height="6" width="100">Your story.</textarea>
⑤ <select name="popsicle">
    <option value="orange" /><option value="grape" /><option value="cherry" />
</select>
```

四、实操题

1. 根据下面的代码画出表格：

```
<table width="466" height="127">
    <tr><td></td><td rowspan="2"></td></tr>
    <tr><td></td></tr></table>
```

2. 仿照图 2-12，设计一个用户注册的表单页面。

第3章

JavaScript

JavaScript 是一种脚本语言。脚本(Script)是一段可以嵌入到其他文档中的程序,用来完成某些特殊的功能。脚本既可以运行在浏览器端(称为客户端脚本),也可以运行在服务器端(称为服务器端脚本)。本章以 JavaScript 语言为基础介绍客户端脚本编程。

3.1 JavaScript 入门

客户端脚本经常用来检测浏览器,响应用户动作、验证表单数据及动态改变元素的 HTML 属性或 CSS 属性等,由浏览器对客户端脚本进行解释执行。由于脚本程序驻留在客户机上,因此响应用户动作时无须与 Web 服务器进行通信,从而降低了网络的传输量和 Web 服务器的负荷,目前的 RIA(Rich Internet Application,富集网络应用程序)技术提倡可以在客户端完成的功能都尽量放在客户端运行。

目前使用最广泛的两种脚本语言是 JavaScript 和 VBScript。需要说明的是,这两种语言都既可以作为客户端脚本也可以作为服务器端脚本。但 JavaScript 对于浏览器的兼容性比 VBScript 要好,所以已经成为客户端脚本事实上的标准,而 VBScript 由于是微软 ASP 默认的服务器端脚本语言,因此一般用作服务器端脚本。

3.1.1 JavaScript 的特点和功能

1. JavaScript 的特点

JavaScript 是一种基于对象的语言。基于对象的语言含有面向对象语言的编程思想,但比面向对象语言简单。

面向对象程序设计力图将程序设计为一些可以完成不同功能的独立部分(对象)的组合体。相同类型的对象作为一个类(class)被组合在一起,(例如,“小汽车”对象属于“汽车”类)。基于对象的语言与面向对象语言的不同之处在于,它自身已包含一些已创建完成的对象,通常情况下都是使用这些已创建好的对象,而不需要创建新的对象类型——“类”,来创建新对象。

JavaScript是事件驱动的语言。当用户在网页中进行某种操作时,就产生了一个"事件"(event)。JavaScript是事件驱动的,当事件发生时,它可以对其做出响应。具体如何响应由编写的事件处理程序完成。

JavaScript是浏览器的编程语言,它与浏览器的结合使它成为最流行的编程语言之一。由于JavaScript依赖于浏览器本身,与操作系统无关,因此它具有跨平台性。

2. JavaScript的功能

JavaScript可以完成以下任务。

(1) JavaScript为HTML提供了一种程序工具,弥补了HTML语言作为描述性语言不能编写程序的不足,JavaScript和HTML可以很好地结合在一起。

(2) JavaScript可以为HTML页面添加动态内容,如document.write("<h1>" + name + "</h1>"),这条JavaScript可以向一个HTML页面写入一个动态的内容。其中,document是JavaScript的内部对象,write是方法,向其写入内容。

(3) JavaScript能响应一定的事件,因为JavaScript是基于事件驱动机制的,所以若浏览器或用户的操作发生一定的变化,触发了事件,JavaScript都可以做出相应的响应。

(4) JavaScript可以动态地获取和改变HTML元素的属性或CSS属性,从而动态地创建网页内容或改变内容的显示,这是JavaScript应用最广泛的领域。

(5) JavaScript可以检验数据,因此在客户端就能验证表单。

(6) JavaScript可以检测用户的浏览器,从而为用户提供合适的页面。

(7) JavaScript可以创建和读取Cookie,从而为浏览者提供更加个性化的服务。

3. JavaScript的限制功能

JavaScript作为客户端语言使用时,设计它的目的是在用户的计算机上执行任务,而不是在服务器上。因此,JavaScript有一些固有的限制,这些限制主要出于安全原因。

(1) JavaScript不允许读写客户端计算机上的文件。唯一例外的是,JavaScript可以写到浏览器的Cookie文件,但是也有一些限制。

(2) JavaScript不允许读写服务器计算机上的文件,也不能访问本网站所在域外的脚本和资源。

(3) JavaScript不能从来自另一个服务器的已经打开的网页中读取信息。也就是说,网页不能读取已经打开的其他窗口中的信息,因此无法探察访问这个站点的浏览者还在访问哪些其他站点。

(4) JavaScript不能操纵不是由它自己打开的窗口。这是为了从避免一个站点关闭其他任何站点的窗口,从而独占浏览器。

(5) JavaScript调整浏览器窗口大小和位置时也有一些限制,不能将浏览器窗口设置得过小或将窗口移出屏幕之外。

3.1.2 JavaScript的代码结构

JavaScript是事件驱动的语言。当用户在网页中进行某种操作时,就产生了一个"事件"。事件几乎可以是任何事情:单击一个网页元素、拖动鼠标指针等均可视为事件。JavaScript是事件驱动的,当事件发生时,它可以对其做出响应。具体如何响应某个事件由编写的事件处理程序决定。

因此，一个 JavaScript 程序一般由“事件＋事件处理程序”组成。根据事件处理程序所在的位置，在 HTML 代码中嵌入 JavaScript 有 3 种方式。

1. 将脚本嵌入到 HTML 标记的事件中(行内式)

HTML 标记中可以添加“事件属性”，其属性名是事件名，属性值是 JavaScript 脚本代码。例如(3-1. html)：

```
<html><body>
    <p onclick="alert('Hello,The Web World!');">Click Here</p>
</body></html>
```

其中，onclick 就是一个 JavaScript 事件名，表示单击鼠标事件。alert(…)；是事件处理代码，作用是弹出一个警告框。因此，当在这个 p 元素上单击时，就会弹出一个警告框，运行效果如图 3-1 所示。

图 3-1 3-1. html 和 3-2. html 的运行效果

2. 使用< script >标记将脚本嵌入到网页中

如果事件处理程序的代码很长，则一般把事件处理程序写在一个函数(称为事件处理函数)中，然后在事件属性中调用该函数。下面代码的运行效果与 3-1. html 完全相同。

```
<html><head>          <!-- 3-2.html -->
<title>第一个 JavaScript 程序</title>
<script>
    function msg () {                         //定义函数 msg
        alert ("Hello, the WEB world!") ;  }
</script></head>
<body>
   <p onclick="msg()">Click Here</p>  <!--通过事件调用函数 -->
</body></html>
```

其中，“onclick="msg()"”表示调用函数 msg。可见，调用 JavaScript 函数可写在 HTML 标记的事件属性中，但函数的代码必须写在< script >和</script >标记之间。

将 JavaScript 代码写成函数的一个好处是，可以让多个 HTML 元素或不同事件调用同一个函数，从而提高了代码的重用性。

提示：< script >标记是专门用来在 HTML 中嵌入 JavaScript 代码的标记。建议将所有的 JavaScript 代码都写在< script >和</script >标记之间，而不要写在 HTML 标记的事件属性内。这可实现 HTML 代码与 JavaScript 代码的分离。

3. 使用< script >标记的 src 属性链接外部脚本文件

如果有多个网页文件需要共用一段 JavaScript，则可以把这段脚本保存成一个单独的. js 文件(JavaScript 外部脚本文件的扩展名为 js)，然后在网页中调用该文件，这样既提高了代码的重用性，也方便了维护，修改脚本时只需单独修改这个 js 文件的代码即可。

引用外部脚本文件的方法是使用< script >标记的 src 属性来指定外部文件的 URL。示例代码如下(3-3. html 和 3-3. js 位于同一目录下)，运行效果如图 3-1 所示。

```
------------------------------3-3.html 的代码------------------------------
<html><body>
<script type="text/JavaScript" src="3-3.js "></script>
<p onclick="msg()">Click Here</p>
</body></html>
-------------------------------3-3.js 的代码-------------------------------
function msg () {                    //定义函数 msg
    alert ("Hello,the WEB world!") ; }
```

从上面的几个例子可以看出，网页中引入 JavaScript 的方法其实与引入 CSS 的方法有很多相似之处，也有嵌入式、行内式和链接式。不同之处在于，用嵌入式和链接式引入 JavaScript 都是用同一个标记<script>，而 CSS 则分别使用了<style>和<link>标记。

3.1.3 JavaScript 开发和调试工具

编写 JavaScript 可以使用任何文本编辑器，但为了具有代码提示功能和程序调试功能，推荐使用下列 JavaScript 开发工具。

(1) Dreamweaver CS4：从 CS4 版本开始增加了对 JavaScript 的代码提示功能。

(2) Aptana：除了支持 JavaScript，还支持 jQuery、Dojo、Ajax 等开发框架。

(3) 1st JavaScript。

Google Chrome、IE、Firefox 等浏览器都具有 JavaScript 程序调试功能。以 Google Chrome 浏览器为例，只要在浏览器窗口中右击，在弹出的快捷菜单中选择“检查”选项，即可打开如图 3-2 所示的开发者工具，如果 JavaScript 程序在运行中发生错误，则在该窗口右上角会显示错误按钮和错误条数，单击“错误”按钮，则会弹出 Console(控制台)窗口，此时可看到具体的错误提示和错误所在的文件行数(调试之前最好单击“刷新”按钮将以前的错误提示清除)。

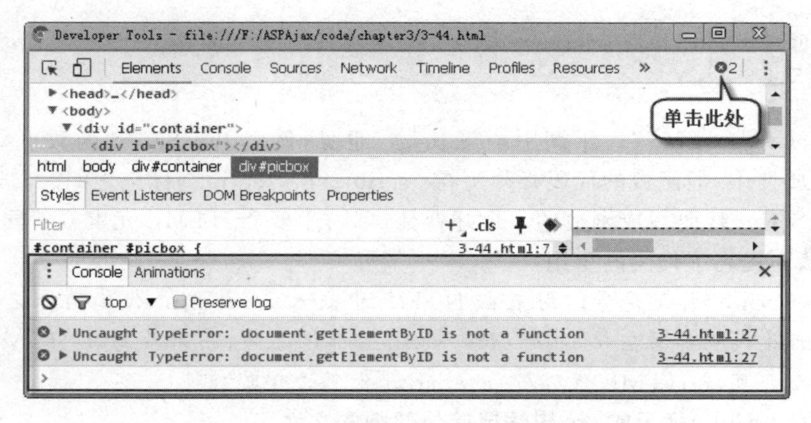

图 3-2 chrome 浏览器的控制台

如果要使用 IE 浏览器来调试 JavaScript 程序，可以执行“工具”→“Internet 选项”命令，在弹出的对话框中选择“高级”选项卡，选中其中的“显示每个脚本错误的通知”复选框，这样每次打开网页就会提示 JavaScript 程序的错误了。并且其错误提示的范围比 Firefox 的错误控制台更大。

提示：JavaScript 存在的浏览器兼容问题比 CSS 更加严重，因此 JavaScript 程序一定要通过 Google Chrome 和 IE 8 两种浏览器的测试检验。

3.2 JavaScript 语言基础

JavaScript 的语法类似于 Java 或 C 语言，但其独特之处在于，JavaScript 中的一切数据类型都是对象，并可以模拟类的实现，且功能并不简单。

3.2.1 JavaScript 的变量

JavaScript 的变量是一种弱类型变量。所谓弱类型变量，是指它的变量无特定类型，定义任何变量都是用 var 关键字，并可以将其初始化为任何值，而且可以随意改变变量中所存储的数据类型，当然为了程序规范应该避免这样操作。

JavaScript 的变量定义与赋值示例如下：

```
var name = "Six Tang";                  //定义了一个字符串变量
var age = 28;                           //定义了一个数值型变量
var male = True;                        //将变量赋值为布尔型
```

每行结尾的分号可有可无，而且 JavaScript 还可以不声明变量直接使用，它的解释程序会自动用该变量名创建一个全局变量，并初始化为指定的值。但用户应养成良好的编程习惯，变量在使用前都应当声明。另外，变量的名称必须遵循下面 5 条规则。

(1) 首字符必须是字母、下画线(_)或美元符号($)。

(2) 余下的字母可以是下画线、美元符号、任意字母或数字。

(3) 变量名不能是关键字或保留字。

(4) 变量名区分大小写。

(5) 变量名中不能有空格、回车符或其他标点字符。

例如，下面的变量名是非法的。

```
var 5zhao;                          //数字开头，非法
var tang - s, tang's;               //对于变量名，中画线或单引号是非法字符
var this;                           //不能使用关键字作为变量名
```

提示：为了符合编程规范，推荐变量的命名方式是：当变量名由多个英文单词组成时，第一个英文单词全部小写，以后每个英文单词的第一个字母大写，如 var myClassName。

3.2.2 JavaScript 的运算符

运算符是指完成操作的一系列符号，也称为操作符。运算符用于将一个或多个值运算成结果值，使用运算符的值称为算子或操作数。在 JavaScript 中，常用的运算符可分为四类。

1. 算术运算符

算术运算符所处理的对象都是数字类型的操作数。在对数值型的操作数进行处理之后，返回的还是一个数值型的值。算术运算符包括+、-、*、/、%(取模，即计算两个整数相

除的余数)、++(递增运算,递加 1 并返回数值或返回数值后递加 1,取决于运算符的位置)、--(递减运算)。

2. 比较运算符

基本关系运算符(表 3-1)通常用于检查两个操作数之间的关系,即两个操作数之间是相等、大于还是小于关系等。关系运算符可以根据是否满足该关系而返回 true 或 false。

表 3-1 基本关系(比较)运算符

运 算 符	说 明	例 子	结 果
==	是否相等(只检查值)	x=5, y="5"; x==y	true
===	是否全等(检查值和数据类型)	x=5,y="5"; x===y	false
!=	是否不等于	5!=8	true
!==	是否不全等于	x=5,y="5";x!==y	true
>、<、>=、<=	大于、小于、大于等于、小于等于	x=5, y=3; x>y	true

另外,还有两个特殊的关系运算符:in 和 instanceof。

(1) in 运算符用于判断对象中是否存在某个属性,例如:

```
var o = {title: "Informatics", author: "Tang"}
"title" in o                   //返回 ture,对象 o 具有 title 属性
"pub" in o                     //返回 false,对象 o 不具有 pub 属性
```

in 运算符对运算符左右两个操作数的要求比较严格。in 运算符要求左边的操作数必须是字符串类型或可以转换为字符串类型的其他类型,而右边的操作数必须是对象或数组。只有左边操作数的值是右边操作数的属性名,才会返回 true,否则返回 false。

(2) instanceof 运算符用于判断对象是否为某个类的实例,例如:

```
var d = new Date();
    d instanceof Date;         //返回 true
    d instanceof object;       //返回 true,因为 Date 类是 object 类的实例
```

3. 逻辑运算符

逻辑运算符(表 3-2)的运算结果只有 true 和 false 两种。

表 3-2 逻辑运算符

运 算 符	说 明	例 子	结 果
&&	逻辑与	x=6, y=3	(x < 10 && y > 1) returns true
||	逻辑或	x=6, y=3	(x==5 || y==5) returns false
!	逻辑非	x=6, y=3	!(x==y) returns true

4. 赋值运算符

JavaScript 基本的赋值运算符是=符号,它将等号右边的值赋给等号左边的变量,如 x=y,表示将 y 的值赋给 x。除此之外,JavaScript 还支持带操作的运算符,给定 x=10 和 y=5,表 3-3 所示的是各种赋值运算符的作用。

表 3-3 赋值运算符

运算符	例子	等价于	结果	运算符	例子	等价于	结果
=	x=y		x=5	*=	x*=y	x=x*y	x=50
+=	x+=y	x=x+y	x=15	/=	x/=y	x=x/y	x=2
-=	x-=y	x=x-y	x=5	%=	x%=y	x=x%y	x=0

5. 连接运算符

连接运算符“+”用于对字符串进行接合操作，例如：

```
txt1 = "What a very" ;   txt2 = "nice day! " ;
txt3 = txt1 + " " + txt2 ;
```

则变量 txt3 的值是："What a very nice day!"。

注意，连接运算符+和加法运算符+的符号相同，如果运算符左右的操作数中有一个是字符型或字符串类型，那么+表示连接运算符，如果所有操作数都为数值型，那么+表示加法运算符。例如：

```
var a = 1,b = 2;
var txt1 = "这个月是" + a + b + "月。";
var txt2 = "这个月是" + (a + b) + "月。";
document.write(txt1);                    //输出"这个月是 12 月。"
document.write(txt2);                    //输出"这个月是 3 月。"
```

从上例可以看出，只要表达式中有字符串或字符串变量，那么所有的+就都会变成连接运算符，表达式中的数值型数据也会自动转换为字符串。如果希望数值型数据中的“+”仍为加法运算符，可以为它们添加括号，使加法运算符的优先级增高。

6. 其他运算符

JavaScript 还支持一些其他运算符，主要有以下几种。

(1) 条件操作符“?:”。条件运算符是 JavaScript 中唯一的三目运算符，即它的操作数有 3 个，用法如下：

```
x = (condition)? 100: 200;
```

它实际上是 if 语句的一种简写形式，例如上述表达式等价于：

```
if (condition) x = 100;
else x = 200;
```

(2) typeof 运算符。typeof 运算符返回一个用来表示表达式的数据类型的字符串，如“string”“number”“object”等。例如：

```
var a = "abc";    alert(typeof a);    //返回 string
var b = true;    alert(typeof b);    //返回 boolean
```

(3) 下标运算符[]。下标运算符[]用来引用数组中的元素。例如：

```
arr[3]
```

(4) 逗号运算符“,”。逗号运算符“,”用来分开不同的值。例如：

```
var a, b
```

(5) 函数调用运算符“()”。JavaScript 的函数运算符是“()”之前是被调用的函数名，括号内部是由逗号分隔的参数列表，如果被调用的函数没有参数，则括号内为空。例如：

```
function f (x, y)  {return x + y;}
alert (f (2,3));                              //返回值为 5
(function (x, y)  {return x + y;})            //匿名函数
alert ((2,3));                                //调用匿名函数,返回值为 5
```

(6) new 运算符。new 运算符用来创建一个对象或生成一个对象的实例。例如：

```
var a = new Object;         //创建一个 Object 对象,对于无参数的构造函数括号可省略
var dt = new Date();        //创建一个新的 Date 对象
```

7. 运算符的优先级

JavaScript 中的运算符优先级是一套规则。该规则在计算表达式时控制运算符执行的顺序。具有较高优先级的运算符先于较低优先级的运算符执行。例如，乘法的执行先于加法。

圆括号可用来改变运算符优先级所决定的求值顺序。这意味着圆括号中的表达式应在其用于表达式的其余部分之前全部被求值。例如：

```
var x = 5, y = 7;
z = (x + 4 > y)?x++:++y;          //返回值为 5
```

在对 z 赋值的表达式中有 5 个运算符：＝,＋,＞,(),＋＋,?:。根据运算符优先级的规则，它们将按下面的顺序求值：(),＋,＞,＋＋,?:,＝。

首先对圆括号内的表达式求值。先将 x 和 4 相加得 9，然后将其与 7 比较大小，是否大于 7，得到 true，接着执行 x＋＋，得到 5，最后把 x 的值赋给 z，所以 z 返回值为 5。

8. 表达式

表达式是运算符和操作数的组合。表达式是以运算符为基础的，表达式的值是对操作数实施运算符所确定的运算后产生的结果。表达式可分为算术表达式、字符串表达式、赋值表达式及逻辑表达式等。

3.2.3 JavaScript 数据类型

JavaScript 支持字符串、数值型和布尔型 3 种基本数据类型，支持数组、对象两种复合数据类型，还支持未定义、空、引用、列表和完成。其中后 3 种类型仅仅作为 JavaScript 运行

时的中间结果的数据类型，因此不能在代码中使用。本节介绍一些常用的数据类型及其属性和方法。

1. 字符串(String)

字符串由零个或多个字符构成，字符可以是字母、数字、标点符号或空格。字符串必须放在单引号或双引号中。例如：

```
var course = "data structure"
```

但如果一个字符串中含有双引号，则只能将该字符串放在单引号中，例如：

```
var case = 'the birthday"19801106"'
```

更通用的方法是使用转义(escaping)字符“\”实现特殊字符按原样输出，例如：

```
var score  = " run time 3\'15\""    //输出 3'15"
```

2. JavaScript 中的转义字符

在 JavaScript 中，字符串都必须用引号引起来，但有些特殊字符是不能写在引号中的，如(")，如果字符串中含有这些特殊字符就需要利用转义字符来表示，转义字符以反斜杠开始表示。表 3-4 所示的是一些常见的转义字符。

表 3-4　JavaScript 的转义字符

代　码	输　出	代　码	输　出	代　码	输　出
\'	单引号	\\	反斜杠\	\t	tab，制表符
\"	双引号	\n	换行符	\b	后退一格
\&	&	\r	返回，esc	\f	换页

如果要测试这些转义字符的具体含义，可以用下面的语句将它们输出在页面上。

```
document.write ("<pre>\&\'\"\\\n\r\tabc\b</pre>");
```

3. 字符串的常见属性和方法

字符串(String)对象具有下列属性和方法，下面先定义一个示例字符串 myString：

```
var myString  =  "This is a sample";
```

(1) length 属性：它是字符串对象唯一的一个属性，将返回字符串中字符的个数，例如：

```
alert (myString.length);        //返回 16
```

即使字符串中包含中文(双字节)，每个中文也只算一个字符。

(2) charAt 方法：它返回字符串对象在指定位置处的字符，第一个字符位置是 0。例如：

```
myString.charAt(2);          //返回 i
```

(3) charCodeAt：返回字符串对象在指定位置处字符的十进制的 ASCII 码。

```
myString.charCodeAt(2);       //返回 i 的 ASCII 码 105
```

(4) indexOf：用于查找和定位子串，它返回要查找的子串在字符串对象中的位置。

```
myString.indexOf("is");    //返回 2
```

还可以加参数，指定从第几个字符开始查找。如果找不到则返回－1。

```
myString.indexOf("i",2);        //从索引为 2 的位置"i"后面的第一个字符开始向后查找，返回 2
```

(5) lastIndexOf：要查找的子串在字符串对象中的倒数位置。

```
myString.lastIndexOf("is");           //返回 5
myString.lastIndexOf("is",2)          //返回 2
```

(6) substr 方法：根据开始位置和长度截取子串。

```
myString.substr(10,3);        //返回 sam,10 表示开始位置,3 表示长度
```

(7) substring 方法：根据起始位置截取子串。

```
myString.substring(5,9);        //返回 is a, 5 表示开始位置,9 表示结束位置
```

(8) split 方法：根据指定的符号将字符串分割成一个数组。

```
  var a = myString.split(" ");
//a[0] = "This" a[1] = "is" a[2] = "a" a[3] = "sample"
```

(9) replace 方法：替换子串。

```
myString.replace("sample","apple");        //结果"This is a apple"
```

(10) toLowerCase 方法：将字符串变成小写字母。

```
myString.toLowerCase();        //this is a sample
```

(11) toUpperCase 方法：将字符串变成大写字母。

```
myString. toUpperCase();        //THIS IS A SAMPLE
```

4. 数值型(number)

在 Javascript 中，数值型数据不区分整型和浮点型，数值型数据和字符型数据的区别是

数值型数据不需要用引号括起来。例如,下面都是正确的数值表示法。

```
var num1 = 23.45;
var num2 = 76;
var num3 =- 9e5;                    //科学计数法,即 - 900000
```

5. 布尔型(boolean)

布尔型数据的取值只有两个：true 和 false。布尔型数据不能用引号引起来,否则就变成字符串了。用方法 typeof()可以很清楚地看到这点,typeof()返回一个字符串,这个字符串的内容是变量的数据类型名称。

```
var married = true;
document.write(typeof(married) + "<br />");         //输出 boolean
```

6. 数据类型转换

在 JavaScript 中,除了可以隐式转换数据类型之外(将变量赋予另一种数据类型的值),还可以显式转换数据类型。显式转换数据类型,可以增强代码的可读性。显式转换数据类型的方法有以下两种：将对象转换为字符串和基本数据类型转换。

(1) 数值转换为字符串。常见的数据类型转换是将数值转化为字符串,这可以通过 toString()方法,或者直接用加号在数值后加上一个长度为空的字符串。例如：

```
var a = 4;     var b = a + "";  var c = a.toString();  var d = "stu" + a;
alert(typeof(a) + " " + typeof(b) + " " + typeof(c) + " " + typeof(d));
                                          //返回"number string string string"
var a = b = c = 5;
alert(a + b + c.toString());                            //返回 105
```

(2) 字符串转换为数值。字符串转换为数值是通过 parseInt()和 parseFloat()方法实现的,前者将字符串转换为整数,后者将字符串转换为浮点数。如果字符串中不存在数字,则返回 NaN。例如：

```
document.write(parseInt("4567red") + "<br>");            //返回 4567
document.write(parseInt("53.5") + "<br>");               //返回 53
document.write(parseInt("0xC") + "<br>");                //直接进制转换,返回 12
document.write(parseInt("tang@tom.com") + "<br>");       //返回 NaN
```

parseFloat()方法与 parseInt()方法的处理方式类似,只是会转换为浮点数(带小数),读者可把上例中的 parseInt()都改为 parseFloat()测试验证。

3.2.4 数组

数组(array)是由名称相同的多个值构成的一个集合,集合中的每个值都是这个数组的元素。例如,可以使用数组变量 rank 来存储论坛用户所有可能的级别。

1. 数组的定义

在 JavaScript 中,数组使用关键字 Array 来声明,同时还可以指定这个数组元素的个数，也就是数组的长度(length)，例如：

```
var rank = new Array(12);                                   //第1种定义方法
```

如果无法预知某个数组中元素的最终个数，定义数组时也可以不指定长度，例如：

```
var myColor = new Array();
myColor[0] = "blue";
myColor[1] = "yellow";
myColor[2] = "purple";
```

以上代码创建了数组myColor，并定义了3个数组项，如果以后还需要增加其他的颜色，则可以继续定义myColor[3]、myColor[4]等，每增加一个数组项，数组长度就会动态的增长。另外还可以用参数创建数组，例如：

```
var Map = new Array("China", "USA", "Britain");       //第2种定义方法
Map[4] = "Iraq";
```

则此时动态数组的长度为5，其中Map[3]的值为undefined。

除了用Array对象定义数组外，数组还可以用方括号直接定义，例如：

```
var Map = ["China", "USA", "Britain"];                     //第3种定义方法
```

2. 数组的常用属性和方法

(1) length属性：用来获取数组的长度，数组的位置同样是从0开始的。例如：

```
var Map = new Array("China", "USA", "Britain");
alert(Map.length + " " + Map[2]);                          //返回3 Britain
```

(2) toString方法：将数组转化为字符串。例如：

```
var Map = new Array("China", "USA", "Britain");
alert(Map.toString() + " " + typeof(Map.toString()));
```

(3) concat方法：在数组中附加新的元素或将多个数组元素连接起来构成新数组。例如：

```
var a = new Array(1,2,3);
var b = new Array(4,5,6);
alert(a.concat(b));                                        //输出1,2,3,4,5,6
alert(a.length);                                           //长度不变,仍为3
```

也可以直接连接新的元素。例如：

```
a.concat(4,5,6);                                           //a变成1,2,3,4,5,6
```

(4) join 方法：将数组的内容连接起来，返回字符串，默认为“,”连接。例如：

```
var a = new Array(1,2,3);
alert(a.join());                          //输出 1,2,3
```

也可用指定的符号连接。例如：

```
alert(a.join("-"));                       //输出 1-2-3
```

(5) push 方法：在数组的结尾添加一个或多个项，同时更改数组的长度。例如：

```
var a = new Array(1,2,3);
a.push(4,5,6);
alert(a.length);                          //输出为 6
```

(6) pop 方法：返回数组的最后一个元素，并将其从数组中删除。例如：

```
var a1 = new Array(1,2,3);
alert(a1.pop());                          //输出 3
alert(a1.length);                         //输出 2
```

(7) shift 方法：返回数组的第一个元素，并将其从数组中删除。例如：

```
var a1 = new Array(1,2,3);
alert(a1.shift());                        //输出 1
alert(a1.length);                         //输出 2
```

(8) unshift 方法：在数组开始位置插入元素，返回新数组的长度。例如：

```
var a1 = new Array(1,2,3);
a1.unshift(4,5,6)
alert(a1);                                //输出 4,5,6,1,2,3
```

(9) slice 方法：返回数组的片断(或子数组)。该方法有两个参数，分别指定开始和结束的索引(不包括第二个参数索引本身)；如果只有一个参数该方法返回从该位置开始到数组结尾的所有项。如果任意一个参数为负，则表示是从尾部向前的索引计数。例如：-1 表示最后一个，-3 表示倒数第三个。例如：

```
var a1 = new Array(1,2,3,4,5);
alert(a1.slice(1,3));                     //输出 2,3
alert(a1.slice(1));                       //输出 2,3,4,5
alert(a1.slice(1,-1));                    //输出 2,3,4
alert(a1.slice(-3,-2));                   //输出 3
```

(10) splice 方法：从数组中替换或删除元素。第一个参数指定删除或插入将发生的位置。第二个参数指定将要删除的元素数目，如果省略该参数，则从第一个参数的位置到最后都会被删除。splice()会返回被删除元素的数组。如果没有元素被删，则返回空数组。

例如：

```
var a1 = new Array(1,2,3,4,5);
alert(a1.splice(3));                    //输出 4,5
alert(a1.length);                       //输出 3
var a1 = new Array(1,2,3,4,5);
alert(a1.splice(1,3));                  //输出 2,3,4
alert(a1.length);                       //输出 2
```

(11) sort 方法：对数组中的元素进行排序，默认是按照 ASCII 字符顺序进行升序排列。例如：

```
var a1 = new Array(1,4,23,3,5);
alert(a1.sort());                      //输出 1,23,3,4,5
var a2 = ["HTML","CSS","JavaScript","DOM"];
alert(a2.sort());                      //输出 CSS,DOM,HTML,JavaScript
```

如果要使数组中的数值型元素按大小进行排列，可以对 sort 方法指定其比较函数 compare(a,b)，根据比较函数进行排序，例如：

```
function compare(a,b) {
    return (b - a);       }          //b - a 是正数,表示逆序排列
var a1 = new Array(1,4,23,3,5);
alert(a1.sort(compare));             //输出 23,5,4,3,1
```

(12) reverse 方法：将数组中的元素逆序排列。

```
var a1 = new Array(1,4,23,3,5);
alert(a1.reverse());              //输出 5,3,23,4,1
```

3.2.5 JavaScript 语句

在任何一种编程语言中，程序的逻辑结构都是通过语句来实现的，JavaScript 也具有一套完整的编程语句用来在流程上进行判断循环等。总的来说，JavaScript 的语法与 C 或 Java 语法很相似，如果学习过这些编程语言，可以很快掌握 JavaScript 语句。

1. 条件语句

条件语句可以使程序按照预先指定的条件进行判断，从而选择需要执行的任务。在 JavaScript 中提供了 if 语句、if else 语句和 switch 语句 3 种条件判断语句。

(1) if 语句。if 语句是最基本的条件语句，它的格式为：

```
if (表达式)          //if 的判断语句,括号里是条件
  {   语句块;  }
```

如果要执行的语句只有一条，可以省略大括号把整个 if 语句写在一行。例如：

```
if(a == 1) a++;
```

如果要执行的语句有多条，就不能省略大括号，因为这些语句构成了一个语句块。例如：

```
if(a == 1) {a++; b --}
```

(2) if else 语句。如果还需要在表达式值为假时执行另外一个语句块，则可以使用 else 关键字扩展 if 语句。if else 语句的格式为：

```
if (表达式)
    {    语句块 1;     }
else
    {    语句块 2;     }
```

实际上，语句块 1 和语句块 2 中又可以再包含条件语句，这样就实现了条件语句的嵌套，程序设计中经常需要这样的语句嵌套结构。

(3) if…else if …else 语句。除了用条件语句的嵌套表示多种选择外，还可以直接用 else if 语句获得这种效果，格式为：

```
if (表达式 1)
        {  语句块 1;          }
else if (表达式 2)
        {  语句块 2;          }
else if (表达式 3)
        {  语句块 3;          }
       ⋮
else{  语句块 n;          }
```

这种格式表示只要满足任何一个条件，则执行相应的语句块，否则执行最后一条语句。下面的例子根据不同的时间显示不同的问候语。

```
<script>
    var d = new Date();   var time = d.getHours();
    if (time < 10)
    {document.write("<b> Good morning </b>");}
    else if (time > 10 && time < 16)
    {document.write("<b> Good day </b>");}
    else document.write("<b> Good afternoon </b>");
</script>
```

(4) switch 语句。在实际应用当中，很多情况下要对一个表达式进行多次判断，每一种结果都需要执行不同的操作，这种情况下使用 switch 语句比较方便。switch 语句的格式为：

```
switch (表达式)
{   case 值 1: 语句 1;         break;
    case 值 2: 语句 2;         break;
```

```
        ⋮
    case 值 n: 语句 n;          break;
    default: 语句;          }
```

每个 case 都表示如果表达式的值等于某个 case 的值，就执行相应的语句，关键字 break 会使代码跳出 switch 语句。如果没有 break，代码就会继续进入下一个 case，把下面所有 case 分支的语句都执行一遍。关键字 default 表示表达式不等于其中任何一个 case 的值时所进行的操作。

2. 循环语句

循环语句用于在一定条件下重复执行某段代码。在 JavaScript 中提供了一些与其他编程语言相似的循环语句，包括 for 循环语句、for…in 语句、while 循环语句及 do while 循环语句，同时还提供了 break 语句用于跳出循环，continue 语句用于终止当次循环并继续执行下一次循环，以及 label 语句用于标记一个语句。下面分别介绍这些循环语句。

(1) for 语句。for 循环语句是不断地执行一段程序，直到相应条件不满足，并且在每次循环后处理计数器。for 语句的格式为：

```
for (初始表达式; 循环条件表达式; 计数器表达式)
    {  语句块 }
```

for 循环最常用的形式是 for(var i=0; i< n; i++){statement}，它表示循环一共执行 n 次，非常适合于已知循环次数的运算。下面是 for 循环的一个例子：九九乘法表(3-4.html)。

```
<table cellpadding = "6" cellspacing = "0" style = "border - collapse:collapse; border:none;">
<script>
for(var i = 1;i < 10;i++){                          //乘法表一共 9 行
    document.write("<tr>");                         //每行是 table 的一行
     for(j = 1;j < 10;j++)                          //每行都有 9 个单元格
        if(j <= i)                                  //有内容的单元格
           document.write("< td style = 'border:2px solid #004B8A; background: white;'>" +
i + " * " + j + " = " + (i * j) + "</td>");
        else                                        //没有内容的单元格
            document.write("< td style = 'border:none;'></td>");
    document.write("</tr>");
}
</script></table>
```

(2) for…in 语句。在有些情况下，开发者根本没有办法预知对象的任何信息，更谈不上控制循环的次数。这个时候用 for…in 语句可以很好地解决这个问题。for…in 语句通常用来枚举数组的元素或对象的属性，下面是使用 for…in 循环遍历数组的例子。

```
var mycars = new Array();
mycars[0] = "Audi";mycars[1] = "Volvo";mycars[2] = "BMW";
for (x in mycars)  {
    document.write(mycars[x] + "<br />");  }
```

(3) while 语句。while 循环是前测试循环,也就是说,是否终止循环的条件判断是在执行内部代码之前,因此循环的主体可能根本不会被执行,其语法格式为:

```
while(循环条件表达式){语句块}
```

下面是 while 循环的运算示例程序,请读者思考它的输出结果。

```
var i = iSum = 0;
while(i <= 100){
    iSum += i;
    i++;  }
document.write(iSum);
```

(4) do…while 语句。与 while 循环不同,do…while 语句将条件判断放在循环之后,这就保证了循环体中的语句块至少会被执行一次,在很多时候这是非常实用的。例如:

```
var aNumbers = new Array();
var sMessage = "你输入了:\n";
var iTotal = 0, i = 0, userInput;
do{
   userInput = prompt("输入一个数字,或者'0'退出","0");
   aNumbers[i] = userInput;
   i++;
   iTotal += Number(userInput);
   sMessage += userInput + "\n";
}while(userInput != 0)          //当输入为0(默认值)时退出循环体
sMessage += "总数:" + iTotal;
alert(sMessage);
```

(5) break 和 continue 语句。break 和 continue 语句为循环中的代码执行提供了退出循环的方法,使用 break 语句将立即退出循环体,阻止再次执行循环体中的任何代码。continue 语句只是退出当前这一次循环,根据控制表达式还允许进行下一次循环。

在上例中,没有对用户的输入做容错判断,实际上,如果用户输入了英文或非法字符,可以利用 break 语句退出整个循环。修改后的代码为:

```
do{
if(isNaN(userInput)){                  //如果不是数字
        document.write("输入错误,将立即退出<br>");
        break;  }                      //输入错误直接退出整个do循环体
    userInput = prompt("输入一个数字,或者'0'退出","0");
    aNumbers[i] = userInput;
    i++;
    iTotal += Number(userInput);
    sMessage += userInput + "\n";
}while(userInput != 0)                 //当输入为0(默认值)时退出循环体
```

但上例中只要用户输入错误就马上退出了循环,而有时用户可能只是不小心按错了键,导致输入错误，此时用户可能并不想退出，而希望继续输入，这个时候就可以用 continue 语句来退出当次循环，即用户输入的非法字符不被接受，但用户还能继续下次输入。

```
do{
if(isNaN(userInput)){
        document.write("输入错误,请重新输入<br>");
        continue;    }                //输入错误则退出当次循环,但继续下一次循环
    userInput = prompt("输入一个数字,或者'0'退出","0");
    aNumbers[i] = userInput;
    i++;
    iTotal += Number(userInput);
    sMessage += userInput + "\n";
}while(userInput != 0)                //当输入为0(默认值)时则退出循环体
```

3.2.6 函数

函数是一个可重用的代码块，可用来完成某个特定功能。每当需要反复执行一段代码时，可以利用函数来避免重复书写相同代码。不过，函数的真正威力体现在，用户可以把不同的数据传递给它们，而它们将使用实际传递给它们的数据去完成预定的操作。在把数据传递给函数时，用户把那些数据称为参数(argument)。如图 3-3 所示，函数就像一台机器，它可以对输入的数据进行加工再输出需要的数据(只能输出唯一的值)。当这个函数被调用时或被事件触发时这个函数会执行。

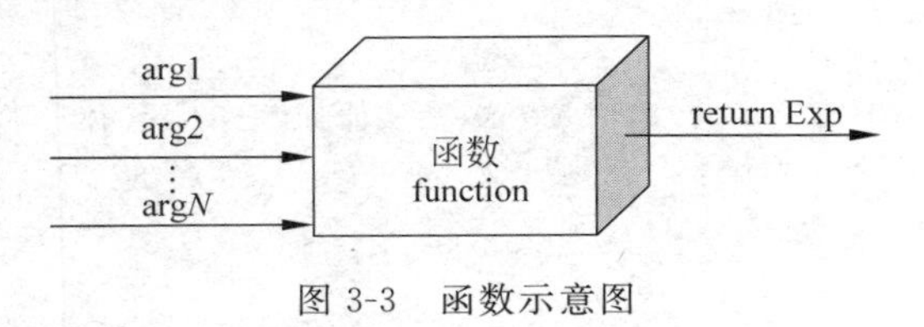

图 3-3　函数示意图

1. 函数的基本语法

函数的基本语法如下：

```
function [函数名] (arg1,arg2,...,argN) {
    语句
    [return [表达式]]    }
```

其中，function 是定义函数的关键字，argX 是函数的形参列表，各个参数之间用逗号隔开，参数可以为空，表示没有输入参数的函数；return 语句用来返回函数值，同样为可选项。

(1) 下面的函数接受一个输入参数 sName，不返回值。

```
function myName(sName){
    alert("Hello " + sName);    }
```

如果要调用该函数，只需把形参换成实参即可。调用它的代码如下：

```
myName("six - tang");        //弹出框显示"Hello six - tang"
```

如果希望函数返回一个值，则需使用 return 关键字接一个表达式即可。例如：

```
function fnSum(a, b){
    return a + b;   }
iResult = fnSum(52, 14);                  //调用函数
alert(iResult);
```

可见，调用函数的返回值只需将函数赋给一个变量即可。

另外，与其他编程语言一样，函数在执行过程中只要执行完 return 语句就会停止继续执行函数体中的代码，因此 return 语句后的代码都不会执行。

（2）下例函数中的 alert()语句就永远都不会执行。

```
function fnSum(iNum1, iNum2){
    return iNum1 + iNum2;
    alert (iNum1 + iNum2);              //永远不会被执行
}
```

如果函数本身没有返回值，但又希望在某些时候退出函数体，则可以调用无参数的 return 语句来随时返回函数体。例如：

```
function myName(sName){
    if (myName == "bye")
        return;                         //退出函数体
    alert("Hello" + sName);    }
```

2. 定义匿名函数

实际上，定义函数时，函数名有时都可以省略，这种函数称为匿名函数。例如：

```
function(a,b)
{ return   a + b;   }
```

但是一个函数没有了函数名，怎样调用该函数呢？调用该函数有两种方法。一种是将函数赋给一个变量（给函数赋一个名称），那么该变量就成为这个函数对象的实例，就可以像对函数赋值一样对该变量赋予实参调用函数了。例如：

```
var sum =  function(a,b) { return   a + b;   }
 sum(3,5);                            //返回 8
```

另一种方法是函数的自运行方式。例如：

```
(function(a,b){return a + b;})(5,9)
```

为什么将函数写在一个小括号内，就能调用它呢？这是因为小括号能把表达式组合分块，并且每一块（也就是每一对小括号）都有一个返回值。这个返回值就是小括号中表达式的返回值。那么，当用一对小括号将函数括起来时，则它的返回值就是这个函数对象的实

例,假设函数对象实例为 sum,那么上面的写法就等价于 sum(5,9)。

实际上,定义函数还可以用创建函数对象的实例方法定义。例如:

```
var sum = new Function ("a","b","return a + b;")
```

这句代码的意思就是创建一个 Function 对象的实例 sum,而 Function 对象的实例就是一个函数。但这种方法显然复杂些,因此很少用。

3. 用 arguments 对象来访问函数的参数

JavaScript 的函数有个特殊的对象 arguments,主要用来访问函数的参数。通过 arguments 对象,无须指出参数的名称就能直接访问它们。例如,用 arguments[0]可以访问函数第一个参数的值,刚才的 myName 函数可以重写如下:

```
function myName(sName){
if (arguments[0] == "bye")             //如果第一个参数是"bye"
    return;
alert("Hello" + sName);   }
```

有了 arguments 对象,便可以根据参数个数的不同分别执行不同的命令,模拟面向对象程序设计中函数的重载。示例代码如下:

```
function fnAdd(){
    if(arguments.length == 0)
        return;
    else if(arguments.length == 1)
        return arguments[0] + 6;
    else{  var iSum = 0;
        for(var i = 0;i < arguments.length;i++)
            iSum += arguments[i];
        return iSum;  }}
document.write(fnAdd(44) + "<br>");                //输出结果为 50
document.write(fnAdd(45,50) + "<br>");             //输出结果为 95
document.write(fnAdd(45,50,55,70) + "<br>");       //输出结果为 220
```

3.3 对象

在客观世界中,对象是指一个特定的实体。一个人就是一个典型的对象,他包含身高、体重、年龄等特性,又包含吃饭、走路、睡觉等动作。同样,一辆汽车也是一个对象,它包含型号、颜色、种类等特性,还包含加速、拐弯等动作。

3.3.1 JavaScript 对象

在 JavaScript 中,其本身具有并能自定义各种各样的对象。例如,一个浏览器窗口可看成是一个对象,它包含窗口大小、窗口位置等属性,又具有打开新窗口、关闭窗口等方法。网页上的一个表单也可以看成一个对象,它包含表单内控件的个数、表单名称等属性,又有表单提交(submit())和表单重设(reset())等方法。

1. JavaScript 中的对象分类

在 JavaScript 中,使用对象可分为 3 种情况。

(1) 使用自定义对象,方法是使用 new 运算符创建新对象。例如:

```
var university = new Object();          //Object 对象可用于创建一个通用的对象
```

(2) 使用 JavaScript 内置对象,如 Date、Math、Array 等。例如:

```
var today = new Date();
```

实际上,JavaScript 中的一切数据类型都是它的内置对象。

(3) 使用由浏览器提供的内置对象,如 window、document、location 等。在浏览器对象模型(BOM)将详细讲述这些内置对象的使用。

2. 对象的属性和方法

定义了对象之后,就可以对对象进行操作了,在实际中对对象的操作主要有引用对象的属性和调用对象的方法。

引用对象属性的常见方式是通过点运算符(.)实现引用。例如:

```
university.province = "湖南省";
university.name = "衡阳师范学院";
university.date = "1904";
```

university 是一个已经存在的对象,province、name 和 date 是它的 3 个属性。

从上面的例子可以看出,对象包含以下两个要素。

(1) 用来描述对象特性的一组数据,也就是若干变量,通常称为属性。

(2) 用来操作对象特性的若干动作,也就是若干函数,通常称为方法。

在 JavaScript 中,如果要访问对象的属性或方法,可使用"点"运算符来访问。

例如,假设汽车这个对象为 Car,具有品牌(brand)、颜色(color)等属性,就可以使用 Car. brand Car. color 来访问这些属性。

又如,假设 Car 关联着一些诸如 move()、stop()、accelerate(level)之类的函数,这些函数就是 Car 对象的方法,可以使用 Car. move()、Car. stop()语句来调用这些方法。

把这些属性和方法集合在一起,就得到了一个 Car 对象。也就是说,可以把 Car 对象看作是所有这些属性和方法的主体。

3. 创建对象的实例

为了使 Car 对象能够描述一辆特定的汽车,需要创建一个 Car 对象的实例(instance)。实例是对象的具体表现。对象是统称,而实例是个体。

在 JavaScript 中给对象创建新的实例也采用 new 关键字。例如:

```
var myCar = new Car();
```

这样就创建了一个 Car 对象的新实例 myCar,通过这个实例就可以利用 Car 的属性、方法来设置关于 myCar 的属性或方法了，代码如下：

```
myCar.brand = Fiat;
myCar.accelerate(3);
```

在 JavaScript 中，字符串、数组等都是对象，严格地说所有的一切都是对象。而一个字符串变量、数组变量可看成是这些对象的实例。例如：

```
var iRank  =  new Array();                     //定义数组的另一种方式
var myString  =  new String("web design");     //定义字符串的另一种方式
```

3.3.2 with 语句

对对象的操作还经常使用 with 语句和 this 关键字，下面来讲述它们的用途。

with 语句的作用是，在该语句体内，任何对变量的引用都被认为该变量是这个对象的属性，以节省一些代码。语法如下：

```
with object{  …  }
```

所有在 with 语句后的花括号中的语句，都是在 object 对象的作用域中。例如：

```
today = new Date();
with today {
    year = getYear();                          //等价于 year = today.getYear();
    month = getMonth();                        //等价于 year = today. getMonth();
    hour = getHours();        }
```

3.3.3 this 关键字

this 是面向对象语言中的一个重要概念，在 Java、C＃等大型语言中，this 固定指向运行时的当前对象。但是在 JavaScript 中，由于 JavaScript 的动态性（解释执行，当然也有简单的预编译过程），this 的指向在运行时才确定。

1. this 指代当前元素

(1) 在 JavaScript 中，如果 this 位于 HTML 标记内，即采用行内式的方式通过事件触发调用的代码中含有 this，那么 this 指代当前元素。例如：

```
<div id = "div2" onmouseover = "this.align = 'right'" onmouseout = "this.align = 'left'" >
会逃跑的文字</div>
```

此时 this 指代当前这个 div 元素。

(2) 如果将该程序改为引用函数的形式，this 作为函数的参数，则可以写成如下格式：

```
<script>
function move(obj)  {
    if(obj.align == "left"){obj.align = "right";}
```

```
    else if (obj.align == "right"){obj.align = "left";}    }
</script>
<div align = "left" onmouseover = "move(this)"> 会逃跑的文字</div>
```

此时 this 作为参数传递给 move(obj)函数，根据运行时谁调用函数指向谁的原则，this 仍然会指向当前这个 div 元素，因此运行结果和上面行内式的方式完全相同。

(3) 如果将 this 放置在由事件触发的函数体内，那么 this 也会指向事件前的元素，因为是事件前的元素调用了该函数。例如，上面的例子还可以改写成如下格式，执行效果相同。

```
<script>
stat = function(){
    var taoId = document.getElementById('div2');
    taoId.onmouseover = function(){
    this.align = "right";}                    //this 指代 taoId
    taoId.onmouseout = function(){
    this.align = "left";      }}
window.onload = stat;
</script>
<div id = "div2">会逃跑的文字</div>
```

所以，this 指代当前元素主要包括以上 3 种情况，可以简单地认为，哪个元素直接调用了 this 所在的函数，则 this 指代当前元素，如果没有元素直接调用，则 this 指代 window 对象，这是下面要讲的内容。

2. 作为普通函数直接调用时，this 指代 window 对象

(1) 如果 this 位于普通函数内，那么 this 指代 window 对象，因为普通函数实际上都是属于 window 对象的。如果直接调用，根据“this 总是指代其所有者”的原则，那么函数中的 this 就是 window。例如：

```
<script>
function doSomething()  {
    this.status = "在这里 this 指代 window 对象";  }
</script>
```

可以看到状态栏中的文字改变了，说明在这里 this 确实是指 window 对象。

(2) 如果 this 位于普通函数内，通过行内式的事件调用普通函数，又没有为该函数指定参数，那么 this 会指代 window 对象。例如，如果将“this 指代当前元素”中的函数改成如下格式，则会出错。

```
<Script>
function move()  {              //注意：该程序为典型错误写法
    if(this.align == "left"){this.align = "right";}
    else if (this.align == "right"){ this.align = "left";} }
</script>
<div align = "left" onmouseover = "move()"> 会逃跑的文字</div>
```

在这里，位于普通函数 move()中的 this 指代 window 对象，而 window 对象并没有 align 属性，所以程序会出错，当然 div 中的文字也不会移动。

3.3.4 JavaScript 的内置对象

作为一种基于对象的编程语言，JavaScript 提供了很多内置的对象，这些对象不需要用 Object()方法创建就可以直接使用。实际上，JavaScript 提供的一切数据类型都可以看成是它的内置对象，如函数、字符串等都是对象。下面将介绍两类最常用的对象，即 Date 对象和 Math 对象。

1. 时间日期：Date 对象

时间、日期是程序设计中经常需要使用的对象，在 JavaScript 中，使用 Date 对象既可以获取当前的日期和时间，也可以设置日期和时间。例如：

```
var toDate = new Date();
document.write (new Date());                    //返回当前日期和时间
```

如果 new Date()带有参数，那么就可以设置当前时间。例如：

```
new Date("July 7, 2009 15:28:30");          //设置当前日期和时间
new Date("July 7, 2009");
```

通过 new Date()显示的时间格式在不同的浏览器中是不同的。这就意味着要直接分析 new Date()输出的字符串会相当麻烦。幸好 JavaScript 还提供了很多获取时间细节的方法，如 getFullYear()、getMonth()、getDate()、getDay()、getHours()等。另外，也可以通过 toLocaleString()函数将时间日期转化为本地格式，如(new Date()).toLocaleString()。

2. 数学计算：Math 对象

Math 对象用来做复杂的数学计算。它提供了很多属性和方法，其中常用的方法有以下几种。

(1) floor(x)：取不大于参数的整数。

(2) ceil(x)：取不小于参数的整数。

(3) round(x)：四舍五入。

(4) random(x)：返回随机数(为 0～1 的任意浮点数)。

(5) pow(x, y)：返回 x 的 y 次方。

3.4 浏览器对象模型 BOM

JavaScript 是运行在浏览器中的，因此提供了一系列对象用于与浏览器窗口进行交互。这些对象主要有 window、document、location、navigator 和 screen 等，把它们统称为 BOM (Browser Object Model，浏览器对象模型)。

BOM 提供了独立于页面内容而与浏览器窗口进行交互的对象。Window 对象是整个 BOM 的核心，所有对象和集合都以某种方式与 window 对象关联。BOM 中的对象关系如图 3-4 所示。下面分别介绍几个最常用对象的含义和用途。

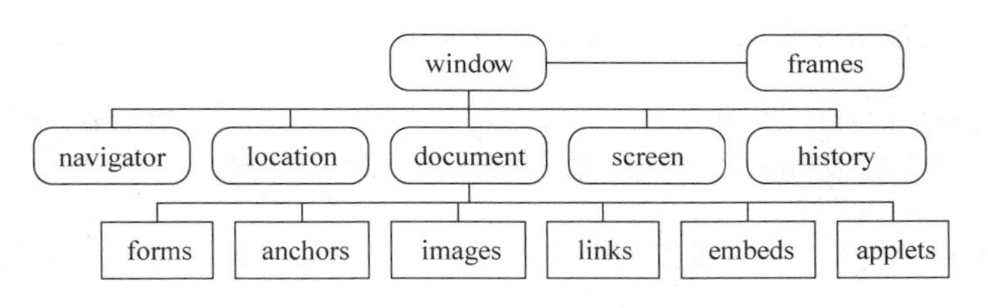

图 3-4 BOM 对象关系图

3.4.1 window 对象

window 对象表示整个浏览器窗口,但不包括其中的页面内容。window 对象可以用于移动或调整其对应的浏览器窗口的大小,或者对它产生其他影响。

在浏览器宿主环境下,window 对象就是 JavaScript 的 Global 对象,因此使用 window 对象的属性和方法是不需要特别指明的。例如,用户经常使用的 alert 方法,实际上完整的形式是 window.alert,在代码中可省略 window 对象的声明,直接使用其方法。

window 对象对应浏览器的窗口,使用它可以直接对浏览器窗口进行各种操作。window 对象提供的主要功能可以分为以下五类。

1. 调整窗口的大小和位置

window 对象有如下 4 个方法用来调整窗口的位置或大小。

(1) window.moveBy(dx, dy):该方法将浏览器窗口相对于当前的位置移动指定的距离(相对定位),当 dx 和 dy 为负数时则向反方向移动。

(2) window.moveTo(x, y):该方法将浏览器窗口移动到屏幕指定的位置(x、y 处)(绝对定位)。同样可使用负数,只不过这样会把窗口移出屏幕。

(3) window.resizeBy(dw, dh):相对于浏览器窗口的当前大小,把宽度增加 dw 个像素,高度增加 dh 个像素。两个参数也可以使用负数来缩小窗口。

(4) window.resizeTo(w, h):把窗口大小调整为 w 像素宽、h 像素高,不能使用负数。

2. 打开新窗口和关闭窗口

打开新窗口的方法是 window.open,这个方法在 Web 编程中经常使用,但有些恶意站点滥用了该方法,频繁在用户浏览器中弹出新窗口。它的用法如下:

```
window.open([url] [, target] [, options])
```

例如:

```
window.open("pop.html", "new", "width = 400, height = 300");
//表示在新窗口打开 pop.html,新窗口的宽和高分别是 400 像素和 300 像素
```

target 参数除了可以使用“_self”“_blank”等常用属性值外,还可以利用 target 参数为窗口命名。例如:

```
window.open("pop.html", "myTarget");
```

这样可以让其他链接将目标文件指定在该窗口中打开。

```
<a href = "iframe.html" target = "myTarget">在指定名称为 myTarget 窗口打开</a>
<form target = "myTarget">    <!-- 表单提交的结果将会在 myTarget 窗口显示 -->
```

window.open ()方法会返回新建窗口的 window 对象，利用这个对象就可以轻松操作新打开的窗口了，代码如下：

```
var oWin = window.open("pop.html", "new", "width = 400,height = 300");
oWin.resizeTo(600,400);
oWin.moveTo(100,100);
```

注意，如果要关闭当前窗口，可使用 window.close ()。

3. 通过 opener 属性实现与父窗口交互

通过 window.open ()方法打开子窗口后，还可以让父窗口与子窗口之间进行交互。opener 属性存放的是打开它的父窗口，通过 opener 属性，子窗口可以与父窗口发生联系；而通过 open()方法的返回值，父窗口也可以与子窗口发生联系(如关闭子窗口)，从而实现两者之间的互相通信和参数传递。例如：

(1) 显示父窗口名称。在子窗口中加入如下代码：

```
alert(opener.name);
```

(2) 判断一个窗口的父窗口是否已经关闭。子窗口中的代码如下：

```
if(window.opener.closed){alert("不能关闭父窗口")}
```

其中，closed 属性用来判断一个窗口是否已经关闭。

(3) 获取父窗口中的信息。在子窗口中的网页内添加如下函数：

```
function getNews() {
var parent = window.opener;
      if (!parent) return;          //如果没有父窗口则退出
//从父窗口中获取 id 为 title 的文本框中输入的内容，把它填入子窗口相关位置
    var sonTitle = document.getElementById("sonTitle");
      sonTitle.value = parent.document.getElementById("title").value;   }
```

(4) 单击父窗口中的按钮关闭子窗口(其中，oWin 是子窗口名)。

```
<input type = "button" value = "关闭子窗口" onclick = "oWin.close()" />
```

4. 系统对话框

JavaScript 可产生 3 种类型的系统对话框，即弹出对话框、确认提示框和消息提示框。它们都是通过 window 对象的方法产生的，具体方法如下。

(1) alert([message])。alert()方法前面已经反复使用，它只接受一个参数，即弹出对话框要显示的内容。调用 alert()语句后浏览器将创建一个带有“确定”按钮的消息框。

(2) confirm([message])。confirm 方法将显示一个确认提示框,包括“确定”和“取消”按钮。

用户单击“确定”按钮时,window. confirm 返回 true; 单击“取消”按钮时,window. confirm 返回 false。例如:

```
if (confirm("确实要删除这张图片吗?"))                    //弹出确认提示框
    alert("图片正在删除…");
else
    alert("已取消删除!");
```

(3) prompt([message] [, default])。prompt 方法将显示一个消息提示框,其中包含一个输入框。能够接受用户输入的信息,从而实现进一步的交互。该方法接受两个参数,第一个参数是显示给用户的文本,第二个参数为文本框中的默认值(可以为空)。整个方法返回字符串,值即为用户的输入。例如:

```
var nInput = prompt ("请输入:\n 你的名字","");          //弹出消息提示框
if(nInput!= null)
document.write("Hello! " + nInput);
```

以上代码运行时弹出如图 3-5 所示的对话框,提示用户输入,并将用户输入的字符串作为 prompt()方法(函数)的返回值赋给 nInput。将该值显示在网页上,如图 3-6 所示。

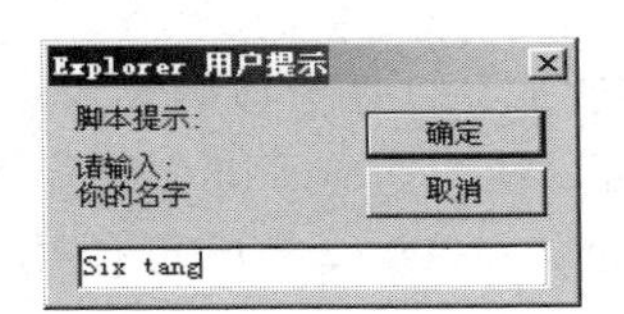

图 3-5 消息提示框 prompt()

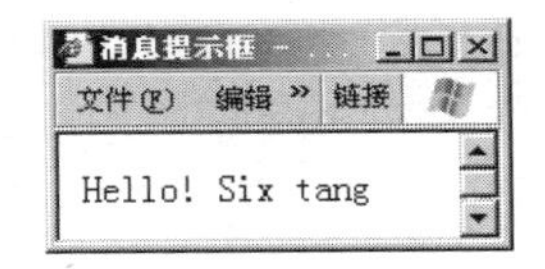

图 3-6 返回 prompt()函数的值

5. 状态栏控制(status 属性)

浏览器状态栏显示的信息可以通过 window. status 属性直接进行修改。例如:

```
window.status = "看看状态栏中的文字变化了吗?";
```

3.4.2 定时操作函数

定时操作通常有两种使用目的,一种是周期性地执行脚本,如在页面上显示时钟,需要每隔一秒钟更新一次时间的显示; 另一种则是将某个操作延时一段时间执行,如迫使用户等待一段时间才能进行操作,可以使用 setTimeout()函数使其延时执行,但后面的脚本在延时期间可以继续运行不受影响。

定时操作函数还是利用 JavaScript 制作网页动画效果的基础,如网页上的漂浮广告,就是每隔几毫秒更新一下漂浮广告的显示位置。其他的定时操作函数,如打字机效果、图片轮转显示等,可以说一切动画效果都离不开定时操作函数。JavaScript 中的定时操作函数有 setTimeout()和 setInterval(),下面分别来介绍。

1. setTimeout()函数

setTimeout()函数用于设置定时器，在一段时间之后执行指定的代码。下面是 setTimeout 函数的应用实例——显示时钟(3-6.html)，它的运行效果如图 3-7 所示。

图 3-7 时钟显示效果

```
<script>
  function $(id) {                      //根据元素 id 获取元素
    return document.getElementById(id);    }
    function dispTime() {
     $("clock").innerHTML = "<b>" + (new Date()).toLocaleString() + "</b>"; }  //将时间
加粗显示在 clock 的 div 中,new Date()获取系统时间,并转换为本地格式
  function init() {                     //启动时钟显示
    dispTime();                         //显示时间
    setTimeout(init, 1000);             //过 1 秒钟后执行一次 init()
  }
</script>
<body onload = "init()">
   <div id = "clock"></div>
</body>
```

由于 setTimeout()函数的作用是过 1 秒钟之后执行指定的代码，执行完一次代码后就不会再重复地执行代码。因此 3-6.html 是通过 setTimeout()函数递归调用 init()实现每隔一秒执行一次 dispTime()函数的。

想一想：把 setTimeout(init, 1000);中的 1000 改成 200 还可以吗?

如果要清除 setTimeout()函数设置的定时器，可以使用 clearTimeout()函数，方法是将 setTimeout(init, 1000)改写成 sec = setTimeout(init, 1000)，然后再使用 clearTimeout(sec)即可。

2. setInterval()函数

setInterval()函数用于设置定时器，每隔一段时间执行指定的代码。需要注意的是，它会创建间隔 ID，若不取消将一直执行，直到页面卸载为止。因此如果不需要了应使用 clearInterval 取消该函数，这样能防止它占用不必要的系统资源。它的用法如下：

```
setInterval(code, interval)
```

(1) 由于 setInterval 函数可以每隔一段时间就重复执行代码，因此 3-6.html 中的"setTimeout(init, 1000);"可以改写成如下格式：

```
setInterval(dispTime, 1000);        //每隔 1 秒钟执行一次 dispTime ()
```

(2) 这样不用递归也能实现每隔 1 秒钟刷新一次时间。下面是一个 setInterval 函数的例子，它可实现每隔 0.1 秒改变窗口大小并移动窗口位置。

```
<script>
function init() {
```

```
        window.moveTo(10,10);
        window.resizeTo(100,100);}
    function move() {
        window.moveBy(10,10);                //每次向右下移动 10px
        window.resizeBy(10,10);  }           //每次变大 10px
    </script>
<body onLoad = "init()">
<b onClick = "setInterval(move, 100);">这个窗口会移动还会变大</b></body>
```

(3) 如果要清除 setInterval()函数设置的定时器,可以使用 clearInterval()函数。

3.4.3 定时操作函数的应用举例

1. 打字机效果

下面的例子用来实现打印效果,它将使变量 str 中的文字一个接一个的出现。

```
<body onLoad = "setInterval(trim, 100)">
<p id = "exp"></p>
<script>
var exp = document.getElementById("exp");
var str = "函数就像是一台机器,它对输入的数据进行加工再输出需要的数据";
y = 1;
function trim(){                              //用来定时执行的函数
    var trimstr = str.substring(0,y);         //截取从 0 到 y 的子字符串
    exp.innerHTML = trimstr;
    if(y < str.length) y++;
    else clearInterval(setInterval(trim, 100));}
</script></body>
```

2. 漂浮广告

漂浮广告的原理是向网页中添加一个绝对定位的元素,由于绝对定位元素不占据网页空间,因此会浮在网页上。下面的代码将一个 div 设置为绝对定位元素,并为它设置了 id,方便通过 JavaScript 程序操纵它。在 div 中放置了一张图片,并对这张图片设置了链接。

```
<div id = "Ad" style = "position:absolute">
<a href = "http://www.163.com" target = "_blank">
    <img src = " logo.jpg" border = "0"/></a></div>
```

接下来通过 JavaScript 脚本每隔 10 毫秒改变该 div 元素的位置,代码如下:

```
<script>
var x = 50,y = 60;                           //设置元素在浏览器窗口中的初始位置
var xin = true, yin = true;                  //设置 xin、yin 用于判断元素是否在窗口范围内
var step = 1 ;                               //可设置每次移动几像素
var obj = document.getElementById("Ad") ;    //通过 id 获取 div 元素
function floatAd() {
var L = T = 0;
```

```
var R= document.body.clientWidth - obj.offsetWidth;  //浏览器的宽度减 div 对象占据的空间宽度就是元素可以到达的窗口最右边的位置
var B = document.body.clientHeight - obj.offsetHeight;
obj.style.left = x + document.body.scrollLeft;          //设置 div 对象的初始位置
//当没有拉动滚动条时,document.body.scrollTop 的值是 0,当拉动滚动条时,为了让 div 对象在屏幕中的位置保持不变,就需要加上滚动的网页的高度
obj.style.top = y + document.body.scrollTop;
x = x + step * (xin?1: - 1);                            //水平移动对象,每次判断左移还是右移
if (x < L) { xin = true; x = L;}
if (x > R){ xin = false; x = R;} //当 div 移动到最右边,x 大于 R 时,设置 xin = false,让 x 每次都减 1,即向左移动,直到 x< L 时,再将 xin 的值设为 true,让对象向右移动
y = y + step * (yin?1: - 1)
if (y < T) { yin = true; y = T; }
if (y > B) { yin = false; y = B;}
}
var itl= setInterval("floatAd()", 10)                   //每隔 10 毫秒执行一次 floatAd()
obj.onmouseover = function(){clearInterval(itl)}        //鼠标指针滑过时,让漂浮广告停止
obj.onmouseout = function(){itl = setInterval("floatAd()", 10)}  //鼠标指针离开时,继续移动
</script>
```

上述代码中,scrollTop 是获取 body 对象在网页中当拉动滚动条后网页被滚动的距离。由于 x 和 y 每次都是减 1 或加 1,因此漂浮广告总是以 45°角飘动,碰到边框后再反弹回来。

3. 简单图片轮显效果

通过每隔 2 秒钟修改 img 元素的 src 属性,就能制作出如图 3-8 所示的图片轮显效果,相应的代码如下:

图 3-8 简单图片轮显效果

```
<script>
var  n=1;
function changePic(m){
   return n=m;  }                                  //强行将 n 值改变成当前图片的 m 值
function change(){
   var myImg = document.getElementsByTagName("img")[0];  //获取图片
   myImg.src = "images/0" + n + ".jpg";            //修改元素的 src 属性
   if(n<5) n++;                                    //定时函数每执行一次 n 值加 1
   else n=1;    }
</script>
<body onload="setInterval(change,2000);">
<img src="images/01.jpg" width="200" />
<div><a href="#" onclick="changePic(1)">屋檐</a>
<a href="#" onclick="changePic(2)">旅途</a><a href="#" onclick="changePic(3)">红墙</a><a href="#" onclick="changePic(4)">梅花</a><a href="#" onclick="changePic(5)">宫殿</a></div>
```

4. 用定时操作函数制作动画效果总结

(1) 首先获取需要实现动画效果的 HTML 元素,一般用 getElementById()方法。

(2) 将实现动画效果的代码写在一个函数里，如需要移动元素位置，则代码里要有改变元素位置的语句；如需改变元素属性，则代码里要有设置元素属性的语句，这样每执行一次函数就会改变对象的某些属性。

(3) 通过 setInterval()调用实现动画的函数或 setTimeout()递归调用实现动画函数的父函数，使其重复执行。

3.4.4 location 对象

location 对象的主要作用是分析和设置页面中的 URL 地址，它是 window 对象和 document 对象的属性。location 对象表示窗口地址栏中的 URL，其常用属性如表 3-5 所示。

表 3-5 location 对象的常用属性

属性	说 明	示 例
hash	URL 中的锚点部分("#"号后的部分)	#sec1
host	服务器名称和端口部分(域名或 IP 地址)	www.hynu.cn
href	当前载入的完整 URL	http://www.hynu.cn/web/123.htm
pathname	URL 中主机名后的部分	/web/123.htm
port	URL 中的端口号	8080
protocol	URL 使用的协议	http
search	执行 GET 请求的 URL 中问号(?)后的部分	? id=134&name=sxtang

其中 location.href 是最常用的属性，用于获得或设置窗口的 URL，类似于 document 的 URL 属性。改变该属性的值就可以导航到新的页面，代码如下：

```
location.href = "http://ec.hynu.cn/index.htm";
```

实际上，DW 中的跳转菜单就是使用下拉菜单结合 location 对象的 href 属性实现的。下面是跳转菜单的代码：

```
<select name = "select" onchange = "location.href = this.options[this.selectedIndex].value">
        <option>请选择需要的网址</option>
        <option value = "http://www.sohu.com">搜狐</option>
        <option value = "http://www.sina.com">新浪</option>
</select>
```

location.href 对各个浏览器的兼容性都很好，但依然会在执行该语句后执行其他代码。采用这种导航方式，新地址会被加入到浏览器的历史栈中，放在前一个页面之后，这意味着可以通过浏览器的"后退"按钮访问之前的页面。

如果不希望用户用"后退"按钮返回原来的页面，可以使用 replace()方法，该方法也能转到指定的页面，但不能返回到原来的页面了，这常用在注册成功后禁止用户后退到填写注册资料的页面。例如：

```
<p onclick = "location.replace('http://www.sohu.com');">搜狐</p>
```

可以发现转到新页面后，“后退”按钮是灰色的了。

3.4.5 document 对象

document 对象实际上又是 window 对象的子对象，document 对象的独特之处在于，它既属于 BOM 又属于 DOM。

从 BOM 角度来看，document 对象由一系列集合构成，这些集合可以访问文档的各个部分，并提供页面自身的信息。

document 对象最初是用来处理页面文档的，但很多属性已经不推荐继续使用了，如改变页面的背景颜色（document. bgColor）、前景颜色（document. fgColor）和链接颜色（document. linkColor）等，因为这些可以使用 DOM 动态操纵 CSS 属性实现。如果一定要使用这些属性，应该把它们放在 body 部分，否则对 Firefox 浏览器无效。

由于 BOM 没有统一的标准，各种浏览器中的 document 对象特性并不完全相同，因此在使用 document 对象时需要特别注意，尽量要使用各类浏览器都支持的通用属性和方法。表 3-6 所示的是 document 对象的一些常用属性。

表 3-6 document 对象的属性

集合	说明
anchors	页面中所有锚点的集合（设置了 id 或 name 属性的 a 标记）
embeds	页面中所有嵌入式对象的集合（由< embed >标记表示）
forms	页面中所有表单的集合
images	页面中所有图像的集合
links	页面中所有超链接的集合（设置了 href 属性的 a 标记）
cookie	用于设置或读取 cookie 的值
body	指定页面主体的开始和结束
all	页面中所有对象的集合（IE 浏览器独有）

下面是 document 对象的一些典型应用的例子。

1. 获得页面的标题和最后修改时间

document 对象的 lastModified 属性可以输出网页的最后更新时间；而它的 title 属性可以获取或更改页面的标题，下列代码的效果如图 3-9 所示。

图 3-9 获得页面的标题和最后修改时间

```
document.write(document.title + "<br />");
document.write(document.lastModified);
```

2. 将页面中所有超链接的打开方式都设置为新窗口打开

如果希望网页中所有的窗口自动在新窗口打开，除了通过网页头部的< base >标记设置外，还可以通过设置 document 对象中 links 集合的 href 属性来实现。例如：

```
<body onload = "newwin()">
<script type = "text/JavaScript">
function newwin(){
```

```
for (i = 0;i <= document.links.length - 1;i++)
    document.links[i].target = "_blank";
}</script>
<a href = "01.htm">测试 1 </a> <a href = "02.htm">测试 2 </a></body>
```

3. 改变超链接中原来的链接地址

在有些下载网站上，要求只有注册会员才能下载软件，会员单击下载软件的链接会转到下载页面，而其他浏览者单击该链接却是转到要求注册的页面。这可以通过改变超链接中原有链接地址的方式实现，把要求注册的链接写到 href 属性中，而如果发现是会员，就通过 JavaScript 改变该链接的地址为下载软件的页面。代码如下：

```
<body><a href  = "register.asp" > 会员可以下载 </ a >
<script type  = "text/JavaScript" >
  if( member = true )  {                                //如果是会员
    document.links[0].href =  "download.asp" ;  }       //转到下载页面
  </script ></body>
```

当然，一般情况是通过服务器端脚本改变原来的链接地址，这样可防止用户查看源代码找到改变后的链接地址。但不管哪种方式，都是要通过 document.links 对象来实现的。

4. 用 document 对象的集合属性访问 HTML 元素

document 对象的集合属性能简便地访问网页中某些类型的元素，它是通过元素的 name 属性定位的，由于多个元素可以具有相同的 name 属性，因此这种方法访问得到的是一个元素的集合数组，可以通过添加数组下标的方式精确访问某一个元素。

例如，对于下面的 HTML 代码：

```
<img src =  "logo.gif" name =  "home"/>
<form method =  "post" action = "" name = "data">
    <input type = "text" name = "txtEmail"/>
    <input type = "submit" value = "提交"/>
</form>
```

要访问 name 属性为 home 的 img 图像，可使用 document.images["home"]，但如果网页中有多个 img 元素的 name 属性相同，那么 IE 浏览器中获取到的将是最后一个 img 元素，而 Firefox 获取到的是第一个 img 元素。

访问该表单中元素可使用 document.forms["data"].txtEmail。而 document.forms[0].title.value 表示网页第一个表单中 name 属性为 title 的元素的 value 值。

但如果要访问 table、div 等 html 元素，由于 document 对象没有 tables、divs 这些集合，就不能这样访问了，要用 3.5.2 节介绍的 DOM 中访问指定结点的方法访问。

5. document 对象的 write 和 writeln 方法

document 对象有很多方法，但大部分是操纵元素的，如 document.getElementById(ID)。这些在 DOM 中再介绍，这里只介绍最简单的用 document 动态输出文本的方法。

(1) write 和 writeln 方法的用法。write 和 writeln 方法都接受一个字符串参数，在当前 HTML 文档中输出字符串，唯一的区别是 writeln 在字串末尾加一个换行符(\n)。但是

writeln 只是在 HTML 代码中添加一个换行符，由于浏览器会忽略代码中的换行符，因此以下两种方式都不会使内容在浏览器中产生换行。

```
document.write("这是第一行" + "\n");
document.writeln("这是第一行");          //等效于上一行的代码
```

要在浏览器中换行，只能再输出一个换行标记< br />，即：

```
document.write ("这是第一行" + "<br />");
```

(2) 用 document.write 方法动态引入外部 js 文件。如果要动态引入一个 js 文件，即根据条件判断，通过 document.write 输出< script >元素，就必须这样写才对：

```
if (prompt("是否链接外部脚本(1 表示是)","") == 1)
document.write("<script type = 'text/JavaScript' src = '1.js'>" + "</scr" + "ipt>");
```

注意，要将</script>分成两部分，因为 JavaScript 脚本是写在< script ></script>标记对中的，如果浏览器遇到</script>就会认为这段脚本在这里就结束了，而忽略后面的脚本代码。

3.4.6 history 和 screen 对象

history 对象主要用来控制浏览器后退和前进。它可以访问历史页面，但不能获取到历史页面的 URL。下面是 history 对象的一些用法：

```
history.go(-1);                    //浏览器后退一页，等价于 history.back()
history.go(1);                     //浏览器前进一页，等价于 history.forward();
history.go(0);                     //浏览器刷新当前页，等价于 location.reload();
document.write(history.length);    //输出浏览历史的记录总数
```

screen 对象主要用来获取用户计算机的屏幕信息，包括屏幕的分辨率、屏幕的颜色位数、窗口可显示的最大尺寸。有时可以利用 screen 对象根据用户计算机的屏幕分辨率打开适合该分辨率显示的网页。表 3-7 所示的是 screen 对象的常用属性。

表 3-7 screen 对象的常用属性

属　性	说　明
availHeight	窗口可以使用的屏幕高度，一般是屏幕高度减去任务栏的高度
availWidth	窗口可以使用的屏幕宽度
colorDepth	屏幕的颜色位数
height、width	屏幕的高度、宽度(单位是像素)

1. 根据屏幕分辨率打开适合的网页

下面的代码首先获取用户的屏幕分辨率，然后根据不同的分辨率打开不同的网页。

```
if (screen.width == 800) { location.href = '800*600.htm'  }
 else if (screen.width == 1024) { location.href = '1024*768.htm' }
 else {self.location.href = 'else.htm' }
```

2. 使浏览器窗口自动满屏显示

在网页中加入下面的脚本代码,可保证网页打开时总是满屏幕显示。

```
<script>
   window.moveTo(0,0);
   window.resizeTo(screen.availWidth,screen.availHeight);
</script>
```

3.5 文档对象模型 DOM

文档对象模型 DOM(Document Object Module)定义了用户操纵文档对象的接口,DOM 的本质是建立了 HTML 元素与脚本语言沟通的桥梁,它使得用户对 HTML 文档有了空前的访问能力。

3.5.1 网页中的 DOM 模型

一段 HTML 代码实际上对应一棵 DOM 树。每个 HTML 元素就是 DOM 树中的一个结点,如 body 元素就是 HTML 元素的子结点。整个 DOM 模型都是由元素结点(Element Node)构成的。通过 HTML 的 DOM 模型可以获取并操纵 DOM 树中的结点,即 HTML 元素。

对于每一个 DOM 结点 node,都有一系列的属性、方法可以使用,表 3-8 所示的是结点的常用属性和方法,供读者需要时查询。

表 3-8 node 的常用属性和方法

属性/方法	返回类型/类型	说 明
nodeName	String	结点名称,元素结点的名称都是大写形式
nodeValue	String	结点的值
nodeType	Number	结点类型,数值表示
firstChild	Node	指向 childNodes 列表中的第一个结点
lastChild	Node	指向 childNodes 列表中的最后一个结点
childNodes	NodeList	所有子结点列表,方法 item(i)可以访问第 i+1 个结点
parentNode	Node	指向结点的父结点,如果已是根结点,则返回 null
previousSibling	Node	指向前一个兄弟结点,如果已是第一个结点,则返回 null
nextSibling	Node	指向后一个兄弟结点,如果已是最后一个结点,则返回 null
hasChildNodes()	Bolean	当 childNodes 包含一个或多个结点时,返回 true
attributes	NameNodeMap	包含一个元素的 Attr 对象,仅用于元素结点
appendChild(node)	Node	将 node 结点添加到 childNodes 的末尾
removeChild(node)	Node	从 childNodes 中删除 node 结点
replaceChild(newnode, oldnode)	Node	将 childNodes 中的 oldnode 结点替换成 newnode 结点
insertBefore(newnode, refnode)	Node	在 childNodes 中的 refnode 结点前插入 newnode 结点

总的来说，利用DOM编程在HTML页面中的应用可分为以下几类：

(1) 访问指定结点；

(2) 访问相关结点；

(3) 访问结点属性；

(4) 检查结点类型；

(5) 创建结点；

(6) 操作结点。

3.5.2 访问指定结点

"访问指定结点"的含义是已知结点的某个属性(如id属性、name属性或结点的标记名)，在DOM树中寻找符合条件的结点。对于HTML的DOM模型来说，就是根据HTML元素的id或name属性或标记名，找到指定的元素。相关方法包括getElementById()、getElementsByName()和getElementsByTagName()。

1. 通过元素ID访问元素——getElementById()方法

getElementById方法可以根据传入的id参数返回指定的元素结点。在HTML文档中，元素的id属性是该元素对象的唯一标识，因此getElementById方法是最直接的结点访问方法。例如：

```
<body onclick = "searchDOM()">
<ul><li id = "wuli">统计物理</li></ul>
<script language = "JavaScript">
function searchDOM(){
    var wuli = document.getElementById("wuli");        //产生一个DOM对象wuli
    alert(wuli.tagName + " " + wuli.childNodes[0].nodeValue); }
</script></body>
```

说明：

图3-10 getElementById()方法

① 当单击网页时，将弹出如图3-10所示的对话框，注意元素结点名称LI是大写的形式。因为默认元素结点的nodeName都是大写的，这是W3C规定的。因此元素结点名并不完全等价于标记名。

② getElementById()方法将返回一个对象，该对象被称为DOM对象，它与那个有着指定id属性值的HTML元素相对应。例如，本例中变量"wuli"就是一个DOM对象。wuli.childNodes[0]返回该对象的第一个子结点，即"统计物理"这个文本结点。

注意，如果给定的id匹配某个或多个表单元素的name属性，那么IE也会返回这些元素中的第一个，这是IE一个非常严重的bug，也是开发者需要注意的，因此在写HTML代码时应尽量避免某个表单元素的name属性值与其他元素的id属性值重复。

提示： IE浏览器可以根据元素的ID直接返回该元素的DOM对象，如将上例中的"var wuli = document.getElementById("wuli");"删除后，IE中仍然有相同效果。

2. 通过元素name访问元素——getElementsByName方法

getElementsByName方法也查找所有元素对象，只是返回name属性为指定值的所有元素对象组成的数组，但可以通过添加数组下标使其返回这些元素对象中的一个。例如：

```
var tj = document.getElementsByName("tongji")[0];
```

3. 通过元素的标记名访问元素——getElementsByTagName 方法

getElementsByTagName 是通过元素的标记名来访问元素的，它将返回一个具有某个标记名的所有元素对象组成的数组。例如，下面的代码将返回文档中 li 元素的集合。

```
<body onclick="searchDOM()">
<ul>客户端编程
        <li><a href="#">HTML</a></li>
        <li>CSS</li>
        <li>JavaScript</li>
    </ul>
<script>
function searchDOM(){
    var myul = document.getElementsByTagName("ul")[0];        //获取第一个 ul
    alert(myul.tagName + " " + myul.childNodes[0].nodeValue);
    var sib = myul.getElementsByTagName("*")                  //获取该 ul 的所有子孙元素
    alert(sib[1].tagName + " " + sib[2].childNodes[0].nodeValue);
}</script></body>
```

上述代码运行时将先后弹出两个警告框，第一个警告框中显示“UL 客户端编程”，因为网页中第一个 ul 元素的标记名显然是 UL，而 ul 元素的第一个子结点是文本结点，它的值是“客户端编程”。

第二个警告框中会显示 A CSS，因为 ul 元素总共有 4 个子元素，即 li、a、li、li。其中，sib[1].tagName 指其中第 2 个元素的元素名，即 A；而第 3 个元素的子结点是文本结点，它的值是 CSS。

注意，getElementById()获取到的是单个元素，所以 Element 没有 s，而 getElementsByTagName 和 getElementsByName 获取到的是一组元素，所以是“Elements”。它们要获取单个元素必须添加数组下标，切记。

4. 访问指定结点的子结点

如果要访问一个指定结点的子结点，那么第一步是要找到这个指定结点，然后可以通过以下两种方法找到它的子结点。例如，有下列 HTML 代码：

```
<ul id="nav">
  <li><a href="">E-cash</a></li>
  <li><a href="">微支付</a></li>
 </ul>
```

如果要访问#nav 下的所有 li 元素，那么首先可以用 getElementById()方法找到#nav 元素，代码如下：

```
var navRoot = document.getElementById("nav");
```

(1) 第一种方法是在 DOM 对象 navRoot 中再次使用 getElementsByTagName 搜寻它的子结点。代码如下：

```
var navli = navRoot.getElementsByTagName("li");
```

(2) 第二种方法是使用 childNodes 集合获取 navRoot 对象的子结点。

```
var navli = navRoot.childNodes;
```

这两种方法返回的 navli 都是一个数组，可以使用循环语句输出该数组中的所有元素，例如：

```
for(var i = 0;i < navli.length;i++)          //逐一查找
    DOMString += navli[i].nodeName + "\n";
    alert(DOMString);
```

第一种方法在 IE7-和 Firefox 浏览器中的输出结果完全相同，都输出两个子结点"LI"；而第二种方法在 IE7-和 Firefox 中的运行结果分别如图 3-11 和图 3-12 所示。

图 3-11 IE 中有两个子结点

图 3-12 Firefox 中的子结点

这种差异是因为 Firefox 在计算元素的子结点时，不只计算它下面的元素子结点，连元素之间的回车符也被当成文本子结点计算进来了，由此计算出的子结点个数是 5。因此，如果要找一个元素中所有同一标记的子元素，应尽量使用第一种方法，这样可避免 Firefox 把回车符当成文本子结点计算的麻烦。

当然，如果一定要用第二种方法，并且兼容 IE7-和 Firefox 浏览器，可以在获取子结点前加一条判断语句。代码如下：

```
for(var i = 0;i < navli.length;i++)
    if (navli[i].nodeType == 1) DOMString += navli[i].nodeName + "\n";
    alert(DOMString);
```

如果要访问第一个子结点，还可以使用 firstChild，访问最后一个结点则是 lastChild。例如，var navli = navRoot.firstChild，它将返回一个元素对象，但对于 IE 浏览器来说，第一个子结点是"LI"，而在 Firefox 中，第一个子结点是"#text"，同样存在不一致的问题。

5. 访问某些特殊结点

如果要访问文档中的 html 结点或 body 结点等特殊结点，以及 BOM 中具有的某些元素集合，除了使用上面的通用方法外，还可以使用表 3-9 中所示的方法。

表 3-9 访问特殊元素结点的方法

要访问的元素	方 法
html	var htmlnode = document.documentElement
head	varbodynode = document.documentElement.firstChild;
body	document.body
超链接元素	var nava= document.links[n]
img 元素	var img = document.images[n]
form 元素	var reg= document.forms ["reg"]
form 中的表单域元素	var email= document.forms["reg"].txtEmail

说明：

① 访问 html 元素应该使用 document.documentElement，而不是 document.html。对 html 元素使用 firstChild 方法就可以得到 head 元素，在 Firefox 中也是如此。这说明 Firefox 只是在求 body 结点及其下级结点的子结点时才会计算文本子结点（如回车符）。

② 由于 document 对象具有 links、images 和 forms 等集合，因此访问这类元素可以使用相应的集合名带数组下标找到指定的元素，或者使用"集合名["name 属性"]"方法。例如，表 3-9 中的 reg、txtEmail 都是指定元素的 name 属性值。

3.5.3 访问和设置元素的 HTML 属性

在找到需要的结点（元素）之后通常希望对其属性进行读取或修改。DOM 定义了 3 个方法来访问和设置结点的 HTML 属性，它们是 getAttribute(name)、setAttribute(name, value)和 removeAttribute(name)，它们的作用如表 3-10 所示。

表 3-10 访问和设置元素 HTML 属性的 DOM 方法

方 法	功 能	举 例
getAttribute(name)	读取元素属性	myImg.getAttribute("src")
setAttribute(name, value)	修改元素属性	myImg.setAttribute("src","02.jpg")
removeAttribute(name)	删除元素属性	myImg.removeAttribute("title")

实际上，用户也可以不使用以上 3 种方法，直接通过（DOM 元素.属性名）获取元素的 HTML 属性，通过（DOM 元素.属性名="属性值"）设置或删除元素的 HTML 属性。这种方法和表 3-10 中方法的区别在于，表 3-10 中的方法可以访问和设置元素自定义的属性（如对< img >标记自定义一个 author 属性），而这种方法只能访问和设置 HTML 语言中已有的属性，但一般都不会去自定义 HTML 属性，因此这种方法完全够用，本节中主要采用这种方法。

1. 读取元素的 HTML 属性

下面的代码首先获取一个 img 图像元素，然后读取该元素的各种属性并输出。

```
<body onload = "init()">
  <img src = "images/01.jpg" alt = "沙漠古堡" class = "west"/>
<script>
  function init() {
```

```
        var myImg = document.getElementsByTagName("img")[0];  //获取元素
        alert(myImg.src);
        alert(myImg.alt);                                //等价于 alert(myImg.getAttribute("alt"));
        alert(myImg.className);                                    //输出"west"
    }
</script></body>
```

说明：使用 myImg.alt 就可以读取 myImg 元素的 alt 属性，它和 myImg.getAttribute("alt")有等价的效果。对于 class 属性，由于 class 是 JavaScript 的关键字，因此访问该属性时必须将它改写成 className。

2. 设置元素的 HTML 属性

图 3-13 所示的是一个图像依据鼠标指针指向文字的不同而变换的效果。当鼠标指针滑动到某个 li 元素上时，就动态地改变左边 img 元素的 src 属性，使其切换显示图片。该实例的代码如下(在与该代码的同级目录下有 3 个图像文件 pic1.jpg、pic2.jpg 和 pic3.jpg)。

图 3-13　图片跟随文字变换的效果

```
<style type="text/css">
 #container ul {
        margin:8px;  padding:0;  list-style:none;  border:1px dashed red;}
 #container li {
        font:24px/2 "黑体"; }
</style>
<div id="container"><img src="pic1.jpg" id="picbox" style="float:left;" />
<ul><li onmouseover="changePic(1)">沙漠古堡</li>
        <li onmouseover="changePic(2)">天山冰湖</li>
        <li onmouseover="changePic(3)">自然村落</li></ul>
</div>
<script>
function changePic(n){                                   //必须写在#picbox 元素后面
        var myImg = document.getElementById("picbox"); //获取 img 元素
        myImg.src = "pic" + n + ".jpg";   }              //设置 myImg 的 src 属性为某个 jpg 文件
</script>
```

3. 删除元素的 HTML 属性

通过(DOM 元素.属性名="")就可以删除一个元素的 HTML 属性值，例如：

```
<img src="pic1.jpg" title="沙漠古堡" onclick="changePic()" width="200" class="bk" />
```

```
<script>
function changePic(){
    var myImg = document.getElementsByTagName("img")[0];  //获取图片
    myImg.title = "";                                      //删除 title 属性
    myImg.className = "";                                  //删除 class 属性
    myImg.removeAttribute("width");                        //删除 width 属性
}</script>
```

提示：

① 由于 width 属性和 CSS 中的 width 属性同名，因此不能用 myImg.width="" 删除。

② removeAttribute()可以删除元素的任何 HTML 属性，只是与 getAttribute()一样，对于 class 属性在 IE 中必须把“class”写成“className”，而在 Firefox 中“class”又只能写成“class”，因此，解决的办法是把两条都写上或使用 myImg.className="" 来删除。

3.5.4 访问和设置元素的内容

如果要访问或设置元素的内容，一般使用 innerHTML 属性。innerHTML 可以将元素的内容（起始标记和结束标记之间）改变成其他任何内容（如文本或 HTML 元素）。innerHTML 虽然不是 DOM 标准中定义的属性，但大多数浏览器都支持，因此不必担心浏览器兼容问题。下面的例子当鼠标指针滑到 span 元素上时，将读取和改变该元素的内容。

```
<span id="a" onmouseover="change()"><b>把鼠标指针移过来，我会变</b></span>
<script>
function change(){
var a = document.getElementById("a");
alert(a.innerHTML)                    //读取元素中的 HTML 内容，输出"<B>把鼠标…</B>"
a.innerHTML = "看见变化了吗？";        //设置元素中的 HTML 内容
}
</script>
```

下面是一个例子。当选中表单中的复选框后，将为 span 元素添加内容，取消选中则清空 span 元素的内容。运行效果如图 3-14 所示。

```
<form name="userInfo" method="post" action="">您有小孩吗？有：
<input type="checkbox" name="hasBoy" id="hasBoy" value="1" onclick="check()" />
  <span id="add"> </span></form>
<script>
function check(){
var hasboy = document.forms["userInfo"].hasBoy;
var add = document.getElementById("add");                //去掉 var 后 IE 将出错
if(hasboy.checked)
    add.innerHTML = "有几个<input type='text' name='textfield' />";
else
    add.innerHTML = "";
}</script>
```

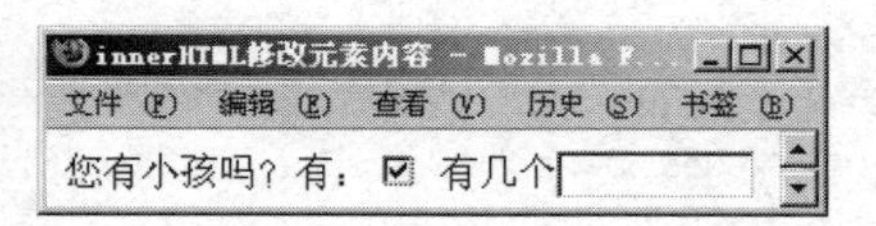

图 3-14　利用 innerHTML 改变元素的内容

提示：对于要设置 innerHTML 属性的 DOM 元素来说，最好要对它进行显式定义，不能去掉“var”，或者确保 DOM 对象名和元素 id 不同名(如将变量 add 改成 add2)，否则在 IE 中将会出错。因为 IE 有时会把元素 id 直接当在 DOM 元素对象来使用。

innerHTML 属性可更改元素中的 HTML 内容，如果只需要更改元素中的文本内容，可以使用 innerText 方法，它只能更改标记中文本的内容，但它只支持 IE 浏览器，在 Firefox 浏览器中要使用 textContent 属性才能实现相同的效果。

3.5.5　访问和设置元素的 CSS 属性

在 JavaScript 中，除了能够访问元素的 HTML 属性外，还能够访问和设置元素的 CSS 属性，访问和设置元素的 CSS 属性可分为以下两种方法。

1. 使用 style 对象访问和设置元素的行内 CSS 属性

style 对象是 DOM 对象的子对象，在建立了一个 DOM 对象后，可以使用 style 对象来访问和设置元素的行内 CSS 属性。语法为：DOM 元素.style.CSS 属性名。可以看出用 DOM 访问 CSS 属性和访问 HTML 属性的区别在于 CSS 属性名前要有“style.”。例如：

```
  <p id="test" onclick="$()" style="font-size:14px; color:#000;">内容</p>
<script>
  function $(){
  var test=document.getElementById("test");
  alert (test.style.fontSize);              //访问 CSS 属性 font-size,输出 14px
  test.style.color="#f00";                  //修改 CSS 属性 color
  alert (test.style.color);                 //访问 CSS 属性 color,IE 中输出#f00
}</script>
```

说明：

① 样式设置必须符号 CSS 规范，否则该样式会被忽略。

② 如果样式属性名称中不带-号，如 color，则直接使用 style.color 就可访问该属性值；如果样式属性名称中带有-号，如 font-size，则对应的 style 对象属性名称为 fontSize。转换规则是去掉属性名称中的-号，再把后面单词的第一个字母大写即可。例如，border-left-style 对应的 style 对象属性名为 borderLeftStyle。

③ 对于 CSS 属性 float，不能使用 style.float 访问，因为 float 是 JavaScript 的保留字，要访问该 CSS 属性，在 IE 浏览器中应使用 style.styleFloat，在 Firefox 浏览器中应使用 style.cssFloat。

④ 使用 style 对象只能读取到元素的行内样式，而不能获得元素所有的 CSS 样式。如果将上例中 p 元素的 CSS 样式改为嵌入式的形式，那么 style 对象是访问不到的。因此 style 对象获取的属性与元素的最终显示效果并不一定相同，因为可能还有非行内样式作用

于元素。

⑤ 如果使用 style 对象设置元素的 CSS 属性，而设置的 CSS 属性和元素原有的任何 CSS 属性冲突，由于 style 会对元素增加一个行内 CSS 样式属性，而行内 CSS 样式的优先级最高，因此通过 style 设置的样式一般为元素的最终样式。

下面的例子通过修改 div 元素的 CSS 背景图片属性实现图 3-13 中图像随文字切换效果。

```
#container #picbox {width:150px;    height:150px;    float:left;
                    background:url(pic1.jpg) no-repeat;  }
<div id="container">
     <div id="picbox"></div>       <!-- 用 div 放置供切换的背景图像 -->
     <ul><li onmouseover="changePic(1)">沙漠古堡</li>
       <li onmouseover="changePic(2)">天山冰湖</li>
       <li onmouseover="changePic(3)">自然村落</li>
     </ul></div>
<script>
function changePic(str){
 var myImg = document.getElementById("picbox");              //获取图像元素
 myImg.style.backgroundImage="url(pic"+str+".jpg)"; }       //设置 CSS 背景属性
</script>
```

如果要为当前元素设置多条 CSS 属性，可以使用 style 对象的 cssText 方法，例如：

```
var a = document.getElementById("a");
a.style.cssText="border:1px dotted;width:300px;height:200px;background:#c6c6c6;"
```

2. 使用 className 属性切换元素的类名

为元素同时设置多条 CSS 属性还可以将该元素原来的 CSS 属性和修改后的 CSS 属性分别写到两个类选择器中，再修改该元素的 class 类名以调用修改后的类选择器。例如，下面的例子同样可用来实现图 3-13 中的图片切换效果。

```
<style type="text/css">
.pic1{background:url(pic1.jpg)}                    /*将要修改的 CSS 属性放在一个类选择器中*/
.pic2{background:url(pic2.jpg)}
.pic3{background:url(pic3.jpg)}
</style>
<div id="container">
<div id="picbox" class="pic1"></div>
<ul><li onmouseover="changePic(1)">沙漠古堡</li>
  <li onmouseover="changePic(2)">天山冰湖</li>
  <li onmouseover="changePic(3)">自然村落</li>
</ul></div>
<script>
function changePic(str){
 var myImg = document.getElementById("picbox");  //获取图片
 myImg.className="pic"+str;  }                  //切换#picbox 元素的类名
</script>
```

提示：如果要删除元素的所有类名，设置 DOM 元素.className=""即可。

3. 使用 className 属性追加元素的类名

有时元素可能已经应用了一个类选择器中的样式，如果想要使元素应用一个新的类选择器，但又不能去掉原有的类选择器中的样式，则可以使用追加类名的方法，当然这种情况也可以通过 style 对象添加行内样式实现同样效果。

但是，当追加元素的类名不是为了控制该元素的样式，而是为了控制其子元素的样式(如下拉菜单)时，就只能用这种方法实现。下面是一个追加元素类别的例子：

```
className + = " over"
```

提示：在"与 over 之间的空格一定不能省略，因为 CSS 中为元素设置多个类别名的语法是：class="test over"(多个类名间用空格隔开)，因此添加一个类名一定要在前面加空格，否则就变成了 class="testover"，这显然不对。

4. 使用 replace 方法去掉元素的某一个类名

如果要在元素已经应用的几个类名中去掉其中的一个时，则可以使用 replace 方法，将类名替换为空即可。例如：

```
this.className = this.className.replace(/over/,"");     //用两斜杠/将 over 括起来
```

假设元素的类名原来是 class="test over"，则去掉后变成了 class="test"。要去掉的类名一定要用两斜杠/括起来，如果用引号，则在 Firefox 中会不起作用。

下面是追加和删除某一特定类名的例子，当单击导航项时，将显示折叠菜单，再次单击导航项时又将隐藏折叠菜单。

```
<style type = "text/css">
.test{   width: 160px;   border: 1px solid #ccc; }
li ul { display: none;   }
li.over ul { display: block;}
</style>
<ul id = "nav">
  <li class = "test" onclick = "toggle(this)"><a href = "#">文 章</a>
    <ul><li><a href = "#">Ajax 教程</a></li>
      <li><a href = "#">Flex 教程</a></li></ul>
    </li></ul>
<script>
function toggle(obj){
if (obj.className.indexOf("over") ==- 1)                         //如果类名中没有"over"
     obj.className += " over";                                   //追加类名"over"
else   obj.className = obj.className.replace(/over/,"");   }     //去除类名"over"
</script>
```

3.5.6 创建和替换元素结点

1. DOM 结点的类型

DOM 中的结点主要有 3 种类型，分别是元素结点、属性结点和文本结点。例如，一个 a

元素：

```
<a href = "iframe.html" target = "myTarget">在指定窗口打开</a>
```

则该 a 元素中的各种结点如图 3-15 所示。

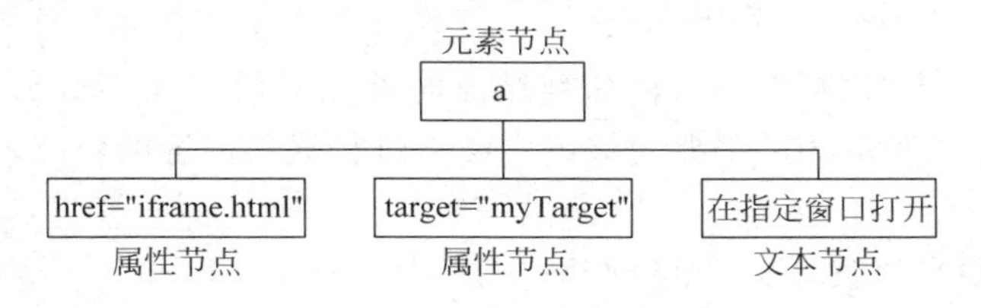

图 3-15 各种结点的关系

在 DOM 中可以使用结点的 nodeType 和 nodeName 属性检查结点的类型，其值的含义如表 3-11 所示。

表 3-11 DOM 结点的 nodeType 和 nodeName

DOM 结点的属性	元素节点	属性节点	文本节点
nodeType	1	2	3
nodeName	元素标记名的大写	属性名称	＃text

2. 创建结点

除了查找结点并处理结点的属性外，DOM 同样提供了很多便捷的方法来管理结点，包括创建、删除、替换和插入等操作。在 DOM 中创建元素结点采用 creatElement()，创建文本结点采用 createTextNode()，创建文档碎片结点采用 createDocumentFragment()等。

(1) createElement 方法：创建 HTML 元素。使用该方法可以在文档中动态创建新的元素。例如，希望在网页中动态添加如下代码：

```
<p>这是一条感人的新闻</p>
```

则首先可以利用 createElement()创建< p >元素，代码如下：

```
var oP = document.createElement("p");
```

然后利用 createTextNode()方法创建文本结点，并利用 appendChild()方法将其添加到 oP 结点的 childNodes 列表的最后，代码如下：

```
var oCont = document.createTextNode("这是一条感人的新闻");
oP.appendChild(oCont);
```

最后再将已经包含了文本结点的元素< p >结点添加到< body >中，同样可采用 appendChild()方法，代码如下：

```
document.body.appendChild(oP);
```

这样便完成了< body >中< p >元素的创建，appendChild()方法是向元素的尾部追加结点，因此创建的p元素总是位于body元素的尾部。

(2) createTextNode方法：创建文本结点。

```
var txt = document.createTextNode("some text");
```

可以首先创建一个"模板"结点，创建新结点时首先调用cloneNode方法获得"模板"结点的副本，然后根据实际应用的需要对该副本结点进行局部内容的修改。

3. 操作结点

操作DOM结点可以使用标准的DOM方法，如appendChild()、removeChild()等，也可以使用非标准的innerHTML属性。DOM中可以使结点发生变化的常用方法包括以下几种。

(1) appendChild()：为当前结点新增一个子结点，并且将其作为最后一个子结点。

(2) insertBefore()：为当前结点新增一个子结点，将其插入到指定的子结点之前。

(3) replaceChild()：将当前结点的某个子结点替换为其他结点。

(4) removeChild()：删除当前结点的某个子结点。

这里以replaceChild()替换结点方法来展示用DOM操作结点的方法。下列代码的功能是在单击文本时，将文本所在的p结点替换成h1结点。

```
< p onclick = "replaceP()">这行文字被替换了</p>
< script >
function replaceP(){
    var oOldP = document.getElementsByTagName("p")[0];
    var oNewP = document.createElement("h1");            //新建元素结点
    var oText = document.createTextNode("这是一个感人至深的故事");
    oNewP.appendChild(oText);
    oOldP.parentNode.replaceChild(oNewP,oOldP);  }       //替换结点
</script>
```

3.5.7 用DOM控制表单

1. 访问表单中的元素

每个表单中的元素，无论是文本框、单选按钮、下拉列表框还是其他内容，都包含在form的elements集合中，可以利用元素在集合中的位置或元素的name属性获得对该元素的引用。代码如下：

```
var oForm = document.forms["user"];          //user为该form元素的name属性
var oTextName = oForm.elements[0];           //该form中的第一个表单域元素
var passwd = oForm.elements["passwd"];       //passwd为该表单域元素的name属性
```

另外，还有一种最简便的方法，就是直接通过表单元素的name属性来访问，例如：

```
var oComments = oForm.elements. passwd;        //获取name属性为comments的元素
```

经验：虽然也可以用 document.getElementById()和表单元素的 id 值来访问某个特定的元素。但由于表单中的元素要向服务器传送数据，一般都具有 name 属性，因此用 name 属性的方法来访问更加方便，除了像单选按钮组各项之间的 name 值相同，而 id 值不同。

2. 表单中元素的共同属性和方法

所有表单中的元素(除了隐藏元素)都有一些共同的属性和方法，其中常用的部分列在表 3-12 中。

表 3-12　表单中元素的共同属性和方法

属性/方法	说　明
checked	对于单选按钮和复选框而言，选中则为 true
defaultChecked	对于单选按钮和复选框而言，如果初始时是选中的则为 true
value	除下拉菜单外，所有元素的 value 属性值
defaultValue	对于文本框和多行文本框而言，初始设定的 value 值
form	指向元素所在的< form >
name	元素的 name 属性
type	元素的类型
blur()	使焦点离开某个元素
focus()	聚焦到某个元素
click()	模拟用户单击该元素
select()	对于文本框、多行文本框而言，选中并高亮显示其中的文本

对于表 3-12 中的各个属性和方法，读者可以逐一试验。例如：

```
var oForm = document.forms["myForm1"];              //获取表单 myForm1
var oComments = oForm.elements.comments;
alert(oComments.type) ;                             //返回元素类型(输出 text)
var oTextPasswd = oForm.elements["passwd"];
oTextPasswd.focus();                                //聚焦到 passwd 元素上
```

3. 用表单的 submit()方法代替提交按钮

在 HTML 中，表单的提交必须采用提交按钮或具有提交功能的图像按钮才能够实现，例如：

```
< input type = "submit" name = "Submit" value = "登 录" />
```

用户单击“提交”按钮就可提交表单。但在很多场合中用其他方法提交却显得更为便捷，如选中某个单选按钮，选择了下拉列表框中某一项后就让表单立即提交。只要在相应的元素事件中加入下面这条事件处理代码即可。

```
document.formName.submit();
```

或

```
document.forms[index].submit();
```

这两条语句使用了表单对象的 submit()方法,该方法等效于单击 submit 按钮。

通过采用 submit()方法提交表单,还可以把验证表单的程序写在提交表单之前。下面是用一个超链接(a 元素)模拟提交按钮实现表单提交的例子。在提交之前还验证了用户名是否为空。

```
<script>
   function checkvalue() {
     if (document.welcome.username.value == "" )
       { alert( " 用户名不能为空! " );
        return ( false );     }
     document.welcome.submit();
    return ( true );     }
  </script>
<form name = " welcome"  method = "post"  action = "" >
      < input type = "text" name = "username" />
      < input type = "text" name = "password"/>
      <a href = "#" onclick = "checkvalue();return false: " >登 录</a>
  </form>
```

在 2.3.6 节曾提到提交按钮是表单的三要素之一,但这个观点现在需要改变了。利用 submit()方法代替提交按钮的功能,可以使表单不再需要提交按钮。

3.6 事件处理

事件是 JavaScript 和 DOM 之间进行交互的桥梁,当某个事件发生时,通过它的处理函数执行相应的 JavaScript 代码。例如,页面加载完毕后,会触发 load 事件,用户单击元素时,会触发 click 事件。通过编写这些事件的处理函数,可以实现对事件的响应,如向用户显示提示信息,改变这个元素或其他元素的 CSS 属性。

3.6.1 事件流

浏览器中的事件模型分为两种,即捕获型事件和冒泡型事件。捕获型事件是指事件从最不特定的事件目标传播到最特定的事件目标。例如下面的代码中,如果单击 p 元素,那么捕获型事件模型的触发顺序是 body→div→p。早期的 NN 浏览器采用这种模型。

```
<script>
function add(sText){
    var oDiv = document.getElementById("display");
    oDiv.innerHTML += sText;  }        //输出发生事件的元素顺序
</script>
<body onclick = "add('body<br>');">
    <div onclick = "add('div<br>');">
        <p onclick = "add('p<br>');">Click Me</p>
    </div>
    <div id = "display"></div>
</body>
```

而IE等浏览器采用了事件冒泡的方式，即事件从最特定的事件目标传播到最不特定的事件目标。而且目前大部分浏览器都是采用了冒泡型事件模型，上例中的代码在IE和Firefox浏览器中的显示结果如图3-16所示，可看到它们都是采用事件冒泡的方式。因此这里主要讲解冒泡型事件。但是DOM标准则吸取了两者的优点，采用了捕获+冒泡的方式。

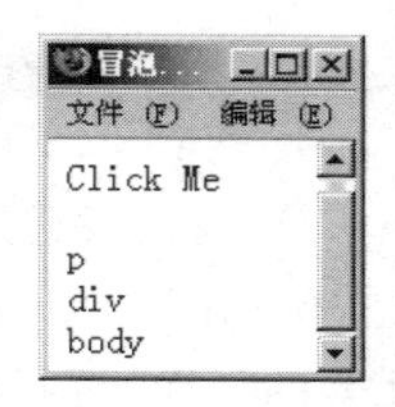

图3-16 IE和Firefox浏览器均采用冒泡型事件

3.6.2 处理事件的两种方法

1. 事件处理函数

用于响应某个事件而调用的函数称为事件处理函数，事件处理函数既可以通过JavaScript进行分配，也可以在HTML中指定。因此事件处理函数出现的形式可分为以下两类。

(1) HTML标记事件处理程序：这是最常见的一种事件处理形式，它直接在HTML标记中的事件名后书写事件处理函数。形式为：

```
<Tag eventhandler = "JavaScript Code">
```

例如：

```
<p onclick = "alert('我的内容是' + this.innerHTML);"> Click Me </p>
<button id = "btn" onclick = "alert('你好')" > Click Me </button>
```

这种方法简单，而且在各种浏览器中的兼容性也很好。

(2) 以对象属性的形式出现的事件监听程序：这种方法没有把JavaScript代码写在HTML标记内，实现了结构和行为的分离，它的形式为：

```
object.eventhandler = function;
```

例如：

```
<script>
window.onload = function(){
    var oP = document.getElementById("myP");          //找到对象
    oP.onclick = function(){                          //设置事件监听函数
        alert('我被点击了');
    }}</script>
<p id = "myP"> Click Me </p>
```

注意：

① 这种形式的"="后只能跟函数名或匿名函数。例如，上述oP.onclick = function(){…}还可以写为oP.onclick =msg，但绝不能写成oP.onclick =msg()。msg是下面函数的函数名：

```
function msg(){ alert('我被点击了'); }
```

② 将这段程序放在 window 对象的 onload 事件中,保证了 DOM 结构完全加载后再搜索< p >结点。如果去掉 window. onload = function(){},就必须保证这段代码放在 # myP 元素的下面,否则就会出现找不到元素的错误。

③ 这种方法最大的优点是可以统一对很多元素设置事件处理程序。假设页面中很多元素对同一事件都会采用相同的处理方式,如果在每个元素的标记内都添加一条事件处理程序就会有很多代码冗余。下面是一个用 JavaScript 模仿 a 标记 hover 伪类效果的例子:

```
< p onmouseover = " this. style. textDecoration = 'underline' " onmouseout =  " this. style.
textDecoration = 'none'">第一段</p>
<p onmouseover = " this. style. textDecoration = 'underline' " onmouseout =  " this. style.
textDecoration = 'none'">第二段</p>
<p onmouseover = " this. style. textDecoration = 'underline' " onmouseout =  " this. style.
textDecoration = 'none'">第三段</p>
```

从代码中可以看出,如果使用 HTML 标记事件处理程序的话,那么每个标记内都要写一段相同的事件处理代码。而使用事件监听程序,就可以把上述代码改为:

```
<script>
window.onload = function()
{   var ps = document.getElementsByTagName("p");
    for (var p in ps)    {
            ps[p].onmouseover = function()
             {  this.style.textDecoration = "underline"    };
             ps[p].onmouseout = function()
             {  this.style.textDecoration = "none"     };
        }  };
</script>
```

这样所有< p >标记中的 onmouseover="…"就可以去掉了,而运行效果完全一样。

2. 通用事件监听程序

事件处理函数使用便捷,但是这种传统的方法不能为一个事件指定多个事件处理函数,事件属性只能赋值一种方法,考虑下面的代码:

```
button1.onclick = function() { alert('你好'); };
button1.onclick = function() { alert('欢迎'); };
```

则后面的 onclick 事件处理函数就会将前面的事件处理函数覆盖了。在浏览器中预览只会弹出一个显示"欢迎"的警告框。

正是由于事件处理函数存在上述功能上的缺陷,就需要通用事件监听函数。事件监听函数可以作用于多个元素,不需要为每个元素重复书写,同时事件监听函数可以为一个事件添加多个事件处理方法。

(1) IE 中的事件监听函数。在 IE 浏览器中,有两个函数来处理事件监听,分别是

attachEvent()和 detachEvent()。其中,attachEvent()用来给某个元素添加事件处理函数,而 detachEvent()则是用来删除元素上的事件处理函数。例如:

```
<script>
function fnClick1(){
    alert("我被点击了");
    oP.detachEvent("onclick",fnClick1);}                    //单击了一次后删除监听函数
function fnClick2(){
    alert("我的内容是" + myP.innerHTML);}
window.onload = function(){
    oP = document.getElementById("myP");                    //找到对象
    oP.attachEvent("onclick",fnClick1);                     //添加监听函数
    oP.attachEvent("onclick",fnClick2);   }
</script>
<p id = "myP">Click Me</p>
```

通过以上代码可以看出 attachEvent()和 detachEvent()的使用方法,它们都接受两个参数,前一个参数表示事件名,而后一个参数是事件处理函数的名称。

这种方法可以为同一个元素添加多个监听函数。在 IE 浏览器中运行时,当用户第一次单击 p 元素会接连弹出两个对话框,而单击了一次以后,监听函数 fnClick1()被删除,再单击就只会弹出一个对话框了,这也是前面的方法所无法实现的。

(2) Firefox 中的事件监听函数(标准 DOM 的监听方法)。Firefox 等其他非 IE 浏览器采用标准 DOM 监听函数进行事件监听,即 addEventListener()和 removeEventListener()。与 IE 不同之处在于,这两个函数接受 3 个参数,即事件名、事件处理的函数名和是用于冒泡阶段还是捕获阶段。

这两个函数接受的第一个参数“事件名”与 IE 也有区别,事件名是 click mouseover 等,而不是 IE 中的 onclick 或 onmouseover,即事件名没有 on 开头。另外,第 3 个参数通常设置为 false,即冒泡阶段。例如:

```
<script>
function fnClick1(){
    alert("我被 fnClick1 监听了");
    oP.removeEventListener("click",fnClick1, false);  //删除监听函数 1  }
function fnClick2(){
    alert("我被 fnClick2 监听了");  }
var oP;
window.onload = function(){
    oP = document.getElementById("myP");              //找到对象
    oP.addEventListener("click",fnClick1, false);     //添加监听函数 1
    oP.addEventListener("click",fnClick2, false);     //添加监听函数 2  }
</script>
<p id = "myP">Click Me</p>
```

在 Firefox 浏览器中运行该程序时,当第一次单击 p 元素时,会接连弹出两个对话框,顺序是“我被 fnClick1 监听了”和“我被 fnClick2 监听了”。当以后再次单击时,由于第一次单击后删除了监听函数 1,就只会弹出一个对话框了,内容是“我被 fnClick2 监听了”。

3.6.3 浏览器中的常用事件

1. 事件的分类

对于用户而言,常用的事件无非是鼠标事件、HTML 事件和键盘事件,其中鼠标事件的种类如表 3-13 所示。

表 3-13 鼠标事件的种类

事件名	描述	事件名	描述
onclick	单击鼠标左键时触发	onmouseover	鼠标指针移动到元素上时触发
ondbclick	双击鼠标左键时触发	onmouseout	鼠标指针移出该元素边界时触发
onmousedown	鼠标任意一个按键按下时触发	onmousemove	鼠标指针在某个元素上移动时持续触发
onmouseup	松开鼠标任意一个按键时触发		

常用的 HTML 事件如表 3-14 所示。

表 3-14 常用的 HTML 事件

事件名	描述
onload	页面完全加载后在 window 对象上触发,图片加载完成后在其上触发
onunload	页面完全卸载后在 window 对象上触发,图片卸载完成后在其上触发
onerror	脚本出错时在 window 对象上触发,图像无法载入时在其上触发
onselect	选择了文本框的某些字符或下拉列表框的某项后触发
onchange	文本框或下拉列表框内容改变时触发
onsubmit	单击"提交"按钮时在表单 form 上触发
onblur	任何元素或窗口失去焦点时触发
onfocus	任何元素或窗口获得焦点时触发

对于某些元素来说,还存在一些特殊的事件。例如,body 元素就有 onresize(当窗口改变大小时触发)和 onscroll(当窗口滚动时触发)这样的特殊事件。

键盘事件相对来说用得较少,主要有 keydown(按下键盘上某个按键触发)、keypress(按下某个按键并且产生字符时触发,即忽略 Shift、Alt 等功能键)和 keyup(释放按键时触发)。通常键盘事件只有在文本框中才有实际意义。

2. 事件的应用举例——设置鼠标指针经过时自动选择表单中文本

有时希望当鼠标指针经过文本框时,文本框能自动聚焦,并能选中其中的文本以便用户直接输入就可修改。其中实现鼠标指针经过时自动聚焦的代码如下:

```
< input name = "user" type = "text" onmouseover = "this.focus()" />
```

其次是聚焦后自动选中文本框中的文本,代码如下:

```
< input name = "user" value = "tang" type = "text" onfocus = "this.select()"/>
```

如果表单中有很多文本框,不希望在每个文本框标记中都写上这些事件处理代码,则可改写成如下的通用事件处理函数。

```
<script>
function myFocus(){
    this.focus();  }
function mySelect(){
    this.select();  }
window.onload = function(){
    var elements = document.getElementsByTagName("input");
     for (var i = 0; i < elements.length; i++) {
        var type = elements[i].type;          //获取 input 标记的 type 属性值
        if (type == "text") {
          elements[i].onmouseover = myFocus;
          elements[i].onfocus = mySelect;
        } } }
</script>
```

3. 事件的应用举例——利用 onBlur 事件自动校验表单

过去，表单验证都是在表单提交时进行验证，即当用户输入完表单后单击“提交”按钮时再进行验证。随着 Ajax 技术的兴起，现在表单的输入验证一般在用户输入完一项转到下一项时，对刚输入的一项进行验证。即输完一项验证一项，也就是在前一输入项失去焦点(onBlur)时进行验证。这样的好处很明显，在用户输入错误后可马上提示用户进行修改，还可防止提交表单后如果有错误要求用户重新输入所有的信息。这种效果的制作步骤如下。

(1) 写结构代码。该例的结构代码是一个包含有文本框、密码框和提交按钮的表单，考虑到失去焦点时要返回提示信息，在各个文本框后面添加一个用于显示提示信息的<span>标记。表单<form>的 HTML 代码如下：

```
<form name = "register">
<table cellpadding = "5" cellspacing = "0" border = "0">
    <tr><td>用户名:</td><td><input type = "text" name = "User"></td>
    <td><span id = "UserResult"></span></td> </tr>
    <tr><td>输入密码:</td><td><input type = "password" name = "passwd1"></td>
<td></td></tr>
    <tr><td>确认密码:</td><td><input type = "password" name = "passwd2"></td>
<td> <span id = "pwdResult"></span></td> </tr>
    <tr><td colspan = "2" align = "center">
        <input type = "submit" value = "注册"> <input type = "reset" value = "重置">
        </td> <td></td></tr></table>
</form>
```

(2) 当文本框或密码框获得焦点时改变其背景色，以便突出显示，失去焦点时其背景色又恢复为原来的背景色。代码如下：

```
<script>
function myFocus(){
    this.style.backgroundColor = "#fdd";  }
function myBlur(){
```

```
        this.style.backgroundColor = "#fff";     }
    window.onload = function(){
        var elements = document.getElementsByTagName("input");
         for (var i = 0;i < elements.length;i++) {
            var type = elements[i].type;
           if (type == "text" || type == "password") {
              elements[i].onfocus = myFocus;
              elements[i].onblur = myBlur;
           } } }
```

(3) 当文本框或密码框失去焦点时开始验证该文本框中的输入是否合法，在这里仅验证文本框的输入是否为空，以及两次输入的密码必须相同。

① 由于要在失去焦点时验证，因此在函数 myBlur()中添加执行验证函数的代码，将上述代码中的 myBlur()修改为：

```
    function myBlur(){
        this.style.backgroundColor = "#ffffff";
        startCheck(this);}                              //这一句是新增的验证表单的代码
```

② 然后编写验证函数 startCheck()的代码，它的代码如下：

```
    function startCheck(oInput){
        if(oInput.name == "User"){                      //如果是用户名的输入框
          if(!oInput.value){                            //如果值为空
            oInput.focus();                             //聚焦到用户名的输入框
            document.getElementById("UserResult").innerHTML = "用户名不能为空";
            return;   }
          else
            document.getElementById("UserResult").innerHTML = "";     }
          if(oInput.name == "passwd2"){                 //如果是第二个密码输入框
            if(document.getElementsByName("passwd1")[0].value!= document.getElementsByName("
    passwd2")[0].value)                                 //如果两个密码框值不相等
    document.getElementById("pwdResult").innerHTML = "两次输入的密码不一致";
          else
            document.getElementById("pwdResult").innerHTML = "";}}
```

这个在 onBlur 事件中验证表单输入的程序最终效果如图 3-17 所示。如果能够添加与服务器交互的服务器端脚本，就能实现验证“用户名是否已经被注册”等功能。

图 3-17 利用 onBlur 事件自动校验的表单

3.6.4 事件对象

1. IE 和 DOM 中的事件对象

当在 IE 浏览器中发生一个事件时，浏览器将会自动创建一个名称为“event”的事件对象，在事件处理函数中可以通过访问该对象来获取所发生事件时的各种信息，包括触发事件的 HTML 元素、鼠标指针位置及鼠标按钮状态等。在 IE 浏览器中，event 对象实际上又是 window 对象的一个属性 event，因此在代码中可以通过 window. event 或 event 形式来访问该对象。

尽管它是 window 对象的属性，但 event 对象还是只能在事件发生时被访问，所有的事件处理函数执行完之后，该对象就自动消失了。而标准 DOM 中规定，event 对象必须作为唯一的参数传给事件处理函数。因此在类似 Firefox 浏览器中访问事件对象通常将其作为参数，代码如下：

```
oP.onclick = function(oEvent){
}
```

因此为了兼容这两种浏览器，通常采用下面的方法。

```
oP.onclick =  function(oEvent){
oEvent  =  oEvent || window.event;      }
```

浏览器在获取了事件对象后就可以通过它的一系列属性和方法来处理各种具体事件了，如鼠标事件、键盘事件和浏览器事件等。对于鼠标事件来说，其常用的属性是它的位置信息属性，主要有以下两类。

(1) screenX/screenY：事件发生时，鼠标指针在计算机屏幕中的坐标。

(2) clientX/cilentY：事件发生时，鼠标指针在浏览器窗口中的坐标。

通过鼠标指针的位置属性，可以随时获取到鼠标指针的位置信息。例如，有些电子商务网站可以将商品用鼠标指针拖放到购物篮中，这就需要获取鼠标事件的位置，才能让商品跟着鼠标指针移动。

2. 键盘事件对象的应用举例——验证用户输入的是否为数字

如果要判断用户在文本框中输入的内容是否为数字，最简单的办法就是用键盘事件对象来检测按下键的键盘码是否是为 48～57，当用户按下的不是数字键时，会发现根本无法输入。示例代码如下：

```
<script>
function IsDigit()
{   return ((event.keyCode >= 48) && (event.keyCode <= 57));   }
</script>
请输入手机号码:
<input type = "text" name = "phone" onkeypress = "event.returnValue = IsDigit();"/>
```

3. 鼠标事件对象的应用举例——制作跟随鼠标指针移动的图片放大效果

本例中，当鼠标指针滑动到某张图片上时，鼠标指针的旁边就会显示这张图片的放大图片，而且放大的图片会跟随鼠标指针移动，如图 3-18 所示。在整个例子中，原图和放大的图片采用的都是同一张图片，只不过对原图设置了 width 和 height 属性，使它缩小显示，而放大图片就显示图片的真实大小。制作步骤如下。

(1) 把几张要放大的图片放到一个 div 容器中，然后再添加一个 div 的空容器用来放置当鼠标指针经过时显示的放大图像。结构代码如下：

图 3-18　跟随鼠标指针移动的图片放大效果

```
<div id = "demo">
    <img src = "pic1.jpg" />  <img src = "pic2.jpg" />  <img src = "pic3.jpg" />
</div>
<div id = "enlarge_img"></div>     <! -- 用来放置放大的图片 -->
```

当然，严格来说，把这几幅图片放到一个列表中结构会更清晰些。

(2) 写 CSS 代码，对于 img 元素来说，只要定义它在小图时的宽和高，并给它添加一条边框以显得美观。对于 enlarge_img 元素，它应该是一个浮在网页上的绝对定位元素，在默认时不显示，并设置它的 z-index 值很大，防止被其他元素遮盖。

```
    #demo img{
    width:90px;   height:90px;                /* 页面中小图的大小 */
    border:5px solid #f4f4f4; }
#enlarge_img{
    position:absolute;
    display:none;                             /* 默认状态不显示 */
    z-index:999;                              /* 位于网页的最上层 */
    border:5px solid #f4f4f4  }
```

(3) 对鼠标指针在图片上移动这一事件对象进行编程。首先获取到 img 元素，当鼠标指针滑动到它们上面时，使 #enlarge_img 元素显示，并且通过 innerHTML 往该元素中添加一个图像元素作为大图。大图在网页上的纵向位置(即距离页面顶端的距离 top)应该是鼠标指针到窗口顶端的距离(event.clientY)加上网页滚动过的距离(document.body.scrollTop)。代码如下：

```
<script>
var demo = document.getElementById("demo");
var gg = demo.getElementsByTagName("img");              //获取#demo 中的 img 元素集合
var ei = document.getElementById("enlarge_img");
for(i = 0; i < gg.length; i++){
    var ts = gg[i];
    ts.onmousemove = function(event){                   //鼠标指针在某个 img 元素上移动时
        event = event || window.event;                  //兼容 IE 和标准 DOM 事件
        ei.style.display = "block";                     //显示装大图的盒子
```

```
        ei.innerHTML = '<img src="' + this.src + '" />';  //设置大图盒子中的图像路径
        ei.style.top = document.body.scrollTop + event.clientY + 10 + "px";
                                                           //大图在页面上的位置
        ei.style.left = document.body.scrollLeft + event.clientX + 10 + "px";
    }
    ts.onmouseout = function(){                            //鼠标指针离开时
        ei.innerHTML = "";
        ei.style.display = "none";  }
    ts.onclick = function(){  window.open( this.src );     //单击大图时在新窗口打开图片
}}
</script>
```

这样该实例就制作好了，注意 JavaScript 代码在这里只能放在结构代码的后面，当然也可以把这些 Javascript 代码作为一个函数放在 Window. onload 事件中。

习题 3

一、选择题

1. 下列定义数组的方法中(　　)是不正确的。

   A. var x=new Array["item1" , "item2" , "item3" , "item4"];

   B. var x=new Array("item1" , "item2" , "item3" , "item4");

   C. var x= ["item1" , "item2" , "item3" , "item4"];

   D. var x=new Array(4);

2. 计算一个数组 x 的长度的语句是(　　)。

   A. var aLen=x. length();　　B. var aLen=x. len ();

   C. var aLen=x. length;　　D. var aLen=x. len;

3. 下列 JavaScript 语句将显示(　　)结果。

```
var a1 = 10;
var a2 = 20;
alert("a1 + a2 = " + a1 + a2);
```

   A. a1+a2=30　　B. a1+a2=1020

   C. a1+a2=a1+a2　　D. "a1+a2="1020

4. 产生当前日期的方法是(　　)。

   A. Now();　　B. date();　　C. new Date();　　D. new Now();

5. 下列(　　)可以得到文档对象中的一个元素对象。

   A. document. getElementById("元素 id 名")

   B. document. getElementByName("元素名")

   C. document. getElementByTagName("元素标签名")

   D. 以上都可以

6. 如果要制作一个图像按钮，用于提交表单，方法是(　　)。

   A. 不可能的

B. <input type="button" image="image. gif">

C. <input type="submit" image="image. gif">

D. <img src="image. gif" onclick="document. forms[0]. submit()">

7. 如果要改变元素<div id="userInput">…</div>的背景颜色为蓝色,代码是(　　)。

A. document. getElementById("userInput"). style. color = "blue";

B. document. getElementById("userInput"). style. divColor = "blue";

C. document. getElementById("userInput"). style. background-color = "blue";

D. document. getElementById("userInput"). style. backgroundColor = "blue";

8. 通过 innerHTML 的方法改变某一 div 元素中的内容,(　　)。

A. 只能改变元素中的文字内容　　B. 只能改变元素中的图像内容

C. 只能改变元素中的文字和图像内容　　D. 可以改变元素中的任何内容

9. 下列选项中,(　　)不是网页中的事件。

A. onclick　　B. onmouseover　　C. onsubmit　　D. onmouseclick

10. JavaScript 中自定义对象时使用关键字(　　)。

A. Object　　B. Function

C. Define　　D. 以上 3 种都可以

11. 以下语句不能为对象 obj 定义值为 22 的属性 age 的是(　　)。

A. obj. "age"=22;　　B. obj. age=22;

C. obj["age"]=22;　　D. obj={age:22};

12. 下面语句不能定义函数 *f*()的是(　　)。

A. function f(){};　　B. var f=new Function("{}");

C. var f=function(){};　　D. f(){};

二、填空题

1. ________对象表示浏览器的窗口,可用于检索关于该窗口状态的信息。

2. Navigator 对象的________属性用于检索操作系统平台。

3. "var a = 10; var b = 20; var c = 10; alert(a = b); alert(a == b); alert(a == c);"结果是________。

三、简答题

试说明以下代码输出结果的顺序,并解释其原因,最后在浏览器中验证。

```
<script>
    setTimeout (function(){
        alert("A");
        },0);
    alert("B");
</script>
```

四、实操题

编写代码实现以下效果:打开一个新窗口,原始大小为 400×300px,然后将窗口逐渐增大到 600×450px,保持窗口的左上角位置不变。

第4章

jQuery

随着 JavaScript、CSS、Ajax 等技术的不断进步,越来越多的开发者将一个又一个丰富多彩的程序功能进行封装,供其他人可以调用这些封装好的程序组件(框架)。这使得 Web 程序开发变得简洁,并能显著提高开发效率。

4.1 jQuery 框架入门

常见的 JavaScript 框架有 jQuery、Dojo、ExtJS、Prototype、Mootools 和 Spry 等。目前以 jQuery 最受开发者的追捧,jQuery 是一个优秀的 JavaScript 框架,它能使用户更方便地处理 HTML 文档、events 事件、动画效果、Ajax 交互等。它的出现极大地改变了开发者使用 JavaScript 的习惯。

4.1.1 jQuery 框架的功能

jQuery 框架的主要功能可以归纳为以下几点。

(1) 访问页面的局部。访问页面的局部是前面介绍的 DOM 模型所完成的主要工作之一,通过第 3 章的示例可以看到,DOM 获取页面中某个结点或某一类结点有固定的方法,而 jQuery 框架则大大地简化了其操作的步骤。

(2) 修改页面的表现(Presentation)。CSS 的主要功能就是通过样式风格来修改页面的表现。然而由于各个浏览器对 CSS 3 标准的支持程度不同,使得很多 CSS 的特性未能很好地体现。jQuery 框架很好地解决了这个问题,它通过封装好的 jQuery 选择器代码,使各种浏览器都能很好地使用 CSS 3 标准,极大地丰富了 CSS 的运用。

(3) 更改页面的内容。jQuery 可以很方便地修改页面的内容,包括修改文本的内容、插入新的图片、修改表单的选项,甚至修改整个页面的框架。

(4) 响应事件。引入 jQuery 之后,可以更加轻松地处理事件,而且开发人员不再需要考虑复杂的浏览器兼容性问题。

(5) 为页面添加动画。通常在页面中添加动画都需要开发大量的 JavaScript 代码,而

jQuery 框架大大简化了这个过程。jQuery 库提供了大量可自定义参数的动画效果。

(6) 与服务器异步交互。jQuery 提供了一整套与 Ajax 相关的操作,大大方便了异步交互的开发和使用。

(7) 简化常用的 JavaScript 操作。jQuery 还提供了很多附加的功能来简化常用的 JavaScript 操作,如数组的操作、迭代运算等。

4.1.2 下载并使用 jQuery

jQuery 的官方网站(http://jquery. com)提供了最新的 jQuery 框架下载,如图 4-1 所示。通常只需要下载最小的 jQuery 包(Minified)即可。目前最新的版本 jquery-3. 2. 0. min. js 文件只有 55. 9KB。

jQuery 是一个轻量级(Lightweight)的 JavaScript 框架。所谓轻量级,是指它根本不需要安装,因为 jQuery 实际上就是一个外部 js 文件,使用时直接将该 js 文件用< script >标记链接到自己的页面中即可,代码如下:

图 4-1 jQuery 官方网站

```
< script src = "jquery. min. js"></script >
```

将 jQuery 框架文件导入后,就可以使用 jQuery 的选择器和各种函数功能了。下面是一个最简单的 jQuery 程序,代码如下:

```
< script src = "jquery. min. js"></script >     <! -- 引入 jQuery 环境 -- >
< script >
 $ (document). ready(function(){     //等待 DOM 文档载入后执行类似于 window. onload
   alert("Hello World! ");           //弹出一个对话框
});
</script >
```

4.1.3 jQuery 中的“ $ ”及其作用

在 jQuery 中,最频繁使用的莫过于美元符号“ $ ”,它能提供各种各样的功能,包括选择页面中的一个或一类元素、作为功能函数的前缀、创建页面的 DOM 结点等。

jQuery 中的“ $ ”实际上等同于“jQuery”,如 $ (" h2 ")等同于 jQuery(" h2 "),为了编写代码的方便,才采用“ $ ”来代替“jQuery”。“ $ ”的功能主要有以下几方面。

1. “ $ ”用作选择器

在 CSS 中选择器的作用是选中页面中某些匹配元素,而 jQuery 中的“ $ ”作为选择器,同样可选中单个元素或元素集合。

例如,在 CSS 中,“h2 > a”表示选中 h2 的所有直接下级元素 a,而在 jQuery 中同样可以通过如下代码选中这些元素,作为一个对象数组供 JavaScript 调用。

```
$ ("h2 > a")        //jQuery 的子选择器,引号不能省略
```

jQuery 支持所有 CSS 3 的选择器，也就是说可以把任何 CSS 选择器都写在 $(" ")中，像上面的"h2 > a"这种子选择器本来 IE 6 浏览器是不支持的，但把它转换为 jQuery 的选择器 $(" h2 > a")后，则所有浏览器都能支持，如下面的 CSS 代码：

```
h2 > a {              /* IE 6 浏览器不支持子选择器 */
    color: red;
    text-decoration: none;
}
```

可将它改写成 jQuery 选择器的代码，代码如下：

```
<script src = "jquery.min.js"></script>   <!-- 引入 jQuery 环境 -->
<script>
    $(document).ready(function(){          //页面载入后执行
        $("h2 > a").css("color","red");
        $("h2 > a").css("textDecoration","none");
  });
</script>
```

改写后，则使得本来不支持子选择器的 IE 6 浏览器也能支持子选择器了。

上面仅仅展示了用 jQuery 选择器实现 CSS 选择器的功能，实际上，jQuery 选择器的主要作用是选中元素后再为它们添加行为。例如：

```
$("#buttonid").click(function() { alert("你单击了按钮"); }
```

这就是通过 jQuery 的 id 选择器选中了某个按钮，接着为它添加单击时的行为。

还可以通过 jQuery 选择器获取元素的 HTML 属性，或者修改 HTML 属性，方法如下：

```
$("a#somelink").attr("href");                    //获取到了元素的 href 属性值
$("a#somelink").attr("href","index.html");       //将元素的 href 属性值设置为 index.html
```

2. "$"用作功能函数前缀

在 jQuery 中，提供了一些 JavaScript 中没有的函数，用来处理各种操作细节。例如，$.each()函数用来对数组或 jQuery 对象中的元素进行遍历。为了指明该函数是 jQuery 的，就需要为它添加"$."前缀。例如，下面的代码在浏览器中结果如图 4-2 所示。

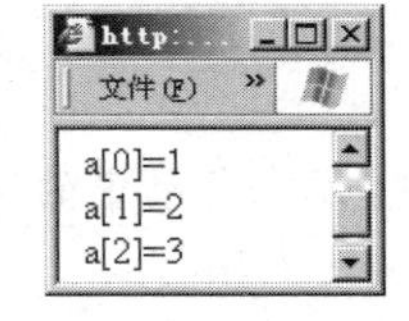

图 4-2 $.each()方法遍历数组

```
$.each([1,2,3],function(index,value)  {      //用 $.each()方法遍历数组[1,2,3]
    document.write("<br>a[" + index + "] = " + value);  });
```

说明：

(1) $.each()函数用来遍历数组或对象，因此它的语法有如下两种形式。

① $.each(对象, function(属性,属性值){…})。

② $.each(数组, function(元素序号,元素的值){…})。

$.each()函数的第一个参数为需要遍历的对象或数组,第二个参数为一个函数function,该函数为集合中的每个元素都要执行的函数,它可以接受两个参数,第一个参数为数组元素的序号或是对象的属性,第二个参数为数组元素或属性的值。

(2) 调用$.each()时,对于数组和类似数组的对象(具有 length 属性,如函数的 arguments 对象),将按序号从 0 到 length-1 进行遍历,对于其他对象则通过其命名属性进行遍历。

(3) 此处的$.each()函数与前面的 jQuery 方法有明显的区别,4.1.2 节中的 jQuery 方法都需要通过一个 jQuery 对象进行调用(如$("#buttonid").click),而$.each()函数没有被任何 jQuery 对象所调用,称这样的函数为 jQuery 全局函数。

(4) $.each()函数不同于 each()函数。后者仅能用来遍历 jQuery 对象。例如,可以利用 each()方法配合 this 关键字来批量设置或获取 DOM 元素的属性。下面的代码首先利用$("img")获取页面中所有 img 元素的集合,然后通过 each()方法遍历这个图片集合。通过 this 关键字设置页面上 4 个空<img />元素的 src 属性和 title 属性,使这 4 个空的<img />标记显示图片和提示文字。运行效果如图 4-3 所示。

```
$(function(){
    $("img").each(function(i){
        this.src = "pic" + (i+1) + ".jpg";          //this 等价于$("img")[n]
        this.title = "这是第" + (i+1) + "幅图";
    });
});
<img /><img /><img /><img />  <!--用 each 方法设置它们的属性-->
```

图 4-3 each()方法

提示: 代码中的 this 指代的是 DOM 对象而非 jQuery 对象,如果想得到 jQuery 对象,可以用$(this)。

3. 用作$(document).ready()解决 window.onload 函数冲突

在 jQuery 中,采用$(document).ready()函数替代了 JavaScript 中的 window.onload 函数。

其中,(document)是指整个网页文档对象(即 JavaScript 中的 window.document 对象),那么$(document).ready 事件的意思是指在文档对象就绪的时候触发。

$(document).ready()不仅可以替代 window.onload 函数的功能,而且比 window.onload 函数还具有更多优越性,下面来比较二者的区别。

(1) 要将 id 为 loading 的图片在网页加载完成后隐藏起来,window.onload 的写法是:

```
function hide(){
    document.getElementById("loading").style.display = "none";}
window.onload = hide;        //注意 hide 不能写成 hide()
```

由于 window.onload 事件会使 hide()函数在页面(包括 html 文档和图片等其他文档)完全加载完毕后才开始执行,因此在网页中 id 为"loading"的图片会先显示出来等整个网页加载完成后执行 hide 函数才会隐藏。

而 jQuery 的写法是:

```
$ (document).ready(function(){
    ("#loading").css("display","none");
})
```

jQuery 的写法则会使页面仅加载完 DOM 结构后就执行(即加载完 HTML 文档后),还没加载图像等其他文件就执行 ready()函数,给图像添加"display:none"的样式,因此 id 为"loading"的图片不可能被显示。

所以说:$(document).ready()比 window.onload 载入执行更快。

(2) 如果该网页的 html 代码中没有 id 为 loading 的元素,那么 window.onload 函数中的 getElementById("loading")会因找不到该元素,导致浏览器报错。所以为了容错,最好将代码改为:

```
function hide(){
if(document.getElementById("loading")){
    document.getElementById("loading").style.display = "none";
}}
```

而 jQuery 的$(document).ready()则不需要考虑这个问题,因为 jQuery 已经在其封装好的 ready()函数代码中做了容错处理。

(3) 由于页面的 HTML 框架需要在页面完全加载后才能使用,因此在 DOM 编程时 window.onload 函数被频繁使用。倘若页面中有多处都需要使用该函数,将会产生冲突。而 jQuery 采用 ready()方法很好地解决了这个问题,它能够自动将其中的函数在页面加载完成后运行,并且在一个页面中可以使用多个 ready()方法,不会发生冲突。

总之,jQuery 中的$(document).ready()函数有以下三大优点。

(1) 在 DOM 文档载入后就执行,而不必等待图片等文件载入,执行速度更快。

(2) 如果找不到 DOM 中的元素,能够自动容错。

(3) 在页面中多个地方使用 ready()方法不会发生冲突。

4. 创建 DOM 元素

在 jQuery 中通过使用"$"可以直接创建 DOM 元素,下面的代码用于创建一个段落,并设置其 align 属性及段落中的内容。

```
var newP = $ ("<p align = 'center'>航空母舰即将下水!</p>");
```

当然,创建了 DOM 元素后还必须使用其他方法将其插入到文档中,否则文档中不会显示新创建的元素。

4.1.4 jQuery 对象与 DOM 对象

当使用 jQuery 选择器选中某个或某组元素后,实际上就创建了一个 jQuery 对象,jQuery 对象是通过 jQuery 包装 DOM 对象后产生的对象。但 jQuery 对象和 DOM 对象是有区别的。例如:

```
$("#qq).html();          //获取 id 为 qq 的元素内的 html 代码
```

这条代码等价于:

```
document.getElementById("qq").innerHTML;
```

1. jQuery 对象转换为 DOM 对象

将 jQuery 对象转换为 DOM 对象,也就是说,如果一个对象是 jQuery 对象,那么它就可以使用 jQuery 里的方法,如 html()就是 jQuery 里的一个方法。但 jQuery 对象无法使用 DOM 对象中的任何方法,同样 DOM 对象也不能使用 jQuery 里的任何方法。因此下面的写法都是错误的。

```
$("#qq).innerHTML;                          //错误写法
document.getElementById("qq").html();       //错误写法
```

但如果 jQuery 没有封装想要的方法,不得不使用 DOM 方法的时候,有如下两种方法将 jQuery 对象转换为 DOM 对象。

(1) jQuery 对象是一个数组对象,可以通过添加数组下标的方法得到对应的 DOM 对象。例如,$("#msg")[0]就将 jQuery 对象转变为一个 DOM 对象。

(2) 使用 jQuery 中提供的 get()方法得到相应的 DOM 对象,如 $("#msg").get(0)。

2. DOM 对象转换为 jQuery 对象

相应地,DOM 对象也可以转换成 jQuery 对象,只需要用 $()把 DOM 对象包装起来就可以获得一个 jQuery 对象。例如:

```
$(document.getElementById("msg"))
```

转换后就可以使用 jQuery 中的各种方法了。因此,以下几种写法都是正确的。

```
$("#msg").html();                     //jQuery 对象
$("#msg")[0].innerHTML;               //添加下标转换为 DOM 对象
$("h2>a").eq(0).html();               //eq(n)方法返回的仍然是 jQuery 对象
$("h2>a").eq(0)[0].innerHTML;         //添加下标转换为 DOM 对象
$("h2>a").get(0).innerHTML;           //get(n)方法直接返回 DOM 对象
```

3. jQuery 对象的链式操作

jQuery 对象的一个显著优点是支持链式操作。链式操作是指基于一个 jQuery 对象的多数操作将返回该 jQuery 对象本身，从而可以直接对它进行下一个操作。例如，对一个 jQuery 对象执行大多数方法后将返回 jQuery 对象本身，因此，可以对返回的 jQuery 对象继续执行其他方法。下面是一个例子。

```
------------------------------ 清单 4-1.html ------------------------------
$(function(){           //$(document).ready(function(){的简写形式
$("p").click(function(){alert($(this).html())})       //设置 click 事件的处理函数
.mouseover(function(){alert('mouse over event')})     //设置 mouseover 事件的处理函数
.text($("p").eq(0).text()+"好啊")                     //设置元素中的文本内容
.each(function(i){this.style.color=['#f00','#0f0','#00f'][i]  //设置前3个元素的颜色
});
<p id="jp">移进来!</p><p id="jp2">移进来!</p><p>移进来!</p>
```

显然，通过上述链式操作，可以避免不必要的代码重复，使 jQuery 代码非常简洁。其中['#f00','#0f0','#00f']是一个 JavaScript 数组，给数组加下标就能得到该数组中的某个元素。.text($("p").eq(0).text()+"好啊")表示设置选中元素的文本内容为第一个 p 元素的文本内容再链接一个字符串常量。

提示： 本书接下来在介绍某些 jQuery 方法时，如果说该方法可以返回 jQuery 对象，主要就是说可以对该方法执行链式操作。

4.2 jQuery 的选择器

要使某个动作应用于特定的 HTML 元素，需要有办法找到这个元素。在 jQuery 中，执行这一任务的方法称为 jQuery 选择器。选择器是 jQuery 的根基，在 jQuery 中，对事件处理，遍历 DOM 和 Ajax 操作都依赖于选择器。因此很多时候编写 jQuery 代码的关键就是怎样设计合适的选择器选中需要的元素。jQuery 选择器把网页的结构和行为完全分离。利用 jQuery 选择器，能快速地找出特定的 HTML 元素并得到一个 jQuery 对象，然后就可以给对象添加一系列的动作行为。jQuery 选择器的优点表现在以下几方面。

(1) 简洁的写法，下面是 jQuery 选择器与 DOM 方法的比较。

```
$("#id1")          //document.getElementById("id1")
$("div")           //document.getElementsByTagName("div")
```

(2) 完善的错误处理机制。若在网页中没有 id 为"id1"的元素，则使用 document.getElementById("id1")后，浏览器会报错，因此需要先判断 document.getElementById("id1")是否存在，而使用 jQuery 选择器获取元素时即使元素不存在也不会报错。

jQuery 的选择器主要有三大类，即 CSS 3 的基本选择器、CSS 3 的位置选择器和过滤选择器。

4.2.1 支持的 CSS 选择器

jQuery 支持大多数 CSS3.0 中的选择器，并自定义了一些选择器，包括如下几类。

1. 基本选择器

基本选择器包括标记选择器、类选择器、ID 选择器、通配符、交集选择器、并集选择器。

写法就是把原来的CSS选择器写在\$(" ")内，如\$("p")、\$(".c1")、\$("#one")、\$("*")、\$("p.c1")、\$("h1,#one")。

如果选择器选择的结果是元素的集合，则可以用eq(n)来选择集合中的第n+1个元素。例如，要使第一个p元素的背景色为红色，可用下面的代码：

```
$("p").eq(0).css("backgroundColor","red");          //eq(0)选择集合中的第一个元素
```

2. 层次选择器

层次选择器包括后代选择器、子选择器、相邻选择器、弟妹选择器，如\$("#one p")、\$("#one>p")、\$("h1+p")、\$("h1~p")。

其中，弟妹选择器如\$("h1~p")是jQuery新增的，用于选择h1元素后面的所有同辈p元素，而相邻选择器如\$("h1+p")只能选择紧邻在h1元素后面的一个同辈p元素。这是它们的区别。另外，jQuery中的方法siblings()与前后位置无关，只要是同辈元素就可以选取。下面是一些例子：

```
$("#qq~*").css("backgroundColor","red");          //选择#qq后面的所有同辈元素
$("#qq+*").css("backgroundColor","red");          //选择#qq后面第一个同辈元素
$("#one>p").css("backgroundColor","red");         //选择#one元素内的子p元素
```

提示：jQuery中没有动态伪类选择器(如E:hover)，因为它提供了hover()方法模拟该功能。

4.2.2 过滤选择器

使用jQuery基本选择器后，返回的jQuery对象通常会包含一组DOM元素。但在实际中，往往还需要根据特定的条件从获取的元素集合中筛选出一部分DOM元素，在这种情况下，可以在基本选择器的基础上添加过滤选择器来完成筛选任务。根据具体情况，在过滤选择器中可以使用元素的索引值、内容、属性、子元素位置、表单域属性及可见性等作为筛选条件。

1. 位置过滤选择器

jQuery支持的CSS 3位置选择器可以看成是CSS为对象选择器的一种扩展。例如，它也有first-child这样的选择器，但能选择的某个位置上的元素更多了。表4-1所示的是所有jQuery支持的CSS 3位置选择器。

表4-1 jQuery支持的CSS 3位置选择器

选择器	说明
:first	第一个元素。例如，div p:first选中div中所有p元素的第一个，且该p元素是div的子元素
:last	最后一个元素，例如div p:last
:not(selector)	去除所有与给定选择器匹配的元素
:first-child	第一个子元素。例如，ul:first-child选中所有ul元素，且该ul元素是其父元素的第一个子元素

续表

选择器	说明
:last-child	最后一个子元素。例如,ul:last-child 选中所有 ul 元素,且该 ul 元素是其父元素的最后一个子元素
:only-child	所有没有兄弟的子元素。例如,p:only-child 选中所有 p 元素,如果该 p 元素是其父元素的唯一子元素
:nth-child(n)	第 n 个子元素。例如,li:nth-child(3)选中所有 li 元素,且该 li 元素是其父元素的第 3 个子元素(从 1 开始计数)
:nth-child(odd|even)	所有奇数号或偶数号的子元素
:nth-child(nX+Y)	利用公式来计算子元素的位置。例如,nth-child(5n+1)选中第 $5n+1$ 个子元素(即 1,6,11,…)
:odd 或 :even	对于整个页面而言选中奇数或偶数号元素。例如,p:even 为页面中所有排在偶数位的 p 元素(从 0 开始计数)
:eq(n)	页面中第 n 个元素。例如,p:eq(4)为页面中的第 5 个 p 元素
:gt(n)	页面中第 n 个元素之后的所有元素(不包括第 n 个元素)
:lt(n)	页面中第 n 个元素之前的所有元素(不包括第 n 个元素)

(1) 下面是几个位置过滤选择器的例子。

① 改变第一个 div 元素的背景色为# bbffaa。

```
$ ("div:first").css("backgroundColor","#bbffaa");
```

② 改变 id 不为 one 的所有 p 元素的对齐属性为居中对齐。

```
$ ("p:not('#one')") .attr("align","center");
```

③ 改变索引值为偶数的 tr 元素的背景色为# bbffaa。

```
$ ("tr:even").css("backgroundColor","#bbffaa");
```

④ 改变索引值为大于 3 且为奇数的 p 元素的文本颜色为红色。

```
$ ("p:gt(3):even").css("color","red"));
```

⑤ 选取表格中除第 1 行和最后一行外的所有行,并设置背景颜色。

```
$ ("tr:not(:first,:last)").css("backgroundColor","#bbffaa");
```

⑥ 选取 input 元素中的所有非 radio 元素。

```
$ (" input:not(:radio)") .css("backgroundColor","#bbffaa");
```

⑦ 选中页面中除第一个 p 元素外的所有 p 元素。

```
$ (" p:not(:first)") .css("backgroundColor","#bbffaa");
```

注意，:not(filter)的参数 filter 只能是位置选择器或过滤选择器，而不能是基本的选择器。例如，下面是一个典型的错误：

```
div :not(p:first)
```

(2) 有了位置选择器，使制作表格的隔行变色效果变得非常简单，只需要一行代码就能实现，下面是实现表格隔行变色的代码。

```
$(function(){                                                    //页面载入时执行
    $("table tr:nth-child(odd)").css("backgroundColor","red");  //改变奇数行的背景色
});
```

2. 内容过滤选择器

内容过滤选择器的过滤规则主要体现在它所包含的子元素和文本内容上。常见的内容过滤选择器如表 4-2 所示。

表 4-2 jQuery 中的内容过滤选择器

选 择 器	说 明	返 回
:contains(text)	选取含有文本内容为 text 的元素	集合元素
:empty	选取不包含子元素或文本(空格除外)的空元素	集合元素
:has(selector)	选取含有选择器所匹配的元素的元素	集合元素
:parent	选取含有子元素或文本的元素	集合元素

下面是一些 jQuery 内容过滤选择器用法的例子。

(1) 改变含有文本“不”的#test 元素的背景色为#bfa。

```
$("#test:contains(不)").css("backgroundColor","#bfa");
```

(2) 改变不包含子元素(或文本元素)的 div 空元素的背景色为#bfa。

```
$("div:empty").css("backgroundColor","#bfa");
```

(3) 改变含有 class 为 mini 元素的 p 元素的背景色为#bfa。

```
$("p:has(.mini)").css("backgroundColor","#bfa");
```

(4) 改变含有子元素(或文本元素)的 div 元素的背景色为#bfa。

```
$("div:parent").css("backgroundColor","#bfa");
```

包含选择器“E:has(F)”与后代选择器“E F”的区别是，后代选择器选中的是后面一个元素 F，而包含选择器选中的是前面这个元素 E。

3. 属性过滤选择器

在 HTML 文档中，元素的开始标记中通常包含多个属性，在 CSS 或 jQuery 中，除了使用 id 和 class 属性作为选择器外，还可以根据各种属性对由选择器查询得到的元素进行过

滤。属性选择器用于选中具有某个属性或属性的属性值匹配给定值的元素集合。属性选择器包含在方括号内,而不是以冒号开头。属性过滤选择器如表 4-3 所示。

表 4-3 jQuery 中的属性选择器

选择器	名称	说明
E[A]	属性选择器	具有了属性 A 的元素
E[A=V]	属性等于选择器	属性 A 的值等于 V 的元素
E[A!=V]	属性不等于选择器	属性 A 的值不等于 V 的元素
E[A*=V]	属性包含选择器	属性 A 的值中包含 V 的元素
E[A~=V]	属性包含单词选择器	属性 A 的值中包含单词 V 的元素
E[A^=V]	属性开头选择器	属性 A 的值以 V 开头的元素
E[A$=V]	属性结尾选择器	属性 A 的值以 V 结尾的元素

下面是属性选择器的一些应用举例。

(1) 含有属性 title 的 p 元素:

```
$("p[title]")
```

(2) 属性 title 值等于"test"的 div 元素:

```
$("div[title=test]")
```

(3) 属性 title 值不等于"test"的 div 元素(没有属性 title 的也将被选中):

```
$("div[title!=test]")
```

(4) 属性 title 值以"te"开始的 div 元素:

```
$("div[title^=te]")
```

(5) 属性 title 值含有"es"的 div 元素:

```
$("div[title*=es]")
```

(6) 属性 class 值包含单词"lone"的 p 元素:

```
$("p[class~=lone]")
```

(7) 含有 id 属性且 name 属性以"es"结尾的 input 元素:

```
$("input[id][name$=es]")
```

4. 表单域属性过滤选择器

表单域过滤选择器是 jQuery 自定义的,不是 CSS 3 中的选择器,它用来处理更复杂的选择,表 4-4 所示的是 jQuery 常用的过滤选择器。

表 4-4 jQuery 常用的过滤选择器

选 择 器	说 明
:animated	所有处于动画中的元素
:button	所有按钮,包括 type 属性为 button、submit 和 reset 的< input >标记和< button >标记
:checkbox	所有复选框,等同于 input[type=checkbox]
:file	表单中的文件上传元素,等同于 input[type=file]
:header	选中所有标题元素,如< h1 >~< h6 >
:image	表单中的图片按钮,等同于 input[type=image]
:input	表单输入元素,包括< input >、< select >、< textarea >、< button >
:password	表单中的密码域,等同于 input[type=password]
:radio	表单中的单选按钮,等同于 input[type=radio]
:reset	表单中的重置按钮,包括 input[type=reset]和 button[type=reset]
:submit	表单中的提交按钮,包括 input[type=submit]和 button[type=submit]
:text	表单中的文本域,等同于 input[type=text]
:hidden	匹配所有的不可见元素
:visible	页面中的所有可见元素
:selected	下拉菜单中的被选中项
:checked	选择被选中的复选框或单选按钮
:disabled	页面中被禁用了的元素
:enabled	页面中没有被禁用的元素

说明: :hidden 选择器可选中两种元素,一种是 CSS 属性设置为 display:none 或 visibility:hidden 的元素,另一种是表单中的文本隐藏域(< input type="hidden" />)元素。

有时希望判断用户当前选中的复选框和单选按钮,这可以通过:checked 选择器判断,而不能通过 checked 属性的值来判断,那样只能获得初始状态下的选中情况,而不是当前的选择情况。如果要判断用户在列表框中选中了哪几项,则可通过:selected 选择器得到。下面的代码 4-2.html 将用户选中的复选框和单选按钮添加红色背景,将用户选中的列表项的内容显示在 b 元素中,运行结果如图 4-4 所示。

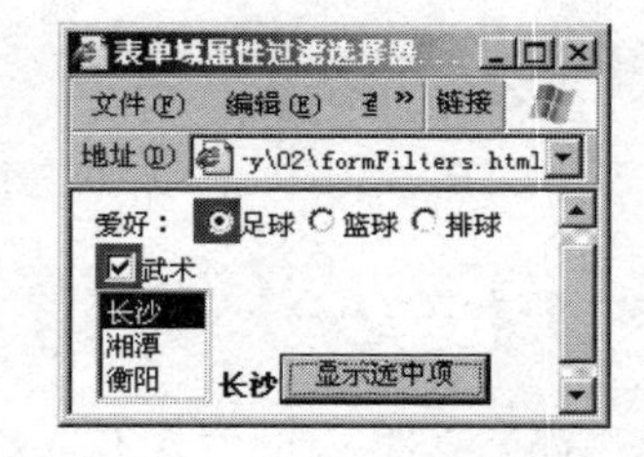

图 4-4 jQuery 的过滤选择器

```
--------------------------------- 清单 4 - 2.html ---------------------------------
function ShowChecked(oCheckBox){
    $ ("input").css("backgroundColor","");
    //使用:checked 过滤出被用户选中的
    $ ("input[name = " + oCheckBox + "]:checked").css("backgroundColor","red");
    var a = [];
    $ ("select option:selected").each(function(){
    a[a.length] = $ (this).text();
    });
    $ ("b").text(a.join(","));        //将数组 a 中的每个元素连接成字符串
}
```

```
爱好：<input type="radio" name="sports" id="football">足球<input type="radio" name="
sports" id="basketball">篮球<input type="radio" name="sports" id="volleyball">排球<
br>
<input type="checkbox" name="sports" id="gofu">武术<br>
<select name="select" size="3" multiple="multiple">
  <option value="1">长沙</option><option value="2">湘潭</option>
  <option value="3">衡阳</option>
</select>    <b></b>
<input type="button" value="显示选中项" onclick="ShowChecked('sports')">
```

4.3 遍历和筛选 DOM 元素

4.3.1 遍历 DOM 元素的方法

虽然用 jQuery 的选择器能选中文档中的大多数元素，但有时还是需要使用 jQuery 提供的遍历元素的方法从匹配元素出发进一步搜索其祖先元素、父元素、同辈元素、子元素及后代元素。表 4-5 所示的是几种 jQuery 中最常使用的遍历 DOM 方法。

表 4-5 jQuery 遍历元素的方法

方　法	说　明
parent()	获取当前匹配元素集合中每个元素的父元素
parents()	获取当前匹配元素集合中每个元素的祖先元素
closest()	从当前元素开始向上遍历 DOM 树并获取与选择器匹配的第一个元素
next()	获取紧跟在每个匹配元素之后的单个同辈元素
prev()	获取紧邻在每个匹配元素之前的单个同辈元素
siblings()	用于搜索每个匹配元素的所有同辈元素
children()	获取每个匹配元素的子元素集合
not()	从匹配的元素集合中删除所有符合条件的元素集合

1. parent()、children()、next()、prev()方法

parent()、children()、next()、prev()方法分别用于获取当前匹配元素集合中每个元素的父元素、子元素集合、下一个同辈元素和上一个同辈元素。例如：

(1) 在每个单元格中显示其父元素的标记名。

```
$("td").append("<b>" + $("td").parent()[0].tagName + "</b>");
```

提示：虽然任何元素的父元素只可能有一个，但由于$("td")匹配的是一个元素集合，因此这些元素的父元素也是一个集合，必须加[0]得到第一个匹配元素的父元素，同时，加[0]还可以使这个 jQuery 对象转换为 DOM 对象，这样就可以使用 DOM 中的属性 tagName 了。

(2) children()方法的用法举例。

```
$("form").children();                        //获取表单内所有的子元素
$("form").children(":checkbox:checked");     //获取表单内所有选中的复选框
$("form").children(":selected");             //获取列表框中所有选中的选项
```

(3) next()、prev()方法的用法举例。假设有这样的代码：<input type="text" name="user" /><b></b>,则可以用下面的代码为b元素添加文本内容。

```
$("input[name='user']").next().text("请输入用户名");
```

下面的代码可以使单击b元素时前面的文本框获得焦点。

```
$("b").click(function(){$(this).prev("input").focus();});
```

2. find()方法

find()方法用于从每个匹配元素内搜索符合指定选择器表达式的后代元素。

```
$("div").find("p");
```

上述代码表示在页面所有div元素中搜索其包含的p元素,将获得一个新的元素集合,它完全等同于以下代码:

```
$("p",$("div"));
```

find()方法与children()方法类似,所不同的是,children()方法只搜索子元素而不是后代元素。

4.3.2 用slice()方法实现表格分页

如果要通过索引值筛选元素则可以使用slice()方法,slice()方法用于从匹配元素集合中获取索引值位于指定范围内的元素子集。语法为:

```
slice(start [, end])
```

其中,start和end参数都必须是整数,指定开始选取子集的位置和结束选取子集的位置,如果未指定end参数,则子集结束于集合末尾。

例如,如果只想显示表格中指定范围的几行,则可以使用如下代码,其运行效果如图4-5所示,可看到只显示了表格中的第4～第6行。

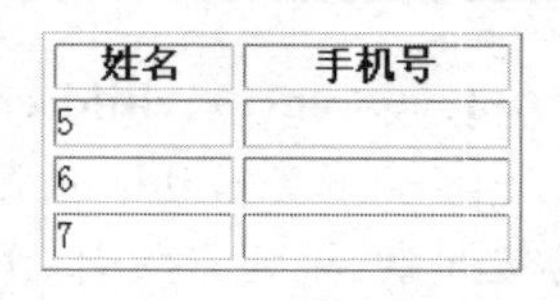

姓名	手机号
5	
6	
7	

图4-5 显示指定范围的行

```
$(function(){
      $("table").find('tbody tr').hide()          //先隐藏tbody元素中所有的行
.slice(4,7).show();                                //再显示第4行到第6行
})
<table width="200" border="1" cellspacing="4">
  <thead><tr><th>姓名</th><th>手机号</th></tr></thead>
  <tbody><tr><td>1</td><td></td></tr><tr><td>2</td><td></td></tr>……
  <tr><td>11</td><td></td></tr></tbody></table>
```

提示：slice()方法从集合中选取一个子集，其第一个元素在原集合中的索引值等于 start，最后一个元素在原集合中的索引值等于 end-1。由于集合中的元素索引值从 0 开始，而单元格中的文本序号从 1 开始，因此第 4 行到第 6 行的文本序号就是 5～7。

1. 设置表格分页并显示第 1 页

不难发现，通过 slice()方法可以在客户端对数据表格进行分页显示。为了分页需要定义两个变量，即当前显示的页 cur，每页显示的行数 pagesize。修改后的代码如下：

```
$(function(){                                                          //设置表格分页并显示第 1 页
      var cur = 1;                                                     //当前页显示第 1 页
      var pagesize = 3;                                                //每页显示的行数
       $("table").find('tbody tr').hide()
      .slice((cur - 1) * pagesize + 1,cur * pagesize + 1) .show();     //显示当前页的所有行
       $("table").find('tr:has(th)').show();                           //显示表头
//代码段 A
});
```

运行效果如图 4-6 所示。这样，只要改变变量 cur 的值就能显示指定的分页页面了。

2. 给表格添加分页页码按钮

接下来给表格添加分页页码按钮。为了使用户能通过单击页码选择页面，只要将下面的代码插入到代码段 A 处即可，运行效果如图 4-7 所示。

```
//---------------代码段 A(添加分页页码)-----------------------
var trcount = $("table").find('tbody tr').length;   //除表头外总共有多少行
var pagecount = Math.ceil(trcount/pagesize);         //总共有多少页,(行数/每页行数再取顶)
var $pager = $('<div class = "pager"></div>');        //$pager 是放置页码的 div
for (var page = 0;page < pagecount; page++){         //给页码添加样式并插入到 $pager 中
     $('<b> ' + (page + 1) + '</b> ').appendTo($pager).addClass('clickable');
}
 $pager.insertBefore($("table"));                    //将 $pager 插入到 table 元素前
```

姓名	手机号
1	
2	
3	

图 4-6　设置表格分页并显示第 1 页

1 2 3 4 ←分页链接

姓名	手机号
1	
2	
3	

图 4-7　添加分页页码后

3. 启用分页按钮

最后，需要使这些分页链接可以供用户单击，可以给这些链接设置单击时的事件处理程序，当单击某个页码时，就使 cur 等于当前页码。修改上述代码如下：

```
 $(function(){                          //启用分页按钮
var cur = 1                             //页面加载时显示第 1 页
var pagesize = 3                        //每页显示的行数
var renewpage = function(){             //将显示分页的代码写在函数 renewpage 中
```

```
        $ ("table").find('tbody tr').hide()
        .slice((cur - 1) * pagesize + 1,cur * pagesize + 1).show();
        $ ("table").find('tr:has(th)').show();
    };
    var trcount = $ ("table").find('tbody tr').length;
    var pagecount = Math.ceil(trcount/pagesize);
    var $ pager = $ ('<div class = "pager"></div>');
    for (var page = 0;page < pagecount; page++){
        $ ('<b> ' + (page + 1) + '</b> ').appendTo( $ pager).addClass('clickable')
        .click(function(){                 //单击分页链接时(即启用分页按钮)
            cur = page;                    //使当前页等于 page 变量
            renewpage();                   //重新显示分页
        });
    }
    $ pager.insertBefore( $ ("table"));
    renewpage();                           //页面载入时也执行一次分页代码,将显示第 1 页
    })
```

运行上述代码,会发现无论单击哪个页码,都总是显示最后一页(第 4 页)的记录。这是因为在单击的事件处理程序的定义中创建了一个闭包。单击处理程序引用了 page 变量,该变量定义在 click 函数体的外部,当每次循环改变这个变量的值时,新的值会影响到之前为按钮设置的单击处理程序。最终结果是,单击任何一页时,page 的值都为 4。

为了修正这个问题,需要使用事件绑定程序,并通过事件对象的参数 event.data 来传递 page 变量的值,这样可以避免闭包的影响。下面是实现表格分页的最终代码。它的运行效果如图 4-8 所示,可见当单击任一页码时都能正确显示对应的分页。

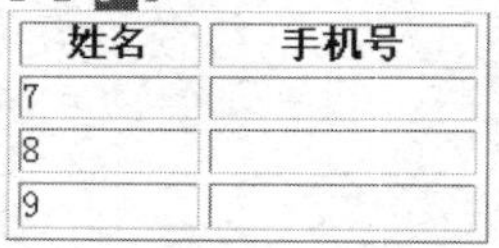

图 4-8　启用分页按钮

```
<style>  .clickable{color:red;}
.active{ background:red;color:white;}  </style>
<script>
 $ (function(){                                    //启用分页按钮的最终方案
var cur = 1;                                       //页面加载时显示第 1 页
var pagesize = 3;                                  //每页显示的行数
 $ ("table").bind('renewpage', function()  {       //为表格元素绑定 renewpage 函数
    $ ("table").find('tbody tr').hide()
    .slice((cur - 1) * pagesize + 1,cur * pagesize + 1).show();//显示当前页的所有行
    $ ("table").find('tr:has(th)').show();
});                                                //bind 方法结束
var trcount = $ ("table").find('tbody tr').length; //显示分页页码的代码开始
var pagecount = Math.ceil(trcount/pagesize);
var $ pager = $ ('<div class = "pager"></div>');
for (var page = 0;page < pagecount; page++){
    //发送被单击页码的值 newPage 给事件对象 event
$ ('<b> ' + (page + 1) + '</b> ').bind('click', {'newPage': page + 1}, function(event) {
    cur  =  event.data['newPage'];                 //让当前页等于 newPage 的值
```

```
        $("table").trigger('renewpage');              //触发执行 renewpage 函数
        $(this).addClass('active').siblings().removeClass('active');
        }).appendTo($pager).addClass('clickable');
    }
    $pager.insertBefore($("table"));
     $("table").trigger('renewpage');                 //页面载入时也执行 renewpage 函数
    })
    </script>
```

4.4 jQuery 对 DOM 文档的操作

通过对文档中的元素进行操作来动态更新网页，是实现动态网页编程的一个重要途径。一旦从文档中获取了某个元素，就可以对该元素进行复制、移动、替换、删除及包裹等操作，也可以根据需要在文档中创建并插入新的元素。

4.4.1 创建元素

在 jQuery 中使用“$”可以直接创建 DOM 元素，下面的代码用于创建一个段落，并设置其 align 属性和 title 属性及段落中的内容。

```
var newP = $("<p align='center' title='这是一条新闻'>武广高速铁路即将通车!</p>");
```

这条代码等价于 JavaScript 中的如下代码：

```
var newP = document.createElement("p");
var text = document.createTextNode("武广高速铁路即将通车!")
newP.appendChild(text);
```

可以看出，用“$”创建 DOM 元素比 JavaScript 要方便得多，而且也不存在 innerHTML 中标记要拆分的问题。

为了确保跨平台的兼容性，HTML 代码段必须是格式良好的，包含其他元素的标记应当有一个结束标记。此外，jQuery 还允许类似 XML 的标记语法。例如：

```
$("<a/>"); $("<img />"); $("<input>");
```

对于元素中属性的写法，还可以将一个属性映射传递给第二个参数。这个参数可传递.attr()方法的属性的一个超集。例如，下面的代码用于创建一个 div 元素，并对其文本内容、HTML 属性、CSS 属性及 click 事件处理程序进行设置。

```
    $("<div/>", {id:"ceng",text:"单击我",width:80,height:80,
    css:{textAlign:"center", backgroundColor:"#99f",border:"1px solid #ccc", padding:"
3px"},
    click:function(){alert("Hello!");}
}).appendTo($("body"));
```

4.4.2 插入到指定元素的内部

当使用“$”直接创建DOM元素后，这些元素并不会自动呈现在页面中，为此，还必须将新建的元素插入到文档中，使用表4-6中所示的几种方法可以在指定元素的内部插入HTML元素或文本。

表4-6 内部插入元素的方法

方 法	描 述
append()	向每个匹配元素内部的结尾处追加内容
appendTo()	将内容追加到指定元素内部的结尾处
prepend()	向每个匹配元素内部的开始处插入内容
prependTo()	将内容插入到指定元素内部的开始处

考虑下面的HTML代码(4-3.html)：

```
<div id = "main">
    <h2 >高铁开通</h2 >
</div >
```

如果要在#main元素内部的结尾处插入一个p元素，可以使用下面方法：

```
$ (function(){
        var newP = $ ("<p>武广高速铁路即将通车!</p>");
         $ ("#main").append(newP);    //或 newP.appendTo( $ ("#main")) ;
  } );
```

上述代码中$("#main").append(newP)的中文意思是“在#main元素中插入newP元素”。也可以将其换成注释中的语句newP.appendTo($("#main"))，它可读作“newP元素被插入到了#main元素中”，可看到append()和appendTo()方法就相当于汉语中的把字句和被字句的关系。prepend()和prependTo()方法的关系也是如此。

下面是一个在表格中使用prepend或append方法动态添加行，以及使用remove方法删除行的实例，它的运行效果如图4-9所示。

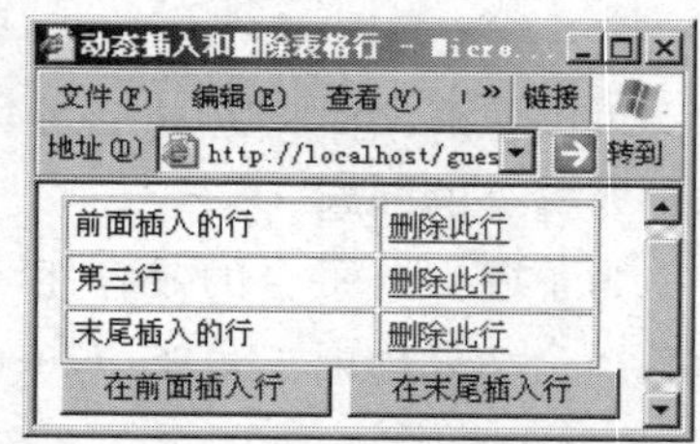

图4-9 插入和删除表格行

```
------------------------------清单 4 - 4.html------------------------------
<script src = "jquery.min.js"></script >
<script >
$ (function(){
    $ ("#start").click(function(){                    //单击"在前面插入"按钮时
        $ ("#make").prepend('<tr ><td >前面插入的行</td ><td ><a href = "javascript:;"
onclick = "del(this)">删除此行</a ></td ></tr >');     //插入新行
    } );
```

```
    $("#endp").click(function(){                    //单击"在后面插入"按钮时
      $("#make").append('<tr><td>末尾插入的行</td><td><a href = "javascript:;" onclick
= "del(this)">删除此行</a></td></tr>');              //插入新行
    });
  });
function del(obj)  {                                //单击"删除此行"链接时
        //a的父元素的父元素即tr元素,remove()方法用来删除元素
        $(obj).parent().parent().remove();      }
</script>
<table width = "232" border = "1" cellpadding = "3" cellspacing = "1" id = "make">
  <tr><td width = "98">第一行</td>
    <td><a href = "javascript:;" onclick = "del(this)">删除此行</a></td></tr>
  <tr><td>第二行</td>
    <td><a href = "javascript:;" onclick = "del(this)">删除此行</a></td></tr>
  <tr><td>第三行</td>
    <td><a href = "javascript:;" onclick = "del(this)">删除此行</a></td></tr>
</table>
<input type = "button" id = "start" value = "在前面插入行"/>
<input type = "button" id = "endp" value = "在末尾插入行"/>
```

4.4.3 插入到指定元素的外部

在4.4.2节中介绍的方法可以用来在指定元素内部插入内容,若要在指定元素的相邻位置(之前或之后)插入内容,则需要使用表4-7中所示的方法来实现。

表4-7 外部插入元素的方法

方法	描述
after()	向每个匹配的元素之后插入内容
insertAfter()	将每个匹配的元素插入到指定元素之后
before()	向每个匹配的元素之前插入内容
insertBefore()	将每个匹配的元素插入到指定元素之前

例如,对于4.4.2节中的HTML代码(4-3.html),使用下面的代码仍然能在h2元素后面插入一个p元素,实现相同的效果。

```
$(function(){
  var newP = $("<p align = 'center' title = '新闻'>武广高速铁路通车!</p>");
    $("#main h2").after(newP);          //或 newP.insertAfter($("#main h2"));
});
```

可见,上述代码是将p元素插入到了h2元素的外部,而4.4.2节中的方法是将p元素插入到了#main元素的内部。

4.4.4 删除元素

jQuery提供了以下3种方法,可以用来从文档中删除指定的DOM元素,或者从指定元素中删除所有子结点。

1. remove()方法

从DOM中删除所有匹配的元素，如果这些元素中包含任意数量的内部嵌套元素，则它们也将被一起删除。这个方法不会把匹配的元素从jQuery对象中删除，因而可以在将来再使用这些匹配的元素。可以通过一个可选的表达式对要删除的元素进行筛选。

例如，对于如下HTML代码：

```
<p class = "city">衡阳</p>抗日战争 <p>纪念塔</p>
```

执行如下jQuery语句：

```
$("p").remove();                    //得到的结果是：抗日战争
```

remove()方法也可以带一个选择器名作为参数，以对匹配元素进行筛选。

```
$("p").remove(".city");             //得到的结果是：抗日战争 <p>纪念塔</p>
```

2. detach()方法

detach()方法与remove()方法基本相同，也是从DOM中删除所有匹配的元素，但与remove()方法不同的是，被删除元素的所有绑定的事件、附加的数据等都会保留下来。因此，如果以后要将移除的元素重新插入到DOM中，detach()方法非常有用。例如：

```
$("p").detach();
```

3. empty()方法

empty()方法将删除所有匹配的元素中的子结点。例如，对于如下HTML代码：

```
<div class = "content">
<p class = "city">衡阳</p><b>抗日战争</b><p>纪念塔</p></div>
```

执行如下jQuery语句：

```
$(".content").empty();
```

得到的结果是：

```
<div class = "content"></div>
```

4.4.5 包裹元素

包裹元素是指用另外一个指定的标记将匹配的元素包裹起来。通过下列方法，可以使用指定的HTML内容或DOM元素对目标元素或其子内容进行包裹，即在现有内容的周围添加新内容。

1. wrap()方法

wrap()方法是指把所有匹配的元素用其他元素的标记包裹起来。这种包裹对于在文档中插入额外的结构化标记最有用，而且它不会破坏原始文档的语义内容。例如，对于如下HTML代码：

```
<p>第一段.</p><div id = "content"></div>
```

执行如下jQuery语句：

```
$("p").wrap( $("#content") );          //或者 $("p").wrap( "<div id = 'content' />");
```

得到的结果是：

```
<div id = "content"><p>第一段.</p></div><div id = "content"></div>
```

由此可见，如果从页面中选择一个结构来包裹目标元素，那么不会移走该结构，而是克隆出它的一个副本，再用该副本来包裹目标元素。

2. unwrap()方法

unwrap()方法从DOM中删除匹配元素中每个元素的父元素(直接上级元素)。而使匹配元素保留在其原来的位置并返回jQuery对象。unwrap()方法的作用与wrap()方法正好相反。例如，对于如下HTML代码：

```
<div id = "content"><div><p>第一段</p></div></div>
```

执行如下jQuery语句：

```
$("p").unwrap();
```

得到的结果是：

```
<div id = "content"><p>第一段.</p></div>
```

3. wrapAll()方法

wrapAll()方法使用一个HTML结构包裹在所有匹配元素的周围，并且返回jQuery对象。例如，对于如下HTML代码：

```
<div id = "content"><p>第一段</p><p>第二段</p></div>
```

执行如下jQuery语句：

```
$("#content p").wrapAll("<div class = 'inner' />");
```

得到的结果是：

```
<div id = "content"><div class = "inner">
<p>第一段</p><p>第二段</p></div></div>
```

由此可见，wrapAll()方法将所有匹配元素视为一个整体进行包裹，而 wrap()方法分别对每个匹配元素进行包裹。

4. warpInner()方法

warpInner()方法使用一个 HTML 结构来包裹匹配集合中每个元素的内容(包括文本结点在内)，并且返回 jQuery 对象。例如，对于如下 HTML 代码：

```
<div id = "content"><p>第一段.</p><p>第二段.</p></div>
```

执行如下 jQuery 语句：

```
$ ("#content p").wrapInner("<b class = 'bold' />");
```

得到的结果是：

```
<div id = "content"><p><b class = "bold">第一段.</b></p>
<p><b class = "bold">第二段.</b></p></div>
```

从 jQuery 1.4 开始，wrap()和 warpInner()方法的参数还可以是一个回调函数。它将生成一个用来包裹匹配元素内容的 HTML 结构。例如，对于如下 HTML 代码：

```
<div id = "content"><p>Hello</p><p>Bye</p></div>
```

执行如下 jQuery 语句：

```
$ ("#content p").wrap(function(){
    return "<div class = '" + $ (this).text() + "' />";
}
```

得到的结果是：

```
<div id = "content"><div class = "Hello"><p>Hello</p></div>
<div class = "Bye"><p>Bye</p></div></div>
```

4.4.6 替换和复制元素

替换元素有两种方法，除了可以将原来的元素删除后再插入一个新元素外，还可以使用 jQuery 提供的两个替换元素的方法，即 replaceWith 方法和 replaceAll 方法。

1. replaceWith()方法

replaceWith()方法使用提供的新内容来替换所有匹配元素集合中的每个元素并返回 jQuery 对象。

```
<p><a href = "#" id = "vote">投一票</a></p>
$ (function(){  $ ("#vote").click(function(){
  $ (this).replaceWith("<b>您已投票,谢谢</b>");
});});
```

当单击 a 元素时,a 元素会被替换成 b 元素。

2. replaceAll()方法

replaceAll()方法使用匹配元素集合来替换每个目标元素,并且返回 jQuery 对象。

```
$ ("<b>您已投票,谢谢</b>").replaceAll(this);
```

3. 使用 clone 方法复制元素

使用 clone 方法可执行复制元素的操作,以创建匹配元素集合的副本。由于 clone 元素后需要将新元素再插入到文档中,因此 clone 方法通常和某种插入方法结合使用。例如:

```
$ (function(){
    $ (".vote").parent().click(function(){
        $ (this).clone().appendTo(this);
        });     });
<p><a href = "#" class = "vote">投一票</a></p>
```

clone 方法可以带一个布尔类型的参数,如果该参数为 True 则表示复制元素的同时也复制元素包含的事件处理程序。

4.5 DOM 属性操作

除了对 DOM 元素的操作以外,读取和设置 DOM 元素的属性也是客户端脚本编程的重要内容。jQuery 提供了一些方法,可以用来设置 DOM 元素的通用属性和 CSS 属性,或者用来设置元素的 HTML 内容、文本和值。

4.5.1 获取和设置元素属性

1. attr()方法

HTML 标记通常定义了各种各样的属性。在 jQuery 中,可以使用 attr()方法获取和设置元素的 HTML 属性,当为该方法传递一个参数时,即为获取某元素的指定属性。当为该方法传递两个参数时,即为设置某元素指定属性的值。

(1) 下面的代码首先从页面中获取第一个 img 元素的 src 属性值,然后获取第一个 a 元素的 href 属性值。

```
var src = $ ("img").attr("src");
var href = $ ("a").attr("href");
```

(2) 下面的代码是设置匹配元素属性的几种语法格式。

```
$ ("img").attr("src","test.jpg");
$ ("img").attr({ src: "test.jpg", alt: "Test Image" });
$ ("img").attr("title", function() { return this.src });//把 src 属性值设置为 title 属性的值
```

当设置多个属性时,可以省略属性名两边的引号。但要注意,当设置"class"属性时,则

其两边的引号不能省略。

2. removeAttr()方法

removeAttr()方法可以从每个匹配元素中删除一个属性并返回jQuery对象。例如：

```
$("p").removeAttr("align");                    //从所有段落中删除align属性
```

3. val()方法

虽然使用attr()方法可以对元素的大多数属性进行设置。但是，当获取或设置表单元素的value属性时，通常使用另一个专用的方法——val()，根据是否传递参数，val()方法可以用来获取value属性或设置value属性。例如：

```
$("#Submit").val()                            //获取表单元素#Submit的value属性值
$("#Submit").val("新设置的值");               //设置表单元素#Submit的value属性值
$('input:text.items').val(function() {        //传递函数设置元素的value属性
  return this.value + '' + this.className;
});
```

4.5.2 获取和设置元素的内容

获取和设置元素的内容是DOM编程中经常进行的操作，jQuery提供了html()方法获取匹配元素的HTML内容，text()方法获取匹配元素中的文本内容。这两个方法分别对应JavaScript中的innerHTML和innerText方法。

1. html()方法

html()方法用于获取或设置匹配元素的HTML内容，它不适合于XML文档。根据传递的参数不同，html()方法有以下3种语法格式。

(1) 不提供参数时可用于获取匹配元素集合中第一个元素的HTML内容并返回字符串。例如：

```
$("#main").html();
```

(2) 根据传递的字符串来设置匹配元素集合中每个元素的HTML内容并返回jQuery对象。设置元素内容后会清空元素以前的内容。例如：

```
$("#main").html("<p>这是新添加的段落</p>");
```

(3) 根据传递的函数来设置匹配元素集合中每个元素的HTML内容并返回jQuery对象。例如：

```
$("#tab li").html(function(index,html){
    return "<a href='#'>这是第" + (index+1) + "个Tab项</a>";
});
```

2. text()方法

text()方法用于获取或设置匹配元素的文本内容。它具有类似于html()方法的3种语法格式。假设有如下 HTML 代码：

```
<div><p>航空母舰<span>即将<b>下水</b></span></p></div>
```

如果使用不带参数的 text()方法来获取 div 元素的文本内容，此时将删除所有 HTML 标记，结果为“航空母舰即将下水”，使用下面的代码可使这个字符串作为另一个段落插入到文档中。

```
$("body").append("<p>" + $("div").text() + "</p>");
```

提示：*text()方法不带参数时将获取匹配元素集合中所有元素的文本内容，而不像 html()方法只获取第一个元素的 HTML 内容。*

如果 text()方法带有参数，则根据传递的字符串来设置匹配元素集合中每个元素的文本内容，并返回 jQuery 对象。如果传递的字符串中含有 HTML 代码，会自动对 HTML 代码进行转义。例如：

```
$("div").text('<font color = "red">航空母舰</font>');
```

执行这个语句后，该 div 元素中的文本并不会变红色，而是在网页上按原样显示 text()方法中的 HTML 代码。因为该 HTML 代码已转义为：

```
&lt;font color = &quot;red&quot;&gt;航空母舰 &lt;/font&gt;
```

4.5.3 获取和设置元素的 CSS 属性

1. 使用 css()方法设置和获取样式属性

jQuery 提供一个名称为 css()的方法，可以用来获取或设置元素的 CSS 样式属性。如果该方法带有一个参数，则可以获取匹配元素的 CSS 属性，如果该方法带有两个参数，则可以设置匹配元素的 CSS 属性。例如：

```
$("h2 > a").css("color");               //获取字体颜色
$("h2 > a").css("color","red");         //设置字体颜色
```

使用 jQuery 选择器设置 CSS 样式需要注意两点。

(1) CSS 属性应写成 JavaScript 中的形式，如 text-decoration 写成 textDecoration。

(2) 如果要在一条 jQuery 选择器的 css 方法中同时设置多条 css 样式，可以使用下面的语法格式：

```
$("h2 > a").css({color:"red",textDecoration:"none"});       //设置字体颜色和下画线
```

2. 设置和切换 CSS 类

还可以将元素的 CSS 属性写在元素的类选择器中，通过切换类选择器来改变元素的 CSS 样式。而 class 是元素的一个 HTML 属性，所以获取 class 和设置 class 都可以使用

attr()方法来完成,但通常用以下 4 种专用的方法对 class 属性进行操作。

(1) addClass()方法:用来对匹配元素集合中的每个元素追加指定的类名,它不会删除匹配元素的任何原有类名。若要对匹配元素同时添加多个类,可以使用空格来分隔类名,例如:

```
$ ("p:last").addClass('footer highlight');
```

(2) removeClass()方法:从匹配元素集合的每个元素中删除一个、多个或全部类。例如:

```
$ ("div:even").removeClass('blue');          //删除匹配元素的 blue 类
$ ("div:even").removeClass();                //删除匹配元素所有的类
```

如果要在两个不同的类之间进行切换,则可以将此方法与 addClass()方法一起使用。

```
$ ("div:even").removeClass('blue').addClass('red');
```

(3) toggleclass 方法:用于切换元素的样式。匹配的元素如果没有使用类名,则对该元素加入类名;如果已经使用了该类名,则从元素中删除该类名。

下面的代码可以实现鼠标指针滑过时单元格背景变色,鼠标指针离开时恢复原色。

```
<style>td.hover{background:#fee}</style>
<script>
$ (function(){
    $ ("td").hover(
        function () { $ (this).toggleClass("hover");       //鼠标指针滑过时切换一次类
    },
        function () { $ (this).toggleClass("hover");       //鼠标指针离开时切换一次类
  });  });  </script>
```

(4) hasClass()方法:检查匹配元素中是否含有指定的类,并返回一个布尔值。如果有,则返回 true;否则返回 false。

4.6 事件处理

4.6.1 页面载入时执行任务

在原始的 JavaScript 中,如果希望页面载入时就执行一个任务,通常把这个任务写在一个函数中,如 function test(){…},然后在< body >标记中使用“< body onload="test()">”加载该函数,或者在 JavaScript 脚本中使用“window. onload=test;”加载该函数。这都是使用事件处理函数 onload 来绑定事件。但使用这种方法只能绑定一个事件处理程序。

为了解决上述事件绑定方式存在的问题,jQuery 提供一个名称为 ready 的事件处理方法,它可以用来响应 window 对象的 onload 事件并执行各种任务。ready 方法不仅具有浏览器兼容性,而且允许注册多个事件处理程序,并在加载页面后立即执行任务。

例如，若要在 DOM 文档载入就绪时调用一个函数，可以使用以下代码：

```
$ (document).ready(function(){
    alert("Hello");            //这里是代码
});
```

它的功能基本上等价于下面的 JavaScript 代码：

```
function test(){
    alert("Hello");}
window.onload = test;      //或者使用<body onload = "test()">
```

也可以将方法名称(document).ready 省略掉，而直接将一个函数作为 $() 的参数，在这种情况下，jQuery 会在内部隐式调用一次 ready 方法。例如：

```
$ (function(){              //$ (document).ready(function(){的简写形式
    alert("Hello");        //这里是代码
});
```

在使用 ready 方法时，应注意以下几点。

(1) 如果对< body >标记的 onload 属性设置了事件处理程序，或者使用了 window.onload 设置了事件处理程序，则用 $(document).ready()方法设置的事件处理程序将优先运行(因为它是在加载了 DOM 文档后就运行)，然后才会运行通过 onload 属性指定的事件处理程序。

(2) 如果在页面中同时设置了 body 元素的 onload 属性和 window 对象的 onload 属性，则后者中指定的事件处理程序将不会运行。

(3) 应当将 CSS 代码写在 ready 函数的脚本之前，以保证在执行 jQuery 代码前所有元素的 CSS 属性都能被正确地定义，否则会导致一些问题，特别是在 Safari 浏览器中。

4.6.2 jQuery 中的常见事件

除了页面载入时执行任务之外，还有很多任务是在鼠标单击、表单提交、按下按键等事件发生时触发的。jQuery 提供了各种事件，包括鼠标事件(表 4-8)、浏览器事件(表 4-9)、表单事件(表 4-10)和键盘事件等，可看出这些事件名与标准 DOM 中的事件名很相似，而与 IE 事件名的区别是前面没有“on”开头。

表 4-8 jQuery 中的鼠标事件

事件名	说明
click	当鼠标指针位于一个元素上时，如果按下并释放鼠标按钮，则会向该元素发送 click 事件
dbclick	当双击一个元素时，就会向该元素发送 dbclick 事件
mousedown	按下鼠标按键时触发
mouseup	释放鼠标按键时触发
mousemove	当鼠标指针在某个元素内移动时触发
mouseenter	当鼠标指针进入某个元素时触发

续表

事 件 名	说 明
mouseleave	当鼠标指针离开某个元素时触发
mouseover	当鼠标指针进入某个元素或其子元素时触发
mouseout	当鼠标指针离开某个元素或其子元素时触发
hover	当鼠标指针进入或离开某个元素时触发

表 4-9 jQuery 中的浏览器事件

事 件 名	说 明
load	当某个元素及其所有子元素完全加载时触发
unload	当用户离开当前页面时(关闭或转到了其他页面)触发
error	未正确加载文档中某个元素时触发
resize	当对象的大小将要发生变化时触发
scroll	当滚动元素的滚动条时触发

表 4-10 jQuery 中的表单事件

事 件 名	说 明
blur	当一个元素失去焦点时触发
change	当一个元素的值发生变化时触发(仅适用于文本框、文本区域和选择框)
focus	当一个元素获得焦点时触发
select	当用户在一个元素内选定文本内容时触发(仅适用于文本框和文本区域)
submit	当用户提交表单时触发

1. JavaScript 事件处理代码与 jQuery 事件处理代码的转换

JavaScript 中的事件处理程序可以很容易地转换为 jQuery 的事件处理程序。例如:

```
function test()  {alert("Hello");}
<p id = "jp" onclick = "test()">点击我</p>
```

用 jQuery 语句改写后就是:

```
$(function(){                          //页面载入时执行
    $("#jp").click(function(){         //任何事件都必须写在页面载入的函数内
        alert("Hello");                //这里是代码
    });
});
```

2. jQuery 中的 mouseenter 与 mouseleave 事件

jQuery 额外提供了 mouseenter 与 mouseleave 事件。其中,mouseenter 与 mouseover 事件比较相似,mouseleave 与 mouseout 事件也比较相似。它们的区别在于,mouseenter 事件仅在鼠标指针进入某个元素边界之内时会被触发,而鼠标指针在该元素内移动时绝对不会再触发。mouseover 事件在两种情况下会被触发:一是鼠标指针进入某个元素边界之内时,二是如果该元素内还含有子元素,则鼠标指针进入该元素的子元素边界之内时又会被触发，这是因为触发了子元素的 mouseover 事件之后，由于事件冒泡，子元素会将 mouseover 事件传递给外层元素。而 mouseenter 与 mouseleave 事件则不存在冒泡现象。

下面是一个用来测试 mouseenter 与 mouseover 事件区别的例子，当使用 mouseenter 时，只会在鼠标指针进入元素 div 边界之内时触发，而换成 mouseover 事件后，则鼠标指针在进入元素 div 和其子元素 span 时都会被触发。

```
.demo {
color: red;  background-color: yellow;  }
$ ("div").mouseenter(function (e) {            //将此事件改为 mouseover 事件再试试
    $ (this).toggleClass("demo");
})
<div>jQuery<span>这是内层元素</span></div>
```

因此，相对于 mouseover 和 mouseout，mouseenter 和 mouseleave 具有性能上的优势（不会反复触发），在一般情况下应尽量使用 mouseenter 和 mouseleave 事件。

3. hover 事件

hover(fn1,fn2)是一个模仿鼠标悬停事件（鼠标指针移动到一个对象上面及移出这个对象）的方法。它带有两个参数，当鼠标指针移动到一个匹配的元素上面时，会触发指定的第一个函数 fn1；当鼠标指针移出这个元素时，会触发指定的第二个函数 fn2。下面的代码利用 hover 方法实现当鼠标指针滑动到某个单元格，单元格变色的效果：

```
.hover{  background-color: #99CCFF;}
$ (function(){
    $ ("td").hover(            //使用 hover 方法，接受两个参数
     function () { $ (this).addClass("hover");
        },
        function () { $ (this).removeClass("hover");
    }); });
```

提示： hover 方法实际等价于 mouseenter 与 mouseleave 事件的组合。

4.6.3 附加事件处理程序

jQuery 提供了多个方法，可以用来向 DOM 元素的事件附加事件处理程序。通过附加事件，可以在一个元素上绑定多个事件，也可以对绑定的事件取消绑定，还可以附加一次性的事件处理程序，即在执行一次事件处理程序后就取消绑定。而简单的事件处理函数一旦绑定了事件，就不可以再取消绑定了。绑定事件通常使用 bind()方法，取消对事件的绑定通常使用 unbind()方法，绑定一次性事件使用 one()方法，下面分别来介绍。

1. bind()方法

bind()方法用于将一个事件处理程序附加到每个匹配元素的事件上并返回 jQuery 对象。它最多可以带有 3 个参数，语法如下：

```
.bind (事件类型[,事件数据],处理函数(事件对象))
```

其中，事件类型是一个字符串，可以是一个或多个 jQuery 的事件类型，如 click、blur 等事件名称。如果有多个事件名称时用空格分隔各个名称；事件数据给出要传递给事件处理程序的数据；处理函数指定触发该事件时要执行的函数，它可以带一个参数，该参数表示事件对象。

下面是一个例子，用来演示 bind 方法的基本用法。

```
$(function(){
    $("#test").bind("click", function(){alert($(this).text());});
})
```

其中，function(){…}称为 bind()方法的回调函数，该函数中的代码会在事件触发后执行。上述 bind()方法的语句作用等价于：

```
$(function(){
    $("#test").click( function() { alert($(this).text()); } );
})
```

那为什么还需要 bind 方法呢，因为有时可能需要同时绑定多个事件，使用 bind 方法就可以将绑定多个事件的代码写在一行里，而且用 bind 方法绑定的事件还可以用 unbind 方法取消绑定。例如：

```
.entered{font-size:36px;}
$(function(){                                              //绑定多个事件
$("#test").bind("mouseenter mouseleave", function(){$(this).toggleClass("entered");});
$(document).click(function(){
    $("#test").unbind('mouseenter mouseleave');        //在页面上单击时就取消绑定
});
})
<div id="test">移进来! </div>
```

上述代码让一个 #test 元素在鼠标指针滑过的时候，在 class 中加上 entered，而当鼠标指针移出这个元素时，则去除 entered 这个 class 值。在页面上单击之后，这些绑定的事件就被移除了。

由于 bind 方法返回的是一个 jQuery 对象，因此还可以在 bind 方法后再添加多个 bind 方法，例如：

```
$("#test").bind("mouseenter", function(){$(this).toggleClass("entered");}).bind("
mouseleave", function(){$(this).toggleClass("entered");});
```

2. on()方法

在 jQuery 1.8 版本后，官方推荐事件绑定的方法是 on()方法，on()与 bind()类似，如上述程序中的 bind()可直接替换为 on()。但 on()比 bind()多一个可选参数，语法如下：

```
.on(事件类型[,选择器], [,事件数据],处理函数(事件对象))
```

例如，要筛选出 ul 下的 li 元素并给其绑定 click 事件，则代码如下：

```
$('ul').on('click', 'li', function(){console.log('click');})
```

3. one()方法

one()方法为每一个匹配元素的特定事件(如 click)绑定一个一次性的事件处理函数。这个方法绑定的事件处理函数只会被执行一次，其他规则与 bind()方法相同。例如：

```
$("p").one("click", function(){
  alert( $(this).text() );          //只在第一次单击时才会显示元素中的文本
});
```

4. 使用事件对象的属性

对于事件处理方法来说，当触发事件时，这些方法会执行回调函数，如 bind()，并可以向回调函数传递事件对象作为它的第一个参数，如 function(event){}。其中回调函数的参数 event 就是事件对象。事件对象 event 具有一些常用属性，如表 4-11 所示。

表 4-11　事件对象的常用属性

属　　性	含　　义
event.pageX	鼠标指针相对于文档左边缘的位置
event.pageY	鼠标指针相对于文档上边缘的位置
event.target	引发该事件的 DOM 元素
event.data	包含 bind 方法传递给事件处理函数的数据

下面的示例向回调函数传递事件对象 event 作为参数，并返回 event 的 pageX 和 pageY 属性。这样当用户进入或离开 id 为 test 的元素时，将会报告鼠标指针进入或离开时的页面坐标。程序运行效果如图 4-10 所示。

```
.entered{font-size:36px;}
#test{border:2px solid red;background:#fdd;width:60px;height:60px;}
$("#test").bind("mouseenter mouseout", function(event){       //event 为事件对象
    $(this).toggleClass("entered");
   alert("鼠标指针位于(" + event.pageX + " , " + event.pageY + ")");
});
```

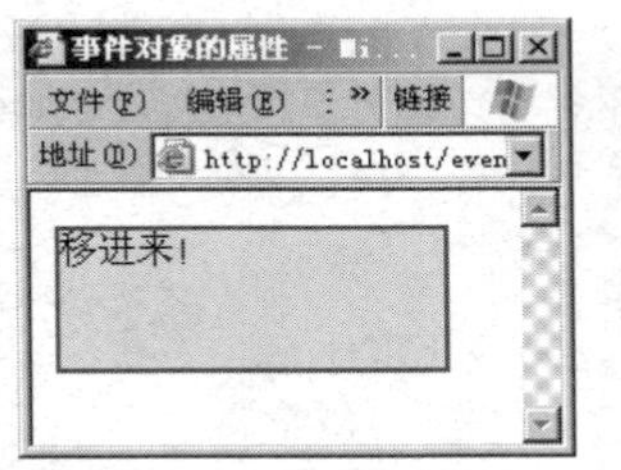

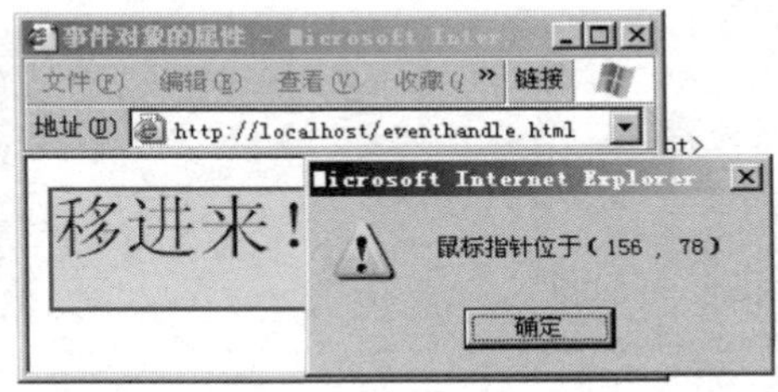

图 4-10　使用事件对象属性的示例程序

5. 发送数据给事件处理函数

如果要在事件处理函数中获取数据，则可以调用 bind 方法的可选参数 eventData。该参数可以向事件处理程序传递一些附加信息。例如：

```
$("#test").bind("mouseenter mouseout", {msg:"Hello!"},function(event){
alert(event.data.msg);});           //弹出框显示 Hello!
```

提示：如果提供 eventData 参数，则该参数只可以是 bind()方法的第二个参数。

6. 事件对象的应用举例——制作可拖动的 div

在有些网站中，带有可以用鼠标指针自由拖动的 div 层，通常在其中可以放置登录窗口，弹出公告等内容。鼠标指针拖动的过程是：首先按下鼠标左键（对应 mousedown 事件），然后移动鼠标指针（对应 mousemove 事件），最后释放鼠标（对应 mouseup 事件）。要实现 div 可随鼠标指针拖动的思路是：在按下鼠标左键时获取 div 层在网页中的原始坐标，移动鼠标指针时就给元素的 left 和 top 属性重新赋值，让其等于鼠标指针在文档中的当前位置减去鼠标指针在元素中的位置，这样就得到了元素相对于文档的位置，元素就会移动到这个位置上。当释放鼠标时，取消对元素绑定 mousemove 和 mouseup 事件，这样鼠标指针再在 div 层中移动时，div 层也不会跟着移动了。

由此可见，在这里 mousemove 和 mouseup 事件一定要使用 bind 方法来进行事件绑定，这样就可以通过 unbind 方法在某种事件中取消对这些事件的绑定，否则 mousemove 和 mouseup 事件中的代码会一直对该事件进行处理。代码如下：

```
<script src = " jquery.min.js"></script>
<script>
    $(function(){
        bindDrag($("#test")[0]);                    //绑定拖动元素对象,并转换为 DOM 元素
    });
    function bindDrag(el){                 //初始化参数,el 对应 $("#test")[0],是 DOM 元素
        var els = el.style,                         //鼠标指针的 X 和 Y 轴坐标
            x = y = 0;
        $(el).mousedown(function(e){                //按下元素后,计算当前鼠标指针位置
            x = e.pageX - el.offsetLeft;            //鼠标指针相对于当前元素左边缘的位置
            y = e.pageY - el.offsetTop;
            el.setCapture && el.setCapture();       //IE 下捕捉焦点
        $(document).bind('mousemove',mouseMove).bind('mouseup',mouseUp);  //绑定事件
        });
    function mouseMove(e){                          //移动事件
            els.left = e.pageX - x + 'px';   //鼠标指针相对于文档左边缘的位置 - 相对于元
素左边缘的位置,得到元素相对于文档左边缘的位置
            els.top = e.pageY - y + 'px';
        }
    function mouseUp(){                             //停止事件
        el.releaseCapture && el.releaseCapture();   //IE 下释放焦点
        $(document).unbind('mousemove',mouseMove).unbind('mouseup',mouseUp);  //卸载事件
        }  }
</script>
```

```
#test{
    position:absolute;top:0;left:0;
    width:200px;height:100px;background:#ccc;
    text-align:center;  line-height:100px;
}
<div id="test">可以拖动的 div</div>
```

程序运行效果如图 4-11 所示。

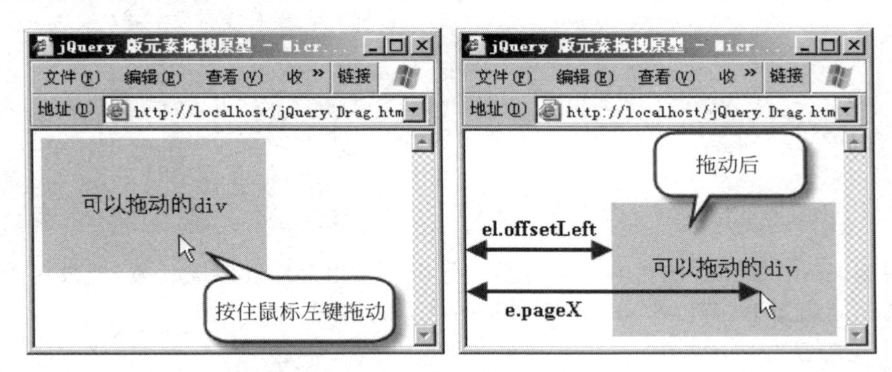

图 4-11 可拖动的 div 效果

说明：

① offsetLeft 和 offsetTop 都是 DOM 元素的属性，因此为了使用这两个属性，必须把 jQuery 对象 $("#test")先转换为 DOM 对象 $("#test")[0]。

② offsetLeft 是指当前元素相对于其设置了定位属性的父元素的左边缘的位置。如果其父元素都未设置定位属性(本例中就是这种情况)，则是元素相对于 body 元素左边缘的相对位置。(但是在 IE 6 和 IE7 中存在 Bug，offsetLeft 总是指元素相对于 body 元素左边缘的位置)。也就是当前元素的左边缘到文档左边缘之间的距离。

③ e.pageX 是鼠标指针相对于文档左边缘的位置，因此 e.pageX - el.offsetLeft 就是鼠标指针相对于当前元素 $("#test")[0]左边缘的距离。

④ setCapture()方法的作用是将鼠标事件捕获到当前文档的指定 DOM 对象上。这个对象会为当前应用程序或整个系统接收所有鼠标事件。如果不设置的话，则鼠标只有在当前浏览器窗口内拖动 div 层才会触发事件，如果设置，则在整个浏览器范围内有效，即使鼠标指针已经拖动到浏览器窗口的外面，div 层也会跟着移动。

4.7 jQuery 动画效果

为了增强网页的可用性，往往需要添加动画来吸引用户的注意力，jQuery 提供了 show 和 hide(显示、隐藏)、fadeIn 和 fadeOut(淡入、淡出)、slideDown 和 slideUp(滑下、滑上)等方法来实现动画效果，使用这些 jQuery 方法制作动画效果简单而容易。

4.7.1 显示与隐藏元素的 3 种方法

1. show、hide 方法

HTML 元素是否显示及如何显示可通过 CSS 属性 display 来控制。在 jQuery 中，使用

show 和 hide 方法不仅可以显示或隐藏元素，还可以在显示或隐藏元素过程中加入动画效果。而通过调用 toggle 方法则可以对元素的可见性进行设置。例如：

```
<script src = "jquery.min.js"></script>
<script>
    $ (document).ready(function(){
        $ ("h1 + p").hide();                    //页面载入时隐藏 p 元素
        $ ("h1").hover (function(){
            $ (" + p",this).show();},           //鼠标指针滑过 h1 时显示 p 元素
            function(){
            $ (" + p",this).hide();             //鼠标指针离开 h1 时隐藏 p 元素
        }); });
</script>
<h1>学院简介</h1>
<p id = "pp"> 衡阳师范学院是湖南省……。</p>
```

可看到 show 和 hide 方法在不带参数的情况下可以显示和隐藏元素，但没有动画效果。如果要实现动画效果，可以给 show 或 hide 方法添加参数，语法如下：

```
show([duration][, callback])
```

如果提供 duration 参数，则 show 将能提供以动画方式显示元素的功能，其动画形式是从左到右增大元素的宽度，从上而下增大元素的高度，同时从 0 到 1 使元素由透明变为不透明。duration 参数的值表示动画的持续时间，以毫秒为单位，持续时间越长，动画越慢。也可以使用参数 fast 和 slow 分别表示 200ms 和 600ms。例如：

```
$ (" + p",this).show(600);          //以动画效果显示 p 元素
$ (" + p",this).hide(600);          //以动画效果隐藏 p 元素
```

show 方法还可以带一个回调函数作为参数，则会在动画完成时执行该函数中的代码。例如：

```
$ (" + p",this).show(600, function(){
        $ (this).append("<p>动画执行完毕</p>");
});
```

为了便于切换元素的可见性，jQuery 还提供了一个简洁的方法 toggle(toggle 的中文意思是“开关”)。它有以下两种语法格式：

```
$ ("h1").hover(function(){
    $ (" + p",this).toggle("slow");          //鼠标指针滑过时，如果 p 元素是隐藏的，则显示
},function(){
    $ (" + p",this).toggle("slow");}  );     //鼠标指针离开时，隐藏 p 元素
    });
```

2. fadeIn 和 fadeOut 方法

如前所述，show 和 hide 方法是通过同时调整元素的 height、width 和 opacity 属性来实

现动画效果的。如果只想实现调整透明度，也就是淡入淡出效果的动画，可以通过 fadeIn 和 fadeOut 两个方法实现。例如：

```
$("h1").hover(function(){
            $("+p",this).fadeIn("slow");          //鼠标指针滑过时显示元素
        },function(){
            $("+p",this).fadeOut("slow");}  );
```

另外，jQuery 还提供了 fadeTo 方法，它可以将匹配元素的不透明度调整到任意值。例如：

```
$("h1+p").fadeTo("slow",0);
```

但即使是将不透明度调整为 0，元素也不会自动隐藏。

3. slideDown 和 slideUp 方法

如果只想通过改变元素的高度形成滑动的动画效果，可以通过 slideDown 和 slideUp 两个方法来实现，例如：

```
$("h1").hover(function(){
            $("+p",this).slideDown("slow");        //鼠标指针滑过时显示元素
        }, function(){
            $("+p",this).slideUp("slow");}  );
```

4.7.2 制作渐变背景色的下拉菜单

下拉菜单可以使用纯 CSS 代码制作，但是由于 IE 6 浏览器不支持 li 元素的 hover 伪类，导致用 CSS 兼容 IE 6 浏览器比较麻烦。实际上，通过 jQuery 的选择器，可以在 CSS 下拉菜单的基础上稍加改动，制作出所有浏览器都兼容的下拉菜单，而且还能使用 jQuery 的动画效果实现渐隐渐现、渐变背景色等效果，如图 4-12 所示。该下拉菜单的制作步骤如下：

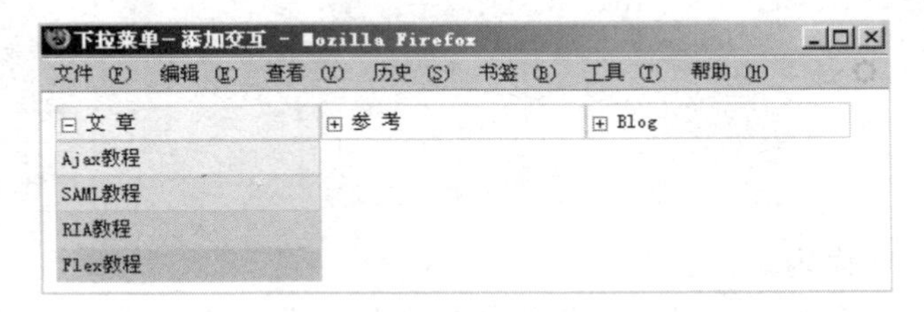

图 4-12 带有渐变色菜单背景的下拉菜单

(1) 首先写结构代码，jQuery 下拉菜单仍然使用 CSS 下拉菜单的结构代码，不需要做任何改动。代码如下：

```
<ul id="nav">
  <li><a href="">文 章</a>
    <ul>
      <li><a href="">Ajax 教程</a></li>
```

```
        <li><a href = "">SAML 教程</a></li>
       <li><a href = "">RIA 教程</a></li>
       <li><a href = "">Flex 教程</a></li>  </ul>
  </li>
  <li><a href = "">参 考</a>
    <ul>
      ……<! -- 省略<li>元素的代码 -->
    </ul>
  </li>
  <li><a href = "">Blog</a>
    <ul>
      ……<! -- 省略<li>元素的代码 -->
    </ul>
  </li>
</ul>
```

(2) 接下来写 CSS 样式代码部分，可以去掉 CSS 下拉菜单中 li:hover ul 选择器，以便通过 jQuery 程序来实现。

```
<style type = "text/css">
 #nav {                              /* 对 ul 元素进行通用设置 */
     padding: 0;  margin: 0;  list - style: none;  }
li {
     float: left;
     width: 160px;
     position:relative;}
li ul {                              /* 默认状态下隐藏下拉菜单 */
     display: none;
     position: absolute;
     top: 21px;  }
ul li a{
     display:block;     font - size:12px;
     border: 1px solid #ccc;   padding:3px;
     text - decoration: none;   color: #333;
     background - color: #ffeeee;}
ul li a:hover{
     background - color: #f4f4f4;}
</style>
```

(3) 添加 jQuery 代码。

用 jQuery 中的 $("#nav>li")子选择器选中第一级 li 元素(即导航项)，当鼠标指针滑过导航项时，用 jQuery 的 hover()方法对 li 的子元素 ul(即下拉菜单)进行控制。jQuery 的 hover()方法有两个参数：前一个参数表示鼠标指针停留时的状态，在这里通过 fadeIn()方法设置下拉菜单渐现；后一个参数表示鼠标指针离开时的状态，在这里通过 fadeOut()设置下拉菜单渐隐。这样就实现了一个有渐隐渐现效果的下拉菜单。代码如下：

```
<script src = "jquery.min.js"></script>
<script>
```

```
$ (document).ready(function(){
    $ ("#nav > li").hover(function(){              //当鼠标指针滑动到导航项上时
        $ (this).children("ul").fadeIn(600);       //改成 slideDown 试试
        },function(){
         $ (this).children("ul").fadeOut(600);     //改成 slideUp 试试
        });
});
</script>
```

(4) 下面给每个导航项文字的左边加一个小图标，将结构代码修改如下：

```
<a href = ""><img src = "plus.gif" border = "0" align = "absmiddle"/> 文 章</a>
```

当鼠标指针停留时，将小图标换成另一幅。

```
<script>
$ (function(){
    $ ("#nav > li").hover(function(){
        $ (this).children("ul").fadeIn(600);
        $ (this).find("img").attr("src","minus.gif");          //改变小图像的源文件
        },function(){
         $ (this).children("ul").fadeOut(600);
         $ (this).find("img").attr("src","plus.gif");          //将小图像变回来
    });
});
</script>
```

(5) 最后为下拉菜单设置渐变的颜色背景，即让显示的下拉菜单的每个 li 元素的背景色由浅变深，效果如图 4-12 所示，这样下拉菜单的背景色从上到下逐渐加深。每一行的背景色不是直接设定的，而是通过一个算式得到的。

实现的方法是通过 $("#nav > li li") 选中下拉菜单中的每一项，然后用 each() 函数让每一项 li 元素的背景色逐渐加深，最终的 JavaScript 代码如下：

```
<script>
$ (function(){
    $ ("#nav > li").hover(function(){
        $ (this).children("ul").fadeIn(600);
       $ (this).find("img").attr("src","minus.gif");
            },function(){
         $ (this).children("ul").fadeOut(600);
   $ (this).find("img").attr("src","plus.gif");
        });
$ ("#nav > li li").each(function(i){          //下拉菜单项逐渐变色的代码部分
$ (this).css("background - color","rgb(" + (320 - i * 16) + "," + (240 - i * 16) + "," + (240 - i
* 16) + ")");
        });
});
</script>
```

4.8 jQuery 的应用举例

4.8.1 制作折叠式菜单

折叠式菜单(Accordion)是和 Tab 面板一样流行的高级网页元素，它是一种二级菜单，当单击某个主菜单项时，就会以滑动的方式展开它下面的二级菜单，同时自动收缩隐藏其他主菜单项的二级菜单，如图 4-13 所示。因此折叠式菜单又称为“Accordion”(手风琴)，因为它的折叠方式有点像在拉手风琴。

下面分成几步来制作折叠式菜单。

(1) 考虑到折叠式菜单本质是一种二级菜单，因此这里用二级列表作为它的结构代码，它的结构代码和 CSS 下拉菜单的结构代码是完全相同的，也是第一级列表放主菜单项，第二级列表放子菜单项，其结构代码如下：

```
<ul id="accordion">
        <li>  <a href="#">学 院 简 介</a>
            <ul>
                <li><a href="">学院概况</a></li>
                    ……
                <li><a href="">学院宣传片</a></li>
            </ul>
        </li>
        <li>  <a href="#">本 科 教 学</a>
            <ul>
                <li><a href="">专业介绍</a></li>
                    ……
                <li><a href="">教育技术</a></li>
            </ul>
        </li>
        <li>  <a href="#">科 学 研 究</a>
            <ul>
                <li><a href="">科技处</a></li>
                    ……
                <li><a href="">学位委员会</a></li>
            </ul>
        </li>
        <li>  <a href="#">招 生 信 息</a>
            <ul>
                <li><a href="">本科招生</a></li>
                    ……
                <li><a href="">招生计划</a></li>
            </ul>
        </li>
    </ul>
```

(2) 接下来为折叠式菜单添加 CSS 样式，包括为最外层 ul 设置一个宽度，将 ul 的边界、填充设置为 0，去掉列表的小黑点，最后再设置这些元素在正常状态和鼠标指针滑过状态时的背景、边框、填充等盒子属性。CSS 代码如下：

```
<style type="text/css">
ul {
    list-style:none;  margin:0;  padding:0;  }
#accordion {
    width:200px;                              /*设置折叠式菜单内容的宽度为200px*/}
#accordion li {
    border-bottom:1px solid #ED9F9F;  }
#accordion a {
    font-size: 14px;  color:#ffffff;  text-decoration: none;
    display:block;                            /* 区块显示 */
    padding:5px 5px 5px 0.5em;
    border-left:12px solid #711515;           /* 左边的粗暗红色边框 */
    border-right:1px solid #711515;
    background-color:#c11136;
    height:1em;                               /* 此条为解决 IE 6 浏览器的 bug */      }
#accordion a:hover {
    background-color:#990020;                 /* 改变背景色 */
    color:#ffff00;                            /* 改变文字颜色为黄色 */  }
#accordion li ul li {                         /* 子菜单项的样式设置 */
    border-top:1px solid #ED9F9F;  }
#accordion li ul li a{                        /* 子菜单项的样式设置 */
    padding:3px 3px 3px 0.5em;
    border-left:28px solid #a71f1f;
    border-right:1px solid #711515;
    background-color:#e85070;  }
#accordion li ul li a:hover{                  /* 改变子菜单项的背景色和前景色 */
    background-color:#c2425d;
    color:#ffff00;  }
</style>
```

这样就将折叠式菜单的外观全部设置好了，效果如图4-14所示，但还没添加JavaScript代码，所以不会有折叠效果。

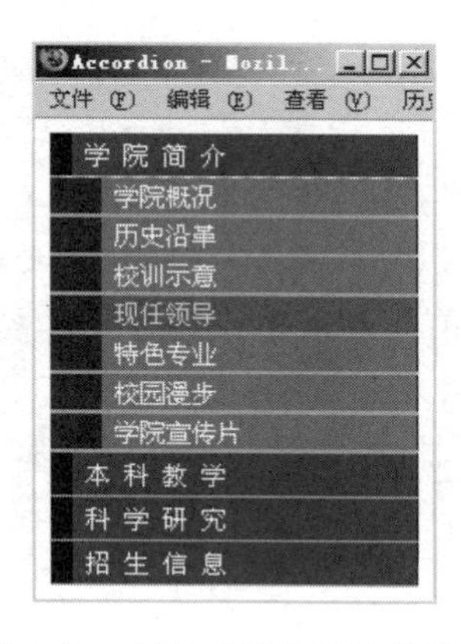

图4-13　折叠式菜单的最终效果

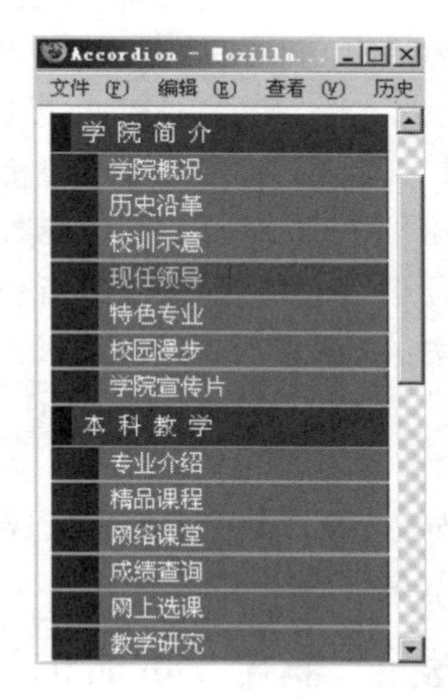

图4-14　未添加折叠效果的折叠式菜单

(3) 最后为折叠式菜单添加 jQuery 代码，仔细分析一下折叠式菜单的动作其实很简单，顺序排列的 N 个主菜单(a)元素，页面载入时只显示第一个主菜单项下的二级菜单(ul)，单击某个元素时，展开子菜单(ul)元素并隐蔽其他子菜单。代码如下：

```
<script src = "jquery.min.js"></script>
<script>
    $ (document).ready(function(){
        //页面载入时隐蔽除第一个元素外所有元素
        $ ("#accordion > li > a + * :not(:first)").hide();
        //对所有元素的标题绑定单击动作
        $ ("#accordion > li > a").click(function(){
            $ (this).parent().parent().each(function(){
                $ ("> li > a + * ",this).slideUp();          //隐蔽所有元素
            });
            $ ("+ * ",this).slideDown();                     //展开当前单击的元素
        });
    });
</script>
```

其中，选择器"#accordion > li > a"选中了第一级 a 元素(即主菜单项)，而"+"代表相邻选择器，那么选择器"#accordion > li > a + *"是选中了紧跟在第一级 a 元素后的任意一个元素。在这里，紧跟在 a 元素后的元素是包含子菜单的 ul 元素，所以"#accordion > li > a + *"是选中了第二级 ul 元素，它也可写成"#accordion > li > a + ul"。而(:first)选择器选中第一个元素，:not(:first)是反向过滤选择器，表示选中除第一个元素外的所有元素，所以选择器 $("#accordion > li > a + * :not(:first)")就是选中除第一个二级 ul 元素外的所有其他二级 ul 元素，再用 hide()方法将这些二级 ul 元素隐藏，所以页面载入时就只显示第一个子菜单，而把其他子菜单都隐藏起来。

接下来"$("#accordion > li > a").click()"表示单击主菜单项事件。在处理事件的函数中，$(this)代表 $("#accordion > li > a")，为了要通过 each()方法遍历到所有的子菜单，必须先返回到#accordion 元素，在这里，parent()方法就是用来找到元素的父元素，通过 $(this).parent().parent()可以返回到 $("#accordion")。

$("> li > a + * ",this)等价于 $(this).find("> li > a + * ")，在这里，this 是在 each 方法的函数中，而调用 each()函数的是"#accordion"，所以 this 指代"#accordion"，即每个主菜单项下的子菜单，通过遍历使每个子菜单都隐藏，而 $("+ * ",this)里的 this 位于 click 方法中，调用 click 方法的是"#accordion > li > a"，所以 this 是当前主菜单项 a 元素。$("+ * ",this)等价于 $(this).find("+ * ")，即在与当前 a 元素相邻的后继元素中查找 ul 元素。

这样，折叠式菜单就制作完成，在 Firefox 和 IE 6 浏览器中的预览都能得到如图 4-13 所示的效果。

4.8.2 制作 Tab 面板

本节使用 jQuery 制作如图 4-15 所示的 Tab 面板。它的 HTML 代码如下：

```
<ul id = "tab">
    <li class = "cur">课程特色</li>
    <li>教学方法</li>
    <li>教学效果</li>
</ul>
<div class = "divcur">本课程主要特色……</div>
<div>教学方法和教学手段……</div>
<div>教学效果……</div>
```

然后写CSS代码：

```
#tab{
    margin:0;   list-style:none;
    padding:0 0 31px;                /* 使下边框移动到指定的位置 */
    border-bottom:1px solid #11a3ff;   /* 设置下边框 */  }
li {
    float:left;
    background: #BBDDFF;
    margin-right:4px; padding:5px;
    border:1px solid #11a3ff; height:20px; }
.cur {                               /* Tab选项选中时的样式 */
    background-color: #fee;
    border-bottom:1px solid #fee; color:red;   }
div {
    clear:left;    padding:10px;
    height:100px; background-color: #Fee;
    border:1px solid #11a3ff;       /* 左边框 */
    border-top:none;   display:none;   }
.divcur { display:block; }           /* 当前面板的样式 */
```

最后写jQuery的代码：这段代码首先获取所有Tab项所在的li元素，然后给每个li元素设置mouseover事件的处理程序，也就是当鼠标指针滑动时，先去除所有Tab面板的divcur样式和所有Tab项的cur样式，再为当前Tab项增添cur样式，为当前Tab面板增添divcur样式。运行效果如图4-15所示。

```
    <script src = "jquery.min.js"></script>
    <script>
    $(function(){
     $("#tab li").each(function(index){                //找到所有的li元素
        $(this).mouseover(function(){
            $("div.divcur").removeClass("divcur");    //先去除所有div元素的divcur样式
            $("li.cur").removeClass("cur");           //先去除所有li元素的cur样式
            $("div:eq(" + index + ")").addClass("divcur");   //增加当前div的divcur样式
            $("li").eq(index).addClass("cur");        //增加当前li元素的cur样式
        });  });
    });
</script>
```

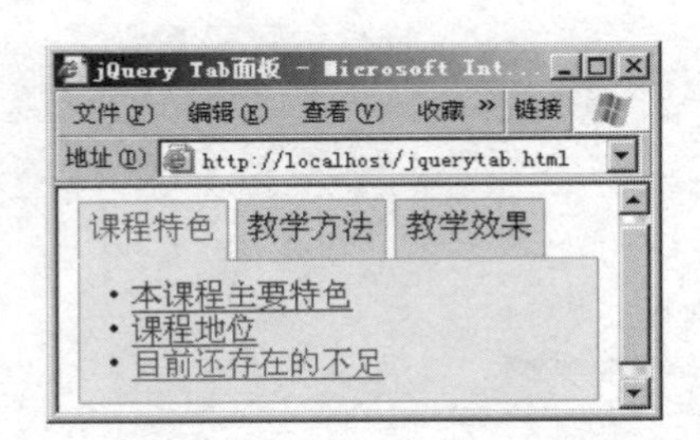

图 4-15　使用 jQuery 制作的 Tab 面板

4.8.3　制作图片轮显效果

图片轮显效果是指在一个图片框中，很多张图片自动轮流显示，并且可以单击右下角的数字让它显示某张图片，如图 4-16 所示。这是一种很常见也非常实用的网页效果。过去制作图片轮显一般采用名称为 pixviewer.swf 的 flash 文件配合 JavaScript 代码实现。实际上，用纯 JavaScript 代码也可以制作，有了 jQuery 使制作这种效果的代码更简洁了。

图 4-16　图片轮显效果框

下面分步来制作图 4-16 所示的图片轮显效果。

(1) 写结构代码。一个图片轮显效果框由两部分组成，即上方显示图片的 div 容器和下方的放置数字按钮的 div 容器。为了使单击图片时能链接到某个网页，必须用图片做链接，即把 img 元素嵌入到 a 元素中。而数字按钮是几个 a 元素，把它嵌入到两层的 div 容器中，再把放图片的容器和放数字按钮的容器都嵌入到一个总的 div 中，其结构代码如下：

```
<div class = "imgsBox">
    <div class = "imgs">
        <a href = "#"><img id = "pic" src = "images/01.jpg" width = "282" height = "164" /></a>
    </div>
    <div class = "clickButton">
        <div>
            <a class = "active" href = "">1</a>
            <a class = "" href = "">2</a><a class = "" href = "">3</a><a class = "" href
= "">4</a>
            <a class = "" href = "">5</a>
        </div>
    </div>
</div>
```

(2) 设置 CSS 样式。主要是设置图像轮显框的尺寸，以及图像部分的尺寸和按钮的高度，在这里，设置数字按钮的行高为 12px，这样它占据的高度就是 12px。同时，设置放置按钮的容器.clickButton 为相对定位，在 Firefox 中向上偏移 1 像素，而在 IE 6 浏览器中向上偏移 5 像素。这样按钮和图像之间在任何浏览器中都没有间隙了。CSS 代码如下：

```
<style type="text/css">
img{border:0px;}                          /* 去掉对图像设置链接后产生的边框 */
.imgsBox{overflow:hidden;                 /* 如果图像尺寸大时,使超出的部分不可见 */
      width:282px;  height:176px;}
.imgs a{
    display:block;  width:282px;  height:164px;}
    .clickButton{background-color:#999999; width:282px; height:12px;
            position:relative;  top:-1px;
            _top:-5px;                    /* 仅对 IE 6 有效 */}
.clickButton div{ float:right; }
    .clickButton a{
        background-color:#666; border-left:#ccc 1px solid;
        line-height:12px; height:12px; font-size:10px;
        float:left;  padding:0 7px;
        text-decoration:none;  color:#fff;}
.clickButton a.active,.clickButton a:hover{background-color:#d34600;}
</style>
```

(3) 编写 jQuery 代码。当图片轮显框没有单击时要能自动循环显示,这需要用到定时函数,当单击数字按钮时,要马上显示其对应的那一张图片,并且按钮的背景色改变。

```
<script src="jquery.min.js"></script>
<script>
    $(document).ready(function(){
      $(".clickButton a").attr("href","javascript:return false;");  //使单击链接不发生跳转
      $(".clickButton a").each(function(index){
            $(this).click(function(){         //当单击数字按钮时
                changeImage(this,index);
            });
      });
      autoChangeImage();                       //页面载入时如果没有单击按钮则自动轮显图片
    });
    function autoChangeImage(){                //自动轮显图片
        for(var i = 0; i<=10000;i++){
            window.setTimeout("clickButton("+(i%5+1)+")",i*2000);
        }
    }
    function clickButton(index){               //表示第几个数字按钮被单击
        $(".clickButton a:nth-child("+index+")").click();
    }
    function changeImage(element,index){
        var arryImgs = ["images/01.jpg", "images/02.jpg", "images/03.jpg", "images/04.
jpg", "images/05.jpg"];                       //将所有的轮显图片 url 放在一个数组中
        $(".clickButton a").removeClass("active");  //使其他按钮背景色为默认
        $(element).addClass("active");              //使当前显示的图片对应的按钮背景变红
        $(".imgs img").attr("src",arryImgs[index]); //设置图像的源文件
    }
</script>
```

这样，这个图片轮显效果框就制作好了，但该例没有实现图片轮显时的渐变切换效果。

习题 4

一、简答题

1. 在元素内部插入内容有哪些方法？

2. 在元素的相邻位置上插入内容有哪些方法？

3. 如何对所有匹配元素批量设置一组属性？

4. html()和 text()方法有什么区别，html(val)和 text(val)方法有什么区别？

5. 使用 ready 方法需要注意哪些问题？

6. 在调用 bind 方法时，如何对多个事件绑定相同的处理程序？如何对多个事件绑定不同的事件处理程序？

7. each 方法与 $. each 方法有什么区别？

8. 搜索同辈元素有哪些方法，搜索父元素和子元素又有哪些方法。

二、实操题

1. 写 jQuery 代码，给网页中所有的< p >元素添加 onclick 事件。当单击时弹出该 p 元素中的内容。

2. 用 jQuery 对一组多选框进行操作，输出选中的多选框的个数。

3. 对于网页中的所有< p >元素，当第 1 次单击时弹出“您是第一次访问”，当以后每次单击时则弹出“欢迎您再次访问”，请用 jQuery 代码实现。

第5章

ASP程序设计基础

ASP是一种编程环境，而不是一种编程语言，而VBScript是ASP使用的默认编程语言。由于ASP是运行在服务器端的，人们常把开发服务器端的程序称为Web后端编程，而把使用HTML、CSS、JavaScript开发浏览器端网页称为Web前端开发。

5.1 VBScript脚本语言基础

VBScript是一种微软环境下的轻量级的解释型语言，同时它又是ASP编程环境默认的编程语言，配合ASP的内置对象和ADO对象，就能实现各种动态网页技术和访问数据库。下面首先来看ASP代码的基本格式。

5.1.1 ASP代码的基本格式

1. ASP代码的组成

一个ASP文件的代码可以包含以下三部分的内容。

(1) HTML和CSS。

(2) 客户端脚本，如JavaScript，位于<script></script>之间。

(3) 服务器端脚本，通常位于"<%"与"%>"之间。

其中(1)和(2)是静态网页也可以具备的，它们都是通过浏览器解释执行的，统称为浏览器端代码。因此，也可以认为ASP文件是由两部分组成的，即浏览器端代码和服务器端脚本。ASP可以通俗地认为就是把服务器端脚本放在"<%"和"%>"之间。

在ASP文件中，浏览器端代码和服务器端脚本混杂在一起(即页面和程序没有分离)，必须使用不同的定界符对这些代码进行区分。因此规定ASP脚本必须放在"<%"和"%>"之间，表示脚本的开始和结束。下面是一个ASP文件(5-1.asp)的代码，运行结果如图5-1所示。

图5-1 一个简单的ASP程序5-1.asp的运行结果

```
<html><body>
    <% For i = 3 To 6 %>
        <font size = "<% = i %>">第<% = i - 2 %>次 Hello World!</font><br />
    <% Next %>
</body></html>
```

在 5-1.asp 中，<% = i %>中的“=”是输出功能的简写，它的完整写法是<% Response.Write i %>。可以看出，ASP 代码可以位于 HTML 等浏览器端代码的任意位置。例如，标记外<% For i=1 To 6 %>、<% Next %>，标记内<% =i-2 %>，甚至是标记的属性内<% =i %>。从结构上看，可以是 HTML 代码中包含 ASP 代码(如标记内的 ASP 代码)，也可以是 ASP 代码中包含 HTML 代码(如标记外的 ASP 代码)。

需要注意的是，ASP 代码的定界符“<%”和“%>”不能够嵌套。如果遇到非 ASP 代码，就必须立即用“%>”把前面的 ASP 代码结束，即使这段代码并不完整(但其中每行的语句必须是完整的)。

实际上，插入 ASP 代码还有另外一种形式。例如：

```
<script language = "VBScript" runat = "server">
    VBScript 代码
</script>
```

即通过“runat="server"”属性指定脚本在服务器端运行，但用这种方法插入 ASP 代码显然比第一种方法麻烦，因此很少用(一般只在 Global.asa 文件中使用)。

有时候 VBScript 可能需要在客户端运行，语法如下：

```
<script language = "VBScript">
    VBScript 代码
</script>
```

但这就是客户端脚本了，与之前所讨论的 ASP 没有关系。

2. ASP 程序编写的注意事项

ASP 程序编写的注意事项有以下几方面。

(1) 在 ASP 中，如果使用 VBScript 作为脚本语言，则代码不区分大小写。

(2) 在 ASP 中，标点符号均为英文状态下输入的标点符号，但在字符串中无所谓，这与所有编程语言一样。

(3) 在“<%”和“%>”内必须是一行或多行完整的语句，如<%For i=1 To 4 %>不能写成<%For i=1 %><%To 4 %>。

(4) 由于 VBScript 的每条语句结尾没有“;”等定界符，ASP 程序解释器以回车符作为一条语句结束的标志，因此在 ASP 中语句必须分行书写。一条 ASP 语句就是一行，一行也只能写一条 ASP 语句，如下面两种写法就是错误的。

```
① <% a=3  b=5 %>    '错误写法
② <% a=        '错误写法
22 %>
```

提示：如果一定要将多条 ASP 语句写在一行内，可以用“：”将多条 ASP 语句隔开，如 <% a=3 ：b=5 %>，如果一定要将一条 ASP 语句按 Enter 键写成多行，可以在分行末尾处加下画线“_”。

5.1.2　VBScript 的变量

1. VBScript 变量

VBScript 的变量是一种弱类型变量，这与 JavaScript 的变量定义相似。所谓弱类型变量，是指 VBScript 变量无特定类型，定义任何变量都是用“Dim”关键字，并可以将其初始化为任何数据类型，而且可以随意改变变量中所存储的数据类型。下面是一些变量定义（声明）和赋值的例子。

```
<% Dim a                                    '定义一个变量
   Dim age, school, male                    '同时定义多个变量,用逗号隔开即可
   a = 10 + 20 * 3                          '对变量赋值,该变量赋值后为数值型数据
   school = "VBScript"                      '该变量赋值后为字符串型的数据类型
   male = true                              '该变量赋值后为布尔型的数据类型
   myDate = #2010 - 11 - 21#                '该变量赋值后为日期型的数据类型
   age = 28
   c = a + age           %>
```

说明：

① 上述代码中，变量也可以不定义就直接使用，如 myDate 变量就没有定义，这称为隐式声明。这种方式虽然很方便，但是容易出错。如果希望强制要求所有变量必须先定义才能使用，则可以在 ASP 所有脚本语句之前添加 Option Explicit 语句，用法如下。

```
<% Option Explicit %>
```

② 两边加双引号（"）的表示字符串常量，如"VBScript"。区别字符串常用和数值常量的标志就是看两边是否有双引号，如"28"看起来是数字，但实际上是字符串常量。

③ 如果字符串常量中本身有引号，就将内层引号替换为单引号（'）或连续两个双引号（""），如"hy'sg'sy"或"hy""sg""sy"。

④ 单引号（'）为 VBScript 的注释符。

⑤ VBScript 的变量不可以在声明时同时赋值，如 Dim age=28 这样的写法是错误的。

2. 变量的作用域和有效期

变量的作用域是指该变量可以在什么范围内被访问。对于 VBScript 来说，如果变量不是定义在过程或函数内，则它可以在整个 ASP 文件中被访问到，即该文件中的所有代码均可以使用这个变量，这样的变量称为“脚本级变量”。

提示：脚本级变量也只能在一个 ASP 文件中有效，如果要使一个变量能被网站内所有的 ASP 文件访问，则要用到第 6 章介绍的 Session 变量或 Application 变量了。

如果一个变量是定义在过程或函数内，则只有这个过程或函数内的代码才可以使用该变量，这样的变量称为“过程级变量”。

变量的有效期也称为存活期，表示该变量在什么时间范围内存在。脚本级变量的有效

期是从它被定义那一刻起到整个脚本代码执行结束为止，过程级变量的有效期则是从它被声明开始到该过程(或函数)运行结束为止。

5.1.3 VBScript运算符和表达式

VBScript运算符包括算术运算符、连接运算符、比较运算符和逻辑运算符等，而表达式就是由常量、变量和运算符组成的，符合语法要求的式子。VBScript主要包括3种不同的表达式：数学表达式(如3+5*7)、字符串表达式(如"abc"&"gh")和条件表达式(如i>5)。

1. 算术运算符

算术运算符有加(+)、减(-)、乘(*)、除(/)、取余(Mod)、乘方(^)、整除(\)等。算术运算符的运算结果是一个算术值。例如，A=6/2+4*5-1，结果是22；B=7 mod 3，结果是1；C=7\3，结果是2；D=2^3，结果是8。

2. 比较运算符

比较运算符用来比较两个表达式的数值大小或是否相等，在条件语句中经常使用。它的运算结果是一个布尔值(True或False)。比较运算符有是否相等(=)、大于(>)、大于等于(>=)、小于(<)、小于等于(<=)、不等于(<>)、两个对象是否相等(Is)。

例如，A=6<3，返回False；B=5=8，返回False；C="ab">"AB"，返回True；D=date()>#2010-11-6#，返回True(因为今天是2011-1-27日)。

提示：比较字符串的大小是依据字符串中每一个字符的ASCII码大小进行比较的。

3. 逻辑运算符

在条件表达式中，还经常会用到逻辑运算符，它的作用是对两个布尔值或两个比较表达式进行逻辑运算，再返回一个布尔值(True或False)。逻辑运算符有逻辑非(Not)、逻辑与(And)、逻辑或(Or)、逻辑异或(Xor)、逻辑等价(Eqv)、逻辑隐含(Imp)。

其中，Eqv(逻辑等价)表示当两个操作数一致时(均为True或均为False)，结果为True，否则为False。Imp(逻辑包含)表示，只有当两个操作数依次是True和False时，如“True Imp False”，结果才为False，其他时候均为True。

逻辑运算符的优先级顺序从高到低依次是Not、And、Or、Xor、Eqv、Imp。

例如，A=Not 5<3 And "b"="a"，返回False；B= 5<3 Eqv "b"="a"，返回True。

4. 连接运算符

连接运算符可以将若干个字符串连接成一个长字符串，包括“&”和“+”。其中“&”运算符表示强制连接，不管两边的操作数是字符串、数值型，还是日期型，“&”都会把它们转换为字符串类型，再连接到一起。例如：

```
<%
joinStr = "ab"&"name"              '将两个字符串连接在一起,结果是"abname"
joinStr = "欢迎"&username           '将字符串常量和字符串变量连接在一起
joinStr = "Today"&#2010-12-12#    '连接字符串和日期,结果为"Today2010-12-12"
joinStr = "ab"&12                  '连接字符串和数字,结果为"ab12"
joinStr = "20"&12                  '连接数值字符串和数字,结果为"2012"
%>
```

“+”运算符也可以用于连接字符串，但只有两个操作数都是字符串时才执行连接运算；

如果有一个操作数是数值、日期或布尔值，就执行相加运算。此时，如果有一个操作数无法转换为可以相加的类型，就会出错。

```
<%
joinStr= "欢迎" + username              '将字符串常量和字符串变量连接在一起
joinStr= "Today" + #2010-12-12#        '执行相加运算，出错
joinStr= "ab" + 12                     '执行相加运算，出错
joinStr= "20" + 12                     '执行相加运算，结果为32
joinStr= "20" + "12"                   '将两个字符串连接在一起，结果是"2012"
%>
```

说明：

① 为避免出错，不推荐使用"＋"作为连接运算符，作连接运算时尽量使用"&"。

② VBScript 的"＋"运算符左右只要有一个操作数是数值，就会执行相加操作，这和 JavaScript 等其他语言的"＋"运算符不同，在 JavaScript 中，"＋"运算符两边如果有一个操作数是非数值，就会执行连接操作。

5. 表达式的优先级

当表达式中包含多种运算符时，首先进行算术运算，然后进行连接运算，再进行比较运算，最后进行逻辑运算。但可以利用"()"来改变这种优先级顺序。

5.1.4　VBScript 数组

1. VBScript 数组

数组是按一定顺序排列，且具有相同数据类型的一组变量的集合。数组中的每个元素都可以用数组名和唯一的下标来标识。在 VBScript 中，定义数组和定义变量都是使用 Dim 语句，唯一区别是定义数组变量时变量名后面带有括号()。例如：

```
<% Dim a(2)                            '定义数组的第一种方法
   a(0) = 1
   a(2) = 5
   Dim b(2) = array(10, 20, 9)         '定义数组的第二种方法
   sum = a(0) + a(2)   %>
```

VBScript 的数组索引从 0 开始，所以数组 a(2)的元素个数是 3 个，而不是 2 个。

还可以定义多维数组，方法如下：

```
<% Dim a(2, 3)          '定义一个 3 行 4 列的二维数组
   a(0,1) = 3
   a(2,3) = 5   %>
```

二维数组常用来表示矩阵类型的数据结构。可以看出，多维数组的引用和赋值和一维数组是一样的，只不过要写多个维的下标。

2. 动态数组

动态数组是指在程序运行时数组长度可以发生变化的数组。定义动态数组的语法如下：

```
<% Dim a( )          '定义动态数组,括号中不能包含数字
   Redim a(3)        '重新定义数组长度为 4
   a(3) = 100
   Redim a(5)        '重新定义数组长度为 6,添加 Preserve 再试试
   a(5) = 200        '给 a(5)赋值,此时 a(3)的值将被清除
%>
```

Redim 数组后,数组中所有数组变量的值就全部清空了,如果希望保留原有数组元素的值,可以在 Redim 语句中添加 Preserve 参数,即:

```
<% Redim Preserve a(5)   %>
```

3. 数组的常用方法

(1) split 方法。split 方法可以通过切分一个具有特定格式的字符串而形成一个一维数组,数组中的每个元素就是一个子字符串。例如:

```
<% str = "湖南/湖北/广东/广西/河南/山东"      '定义一个含有"/"的字符串
substr = split(str,"/")     '通过"/"将字符串分割为数组,从而生成数组 substr()
%>
```

这样就生成了一个 substr ()的数组,其中,substr(1)="湖北",substr(2)="广东"。

(2) ubound 方法。ubound 方法用于返回数组某个维的最大可用下标。其语法格式为:ubound(数组名称[,维数]),如果是返回第 1 维的最大下标,则维数可以省略。

如果要返回二维数组第 2 维的最大下标,其代码如下:

```
<% Dim myarray(5,10)
   Response.Write ubound(myarray, 2)   '输出结果 10
%>
```

有时候如果数组是通过切分字符串动态生成的,这时往往不能确定数组的最大下标,此时就需要用到 ubound 函数。例如,对于上面用 split 方法生成的数组 substr(),ubound(substr),将返回 5。

(3) Lbound 方法。Lbound 方法可返回指定数组某个维的最小可用下标。例如:Lbound(substr)将返回 0,Lbound(myarray,2)将返回 0。由于数组的最小可用下标通常是 0,因此该方法用得不多。

(4) Filter 方法。Filter 方法返回数组中以特定条件为基础形成的子数组。例如,数组 str(2)的值依次为"abc"、"efgh"、"abk",则 Filter(str, "ab")返回一个长度为 2 的数组,值依次为"abc"、"abk"。

5.2 VBScript 语句

5.2.1 条件语句

在 VBScript 中,有 if…then…else 和 select case 两种条件语句。其中 if…then…else 语句又有 4 种子类型。

1. if…then …形式

if…then…形式是最简单的 if 条件语句，如果 then 后只接一条程序语句，则可以使用单行形式，格式为：

```
if 条件表达式 then 程序语句
```

2. if…then…end if 形式(end if 需另起一行)

如果 then 后接了多条程序语句(程序语句块)，则要使用下列形式，格式为：

```
if 条件表达式 then
  程序语句块
end if
```

这两种子类型的本质区别是，如果 then 后只接一条程序语句，并且将“if 条件表达式 then 程序语句”写在一行内，则可以不要 end if。

3. if…then…else…end if 形式(单条件双分支)

如果 if 语句中的条件表达式为 false 也要执行相应的程序语句块，则要使用如下这种形式：

```
if 条件表达式 then
  程序语句块 1
else
  程序语句块 2
end if
```

注意，如果 then 和 else 后都只接一条程序语句，则 if…then…else…也可写成单行形式，不要 end if。

4. if…then …elseif…then…else…end if 形式(多条件多分支)

如果 If 语句中有多种情况要分别执行相应的语句，则可以使用如下这种形式：

```
  if 条件表达式 1 then
   程序语句块 1
  elseif 条件表达式 2 then
   程序语句块 2
  ……
  else
    程序语句块 N + 1
end if
```

要注意区分这种 if 语句与多个 if 语句嵌套的情况。例如，elseIf 关键字中是没有空格的，如果程序中出现“else if”，就表示是在 else 子句中又嵌套了另一个 if 语句。

注意，if 与 then 必须写在同一行内。elseif 与 then 也必须写在同一行内。

5. select case 语句

select case 语句是 if…then …elseif…then…else…end if 语句的另一种形式。在要判断的条件有很多种结果的情况下，使用 select case 语句可以使程序更简洁清晰。

注意,VBScript 的 select…case 语句中不需要 break 子句,这有别于 JavaScript 的 switch…case 语句。表 5-1 所示的是对 VBScript 和 JavaScript 两种语言的语法进行了比较。

表 5-1 VBScript 和 JavaScript 的区别

	VBScript	JavaScript
是否区分大小写	不区分	区分
是否能同时定义变量并赋值	不能,应写成 Dim a: a=5	可以,如 var a=5
连接运算符的区别	& 或+	+
"+"运算符的区别	只要两边有一个操作数为数值型就执行相加运算	只要两边有一个操作数是非数值型就执行连接运算
case 语句的区别	不需要 break	每条 case 语句后需要 break
函数返回值语句的区别	函数名=变量或表达式	return 变量或表达式
内置函数 Date()的区别	只返回日期	返回日期和时间
else if 语句的区别	elseif(中间无空格)	else if(中间有空格)
输出语句	response. write 后可不接括号	document. write 后必须接括号
数组长度的区别	数组元素从 a(0)到 a(*n*)	数组元素从 a[0]到 a[*n*−1]

5.2.2 循环语句

循环结构通常用于重复执行一组语句,直到满足循环结束条件时才停止。在 VBScript 中,常用的循环语句包括 for…next 循环、do…loop 循环等。

1. for…next 循环

for…next 循环包含有一个循环变量,每执行一次循环,循环变量的值就会增加或减少,直到等于终值后就退出循环。语法如下:

```
for 循环变量 = 初值 to 终值 [ Step = 步长 ]
    程序语句块
next
```

其中,循环变量、初值、终值和步长都是数值型。步长可正可负,步长为 1 时,可以省略 Step=1。循环可以嵌套,在对矩阵进行操作时,通常需要双重循环嵌套,例如,要用 for 循环画金字塔,有下面两种写法。

第一种写法:

```
<div align = "center">
<% for i = 1 to 5
for j = 1 to i
response.Write(" * ")
next
response.write("<br/>")
next
%></div>
```

第二种写法：

```
<div align="center">
<%
for i=1 to 5
  a=a&"* "
  response.write (a&"<br/>")
next
%>
</div>
```

2. do…loop 循环

do…loop 是一种条件型循环，它的循环执行次数并不事先确定。当条件为 True 或变为 True 之前，一直重复执行。它的语法有以下几种形式。

第一种形式：

```
do while 条件表达式
    程序语句块
loop
```

这是入口型循环。它先检查条件表达式的值是否为 True，如果为 True，才会进入循环，否则跳出循环，执行 loop 后的语句。

第二种形式：

```
do
    程序语句块
loop while 条件表达式
```

这是出口型循环。它先无条件地执行一次循环体后，再判断条件表达式的值是否为 True，如果为 True，才会继续执行循环。

第三种形式：

```
do until 条件表达式
    程序语句块
loop
```

这是入口型循环。它先检查条件表达式的值是否为 False，如果为 False 才会进入循环，否则跳出循环。

第四种形式：

```
do
    程序语句块
loop until 条件表达式
```

这是出口型循环。它先无条件地进行循环，执行一次以后，再判断条件表达式的值是否为 False，如果为 False，才会继续执行循环。

可以看出，do while 循环和 do until 循环实际上可以相互转换，如 do while I<=100 就可转换为 do until I>100，只是 do while 循环更符合常人的思维，因此更加常用。

3. while…wend 循环

while…wend 循环和 do while…loop 循环很相似，甚至可以相互转换，它的语法如下：

```
while 条件表达式
    程序语句块
wend
```

4. for each…next 循环

For Each…Next 循环是 for 循环的一种变形，当不知道一个数组或集合中元素的具体个数，又希望遍历所有的元素时，就可以用它来对数组或集合中的元素进行遍历。当遍历结束后才会退出循环。它的语法如下：

```
for each 元素 in 集合或数组
    程序语句块
next
```

下面是使用 for each…next 循环展示数组中元素的一个例子。

```
<%   Dim sports(2)        '定义一个数组
sports (0) = "网球" : sports (1) = "游泳" : sports (2) = "短跑"   '对数组元素赋值
Response.Write "我校开展的运动项目有：<br />"
for each i in sports
    Response.Write i & " "
next       %>
```

5. exit 退出循环语句

通常情况下，都是满足循环结束条件后退出循环，但有时候需要强行退出循环（如通过穷举搜索求解，在找到解后需要立即退出循环）。在 for…next 和 do…loop 循环中，强行退出循环的语句的是 Exit For 和 Exit Do。

例如：求 1+2+3+…，一直加到多少和会大于 1000 的程序如下：

```
<%   s = 0
 for i = 1 to 200
     s = s + i
     if s > 1000 then exit for
 next
 Response.Write i      %>
```

5.3 VBScript 内置函数

VBScript 提供了大量的内置函数，用以完成对数值、字符串、日期、数组等各种处理功能。例如，前面用到的 Date()就是一个内置函数，它可以返回计算机的系统日期。

5.3.1　字符串相关函数

在ASP程序开发中，字符串使用得非常频繁，如用户在注册时输入的用户名、密码及用户留言等都是被当作字符串来处理的。很多时候要对这些字符串进行截取、过滤、大小写转换等操作，这时就需要用到表5-2中所示的字符串处理函数。

表5-2　常用的字符串函数及功能

函　　数	功　　能	示　　例
Len(string)	返回字符串的字符数	Len("abc8")，返回4
Trim(string)	去掉字符串两端的空格	Trim("　abcd *　")，返回"abcd * "
Mid(string, start, [length])	从字符串的第start个字符开始，取长度为Length的子字符串。如果省略Length，表示到字符串的结尾	Mid("2010-9-6",6)，返回"9-6"
Left(string)	从字符串左边开始取长为Length的子字符串	Left("59.51.24.45",5)，返回"59.51"
Right(string)	从字符串右边开始取长为Length的子字符串	Right("59.51.24.45",5)，返回"24.45"
Replace(string, find, replacewith)	替换字符串中的部分字符，将find替换为replacewith	Replace("ABCabc","AB"," * ")，返回" * Cabc"
Instr(string1,string2)	返回string2字符串在string1字符串中第一次出现的位置，如果未出现，则返回0	Instr("abcabc","bc")，返回2 Instr("abcabc","gf")，返回0
StrComp(string1, string2,[compare])	返回两个字符串比较的结果。string1小于string2，比较结果为－1；string1等于string2，比较结果为0；string1大于string2，比较结果为1。参数compare为0(默认值)，表示按二进制比较，为1表示按文本比较	StrComp("ABC","abc",1)，返回0 StrComp("ABC","abc",0)，返回－1 StrComp("abc", "ABC")，返回1
Asc(string)	返回字符串中第一个字符对应的ANSI码	ASC("ABC")，返回65 ASC("abc")，返回97
Chr(number)	返回与指定ANSI码对应的字符	Chr("13")，返回回车符 Chr("65")，返回"A"

在这些函数中，Instr函数有查找字符串中是否含有某个特定子串的功能，只要检测其返回值是否大于0即可。Replace函数除了可替换字符串中的字符外，如果替换后的字符串为空，则能过滤掉被替换字符串中的某些字符。下面是两个字符串函数应用的例子。

【例5-1】　对用户输入的字符串进行检查并过滤掉非法字符。

```
<%
Patternstr = "黄|黑|走私|发票|枪支|东突"              '定义要过滤的非法字符串集
Pattern = split(Patternstr,"|")                        '将字符集分割成数组
inputstr = "黑色黄色枪支弹药走私物品增值发票"          '假设这是用户输入的字符串
For i = 0 To Ubound(Pattern)                           '分别对数组中每个字符串进行查找
    if Instr(inputstr, Pattern(i))> 0 Then             '如果找到字符集中的某个字符串
```

```
            outstr = replace(inputstr,Pattern(i),"")            '将该字符串过滤掉
            inputstr = outstr     '让输入的字符串等于该次过滤后的字符串,以便进行下次过滤
        end if
    next
    Response.Write outstr
    %>
```

【例 5-2】 用字符串函数来判断 Email 或 IP 地址的格式是否正确。

```
<% email = "tangsix@163.com"                               '示例 E - mail 地址
if Instr(email, "@")> 0 and Instr(email, ".")> 0 Then    '判断字符串中是否有"@"和"."
    Response.Write "Email 格式正确<br/>"
end if
IP = "59.51.24.54"                                          '示例 IP 地址
arr = split(IP,".")
if Ubound(arr) = 3 then
    Response.Write "IP 格式正确,IP 前两位为"&arr(0)&"."&arr(1)&". * . * "
end if       %>
```

5.3.2 日期和时间函数

在 VBScript 中,可以使用日期和时间函数来得到各种格式的日期或时间,如在论坛中要使用 Now()函数来记录留言的日期和时间,日期和时间函数如表 5-3 所示。

表 5-3 常用的日期和时间函数

函　数	功　能
Now()	取得系统当前的日期和时间
Date()	取得系统当前的日期
Time()	取得系统当前的时间
Year(Date)、Month(Date)、Day(Date)	取得给定日期的年、月、日
Hour(Time)、Minute(Time)、Second(Time)	取得给定时间的时、分、秒
WeekDay(Date)	取得给定日期的星期几,1 表示星期日、2 表示星期一,以此类推
DateDiff("interval",date1,date2)	返回两个日期或时间之间的间隔
DateAdd("interval",number,date)	对日期或时间加上时间间隔
Timer()	计时器函数,返回 0 时后已经过去的时间,以秒为单位

其中,DateDiff("interval",date1,date2)常用来实现倒计时程序,参数 interval 代表间隔因子,其取值如表 5-4 所示。而 DateAdd("interval",number,date)常用来得到到期的日期。例如:

```
<%
result = DateAdd("d",7,Date())                    '也可写成 result =  Date() + 7
latest = DateDiff("d", #2011 - 10 - 1#,Date())     '距 2011 - 10 - 1 还有多少天
strDate = Year(Date())&Month(Date())          %>
```

表 5-4　日期或时间间隔因子

间隔因子	yyyy	q	m	d	ww	h	n	s
含义	年	季度	月	日	周	小时	分钟	秒

提示：如果要对日期加几天，也可以直接用“＋”运算符，如 date()＋7，但如果要加月、周等，就只能用 DateAdd()函数了。

5.3.3　转换函数

通常情况下，VBScript 会自动转换数据子类型，以满足计算的需要。但有时候，也可以通过转换函数进行数据子类型的强制转换，这样做的目的是使数据类型匹配，避免出现类型不匹配错误，常用的转换函数如表 5-5 所示。

表 5-5　常用的转换函数及功能

函　　数	功　　能	示　　例
CStr(variant)	转化为字符串子类型	CStr(88)，返回"88"
CInt(variant)	转化为整数子类型	CInt("89.23")，返回 89
CDate(variant)	转化为日期子类型	CDate(2011-12-12)，返回＃2011-12-12＃
CLng(variant)	转化为长整数子类型	CLng("38000")，返回 38000

在将数据转化为数值型或日期型时，必须保证它的内容确实是数值或日期，如 CInt("abc")就会发生类型不匹配的错误。而且整型的范围是为－32768～32767，如果将超出这个范围的数字用 Cint 转化，如 CInt("32768")就会发生溢出错误。正确的做法是用 CLng("32768")将其转换为长整型。下面是一个转换函数的例子：

```
<%   a = 10 : b = 20 : C = CStr(a) + CStr(b)   %>
```

则 C 的结果是"1020"。

5.3.4　数学函数

数学函数的参数和返回值一般都是数值，常用的数学函数如表 5-6 所示。

表 5-6　常用的数学函数及其功能

函　　数	功　　能	示　　例
Int(number)	返回小于并最接近 number 的整数	Int(10.9)，返回 10 Int(－10.9)，返回－11
Fix(number)	返回数的整数部分	Fix (10.9)，返回 10 Fix (－10.9)，返回－10
Round(number[, decimal])	返回按指定位数四舍五入的数值，如果省略参数，则返回整数	Round(3.141,2)，返回 3.14 Round (10.9)，返回 11
Rnd()	返回一个小于 1 但大于等于 0 的随机数	Rnd()
Abs(number)	返回数的绝对值	Abs(－10)，返回 10
Sqr(number)	返回数的平方根	Sqr(16)，返回 4

续表

函　数	功　能	示　例
Log(number)	返回数的自然对数	Log(10),返回 2.3025…
Sin(number)、Cos(number) Tan(number)、Atn(number)	返回角度的正弦、余弦、正切、余切值	Sin(10),返回一.54402…
Exp(number)	返回自然对数 e 的幂次方	Exp(10),返回 22026.…

5.3.5 检验函数

检验函数常用来检验某变量是否是某种类型,常用的检验函数如表 5-7 所示。

表 5-7 检验函数的功能

函　数	功　能
VarType(Variant)	判断变量 Variant 的类型,返回 0 表示空,2 表示整数,7 表示日期,8 表示字符串,11 表示布尔型,8204 表示数组
IsArray(Variant)	判断变量是否为数组,如果是则返回 True
IsDate(Variant)	判断变量是否可以转换为日期类型
IsEmpty(Variant)	判断变量是否已经被初始化
IsNull(Variant)	判断变量是否为空
IsNumeric(Variant)	判断表达式是否包含数字
IsObject(Variant)	判断变量是否为对象

Null 值指出变量不包含有效数据。Null 与 Empty 不同,后者指出变量未经初始化。Null 与零长度字符串("")也不同,零长度字符串往往指的是空串。例如:

```
<%   Dim tang                          '定义一个变量但不赋值
Response.Write isempty(tang)           '返回 True
Response.Write isNull(tang)            '返回 False,因为包含空值也是包含有效数据
%>
```

又如:

```
If Request.Form("txtB")<>""
```

可改写为:

```
if not IsEmpty(Request.Form("txtB"))
```

5.4 过程与函数

在 5.3 节中学习了很多内置函数,利用这些函数可以方便地完成某些功能。但有时候程序中经常需要完成一些其他功能,此时没有现成的内置函数可用,就需要自己编写函数来完成这些功能。

VBScript 中的函数有两种：一种是 Sub 过程，它实际上是一种没有返回值的函数，也就是说，Sub 过程只能有输入而没有输出；另一种是 Function 函数，它可以既有输入又有输出，是功能齐全的函数。

5.4.1　Sub 过程

1. 定义 Sub 过程的语法

```
Sub 过程名(形参 1, 形参 2, …)
    …
end Sub
```

其中形参是用来接收主程序传递给 Sub 过程的数据。如果 Sub 过程无任何形参，Sub 语句中也必须包含空括号“()”。

2. 调用 Sub 过程的方法

声明了 Sub 过程后，就可以在程序中调用它了，调用 Sub 过程的方法有以下两种。

(1) 使用 Call 语句：

```
Call 过程名(实参 1,实参 2, …)
```

(2) 不使用 Call 语句：

```
过程名实参 1,实参 2, …
```

注意，用 Call 语句调用 Sub 过程时其参数需要带有括号，而用 Sub 过程名直接调用时参数不能加括号。建议使用 Call 语句调用，这样更清楚些。

3. 定义和调用 Sub 过程举例

【例 5-3】 自定义 Sub 过程判断手机号码格式是否正确并调用它。

```
<% Sub IsTel (tel)
    if len(tel) = 11 and IsNumeric(tel) then
        Response.Write "手机号码格式正确"
    else
        Response.Write "格式不正确,请重新输入"
    end if
    end Sub
    Call IsTel("13388888888")      '调用 Sub 过程
%>
```

5.4.2　Function 函数

1. 定义 Function 函数的语法

```
Function 函数名(形参 1, 形参 2, …)
    …
    [函数名 = 返回值的变量]      '返回函数值
end Function
```

Function 函数和 Sub 过程类似，也是利用实参和形参一一对应传递数据。如果 Function 函数无参数，也必须保留空括号“()”。

2. 函数的调用方法

调用函数的语法和使用 5.3 节中 VBScript 的内置函数一样。通常如下：

```
变量名 = 函数名(实参 1,实参 2, …)
```

3. 函数的应用举例

(1) 限制标题显示的内容长度的函数(5-10.asp)，如果输入的字符串(tit)长度大于指定的长度(n)，则返回按指定的长度截取前面部分并加省略号的字符串，如果长度小于等于指定长度，则返回原字符串。

```
<%  Function Trimtit(tit,n)
    if len(tit)> n then
        trimtit = left(tit,n)&" … "                '返回函数值
    else
        Trimtit = tit                              '返回函数值
    end if
end Function
str = "武广高速铁路已于 2009 年 12 月通车"          '测试字符串
tirmstr = Trimtit (str,14)                         '调用函数,返回"武广高速铁路已于 2009 年 1……"
%>
```

(2) 替换特殊字符为字符实体。有时用户在表单中提交了一段字符串，这段字符串中可能有回车、空格等特殊字符，由于 HTML 源代码会忽略回车、空格等字符，会导致这些格式丢失，因此有必要将它们用字符实体替代，使这些格式在浏览器中能保留下来，下面是替换特殊字符的函数。

```
<%  Function myReplace(str)
  str = Replace(str,"<","&lt;")              '替换<为字符实体 &lt;
  str = Replace(str,">","&gt;")              '替换>为字符实体 &gt;
  str = Replace(str,chr(13),"<br>")          '替换回车符为换行标记<br>,chr(13)是回车符
  str = Replace(str,chr(32)," ")        '替换空格符为字符实体  ,chr(32)是空格符
    myReplace = str                          '返回函数值
end Function
str = "<font color = red>abc</font>"
response.write str& "<br>"                   '得到的是一个红色的"abc"
Response.write myReplace(str)                调用函数替换字符实体,显示 HTML 代码
%>
```

从该程序可以看出，实参和形参的名称也可以相同，但建议最好不要相同，以免混淆。

5.5　文件包含命令和容错语句

5.5.1　include 命令

在 ASP 中，如果有很多文件都要使用一段相同的代码，则可将这段代码写在一个单独的文件中，然后在其他文件中使用 #include 命令调用该文件即可，这段代码就会插入到其他文件 #include 命令所在的位置。#include 命令的语法如下：

```
<!-- # include file = "isnum.asp" -->
```

上述代码表示将 isnum.asp 文件的内容插入到与它同目录下的当前文件中。

例如，5.4.2 节中的 5-10.asp 可以写成以下两个文件，其中 5-11.asp 是主程序，用来调用函数，而 5-12.asp 是专门用来保存函数的文件。

```
------------------------5-11.asp(主程序)------------------------------
<!-- # include file = "5-12.asp" -->      <!-- 将 5-12.asp 的代码插入到此处 -->
<%   str = "武广高速铁路已于 2009 年 12 月通车"
    tirmstr =  Trimtit (str,14)      %>
------------------------5-12.asp(函数程序)------------------------------
<%   Function Trimtit(tit,n)
 if len(tit)> n then
     Trimtit = left(tit,n)&" … "             '返回函数值
 else
     Trimtit = tit                          '返回函数值
 end if
End Function        %>
```

说明：

(1) include 是服务器端文件包含命令，因此它只能出现在 ASP 文件中，不能用在 HTML 文件中，但是被包含文件可以是任何文件，如 html 文件、txt 文件等。

(2) 必须使用定界符将“<!-- ”和“-->”包含命令括起来，并且包含命令必须位于 ASP 代码“<%”和“%>”之外。

(3) 如果被包含文件中有 ASP 代码，则也应将其代码写在“<%”和“%>”内，并且把被包含文件的扩展名设置为.asp。

实际上，# include 命令还可以使用 virtual 关键字，例如：

```
<!-- # include virtual = "isnum.asp" -->
```

上述代码表示以网站根目录为路径起点(如果网站放置在 IIS 的主目录中，则以主目录为路径起点，如果网站放置在虚拟目录中，则以虚拟目录为路径起点)，而不是以当前路径为参照点。

5.5.2 容错语句

一般来说，当程序发生错误时，程序会终止执行，并在页面上显示错误信息。但有时候可能希望程序遇到错误也能继续执行下去，或者不希望将出错信息暴露给浏览者。这就要用到容错语句，格式如下：

```
<% On Error Resume Next %>
```

这条语句表示，如果遇到错误，就跳过去继续执行下一句。当然，在调试程序时不要加该语句，否则就看不到错误信息了。

习题 5

一、选择题

1. 如果 IIS 的主目录是 E:\eshop，并且没有建立任何虚拟目录，则在浏览器地址栏中输入 http://localhost/admin/admin.asp 将打开的文件是(　　)。

A. E:\localhost\admin\admin.asp

B. E:\eshop\admin\admin.asp

C. E:\eshop\ admin.asp

D. E:\eshop\localhost\admin\admin.asp

2. 函数 Instr("xxPPppXXpx","pp")的返回值是(　　)。

A. 3　　B. 5　　C. 2　　D. 4

3. 下列(　　)VBScript 变量的名称是正确的。

A. 57zhao　　B. S-Name　　C. _sum　　D. a_b

二、填空题

1. ASP 是________的缩写，ASP 文件可包括________、________、________三部分的代码。

2. 如果 IIS 的主目录是 E:\eshop，要运行 E:\eshop\admin\admin.asp 文件，则应在浏览器地址栏中输入________，如果 E:\eshop 是虚拟目录，则要运行 E:\eshop\admin\admin.asp 文件，应在浏览器地址栏中输入________。

3. 对于用 Dim a(4,5)定义的二维数组，它总共有________个数组元素，Ubound(a,2)将返回________。

4. 如果字符串 a="test"，b="es"，对 a 进行处理得到 b 的方法是________。

5. 假设网站目录为 E:\eshop，该网站的 admin 目录下的 index.asp 中有一条文件包含命令<!--# include file="include/conn.asp"-->，则应保证文件 conn.asp 位于________目录下，如果将该文件包含命令改成<!--# include virtual="include/conn.asp"-->，则应保证文件 conn.asp 位于________目录下。

6. 下列 ASP 代码中写法正确的有________。

```
① <ta<% = "b" %>le width="200" border="1">
② <ta<%response.Write "b" %>le width="200" border="1">
③ <ta<% = b %>le width="200" border="1">
④ <p align="<% = 'right' %>">段落</p>
⑤ <p align='<% = "right" %>'>段落</p>
⑥ <% = "for i= 1 to 5" %>
⑦ <% for i= 1 to 5 %>
⑧ <%for i= 1 %><%to 5 %>
⑨ <% ="<table width='200' border='1'>" %>
⑩  <%for i= %><% = 1 %><% to 5%>
⑪  <font size="<% = 6 %>">天下</font>
⑫ <style>p{ height:<% = 58 %>px;}</style>
```

三、简答题

1. 有一个 ASP 文件，存放在 C:\inetpub\wwwroot 下，请问如果在“我的电脑”中双击该 ASP 文件，该文件可以运行吗？

2. 在页面 A 中定义的变量可以在页面 B 中使用吗？

四、实操题

1. 编写程序，在网页上输出一个三角形形式的九九乘法表。

2. 编写程序，使用 while 循环计算 4096 是 2 的几次方，然后输出结果。

3. 编写程序，先声明一个数组{5,8,2,3,7,6,9,1,8,4,3,0}，然后输出数组中最大元素和最小元素的索引值。

4. 编写一个实现字符串反转的函数。

5. 编写一个函数，使用字符串处理函数获得文件的扩展名，如输入 ab.jpg，输出 jpg。

6. 编写一个函数，输入是一个小于 8 位的任意位数的整数，输出是这个整数各个位上的数。

7. 编写一个可计算某整数 4 次方的函数，该函数的输入是一个整数，输出是该数的 4 次方。然后调用该函数计算 16 的 4 次方，并输出结果。

8. 编写一个用来判断某整数是否是质数的函数，该函数的输入是一个整数，如果该整数是质数，就返回 true，否则返回 false，然后调用这个函数输出 2～100 之间所有的质数。

9. 任意输入一个整数，使用函数的方法判断该数是否为偶数。

10. 编写一个函数，实现以下功能，将字符串"cute_boy"转换为"CuteBoy"，"how_are_you"转换为"HowAreYou"。

11. 编写一个函数，输入是 n 个分数，输出是去掉一个最高分和去掉一个最低分后的平均分。

第6章

ASP的内置对象

在 ASP 中,除了可以使用 HTML 和 VBScript 脚本语言之外,还可以使用 ASP 的内置对象。ASP 之所以简单实用,主要是因为它内置了许多功能强大的服务器端对象。通过使用这些内置对象,可以很容易地获得浏览器发送来的信息、响应浏览器的处理请求、存储用户信息等,从而使开发工作大大简化。对于一般的开发者来说,只需使用这些内置对象,而不必了解对象内部的工作原理。

常用的 ASP 内置对象有 Request、Response、Session、Application 和 Server 等,它们的用途如表 6-1 所示。

表 6-1 ASP 的主要内置对象及功能

对　　象	功 能 说 明
Request	从客户端获得数据信息
Response	将数据信息发送给客户端
Session	存储单个用户的信息
Application	存放同一个网站所有用户之间共享的信息
Server	提供服务器端的许多应用函数,如创建 COM 对象和 Scripting 组件等

6.1 Request 对象

Request 对象的主要作用是从客户端获取某些信息。例如,服务器端经常需要获取用户在浏览器中输入的信息,如用户注册、登录信息和留言等,用户把相应的信息填写在表单里,然后提交表单。这些信息就会以 HTTP 请求的形式发送给服务器,这时服务器就需要使用 Request 对象来获取这些信息。当然,Request 对象的具体工作原理不需要了解,只要知道 Request 对象具有的集合、属性和方法及其使用就可以了。

6.1.1 Request 对象简介

Request 对象为了获取客户端信息,主要依靠 4 种集合,如表 6-2 所示。

表 6-2　Request 对象的集合

集　　合	说　　明	示　　例
QueryString	获取客户端附在 URL 地址栏后的查询字符串中的信息	id=Request. QueryString("id")
Form	获取客户端在表单中输入的信息，并且表单的 Method 属性必须设为 Post	user=Request. Form("user")
Cookies	获取客户端的 Cookies 信息	sex=Request. Cookies("sex")
ServerVariables	获取客户端发出的 HTTP 请求的头信息及服务器端环境变量信息	ip = Request. ServerVariables(" REMOTE_ADDR")

Request 对象使用的语法如下：

```
Request[.集合名](元素)
```

实际使用中，Request 对象可以作为变量被引用，例如：

```
user = Request.Form("user")
id = Request.QueryString("id")
```

提示：在上面的例子中，前面的 user 是自定义的一个变量名称，而后面的 user 则是 Form 集合中一个元素的名称(name 属性值)，两者不是一回事。

Request 对象的集合名称也可以省略，如 id=Request. QueryString("id")可以写成id=Request ("id")，如果没有指定集合名称，Request 对象将会依次在 QueryString、Form、Cookies、ServerVariables、ClientCertificate 这几个集合中查找是否有该元素，如果有，则返回信息的值。但为了清晰知道获取的是什么集合中的内容，建议一般不要省略集合名称。

6.1.2　使用 Request.Form 获取表单中的信息

1. 表单代码和获取程序位于两个文件中

Request.Form 用来获取用户在网页的表单中输入的信息，下面是一个获取用户登录时输入的用户名和密码的例子。它使用了两张网页，其中 6-1.asp 用来显示表单，是一个纯 HTML 页面，6-2.asp 用来获取并处理表单中的数据。

```
---------------------- 清单 6 - 1.asp ----------------------------------------
<html><body>
<form method = "post" action = "6 - 2.asp">  <! -- action 属性用来指定表单提交给哪个文件 -->
  用户名:<input type = "text" name = "userName" size = "12">
  密码:<input type = "text" name = "PS" size = "10">
  <input type = "submit" value = "登录">
</form>
</body></html>
---------------------- 清单 6 - 2.asp ----------------------------------------
<html><body>
<%
    dim userName,PS
```

```
        userName = request.form("userName")
        PS = request.form("PS")
        response.write "您输入的用户名是:"&userName
        response.write "<br>您输入的密码是:"&PS
    %>
    </body></html>
```

程序的运行结果如图 6-1 和图 6-2 所示。

图 6-1　6-1.asp 的执行结果

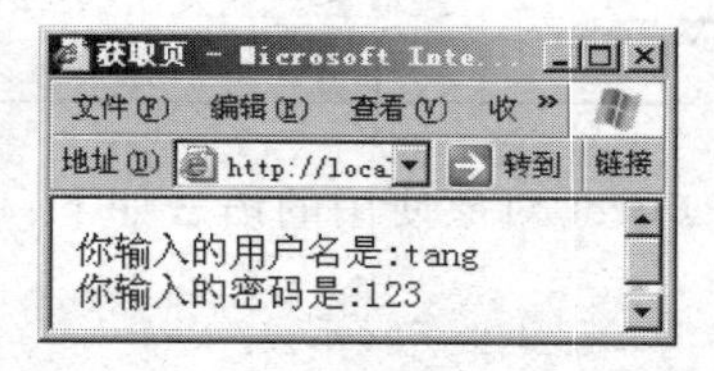

图 6-2　6-2.asp 的执行结果

说明：

① 在 6-1.asp 中，<form>标记的 method 属性值为 post，表示该表单提交数据时以 POST 方式提交。如果将其改为 get，那么表单信息就会附在 URL 后面提交给服务器，此时必须用 Request.QueryString 集合才能获取信息。

② 表单 action 属性表示将信息传递给哪一个 asp 文件进行处理，它的属性值可以是相对 URL 或绝对 URL。这里因为两个文件在同一个文件夹下，直接写文件名即可。

③ 6-1.asp 中包括了两个文本框和一个提交按钮，因此 Form 集合中就包括 3 个元素，通过表单元素的 name 属性项的值可以获取该表单元素中输入的内容(即 value 属性的值)，其中 Request.form("userName")会返回第一个文本框中输入的值(文本框会将用户输入的内容作为其 value 属性的值)，Request.form("PS")会返回第二个文本框中输入的值。而提交按钮由于没有对其设置 name 属性，因此它的值不会发送给服务器。

④ 在 6-2.asp 中，也可以不将 Request 对象赋给变量而是直接使用，例如：Response.write "您输入的用户名是："& Request.Form("userName")，但为了方便引用，也为了能对获取的值先进行一些检验处理(如过滤非法字符或空格，本例省略)，最好先用一个变量引用它。

2. 使用一张网页

以上示例分为表单文件和表单处理程序两个文件。实际上，也可以将这两个文件合并为一个文件，也就是说，网页可以将表单中的信息提交给自身。这样做的好处是可以减少网站文件数量。

实现的方法是，设置<form>标记的 action=""或 action="自身文件名"，并且将表单代码和 ASP 代码写在同一个文件中，并判断用户提交了表单再执行 ASP 代码，代码如下：

```
---------------------- 清单 6 - 3.asp ----------------------------------------
<html><body>
<form method = "post" action = "">
  用户名:<input type = "text" name = "userName"   size = "12">
```

```
  密码:< input type = "text" name = "PS"  size = "10">
  < input type = "submit" value = "登录">
</form >
<%
If request.form("userName")<>"" and request.form("PS")<>"" then
    dim userName,PS
    userName = request.form("userName")
    PS = request.form("PS")
    Response.write "您输入的用户名是:"&userName
    Response.write"< br >您输入的密码是:"&PS
End if  %>
</body ></html >
```

程序运行结果如图 6-3 所示。

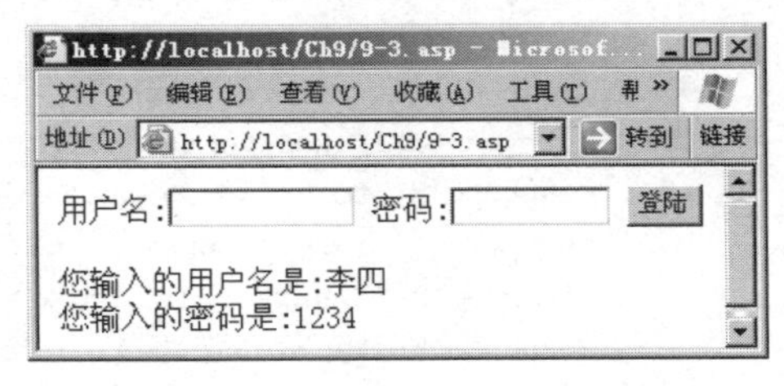

图 6-3 6-3.asp 的执行结果

说明：

① 本例中，将 6-3.asp 中的 ASP 代码全部放在一个条件语句 if request.form("userName")<>"" and request.form("PS")<>"" then…end if 中。它表示，如果用户在用户名和密码框都输入了内容，才执行条件语句中的内容：获取表单信息并显示。因此，当用户第一次打开页面时，还未在表单中输入任何内容，就不会执行条件语句中的内容，只会显示表单。

② 将表单提交给自身就会刷新一次网页，而刷新页面就会将页面中的代码重新执行一次。因此用户提交信息后 6-3.asp 会重新执行一遍。

想一想：当用户输入信息后，6-3.asp 同时显示了表单界面和显示的信息，如果只希望输出获取的信息，而不再显示表单，即与 6-2.asp 执行效果一模一样，该如何更改 6-3.asp 呢。

3. 获取复杂一点的表单页面

下面是一个获取用户注册信息的例子，请认真体会获取单选按钮、复选框、下拉列表框和多行文本域等表单元素中内容的方法。

```
---------------------清单 6 - 4.asp----------------------------------------
< html >< body >
    < h1 align = "center">新用户注册</h1 >
    < form name = "frmInfor" method = "Post" action = "4 - 5.asp">
    姓名: < input type = "text" name = "name">< br >
    性别: < input type = "radio" name = "Sex" value = "1" checked = "checked">男
         < input type = "radio" name = "Sex" value = "0">女< br >
    爱好: < input type = "checkbox" name = "hobby" value = "太极拳">太极拳
            < input type = "checkbox" name = "hobby" value = "音乐">音乐
            < input type = "checkbox" name = "hobby" value = "旅游">旅游< br >
    职业: < select name = "career">
                < option value = "教育业">教育业</option >
                < option value = "医疗业">医疗业</option >
```

```
                <option value = "其他">其他</option>
            </select><br>
        个性签名: <textarea name = "intro" rows = "2" cols = "20"></textarea><br>
            <input type = "submit" value = "  提 交 ">
        </form>
</body></html>
---------------------清单 6-5.asp----------------------------------------
<html><body>
    <h3 align = "center">
    <% Dim name,Sex,hobby,career,intro,hobbynum
    name = Request.Form("name")                     '获取各个表单元素的值
    Sex = Request.Form("Sex")
    hobby = Request.Form("hobby")
    career = Request.Form("career")
    intro = Request.Form("intro")
    hobbynum = Request.Form("hobby").count
    Response.Write  "尊敬的"&name                  '输出各个表单元素的值
    if sex = "1" then response.Write "先生</h3>"
    if sex = "0" then response.Write "女士</h3>"
    Response.Write "<p>您选择了"&hobbynum&"项爱好: </p>" &hobby
    Response.Write "<br>您的职业: " & career
    Response.Write "<br>您的个性签名: " & Intro
    %>
    <p><a href = "JavaScript:history.go(-1)">返回修改</a></p>
</body></html>
```

程序运行结果如图 6-4 和图 6-5 所示。

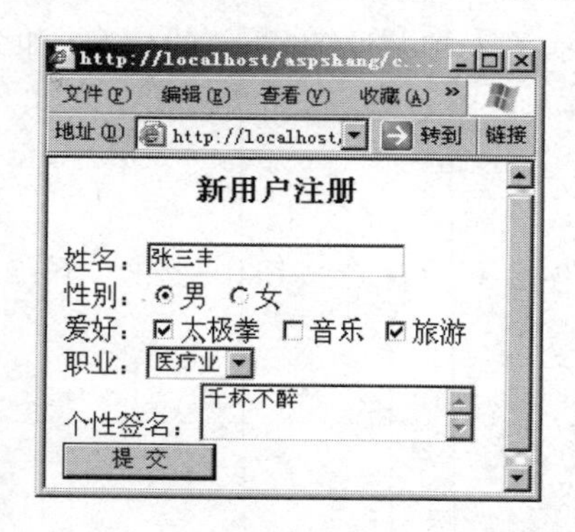

图 6-4　程序 6-4.asp 的运行结果

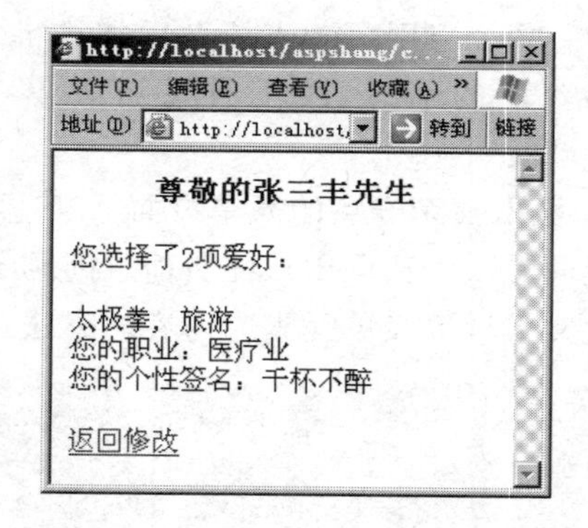

图 6-5　程序 6-5.asp 的运行结果

说明:

① 对于单选按钮,两个单选按钮的 name 属性值一样,就表示这是一组,只能选中一个。

② 对于复选框,3 个复选框的 name 属性值相同,也表示是一组,但复选框可以选中多个,如果选择多个,则获取到的结果是各个值用一个逗号和一个空格隔开。

③ 对于文本域、密码域、多行文本框,Form 集合获取的就是用户输入的内容,对于单选按钮、复选框、下拉列表框,Form 集合获取到的就是选中的那些项的 value 值。

④ 当表单中多个元素具有相同名称(如 name="hobby")时,则 Request.Form("hobby")

集合中就有多个元素，可以利用 Count 属性获得该集合中的元素总数，还可利用集合名加上一个索引值取得其中某个元素的内容值。例如，在上例中“Request. Form("hobby")(2)”将返回“旅游”。

6.1.3 使用 Request. QueryString 获取 URL 字符串信息

1. 查询字符串的定义

如果你浏览网页时足够仔细，就会发现有些 URL 后面经常会跟一些以“?”号开头的字符串，这称为查询字符串。例如：

```
http://ec.hynu.cn/otype.asp?owen1 = 近期工作 &page = 2
```

其中，“? owen1＝近期工作 &page＝2”就是一个查询字符串，它包含两个 URL 变量（owen1 和 page)，而“近期工作”和“2”分别是这两个 URL 变量的值，变量和值之间用“＝”号连接，多个 URL 变量之间用“&”连接。

查询字符串会连同 URL 信息一起作为 HTTP 请求报文提交给服务器端的相应文件，如上面的查询字符串信息将提交给 otype. asp。利用 Request. QueryString 集合可以获取查询字符串中变量的值。例如，在 otype. asp 中编写如下代码，就能获取到这些查询变量的值了。

```
<%
    owen = Request.QueryString("owen1")     '获取变量 owen1 的值,返回"近期工作"
    page = Request.QueryString("page")      '获取变量 page 的值,返回"2"
%>
```

2. 设置查询字符串的方法

当网页通过超链接或其他方式从一张网页跳转到另一张网页时，往往需要在跳转的同时把一些数据传递到第二张网页中。用户可以把这些数据作为查询字符串附在超链接的 URL 后，在第二张网页中使用 Request. QueryString 方法来获取 URL 后的变量的值。例如：

```
<a href = "search.asp?key = Web 标准 &pageNo = 5">查询结果第 5 页</a>
```

则在 search. asp 中就可以获取第一张网页通过查询字符串传递来的 URL 变量的值。

设置查询字符串通常是在超链接中设置或在< form >标记的 action 属性中设置。下面分别来介绍。

(1) 在超链接中设置查询字符串，示例代码如下，运行结果如图 6-6 和图 6-7 所示。

```
---------------------清单 6 - 6.asp----------------------------------------
<html><body>
<ul>
  <li><a href = "6 - 7.asp?id = 1">关于加强教学督导的通知</a></li>
  <li><a href = "6 - 7.asp?id = 2">关于中层干部会议的通知</a> </li>
  <li><a href = "6 - 7.asp?id = 3">关于收集月工作要点的通知</a> </li>
```

```
</ul>
</body></html>
---------------------- 清单 6 - 7.asp ----------------------------------------
<% id = cint(request.QueryString("id"))        '获取 URL 查询字符串中变量 id 的值
    if id = 1 then
        response.Write("<p>这是第一条新闻</p>")
    elseif id = 2 then
        response.Write("<p>这是第二条新闻</p>")
    elseif id = 3 then
        response.Write("<p>这是第三条新闻</p>")
    else
        response.Write("<p>参数非法</p>")
    end if     %>
```

图 6-6 单击 6-6.asp 中第 2 个超链接

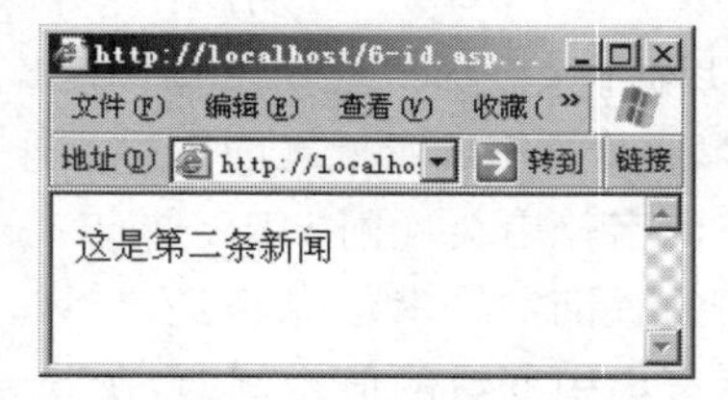

图 6-7 6-7.asp 的运行结果

说明：

① 6-6.asp 中所有的链接都是链接到同一个网页，只是设置了不同的查询字符串值，就可以使 6-7.asp 根据不同的链接显示不同的网页内容，从而实现动态新闻网页效果。

② URL 变量中的数据都是字符串类型的值，因此如果要对数值进行判断，最好先转换为数值型，这可防止用户手动在 URL 后输入非法参数。

(2) 在<form>标记的 action 属性中设置查询字符串。示例代码如下：

```
<html><body>
<% flag = request.QueryString("flag")
if flag = 1 then
      response.write "欢迎光临 "&request.form("user")
else   %>
<form method = "post" action = "?flag = 1">
     姓名：<input name = "user" type = "text" size = "15" />
     <input type = "submit" value = "提交" />
</form>
<% end if    %>
</body></html>
```

说明：在<form>标记中“action＝"？flag＝1"”，省略了文件名表示将该表单提交给自身，设置查询字符串 flag＝1 用来判断用户是否单击提交按钮，一旦单击则 URL 地址后会增加"？flag＝1"，因此可据此显示不同的内容。

(3) 设置查询字符串的方法总结。如果要设置查询字符串，以便将查询字符串中的信息传递给相应网页，有以下几种方法。

① 直接在浏览器地址栏中的 URL 地址后手动输入查询字符串。

② 给超链接中的 URL 地址后添加查询字符串。

③ 在表单的 action 属性值中的 URL 后添加查询字符串。

显然，普通用户不会使用第一种方法设置查询字符串，因此一般情况下使用方法②或方法③诱导用户将 URL 变量传递给相关网页。

6.1.4　使用 Request.ServerVariables 获取环境变量信息

在客户端发送给服务器端的 HTTP 请求中通常还包含了客户端 IP 地址等各种环境信息。服务器端在接收到这个请求时也会给出服务器端 IP 地址等环境变量信息，利用 Request 对象的 ServerVariables 集合可以方便地获取到这些信息。下面的代码可以输出浏览者的 IP 地址：

```
<% Dim IP
   IP = Request.ServerVariables("REMOTE_ADDR")
   Response.Write "您的 IP 地址是: " & IP
%>
```

在程序中，"REMOTE_ADDR"就是一个环境变量名，表示客户端的 IP 地址。比较常用的环境变量如表 6-3 所示。

表 6-3　常用的环境变量

环境变量名	功 能 说 明
ALL_HTTP	客户端发出的 HTTP 请求信息中的所有头信息
HTTP_REFERER	从哪个网页进入这个网页的(来路信息)
HTTP_USER_AGENT	客户端浏览器的类型和版本
LOCAL_ADDR	服务器的 IP 地址
REMOTE_ADDR	客户端的 IP 地址
SCRIPT_NAME	当前 ASP 文件的路径信息
SERVER_PORT	服务器端的端口号
URL	相对 URL 信息

其中，环境变量"HTTP_REFERER"可以获取用户是从哪个网页进入当前网页的。例如：如果用户是单击"百度"上的搜索结果进入当前网页的，那么 Request.ServerVariables("HTTP_REFERER")就会返回百度搜索页的 URL。因此，"HTTP_REFERER"常用来获取用户的信息渠道以判断网站的宣传效果。

提示：在输入"Request.ServerVariables("后，DW 的代码提示功能会列出所有的环境变量名供选择，因此，这些环境变量名只需要大概认识，不必记住如何拼写。

6.2　Response 对象

Response 对象用于向客户端浏览器发送数据，包括直接发送信息给浏览器、重定向浏览器到另一个 URL、设置 Cookies 的值等。Response 对象的方法如表 6-4 所示。

表 6-4 Response 对象的常用方法

方 法	功能说明	方 法	功能说明
Write	向客户端浏览器输出信息	Clear	清除缓冲区中的所有内容
Redirect	引导客户端到另一个页面或 Web 资源	Flush	立刻输出缓冲区中的内容
End	立即终止处理 ASP 程序	BinaryWrite	以二进制的方式输出信息

注：Clear 和 Flush 是对缓冲区操作的方法，使用前必须保证缓冲区是开启的，即 Response. Buffer=True

Response 对象提供了多个属性，如表 6-5 所示，用于控制服务器端输出信息的方式等。

表 6-5 Response 对象的常见属性

属 性	说 明	示 例
Buffer	读/写，表示输出信息是否使用缓冲区。取值为 True 或 False，默认为 True	Response. Buffer=True
ContentType	读/写，表示输出信息的内容类型，如果要向客户端输出二进制数据，则需要使用该属性	Response. ContentType="image/gif"
Charset	读/写，输出的数据的编码类型	Response. Charset="gb2312"
Expires	读/写，页面在客户端缓存中保存的时间（单位为分钟）	Response. Expires=0
IsClientConnected	只读，判断客户端是否仍然和服务器端保持着连接	如果 IsClientConnected 返回 True，则表示仍然保持着连接

Response 对象只有一个集合，即 Cookies。Response 对象的属性主要有 Buffer（用来设置是否开启缓冲区）和 Expires（设置浏览器端缓存页面的时间，如果在该时间内，则从浏览器的缓存中获取页面，而不从服务器端下载）。

6.2.1 使用 Response. Write 输出信息

在 Response 对象中，Response. Write 是最常用的方法，它用来将信息从服务器端发送到客户端。所发送的信息可以是字符串常量、变量、HTML 代码、JavaScript 代码等所有浏览器能解释的代码。下面是一些例子：

```
<%
Response.Write "欢迎您: "                                 '输出字符串常量
Response.Write i                                         '输出变量
Response.Write "<p>欢迎您: " & i &"</p>"                 '输出字符串常量和变量的连接表达式
Response.Write "<a href = 'index.asp'>返回首页</a>"      '输出 HTML 代码
Response.Write "<script>alert('留言修改成功');location.href = 'index.asp';</script>"
%>
```

说明：

① Response. Write 后可接字符串常量或变量。回顾一下字符串常量和变量的写法：两边加双引号(")表示字符串常量，不加引号表示的是变量。如果要输出的内容既有字符串常量又有变量，则它们之间要用连接符(&)连接起来。

② HTML 代码本质上也是服务器向浏览器输出的一段字符串，Response. Write 可将

它作为字符串常量输出，因此 HTML 代码两边要加双引号。如果 HTML 代码中含有双引号，则要将代码里的双引号替换成单引号。

③ 在 ASP 中，许多方法可以加括号，也可以不加括号，如 Response. Write "欢迎"也可以写成 Response. Write ("欢迎")。

注意，在 ASP 中，方法后面的括号有些可以省略，如 Response. Write "欢迎"，但集合后面的括号一定不能省略，如 Request. Form("user")、Session. Contents("user")等。

在前面已经看到，Response. write 方法还有一种省略写法，例如：

```
<% = "欢迎您: " %>
<% = "<p>欢迎您: " & i &"</p>" %>
```

这种方法虽然简便，但它的两端必须要有<%和%>，导致在它前面和后面的 ASP 代码也必须用%>和<%进行封闭。如果它的前面和后面都是 HTML 代码，则用这种方式比较方便。如果它的前后都还有 ASP 代码，则使用 Response. Write 方式更清晰。

6.2.2 使用 Response. Redirect 方法重定向网页

在 HTML 中，可以使用超链接引导用户至其他页面，但必须要用户单击超链接才行。可是有时可能需要自动引导(也称重定向)用户至另一页面(如用户注册成功后就可以自动跳转到登录页面)，或者根据程序来判断将用户引导到哪一个页面。

在 ASP 中，可以使用 Response. Redirect 方法重定向网页，例如：

```
<%
Response.Redirect "http://www.baidu.com"     '重定向到绝对 URL
Response.Redirect "6 - 1.asp"                '重定向到相对 URL
Response.Redirect "?flag = 1"                '重定向到本页,并增加查询字符串
Response.Redirect strURL                     '重定向到变量表示的网址
%>
```

实际上，Response. Redirect 方法的功能和客户端脚本里 location. href 的功能很相似，如 Response. Redirect "6-1. asp"又可使用 Response. Write "< script > location. href='6-1. asp'; </script >"来实现。不过 Response. Redirect 方法要求在重定向之前不允许服务器向浏览器输出任何内容，因此使用该方法要么确保 Response. Buffer＝True，这样在执行该方法前所有的内容都还只输出到缓存中，没有输出到浏览器；要么确保在 Response. Redirect 语句之前没有任何内容输出到页面。因此下面的写法是错误的：

```
<% Response.Buffer = False           '该程序是错误写法
   Response.Write "< html >"         '已输出内容到浏览器
   Response.Redirect("http://www.baidu.com")
%>
```

6.2.3 使用 Response. End 停止处理当前脚本

在 ASP 中，一旦遇到 Response. End 语句，则当前脚本程序将立即终止执行。不过它

会将之前的页面内容发送到客户端浏览器，只是不再执行后面的语句了，就好像脚本在Response. End语句处被截断了一样。例如：

```
<html><body>
    这是第一句
    <%
    Response.Write "<p>这是第二句<p>"
    Response.End
    Response.Write "<p>这是第三句<p>"
     %>
</body></html>
```

运行该程序，会发现浏览器只会输出“这是第一句”和“这是第二句”两行，再在浏览器中查看该网页的源代码，会发现包括“</body></html>”等所有 Response. End 语句后的内容都没有输出到浏览器。

该方法通常判断用户是否在合法用户中使用，如果用户非法或权限不够，则立即终止运行当前的程序。例如：

```
<%
if Session("Power")<3 then        'Session("Power")记录当前用户的权限
 Response.write "您没有权力进入管理页面"
 Response.End
end if
Response.write "欢迎进入管理页面!" %>
```

提示：Response. Redirect 方法在内部调用了 Response. End 方法，因此 Response. Redirect 语句后面的代码也是不会被执行的。

6.2.4 使用Buffer属性、Flush、Clear方法对缓冲区进行操作

Buffer属性用来设置服务器端是否将页面先输出到缓冲区。所谓缓冲区，就是服务器端内存中的一块区域。如果Buffer属性值为True，那么执行当前脚本生成的页面内容会先输出到缓冲区，等执行完毕后，再从缓冲区输出到客户端；如果Buffer属性值为False，就表示不经过缓冲区，边执行脚本边输出到客户端浏览器。它的语法如下：

```
Response.Buffer = True / False
```

在IIS 5以上版本中，Buffer属性的默认值为True，即缓冲区默认是开启的。

下面是一个比较关闭缓存和开启缓存情况下程序运行差异的程序：

```
<% Response.Buffer = false        '将其设置为 True 或删除该句试试
for i = 1 to 20
     for j = 1 to 500000          '用于延迟
     next
     Response.Write(i & ",")
next   %>
```

说明：当 Buffer 设置为 False 时，数字会一个个地显示，而设置为 True 后，在等待一段时间后，所有数字会一起显示出来。

注意，当服务器将页面内容输出到客户端后就不能再设置 Buffer 属性，因此，Response. Buffer 属性应写在 ASP 程序的第一行。

1. Response. Buffer 属性的作用

如果很多用户都请求同一个 ASP 文件，而 Buffer 属性又设置为 False，则 ASP 文件会直接输出到客户端，那么 IIS 要为每个用户执行一次脚本。如果 Buffer 属性设为 True，则 IIS 在一段时间内只需执行一次脚本，再将生成的页面内容输出到缓冲区中，每个客户端直接从缓冲区获得数据。IIS 将不会因为访问增加而增加脚本的执行次数，因此在这种情况下，客户端打开页面的速度会快一些，IIS 的负荷也可以减小。

2. Clear 和 Flush 方法

Clear 和 Flush 方法是对缓冲区进行操作的方法。当 Buffer 的值为 True(或不设置)时，Clear 方法用于将缓冲区中的当前页面内容全部清除，Flush 方法用于将缓冲区中的内容立刻输出到客户端。例如：

```
<% Response.Write "第一条"
   Response.Flush          '立刻输出缓冲区中的内容
   Response.Write "第二条"
   Response.Clear          '清除缓冲区中的内容
   Response.Write "第三条"       %>
```

说明：由于 Flush 会将缓冲区中的内容立刻输出，因此“第一条”会显示在页面上；然后“第二条”又被输出到缓冲区，但接下来 Clear 方法清除了缓冲区中的内容，因此“第二条”不会显示；“第三条”不受影响，也会输出到缓冲区后再输出到页面。

总结：IIS 会在以下 3 种情况下将缓冲区中的内容发送给客户端。

(1) 遇到 Response. Flush 语句。

(2) 遇到 Response. End 语句。

(3) 程序执行完。

6.2.5　读取和输出二进制数据

如果要获取客户端上传的二进制数据，如用户上传的图像文件，则需要使用 Request 对象的 BinaryRead 方法。语法如下：

```
Request.Binaryread data
```

而要将服务器端的数据以二进制方式输出给客户端，如将数据以图像文件格式发送，则要使用 Response 对象的 BinaryWrite 方法。语法如下：

```
Response.Binarywrite data
```

其中，data 表示准备读取或输出数据的字节大小，取值可以是从 0 到 Request. TotalBytes 之间的整数；Request. TotalBytes 属性用来获取浏览器发出的请求数据的总字节数。因此这两个方法通常要配合 Request.TotalBytes 使用。下面的例子以二进制方式获取用户上传的图像文件到服务器,再将其以二进制的方式发送给浏览器。

```
<% if request.QueryString("query")<>"test" then    '如果没有提交表单
 %>
<form action = "?query = test" method = "post" enctype = "multipart/form - data">
   <input type = "file" name = "file" />
   <input type = "submit" value = "提交" />
</form>
<% else
formsize = Request.TotalBytes                              '返回传送过来的总字节数
formdata = Request.Binaryread(formsize)                    '获得传送过来的二进制数据
bncrlf = chrB(13)&chrB(10)     '传送过来的二进制数据彼此之间将用 chrB(13) & chrB(10)分隔开
 divider = leftB(formdata,clng(Iinstrb(formdata,bncrlf)) - 1)    '获得分隔标志串(图片数据前后各有一个分隔标志串)
 datastart = instrb(formdata,bncrlf & bncrlf) + 4
                                '数据起始位置前有两个 bncrlf,找图片数据真正开始位置
 dataend = instrb(datastart,formdata,divider) - datastart
                          '找到下一个结束的分隔符位置,减去开始位置,获取图片数据字节长度
 mydata = midB(formdata,datastart,dataend)                 '取出真正的二进制图片数据
Response.ContentType = "image/gif"                         '设置输出二进制数据的文件类型
Response.Binarywrite mydata
End if     %>
```

上述程序实际上是使用 ASP 上传二进制文件的关键代码,其中,Instrb 函数返回的是字节位置,而不是字符位置;leftB、midB、chrB 函数的功能类似于 left、mid、chr 函数,只不过它们是对字节操作的内置函数。

6.3 使用 Cookies 集合在客户端保存信息

网站为了能够记住曾经访问过的用户,以便提供个性化的服务。最常用的方法就是使用 Cookie 技术。Cookie 能为站点和用户带来的好处实在太多,比如它可以让网站记录特定用户的访问次数、最后访问时间、访问者在站点内的浏览路径,以及让以前登录过的用户下次自动登录等。

Cookie 实际上是一个很小的文本文件,服务器通过向用户硬盘中写入一个 Cookie 文件以标识用户,下次当用户再访问该 Web 服务器时,服务器就可以读取以前写入的 Cookie 文件中的信息,以此来识别用户。

Cookies 有两种形式:会话(Session)Cookie 和永久 Cookie。前者是临时性的,只在浏览器打开时存在;后者则永久地存放在用户的硬盘上并在有效期内一直可用。在 WindowsXP 中,Cookie 文件默认保存在"C:\Documents and Settings\登录用户名\Cookies"文件夹中。

在 ASP 中,利用 Response 对象的 Cookies 集合可以写入和修改 Cookie 的值,利用 Request 对象的 Cookies 集合来获取 Cookie 的值。

6.3.1　使用 Response 对象设置 Cookie

使用 Response 对象的 Cookies 集合可以把信息存入到 Cookie 中，语法如下：

```
Response.Cookies(Cookiename)[(key)|.attribute] = value
```

1. 设置单值 Cookie

设置单值 Cookie 很简单，如 Response.Cookies("CookieName")＝值，例如：

```
<%
Response.Cookies("userName") = "小泥巴"   '设置 Cookie 变量 userName 的值为"小泥巴"
Response.Cookies("userName").Expires = #2012-1-1#     '设置该 Cookie 变量的有效期
Response.Cookies("age") = 21
Response.Cookies("age").Expires = #2012-1-1#     %>
```

说明：设置了 Cookie 变量之后，一定要用 Expires 属性设置该 Cookie 的有效期。否则该 Cookie 并不会写入到 Cookies 文件里去，当关闭浏览器后这个 Cookie 就消失，这就相当于一个会话 Cookie。

2. 设置多值 Cookie

如果要设置多个 Cookie 变量，就要为每个 Cookie 变量分别设置一条 Expires 语句。如果变量很多，就会有很多的代码冗余，而且从逻辑意义上看也显得不完整。这时可以采用设置多值 Cookie(又称 Cookie 字典)的方法来避免这个问题。例如，上面的代码如果采用多值 Cookie 的方法就可写成如下形式。

```
<%
Response.Cookies("User")("UserName") = "小泥巴"
Response.Cookies("User")("age") = 21
Response.Cookies("User").Expires = #2012-1-1#     %>
```

其中，第二个括号中的变量(如 age)称为“Key”。可以看到，设置多值 Cookie 后，只需要写一条 Expires 语句就可以了，简化了代码。但需要注意的是，对多值 Cookie 设置任何属性(如 Expires)都不能带 Key，否则会产生错误。例如，下面的写法是错误的：

```
Response.Cookies("User")("age").Expires = #2012-1-1#     '错误写法
```

3. 修改 Cookie 的值

如果要修改某个 Cookie 的值，重新对它设置新的值即可，但一定要再次设置有效期。否则该 Cookie 会变成临时 Cookie 的。例如：

```
<% Response.Cookies("userName") = "张三"
   Response.Cookies("User").Expires = #2012-1-1#       %>
```

6.3.2　使用 Request 对象读取 Cookie

Cookie 把数据存储在客户端，需要使用时必须读取这些数据。使用 Request 对象的

Cookies 集合能获取客户端 Cookie 的值，语法如下：

```
Request.Cookies(Cookiename)[(key)|.attribute]
```

例如，要获取 6.3.1 节中存入的 Cookie，方法如下：

```
<%
userName = Request.Cookies("userName")        '返回"小泥巴"
age = Request.Cookies("user")("age")           '获取多值 Cookie,返回 21
%>
```

提示：如果要判断一个 Cookie 变量是单值 Cookie 还是多值 Cookie，可以利用 Haskeys 属性，它的返回值为 True 表示有关键字。例如：

```
hasKey = Request.Cookies("user").Haskeys         '返回 True
```

6.3.3 Cookie 的应用举例

1. 使用 Cookie 实现自动登录并显示用户过去的登录信息

在下面的实例中，如果用户第一次访问 6-8.asp，则会显示图 6-8 所示的登录表单，如果用户登录成功并选择了保存 Cookie，则以后再次访问 6-8.asp 就不再需要登录，自动会转到欢迎界面，并显示用户的访问次数和上次登录的时间。该实例包括两个文件，其中 6-8.asp 是主程序，6-9.asp 用于获取表单信息并写入 Cookie 等，代码如下。

```
---------------------- 清单 6-8.asp ----------------------------------------
<html><body>
<% if request.Cookies("user")("xm")<>"" then                              '如果获取到了 Cookie
        Response.write"欢迎您:"&request.Cookies("user")("xm")          '输出 Cookie 变量的值
        visnum = cint(request.Cookies("user")("num")) + 1
        Response.write"<br/>这是您第"&visnum&"次访问本网站"
        Response.write"<br/>您上次访问是在"&request.Cookies("user")("dt")
        expire = request.Cookies("user")("expire")
        Response.Cookies("user")("dt") = now()                           '将新值再写入 Cookie
        Response.Cookies("user")("num") = visnum
        Response.Cookies("user").Expires = date() + Cint(expire)         '设置 Cookie 有效期
else              '没有 Cookie 则显示登录表单   %>
<div style = "border:1px solid #06f; background:#bbdeff">
  <form method = "post" action = "6-9.asp" style = "margin:4px;">
    <p>帐号:<input name = "xm" type = "text" size = "12"></p>
    <p>密码:<input name = "Pwd" type = "password" size = "12"></p>
    <p>保存:<select name = "Save">
        <option value = "-1">不保存</option>
        <option value = "7">保存 1 周</option>
        <option value = "30">保存 1 月</option></select>
        <input type = "submit" value = "登 录"></p>
  </form></div>
<% end if %>
```

```
</body></html>
---------------------清单 6-9.asp---------------------------------------
<%  if request.Form("xm") = "admin" and request.Form("pwd") = "123" then
Response.Cookies("user")("xm") = Request.Form("xm")
Response.Write Request.Form("xm")&": 首次光临"
Response.Cookies("user")("dt") = now()        '写入 Cookie
Response.Cookies("user")("num") = 1
Response.Cookies("user").Expires = date() + Cint(request.form("Save"))     '设置有效期
Response.Cookies("user")("expire") = Cint(request.form("Save"))     '保存有效期到 Cookie
else
Response.Write "<script>alert('用户名或密码不对');location.href = '6-8.asp ';</script>"
end if     %>
```

登录成功后的运行结果如图 6-9 所示。

图 6-8 6-8.asp 的第一次运行结果

图6-9 6-8.asp 登录成功后的运行结果

2. 使用 Cookie 记录用户的浏览路径

在电子商务网站中,经常需要记录用户的浏览路径,以判断用户对哪些商品特别感兴趣或哪些商品之间存在销售关联。下面是使用 Cookie 记录用户浏览过的页面的例子。该例网站中所有页面的标题都保存在 title 变量中,则每访问一个页面都会修改 Cookie 变量将新页面的标题附加到 Cookie 变量中保存起来。随着用户浏览页面的增多,该 Cookie 变量中保存页面标题的字符串会越来越长。

```
---------------------清单 6-10.asp(商品页)--------------------------------
<% Response.Expires = 0                              '设置浏览器缓存立即过期
title = "红楼梦"  '商品页有很多,其他商品页的 title 是水浒传、西游记等 %>
<html><head>
      <title><% = title %></title>  </head>
<body>  <h3 align = "center"><% = title %>商品页面</h3>
<p>同类商品:<a href = "xyj.asp">西游记</a><a href = "shz.asp">水浒传</a>
<a href = "sg.asp">三国演义</a></p>
</body></html>
---------------------清单 6-11.asp(商品页调用的记录浏览历史的页面)----------
<% history = Request.Cookies("history")             '获取记录浏览历史的 Cookies
if history = "" then                                 '如果浏览历史为空
    path = title                                     '将当前页的标题保存到 path 变量中
else
    path = title&"/"&history                         '将当前页的标题加到浏览历史的最前面
End if
```

```
response.Cookies("history") = path                      '将 path 保存到 Cookie 变量中
response.Cookies("history").expires = date() + 30       '设置过期时间为 30 天
 arrPath = split(path,"/")                              '将 path 分割成一个数组 arrPath
response.Write "您最近的浏览历史:<hr/>"
for i = 0 to ubound (arrPath)
    Response.write i + 1&". "&arrPath(i)&"<br/>"        '输出浏览历史
next %>
```

说明:测试时应首先将 6-10.asp 重命名为几个文件(shz.asp、xyj.asp、sg.asp),然后将这几个文件第 2 行中的 title 变量值分别改为“水浒传”“西游记”和“三国演义”。接下来运行其中任何一个文件,再通过单击链接转到其他文件,会发现每浏览一个页面,它的标题就会记录到浏览历史中,如图 6-10 所示,而且关闭浏览器后再打开,浏览历史也不会丢失。当然,实际电子商务网站中的记录浏览历史功能还会将用户的浏览历史保存到服务器的数据库中,这样浏览历史能更长久的保存,网站还能根据每个用户的浏览历史进行分析。

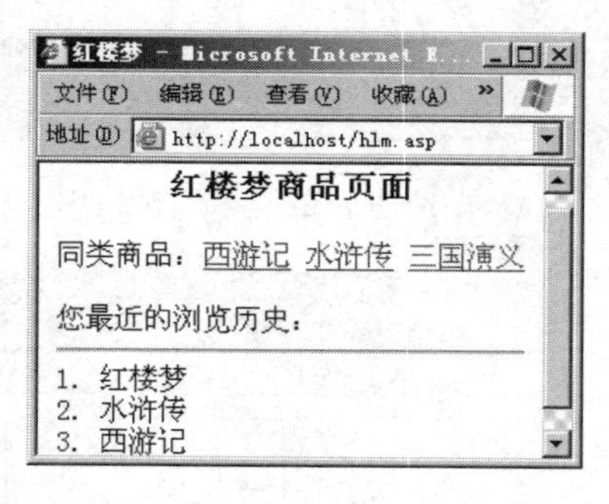

图 6-10　6-10.asp 的运行结果

6.4　Session 对象

Session 的中文是“会话”的意思,在 ASP 中 Session 代表了服务器与客户端之间的“会话”,意思是服务器端和客户端在不断地交流。如果不使用 Session,则客户端每一次请求都是独立存在的。当服务器完成某次用户的请求后,服务器将不能再继续保持与该用户浏览器的连接。这样当用户在网站的多个页面间切换时(请求了多个页面),页面之间无法传递用户的相关信息。这将导致当用户从一个网页跳转到另一个网页时,前一个网页中以变量、常量形式存放的数据就丢失了。这是因为,HTTP 协议是一种无状态(Stateless)的协议,利用 HTTP 协议无法跟踪用户。从网站的角度来看,用户每一个新的请求都是单独存在的。

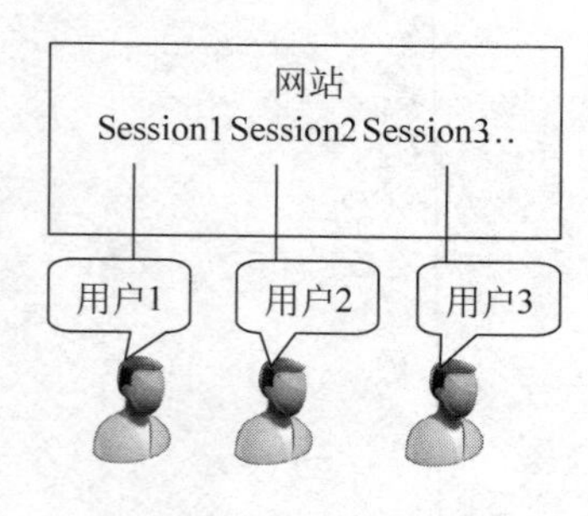

图 6-11　Session 示意图

使用 Session 对象可以存储特定用户会话所需的信息。这样,当用户在网站的页面之间跳转时,存储在 Session 对象中的变量将不会丢失,而是在整个用户会话中一直存在下去。

Session 对象用来为每个来访者存储独立的数据或特定的用户信息。如果当前有若干个用户同时访问某个站点,则网站会为每个用户建立一个独立的 Session 对象,如图 6-11 所示。每个用户都无法访问其他用户的 Session 信息。

1. Session 的创建过程

当用户请求网站的任意一个页面时,若用户尚未建立 Session 对象(如第一次访问),Web 服务器会自动为用户创建一个 Session 对象,并指定一个唯一的 Session ID,这个 ID 只允许此 SessionID 的拥有者使用,不同用户的 Session 存储着各自特定的信息,这将有利于服务器对用户身份的鉴别，从而实现 Web 页面的个性化。

服务器将该 SessionID 发送到客户端浏览器，而浏览器则将该 SessionID 保存在会话 Cookies 中。当客户端再次向服务器发出 HTTP 请求时，服务器获取会话 Cookies 中的 SessionID，根据该 SessionID 找到对应的 Session 信息以识别和跟踪客户端。

2. Session 的生命期

Session 的生命期是从用户到达某个站点直到不再访问该站点为止的这段时间。因此一个 Session 开始于用户打开这个站点中的任意一个网页，结束于用户不再访问这个站点（超时或主动结束）。

注意，不再访问这个站点≠关闭浏览器。

关闭浏览器并不会使一个 Session 结束，因为服务器并不知道用户关闭了浏览器，但会使这个 Session 永远都无法访问到。因为当用户再打开一个新的浏览器窗口时又会产生一个新的 Session。

3. Session 和 Cookie 的比较

为了说明 Session 和 Cookie 的区别，举一个例子，如果一家奶茶店有喝 5 杯奶茶免费赠送一杯奶茶的优惠，那么奶茶店有以下两种办法记录用户的消费数量。

(1) 发给顾客一张卡片，上面记录着消费的数量，一般还会有有效期限。每次消费时，如果顾客出示这张卡片，则此次消费就会与以前或以后的消费相联系起来。这种做法就是在客户端保持状态(Cookies)。

(2) 发给顾客一张会员卡，除了卡号之外什么信息也不记录，每次消费时，如果顾客出示该卡片，则店员在店里的记录本上找到这个卡号对应的记录并修改记事本上的消费信息。这种做法就是在服务器端保持状态(Session)。Session 和 Cookie 的比较如表 6-5 所示。

表 6-5 Session 和 Cookie 的比较

相 似 点	Session	Cookie
功能	存储和跟踪特定用户的信息	
优势	在整个站点的所有页面都可以访问	
不同点	Session	Cookie
建立方式	每次访问网页时会自动建立 Session 对象	需要通过代码建立
存储位置	服务器端	客户端

6.4.1 存储和读取 Session 信息

利用 Session 存储信息和利用变量存储信息是很相似的，语法如下：

```
Session("Session 名称") = 变量或字符串信息
```

下面是用 Session 存储信息的例子：

```
<% Session("username") = "张三"        '将字符串信息存入 Session
   Session("age") = 21                '将数值信息存入 Session
   Session("email") = email           '将变量信息存入 Session
%>
```

如果要读取 Session 变量，可将其赋值给一个变量，例如：

```
<% name = Session("username")        '读取 Session 变量
   age = Session("age")              '读取 Session 变量
%>
```

说明：

① Session 变量的赋值和引用与普通变量很类似。但两者在命名方式上有一些区别。对于 Session 变量来说，括号中的字符串才是该变量的名称。例如：

```
Session("a") = 1,Session(a) = 2,a = "b",c = Session("b"),则 c = 2。
```

② 对一个不存在的 Session 变量赋值，将自动创建该变量；给一个已经存在的 Session 变量赋值，将修改其中的值。

③ 请注意区分 Session 对象和 Session 变量，对于每个访问网站的访问者来说，网站都会为其建立一个 Session 对象，该 Session 对象中有一个 SessionID。如果程序中没有创建 Session 变量的代码，那么每个用户的 Session 对象中只含有 SessionID，否则，该 Session 对象中还包含许多个 Session 变量，如图 6-12 所示。也就是说，每个用户都有一个独立的 Session 对象，每个用户可以有 0 个到多个独立的 Session 变量。

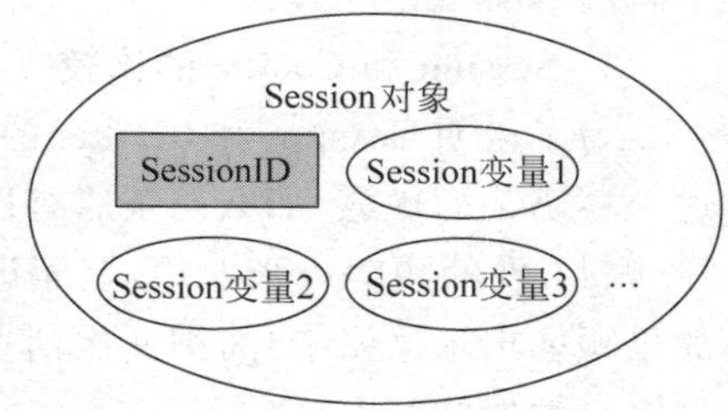

图 6-12 Session 对象和 Session 变量的关系示意图

Session 对象记载某一特定的用户信息，不同的用户用不同的 Session 对象来记载，一个用户访问网页时服务器为其所建立的 Session 变量，其他人是看不到的。

提示：最好不要把大量的信息存入到 Session 变量中，或者创建很多个 Session 变量。因为 Session 对象是要保存在服务器内存中的，而且要为每一个用户单独建立一个 Session 对象，如果保存的信息太多，同时访问网站的用户数又非常多时，则如此多的 Session 对象是非常占用服务器资源的。

6.4.2 利用 Session 限制未登录用户的访问

有些网页要求用户只有登录成功后才能访问，这可以利用 Session 变量来实现这种需求。具体方法是：在用户输入的用户名和密码验证通过后，用 Session 变量存储相关的特征信息(如用户名)，然后在其他对安全性有要求的页面最前面检查这些特征值，如果这些特征值为空，表示没有经过合法认证，而是通过直接输入该网页的 URL 进入的，就不允许其访问。实现的具体代码如下：

```
--------------------- 清单 6 - 12.asp ------------------------------------
<%
 if request.Form("userName")<>"" then          '判断是否输入了用户名
if request.Form("userName") = "admin" then     '判断用户是否合法
    Session("user") = request.Form("userName") '将用户名存入 Session("user")
    response.Redirect "6 - 13.asp"
```

```
else
    response.Write "用户名错误"
end if
else %>
<form method = "post" action = "">
  您的用户名: <input type = "text" name = "userName" />
  <input type = "submit" value = "提交" />
</form>
<% end if %>
---------------------清单 6 - 13.asp------------------------------------
<%
 if Session("user")<>"" then    '如果 Session("user")不为空则表明是合法用户
    Response.Write "欢迎您,"&Session("user")&"<br/><a href = '6 - 14.asp'>注销</a>
else
    Response.Write "未登录用户不允许访问"
    Response.end
end if  %>
```

说明：

① 该实例必须先运行 6-12.asp，以对登录成功用户赋予 Session("user")变量，而 6-13.asp 用来检查该 Session 变量是否为空，请注意 6-13.asp 中并没有采用 Request 对象获取变量，而是读取和输出 6-12.asp 中创建的 Session 变量。

② 6-12.asp 中创建的 Session("user")变量可以被网站中的所有网页访问。因此可以将 6-13.asp 中的代码放到网站中所有对安全性有要求的网页的最前面。

在电子商务网站中常利用 Session 实现“购物车”，用户在一个商品页面选购的商品信息在下一个页面继续存在，这样用户可以在不同的页面选择不同的商品。所有商品的货号、价格等信息都保存在 Session 变量中，直到用户去收银台交款或清空购物车时 Session 变量中的数据才被清除。系统会为每个用户建立一个这样的 Session 变量，这样每个用户都有一辆“购物车”。

6.4.3　Session 对象的属性

1. SessionID 属性

在创建 Session 时，服务器会为每一个用户的 Session 生成一个单独的 SessionID，使用 Session 对象的 SessionID 属性可以返回当前用户的唯一会话标识 SessionID。例如：

```
<p>这个用户的 Session 编号为<% = Session.SessionID %></p>
```

说明：运行该代码，浏览器将显示该用户 Session 的 ID，如“这个用户的 Session 编号为 380443328”，再刷新浏览器，会发现 SessionID 值不会发生变化，因为刷新页面是同一个用户继续在访问这个网站的行为。当双击浏览器程序启动一个新的浏览器窗口再去预览该网页时，会发现 SessionID 值会改变(通常是加 1)，因为服务器会认为有一个新的用户在访问。

2. Timeout 属性

Session 对象并不是一直有效的，它有个有效期，默认为 20 分钟。如果客户端超过 20

分钟没有刷新网页或访问网站中的其他网页，则该 Session 对象就会自动结束。不过可以修改 Session 对象的默认有效期，一种方法是在 IIS 中修改系统默认值(默认 Web 站点→属性→主目录→配置→应用程序选项)，更方便的方法是利用 Timeout 属性更改 Session 对象的默认有效期，例如：

```
<% Session.Timeout = 30   '将 Session 有效期设置为 30 分钟 %>
```

提示：

虽然增加 Session 的有效期有时能方便用户访问，但这也会导致 Web 服务器内存中保存用户 Session 信息的时间增长，如果访问的用户很多，会加重服务器的负担；不能单独对某个用户的 Session 设置有效期。

6.4.4 Session.Abandon 方法

现在已经知道，Session 对象到期后会自动清除(隐式方式)，但到期前也可以用 Abandon 方法强制清除(显式方式)。例如：

```
<p>这个用户的 Session 编号为<% = Session.SessionID %></p>
<%
    Session("user_name") = "布什"
    Session.Abandon                          '清除 Session
    Response.Write Session("user_name")      '会输出"布什"
%>
```

运行该程序，会发现程序仍然会输出 Session("user_name")的值(布什)。这并不是因为 Session.Abandon 没有起作用，而是因为 Session.Abandon 是在整个页面执行完毕之后再清除 Session，因此在当前页面中还是可以访问该 Session 的，但在其他页面就不能访问该 Session 了。当刷新页面后，会发现 SessionID 值会改变，说明原来的 Session 确实被清除了。

Session.Abandon 方法常用来实现用户注销功能，通常，当用户单击 6-13.asp 中的"注销"链接时，执行下面的程序可实现注销用户。

```
--------------------- 清单 6 - 14.asp ------------------------------------
<% Session.Abandon        '清除 Session，实现注销
   Response.Redirect "6 - 12.asp"      %>
```

6.5 Application 对象

Session 对象可以用来记录单个用户的信息，但有时需要记录所有用户共享的信息，如网站的访问次数或聊天室中的聊天内容就是所有用户需要共享的信息，这时就要用到 Application 对象。Application 对象中保存的数据可以在整个 Web 站点中被所有用户使用，并且可以在网站运行期间持久地保存数据。简而言之，不同用户只能访问自己的

Session 对象中的信息，但他们都可以访问 Application 对象中的信息。

6.5.1 存储和读取 Application 变量

Application 对象中保存的信息是所有用户都可以访问和修改的。它就像一个公共设施，如超市里的寄存箱，任何人都可以使用。当多个用户同时修改一个 Application 变量的值时，就可能发生意想不到的错误。为此，Application 对象提供了两种方法(Lock 方法和 Unlock 方法)来避免这个问题。如果某个客户端要修改 Application 变量的值时，一般应先锁定这个 Application 变量，不允许其他用户同时进行修改时再修改，最后解除锁定，这样就不会出现多个用户同时修改一个 Application 变量的问题了。而读取时则无此要求。

下面的例子用来存储和读取 Application 变量，并与 Session 变量进行了对比。

```
-------------------- 清单 6-15.asp 存储 Session 和 Application 变量 ----------------
<%   Application.Lock                    '先锁定 Application 变量
    Application("user") = "张三"         '给 Application 变量赋值
    Application.UnLock                   '解除锁定
    Session("user") = "李四"
 %>
---------------------- 清单 6-16.asp 输出 Session 和 Application 变量 -------------
<%     Response.Write Application("user")
    Response.Write "<br/>"&Session("user")
  %>
```

测试方法：首先运行 6-15.asp 设置 Session 和 Application 变量信息，然后在原来的浏览器窗口再预览，则会显示两种变量的值。当双击浏览器图标启动一个新的浏览器窗口再去预览 6-16.asp 时，会发现不能输出 Session 变量的值了，原因是相当于一个新的用户在访问该网页，但仍然能输出 Application 变量的值，因为 Application 变量能被所有用户共享。

6.5.2 Application 对象的应用举例

(1) Application 对象主要用来实现计数器和聊天室程序，下面是一个计数器的程序。

```
<html><body>
  <h1 align="center">我的主页</h1>
  <%   Application.Lock                                       '先锁定
  Application("visAll") = Application("visAll") + 1         '给 Application 变量赋值
  Application.Unlock                                        '解除锁定
  Response.Write "<p>您是第" & Application("visAll") & "位访客。"
   %>
</body></html>
```

运行该程序后，用户刷新页面也会使计数器的值加 1。

想一想：怎样修改程序才能避免刷新使计数器的值加 1 呢？

提示： 利用 Session 判断是否是同一用户在访问。

(2) 下面是一个简单的聊天室程序,它的运行效果如图 6-13 所示。

```
<html><body>
<form method="post" action="">
  昵称: <input name="nickName" type="text" size="12">
  发言: <input name="LiuYan" type="text">
  <input type="submit" value="提交">
</form>
<%  Dim str        'str 中存储留言时间、昵称、内容等信息
if request.Form("nickName")<>"" and request.Form("LiuYan")<>"" then
 str=Time()&request.Form("nickName")&"说:  "
 str=str&request.Form("LiuYan")&"<br>"
 Application.Lock
 Application("bbs")=str&Application("bbs")
 Application.Unlock
 str=Null           '将已存储到 Application 变量中的留言清除
end if
response.write Application("bbs")  %>
</body></html>
```

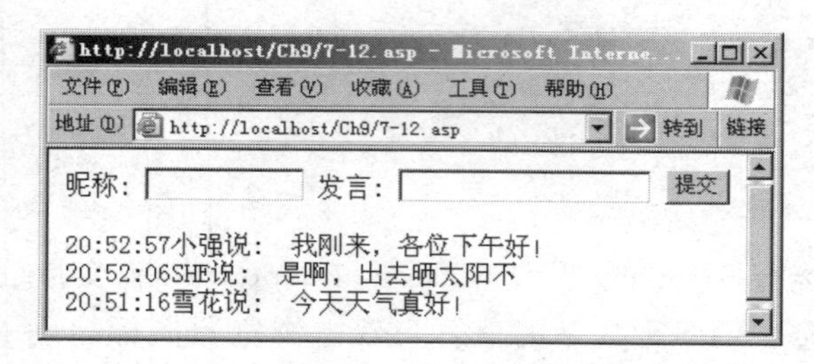

图 6-13 利用 Application 对象实现聊天室程序的运行效果

说明:在程序中,用 Application("bbs")来保存所有用户的发言,并且显示出来。随着留言的用户越来越多,Application("bbs")变量保存的内容也越多,对服务器的内存占用比较大。

该程序还有一些缺陷,如果想看到别的用户的发言,就必须手动刷新网页才能显示最新的发言。因此可以在网页中加入<meta>标记每隔 5 秒钟自动刷新一次网页。但这样又带来了新问题,就是用户在输入留言时可能因为自动刷新使留言还未提交就丢失了,因此必须只刷新显示留言的区域,而不刷新用户发言的表单,这需要使用框架,将显示留言的部分放在一个框架页中,只刷新该框架页。

(3) Application 对象与 Session 对象的区别如下。

① 应用范围不同。Application 对象是针对所有用户,可以被多个用户共享。从一个用户接收到的 Application 变量可以传递给另外的用户。而 Session 对象是针对单一用户,某个用户无法访问其他用户的 Session 变量。

② 存活时间不同。由于 Application 变量是多个用户共享的,因此不会因为某一个用户甚至全部用户离开而消失。一旦建立了 Application 变量,就会一直存在,直到网站关闭或这个 Application 变量被卸载(Unload)。而 Session 变量会随着用户离开网站而被自动删除。

6.5.3 Global.asa 文件

Global.asa 文件是一个可选的特殊文件，该文件只能保存在网站的根目录下，并且文件名只能是“Global.asa”，相当于是一个全局文件。它的作用是定义 Session 对象和 Application 对象事件中执行的程序。一旦网站目录下有 Global.asa 文件，则访问该网站任何文件之前 IIS 都会先执行 Global.asa 文件中相应事件的代码。Global.asa 文件中可以定义的事件有 4 个，含义如表 6-6 所示。

表 6-6　Global.asa 文件中可以定义的事件

事　　件	说　　明
Application_onStart	这个事件是当第一个用户第一次访问网站时发生
Session_onStart	当某个用户第一次访问网站的某个网页时发生
Session_onEnd	某个用户 Session 超时或关闭时发生
Application_onEnd	这个事件是在网站的 Web 服务器关闭时发生

下面是一个使用 Global.asa 文件来统计网站在线人数和网站访问总人数的例子。它包括两个文件，其中 Global.asa 用来统计人数，而 6-17.asp 仅用来显示信息。6-17.asp 的运行结果如图 6-14 所示。

```
---------------------清单 Global.asa------------------------------------
<script language = "VBScript" runat = "server">
    Sub Application_OnStart
        Application.Lock
        Application("all") = 0
        Application("online") = 0
        Application.Unlock
    End Sub
    Sub Session_OnStart
        Application.Lock
        Application("all") = Application("all") + 1
        Application("online") =  Application("online") + 1
        Application.Unlock
    End Sub
    Sub Session_OnEnd
        Application.Lock
        Application("online") =  Application("online") - 1
        Application.Unlock
    End Sub
</script>
```

图 6-14　程序 6-17.asp 的运行结果

说明：

① Application("online")用来计算当前在线人数，Application("all")用来计算访问总人数。当网站启动后第一个用户访问时，就会触发 Application_OnStart 事件，将在线人数和访问总人数都赋初值为 0。

② 当一个用户开始访问时，就会触发 Session_OnStart 事件，因此可将在线人数和访问总人数都加 1。但是当原来的用户刷新页面时，并没有开始一个新的会话，不会触发 Session_OnStart 事件，因此用户刷新页面不会加 1。

③ 当一个用户不再访问网站时，就会触发 Session_OnEnd 事件，因此可将在线人数减 1，而访问总人数不需要减 1。

④ Global.asa 文件中只能用< script language = "VBScript" runat = "server">…</script>的形式，而不能写成<%…%>格式。

⑤ Global.asa 中不能包含任何输出语句，如 Response.Write。因为该文件只是被调用，根本不会显示在页面上，所以不能输出任何内容。

```
------------------------ 清单 6-17.asp ----------------------------------
<%
    Session.Timeout = 2            '为了测试,设置 Session 过期时间为 2 分钟
    Response.Expires = 0           '防止从浏览器缓存中读取过期的网页
%>
<html><body>
    当前在线人数: <% = Application("online") %><br>
    您是第<% = Application("all") %>位访问者
</body></html>
```

说明：

① 要测试该程序，需要打开多个浏览器窗口，在每个浏览器地址栏中输入 http://localhost/6-17.asp，就会发现当前在线人数和访问总人数都会加 1。然后等 2 分钟不操作，以触发 Session_OnEnd 事件，再打开一个浏览器窗口运行程序，就会发现当前在线人数已经减少，而访问总人数仍然会加 1。

② 该程序与 6-16.asp 相比，优点是用户不停地刷新页面，计数也不会加 1，因为这是同一个用户在访问网站，不会触发 Session_OnStart 事件。另一个优点是当用户访问网站内的任何网页时(而不仅是 6-17.asp)，都会调用 Global.asa 文件，使计数器加 1，因此对网站的访问统计更科学。

6.6 Server 对象

有时用户希望 ASP 能实现更多的特殊功能，如访问数据库、读取和修改服务器端文本文件、将文件上传到服务器等。ASP 确实能实现这些功能，但是它自己内部并没有提供这些功能，而是利用 Server 对象来调用其他组件或程序来实现这些功能的。

Server 对象除了能够创建外部对象和组件的实例来调用其他组件的功能外，它还提供了一些比较有用的属性和方法，如转换编码格式、管理其他网页的执行等。Server 对象的方法如表 6-7 所示。

表 6-7　Server 对象的常用方法

方　法	功能说明
CreateObject	Server 对象中最重要的方法，用于创建 ActiveX 组件、应用程序或脚本对象的实例
HTMLEncode	将字符串转换为 HTML 字符实体
URLEncode	将字符串转换为 URL 编码格式
MapPath	将虚拟路径转换为物理路径
Execute	转到新的网页执行，执行完毕后返回原网页，继续执行后面的语句
Transfer	转到新的网页执行，执行完毕后不返回原网页，而是停止执行

下面逐个介绍 Server 对象各种方法的用途。

1. 用 CreateObject 方法创建服务器组件实例

利用 Server 对象的 CreateObject 方法可以创建服务器端组件的实例。这样可以通过使用 ActiveX 组件扩展 ASP 的功能，实现一些仅依赖 ASP 内置对象所无法完成的功能。因此它在存取数据库、存取文件、使用第三方组件时经常会用到。语法如下：

```
Server.CreateObject(progID)
```

其中，progID 表示组件、应用程序或脚本对象的对象类型。例如，下面的语句可创建一个数据库连接对象实例：

```
<%   Set conn = Server.CreateObject("ADODB.Connection") %>
```

这条语句可以读成“用 Server 对象的 CreateObject 方法创建一个 ADODB 组件的 Connection 对象的实例，实例名为 conn”。

说明：这里创建的实例 conn 是一个对象变量，给对象变量赋值必须用 Set 关键字（而给普通变量赋值时 Set 关键字则可省略）。也可以认为，在任何含有 Server. CreateObject 的语句中，必须要有 Set 关键字。

2. 用 HTMLEncode 方法输出 HTML 字符实体

大家知道，HTML 标记会被浏览器解释，不会显示在页面上。如果想在页面上显示<、>等 HTML 特殊字符，就需要使用字符实体。而 HTMLEncode 方法可以将字符串中的某些特殊字符（主要是<> &）自动转换为对应的字符实体。它的作用与 myReplace 函数很相似，下面是一个例子。它的运行结果如图 6-15 所示。

图 6-15　HTMLEncode 方法示例

```
<html><body>
    <%   Response.Write "<a href = 'http://www.baidu.com'>百度</a>"
    Response.Write "<br/>"
    Response.Write Server.HTMLEncode("<a href = 'http://www.baidu.com'>百度</a>")
    %>
</body></html>
```

该方法在需要输出 HTML 代码时非常有用。例如，在网上考试 HTML 知识时，就需要在页面上显示 HTML 语句。又如，在论坛或留言板中，常希望将用户发的含有 HTML 格式的帖子按原样输出，而不是执行其中的 HTML 代码，否则可能会引起错误或安全问题。

3. 用 MapPath 方法将虚拟路径转换为物理路径

在同一个网站中，文件的链接或引用一般使用相对路径，如< img src＝"img/logo. jpg"/>，这样在站点进行迁移或改变域名时会方便些。但在 ASP 中有些操作必须使用绝对路径，如访问数据库文件时就必须给出数据库文件的绝对路径。但直接写数据库文件的绝对路径又不利于网站的迁移。这时使用 Server. MapPath 方法可以将相对路径转化为绝对路径，语法如下：

```
Server.MapPath(path)
```

例如，假设网站的根目录是 E:\web，下面的文件 6-18. asp 位于 E:\Web\Ch9 目录下。

```
------------------------- 清单 6 - 18.asp ------------------------------------
<%
Response.write Server.MapPath("6 - 13.asp")&"<br/>"
Response.write Server.MapPath("temp/6 - 13.asp")&"<br/>"
Response.write Server.MapPath("../Ch6/6 - 1.asp")      '支持用"../"退回到上级目录
%>
```

则运行后在浏览器中输出的结果如下：

```
E:\Web\Ch9\6 - 13.asp
E:\Web\Ch9\temp\6 - 13.asp
E:\Web\Ch6\6 - 1.asp
```

实际上，Server. MapPath 方法还可将 IIS 的主目录的绝对路径转换为物理路径，如果路径以“/”或“\”开头则表示是 IIS 的主目录，下面的文件 6-19. asp 位于 E:\Web\Ch9 目录下。

```
------------------------- 清单 6 - 19.asp ------------------------------------
<%
Response.write Server.MapPath("/6 - 13.asp")&"<br/>"
Response.write Server.MapPath("/temp/6 - 13.asp")&"<br/>"
Response.write Server.MapPath("/../Ch6/6 - 1.asp")      '不支持用"../"退回
%>
```

则运行后在浏览器中输出的结果如下：

```
E:\Web\6 - 13.asp
E:\Web\temp\6 - 13.asp
E:\Web\Ch6\6 - 1.asp
```

需要注意的是，如果将 E:\web 设为虚拟目录 web，而设 IIS 的主目录为 E:\eshop，则 6-18.asp 的运行结果不会发生变化，而 6-19.asp 的运行结果变为：

```
E:\ eshop \6 - 13.asp
E:\ eshop \temp\6 - 13.asp
E:\ eshop \Ch6\6 - 1.asp
```

可看出它总是将 IIS 的主目录转化为绝对路径，而不是网站的主目录。因此，如果网站中有文件使用了将 IIS 的主目录转化为绝对路径的语句，则将该网站部署在主目录中和部署在虚拟目录中转化会得到不同的物理路径。这容易引起将网站部署在主目录中正常，而部署到虚拟目录中则出现转化后找不到文件的错误。而采用将相对路径转化为物理路径时则不存在这样的问题，因此推荐使用前一种方法。

提示：

① 凡是在路径前有"/"，就把"/"替换为 IIS 主目录（注意不是虚拟目录），凡是路径前无"/"，就在路径前加该文件所在的当前路径。

② Server.MapPath 方法并不检查转换后的物理路径是否确实存在。

4. Transfer 方法

Transfer 方法用来停止执行当前网页，转到新的网页继续执行。例如：

```
<% Server.Transfer "6 - 5.asp" %>
```

说明：该方法与 Response.Redirect 方法有些类似。但两者有以下主要区别。

① Redirect 语句尽管是在服务器端运行，但重定向实际发生在客户端；而 Transfer 方法直接在服务器端转向新的页面，效率更高。

② Redirect 语句会使地址栏中的 URL 转到执行后的 URL，如 Response.Redirect "6-5.asp"会使地址栏显示 6-5.asp；而 Server.Transfer 语句转到新的网页时，仍然显示原来网页的 URL。

③ 由于 Server.Transfer 转到新的网页后无法改变 URL 地址，因此它在 URL 地址后带 URL 参数是无法传递给新网页的。

④ Redirect 语句可以转向到任何 URL 地址，包括本网站以外的页面，而 Server.Transfer 只能转向到本网站内的页面。

⑤ Redirect 语句转向后不会显示原来网页的内容，而 Transfer 会显示原来网页中已执行了的内容。

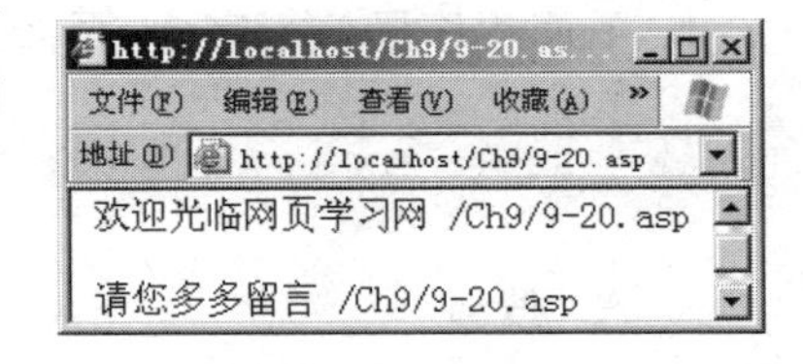

图 6-16　程序 6-20.asp 的运行效果

下面的例子在 6-20.asp 中使用 Server.Transfer 执行 6-21.asp，图 6-16 所示的是 6-20.asp 的运行结果。

```
-------------------------- 清单 6 - 20.asp ------------------------------------
<html><body>
    欢迎光临网页学习网
    <%   Response.Write Request.ServerVariables("PATH_INFO")
```

```
    Server.Transfer "6 - 21.asp" %>
    <p>谢谢,再见
</body></html>
------------------------ 清单 6 - 21.asp ------------------------------------
<p>请您多多留言
    <% Response.Write Request.ServerVariables("PATH_INFO")     %></p>
```

说明：Server. Transfer 方法相当于把被调用网页嵌入到调用网页中执行，因此 6-21. asp 中环境变量显示的文件名仍然是 6-20. asp。

5. Execute 方法

Execute 方法与 Transfer 方法非常相似，唯一的区别是在执行完其他网页后，又会返回原网页继续执行剩下的代码。例如，将 6-20. asp 中的 Transfer 方法替换为 Execute 方法，就会看到运行结果多了"谢谢，再见"一行。

Server. Execute 方法与 Include 文件包含命令也有些相似，但它们在本质上是有区别的。Server. Execute 是先执行被调用文件的代码，生成 HTML 代码后再插入到当前位置。而 Include 是将被包含文件中的代码插入到当前位置再作为一个整体来运行。例如，在被调用文件中定义了一个变量 Dim a，则用 Server. Execute 方法调用文件无法访问该变量（因为生成 HTML 代码后就没有 ASP 的变量了），而用 Include 包含文件就可以访问该变量。

习题 6

一、选择题

1. 如果要将一个纯静态页面嵌入到一个 ASP 文件中，下面(　　)方法不行。

   A. Server. Execute　　B. Server. Transfer　　C. Include 命令　　D. <iframe>标记

2. 表单提交后处理表单数据的文件由(　　)属性决定。

   A. method　　B. Post　　C. Action　　D. Name

3. Response 对象的(　　)方法可以将缓冲区中的页面内容立即输出到客户端。

   A. Redirect　　B. End　　C. Clear　　D. Flush

4. 下面程序段执行完毕，页面上显示内容是(　　)。

```
<% = Server.HTMLEncode("<a href = 'http://www.sohu.cn'>搜狐</a>") %>
```

   A. 搜狐

   B. <a href='http://www.sohu.cn'>搜狐</a>

   C. 搜狐(超链接)

   D. 该句有错，无法正常输出

5. 对于 Response 对象，有些语句要求只有在服务器还没有向浏览器输出任何信息前才能使用，下列语句中无此要求的是(　　)。

   A. Response. Redirect "6-1. asp"　　B. Response. Cookies("age")=21

   C. Response. Binarywrite mydata　　D. Response. Buffer=false

二、填空题

1. 如果超链接的地址是 http://ec.hynu.cn/instr.asp? abc=3&bcd=test,要获取参数 bcd 的参数值应使用的命令是________。

2. Session 对象默认情况下有效期是________分钟。另外,可以利用 Session 的一个属性________修改 Session 对象的有效期时长。要提前结束一个 Session,可以用________方法。

3. 在 A 网页上创建了一个 Session 变量：session("user")="张三",在 B 网页上要输出这个 Session 变量的值,应使用________。

4. 如果网站目录的物理路径是 E:\Web,下面的代码位于 E:\Web\Ch6\index.asp 中,则"<%= Server.MapPath("data\data.mdb") %>"在网页上的输出结果是________。"<%= Server.MapPath("\data\data.mdb") %>"的输出结果是________。下面的代码位于 E:\eshop\Ch6\tt.asp 中,其中 E:\eshop 为虚拟目录,则"<%= Server.MapPath("data\data.mdb") %>"在网页上的输出结果是________。"<%= Server.MapPath("\data\data.mdb") %>"在网页上的输出结果是________。

三、简答题

在 ASP 中有哪些常用的内置对象,请简述它们的主要功能。

四、实操题

1. 编写一个简单计算器程序,在表单中添加两个文本框供用户输入数字,下拉列表框用来选择运算符,当单击"="按钮后在网页上输出结果,如图 6-17 所示。要求：单击"="按钮后用户在文本框中输入的数字仍然存在。

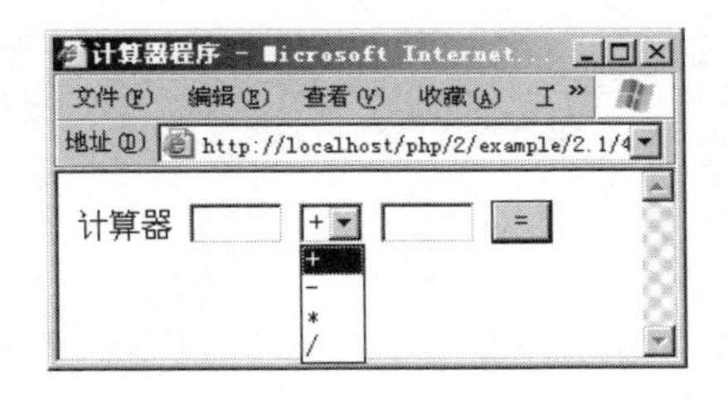

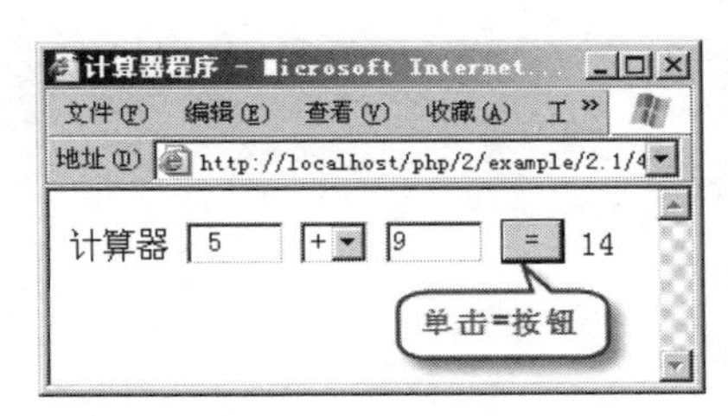

图 6-17　计算器程序效果图

2. 编写 PHP 程序产生一个随机数,并让用户在文本框输入数字来猜测该随机数(图 6-18),用户有 5 次机会,根据用户的猜测结果给予相应提示(提示：将程序在猜测前产生的随机数保存在表单隐藏域中,这样用户每次猜测时该随机数都不会发生变化)。

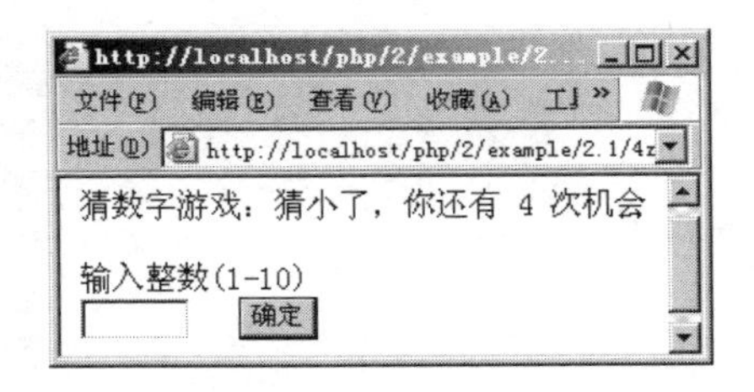

图 6-18　猜数字游戏程序效果图

3. 编写回答多项选择题的 ASP 程序。程序界面如图 6-19 所示。如果输入正确答案(PHP、ASP、JSP),则在网页上提示"正确",如果少选了,则提示"回答不全",否则提示"错误"。

图 6-19 回答多项选择题的程序界面

第 7 章

ASP访问数据库

ASP 访问数据库是 ASP 中非常重要的内容,因为动态网站一般都需要有数据库的支持。将网站数据库化,就是使用数据库来管理整个网站,这样只要更新数据库中的内容,网站的内容就会自动被更新。将网站数据库化的好处有以下几点。

(1) 可以自动更新网页。采用数据库管理,只要更新数据库的数据,网页内容就会自动得到更新,过期的网页也可以被自动不显示。

(2) 加强搜索功能。将网站的内容储存在数据库中,可以利用数据库提供的强大搜索功能,从多个方面搜索网站的数据。

(3) 可以实现各种基于 Web 数据库的应用。使用者只要使用浏览器,就可以通过 Internet 或 Intranet 内部网络,存取 Web 数据库的数据,可以用在学校教学、医院、商业、银行、股市、运输旅游等各种应用上,如银行余额查询、在线购书、在线查询、在线预订机票、在线医院预约挂号、在线电话费查询、在线股市买卖交易、在线学校注册选课及在线择友等。

因此,很多人认为动态网站就是使用了数据库技术的网站,虽然这种说法不准确,但足以说明数据库在动态网站中的重要作用。

7.1 数据库的基本知识

7.1.1 数据库的基本术语

所谓数据库,就是按照一定数据模型组织、存储在一起的,能为多个用户共享的,与应用程序相对独立、相互关联的数据集合。

目前绝大多数数据库采用的数据模型都是关系数据模型,所谓"关系",简单地说就是表。所以,数据库在逻辑上可以看成是日常使用的一些表格组成的集合。一个数据库通常包含 n 个表格($n \geqslant 0$)。图 7-1 所示的是一个学生基本情况表。

下面是数据库的一些基本术语。

字段:表中竖的一列称为一个字段,图 7-1 中有 5 个字段,"姓名"就是选中字段的名称。

记录:表中横的一行称为一个记录,每条记录描述一个具体的事物。图 7-1 中选择了

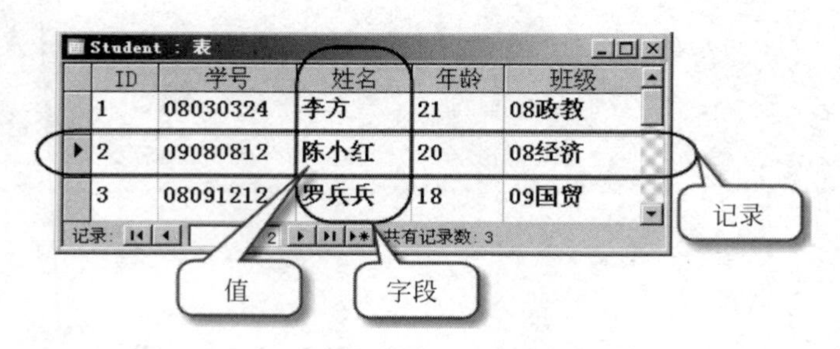

图 7-1　学生基本情况表

第 2 条记录，也就是“陈小红”的相关信息。

值：纵横交叉的地方称为值，如图 7-1 中选择了第 2 条记录的“姓名”的值为“陈小红”。

表：由横行竖列垂直相交而成，可以分为表头（字段名）和表中的数据两部分。表也可以看成是若干条记录的集合，因此在数据库的表中不允许有两条完全相同的记录。

数据库：用来组织和管理表的，一个数据库一般有若干张表，数据库不仅提供了存储数据的表，而且还包括规则、触发器、视图等高级功能。

7.1.2　建立 Access 数据库

在 ASP 中，一般使用 Access 或 SQL Server 数据库。Access 配置简单、移植方便，适合于小型网站使用。SQL Server 运行稳定、效率高、速度快，但配置和移植比较复杂，适合于中大型网站使用。一般来说，对于网站同时在线人数小于 1000 人，又不需要使用存储过程或触发器等高级数据库功能时，使用 Access 数据库是合适的。如果网站的访问量进一步增加，将 Access 数据库转换为 SQL Server 数据库也是可行的。

Access 是 Office 办公软件的一个组成部分，安装 Office 时默认会自动安装 Access。下面以 Access 2003 为例讲解主要的操作。

1. 新建数据库

启动 Access 后，执行“文件”→“新建”命令（或按 Ctrl＋N 组合键），在右侧的“新建文件”面板中，单击“空数据库”标签，就会弹出如图 7-2 所示的“文件新建数据库”对话框。在该对话框中可以输入数据库的文件名和保存位置，Access 数据库文件的后缀名为“mdb”。

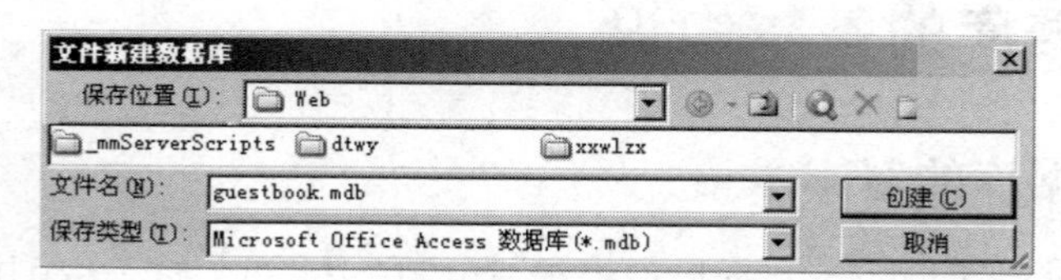

图 7-2　文件新建数据库对话框

单击“创建”按钮，创建一个名称为 guestbook.mdb 的空数据库文件。此时，弹出如图 7-3 所示的 Access 主窗口。在这个窗口中，可以创建表和查询等数据库对象。

其中，表是数据库中最基本的内容，它用来保存数据；而查询是对一个或多个表进行投影、选择、连接等各种操作，检索出用户所需的信息，查询得到的结果是一个虚拟的表，又称为视图。下面分别来讲述如何创建表和查询。

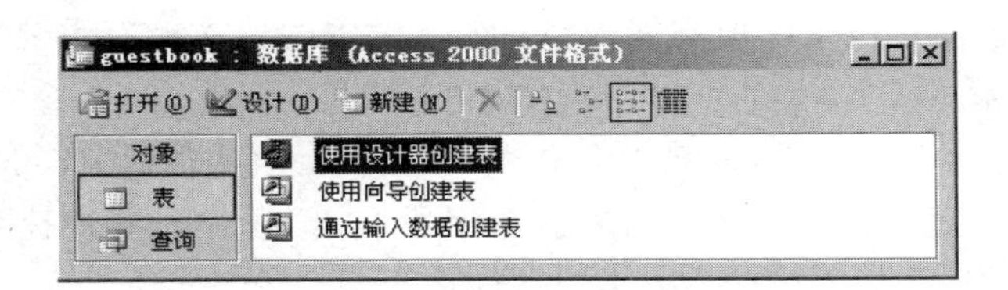

图 7-3　Access 创建表的窗口

2. 新建和维护表

(1) 新建表。在 Access 中新建表的方法有很多种，最常用的方法是在图 7-3 中双击“使用设计器创建表”，弹出如图 7-4 所示的新建表的设计视图，在其中可以逐个输入字段名称、选择字段数据类型。

lyb : 表

字段名称	数据类型	说明
ID	自动编号	留言的编号
title	文本	留言的标题
content	备注	留言的内容
author	文本	留言的作者
email	文本	留言者的联系方式
ip	文本	留言者的IP地址
date	日期/时间	留言的日期时间
sex	数字	留言者的性别

主键

字段属性

常规　查阅

字段大小　50

格式

图 7-4　新建表的设计视图

在图 7-4 中，新建了一个给留言板保存用户留言的表。这张表可以保存留言的标题、内容、留言作者、留言者的联系方式、留言者的 IP、留言的日期和时间等信息。

图 7-4 中的一行就对应一个字段，也就是表中的一列，其中字段名称建议用英文命名，这样方便以后用 ASP 程序访问表中的字段。说明是对字段名称的注释，也可以不填。数据类型主要有以下几种。

① 文本：用于比较短的字符串，默认为 50 个字符，最长为 255 个字符。

② 备注：用于比较长的字符串，最长可以容纳 65535 个字符。

③ 数字：用于整数、浮点数、小数等数值类型，默认值为 0。

④ 是/否：即布尔型数据，它只有 True 和 False 两个值。

⑤ 日期/时间：用于保存日期/时间的数据类型。

⑥ 自动编号：可以自动递增或随机产生一个整数，常用来自动产生唯一编号，是 Access 特有的一种数据类型。

在图 7-4 中，用户对留言的编号(ID 字段)采用了“自动编号”数据类型，这样每条留言都会自动有一个唯一的编号，在查找或显示留言时可以依据这个编号找到某条留言。留言的内容(content 字段)必须采用“备注”数据类型，以保证它可以容纳很长的留言内容。

当选中一个数据类型后，还可以在图 7-4 的下方进行更复杂的格式设置。例如，对于文本类型的字段，可以设置该字段的大小。如果字段要存储的字符串比较短，可以将其适当设小些。例如，IP 字段、author 字段的“字段大小”设为 20 就够了，以节省存储空间。

最后可以对表设置主键，主键是指能唯一标识某条记录的字段。作为主键的字段必须能满足两个条件：①该字段中的值不能为空；②字段中的值不能有重复的。这样该字段才能唯一标识某条记录。

本例中ID是自动编号字段，自然不会有重复，也不会有空值，因此可以将其当作主键唯一标识一条记录。设置主键的方法是对准这个字段右击，在弹出的快捷菜单中选择“主键”命令即可，设置后该字段左边会有一个小钥匙标记。

(2) 保存表。输入完所有字段以后，单击图7-4中右上角的“关闭”按钮，就会弹出询问是否保存对表的设计的更改提示。单击“是”按钮，在弹出的对话框中输入“表名”，这里输入表的名称“lyb”，然后单击“确定”，即建立了一个表名为“lyb”的表。

(3) 在表中输入数据。通过上面的步骤新建了一个表后，就会在图7-3的主窗口中出现该表的名称，双击它就可以打开如图7-5所示的数据表视图，在图中可以和普通表格一样输入数据。

lyb : 表

ID	title	content	author	email	ip	date
1	到此一游	我今天到此一游	赵云	tangsix@tom.c	192.16	2010-8-
2	祝大家开心	非常感谢大家的	胡积分	xta@tom.com	202.10	2010-9-
4	请教个问题	虚拟目录中的文	唐三彩	renw@qq.com	127.0.	10:57:2

记录： 4 共有记录数：16

图7-5 在表中输入数据

说明：

① 在各字段输入值时必须符合字段数据类型及该字段格式的要求，否则无法输入。

② 自动编号字段ID会自动输入，删除某一记录后该字段(ID)的值也不会被新记录占用。

③ 如果要删除记录，在该记录的左侧右击，在出现的快捷菜单中选择“删除记录”选项即可。

(4) 修改数据表的设计。如果要修改数据表的结构，如为表增加、删除字段或修改字段，可以在图7-3的主窗口中选择该数据表，然后右击，在出现的快捷菜单中选择“设计视图”命令，就可以再次回到如图7-4所示的设计视图界面修改表的结构。

3. 新建和维护查询

有时用户希望只显示表中的部分字段或部分记录，或者希望显示的字段或记录来自多个表，就可以使用查询来实现。查询返回给用户的查询结果从形式上看也是一个表，但这个表并没有存放在数据库中，而是通过对数据表进行关系运算得出来的，因此是一张“虚表”。

在图7-3所示的Access主窗口左侧单击“查询”按钮，然后再双击右侧的“在设计视图中创建查询”按钮，就会弹出一个“显示表”对话框，单击“关闭”按钮将它关闭。再在建立查询窗口的上半部分右击，在出现的快捷菜单中选择“SQL视图”命令，如图7-6所示，就可以使用SQL语言建立查询了。

在打开的SQL视图中输入查询语句“Select author, title from lyb”，然后单击Access主窗口工具栏中的“运行”(!)按钮即可执行查询，得到如图7-7所示的查询结果。

执行查询后，如果要返回到SQL视图窗口进行修改，可在主窗口上选择“视图”→“SQL视图”命令。

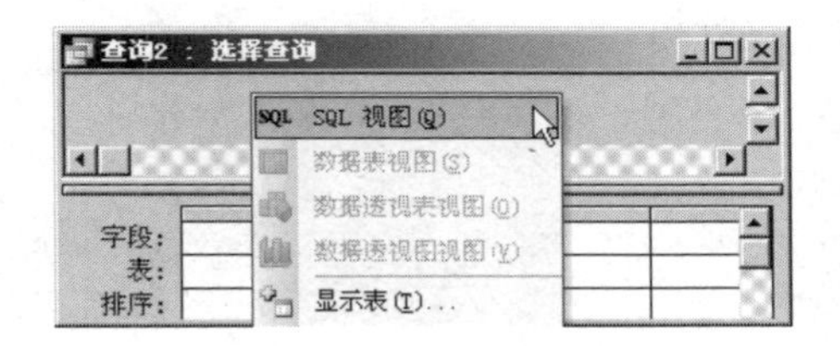

图 7-6 打开 SQL 视图创建查询

图 7-7 查询结果

当关闭查询窗口时，会提示是否保存查询，为该查询输入一个名称后即可将查询保存。再次说明，保存查询并不会将查询得到的数据表保存到数据库中，它只是保存了创建查询的SQL 语句而已。

4. 打开 Access 数据库文件

当计算机安装了 Access 2003 后，双击任何 Access 数据库文件(.mdb)就会自动用Access 打开，但在打开前 Access 出于安全考虑会弹出两个对话框，在第一个对话框"是否阻止不安全表达式"时单击"否"按钮，在第二个对话框"安全警告"中单击"打开"按钮，即可打开数据库文件。

7.1.3 SQL 语言简介

SQL(Structured Query Language)语言，即结构化查询语言，是操作各种数据库的通用语言。在 ASP 中，无论要访问哪种数据库，都要使用 SQL 语言。SQL 语言本身是比较庞大而复杂的，但制作普通的动态网站只需要掌握一些最常用的 SQL 语句就够用了。常用的SQL 语句有以下 4 种。

(1) Select 语句——查询记录。

(2) Insert 语句——添加记录。

(3) Delete 语句——删除记录。

(4) Update 语句——更新记录。

7.1.4 Select 语句

Select 语句用来实现对数据库的查询。简单地说，就是可以从数据库的相关表中查询符合特定条件的记录(行)或字段(列)。语法如下：

```
Select [Top 数值]字段列表 From 表[Where 条件] [Order By 字段] [Group By 字段]
```

说明：

① Top 数值：表示只选取前多少条记录，如选取前 6 条记录，就是 Top 6。

② 字段列表：即要显示的字段，可以是表中一个或多个字段，多个字段中间用逗号隔开。用 * 表示全部字段。

③ 表：指要查询的数据表的名称，如果有多个表，则中间用逗号隔开。

④ Where 条件：就是查询只返回满足这些条件的记录。

⑤ Order By 字段：表示将查询得到的所有记录按某个字段进行排序。

⑥ Group By 字段：表示按字段对记录进行分组。

1. 一些常用的 Select 语句的例子

(1) 选取数据表中的全部数据。

```
Select * from lyb
```

(2) 选取指定字段的数据(即选取表中的某几列)。

```
Select author, title from lyb
```

(3) 只选取前 5 条记录。

```
Select Top 5 * from lyb
```

(4) 选取满足条件的记录。

```
Select * from lyb where ID>5
        Select * from lyb where author='张三'
        Select author, title from lyb where ID Between 2 And 5    //如果条件是连续值
        Select * from lyb where ID in (1, 3, 5)                   //如果条件是枚举值
```

由此可见,Select 子句用于从表中选择列(字段),Where 子句用来选择行(记录)。

说明：

① 在 SQL 语句中用到常量时,字符串常量两边要加单引号(如'张三'),日期和时间两边要加#号,而数值常量不能加单引号。

② SQL 语言不区分大小写。

2. 选取满足模糊条件的记录

有时经常需要按关键字进行模糊查询。例如,查询所有姓名中有“芬”字的人：

```
Select * From lyb Where author like '%芬%'
Select * From lyb Where author like '张%'        //姓名以张开头的人
Select * From lyb Where author like '唐_'        //姓名以唐开头且为单名的人
```

其中,“%”表示与任何 0 个或多个字符匹配,“_”表示与任何单个字符匹配。

需要注意的是,在 Access 中直接写查询语句时,“%”需换成“*”,“_”需换成“?”。

3. 对查询结果进行排序

利用 Order By 子句可以将查询结果按照某种顺序排序出来。例如,下面的语句将按作者名的拼音字母的升序排列。

```
Select * From lyb order by author ASC
```

下面的语句将把记录按 ID 字段的降序排列。

```
Select * From lyb order by id DESC
```

如果要按多个字段排序，则字段间用逗号隔开。排序时，首先参考第一字段的值，当第一字段值相同时，再参考第二字段的值，以此类推。例如：

```
Select * From lyb order by date DESC, author
```

说明：ASC表示按升序排列，DESC表示按降序排列。如果省略，默认值为ASC。

4. 汇总查询

有时需要对全部或多条记录进行统计。例如，对一个学生成绩表来说，可能希望求某门课程所有学生的平均分；对一张学生信息表来说，可能需要求每个专业的学生人数。Select语句中提供了Count、Avg、Sum、Max和Min共5个聚合函数，分别用来求记录总数、平均值、和、最大值和最小值。

例如，下面的语句将查询表中总共有多少条记录。

```
Select count( * ) From lyb
```

下面的语句将查询所有记录的ID值的平均值、和及最大的ID号。

```
Select avg(id),sum(id),max(id) From lyb
```

说明：

① 以上例子返回的查询结果都只有一条记录，即汇总值。

② Count（*）表示对所有记录计数。如果将*换成某个字段名，则只对该字段中非空值的记录计数。

③ 如果在以上例子中加上Where子句，将只返回符合条件的记录的汇总值。

聚合函数还可以与Group By子句结合使用，以便实现分类统计。例如，要统计每个系的男生人数和女生人数，其Select语句如下：

```
Select 系别, sex, count( * ) From students Group By 系别, sex
```

5. 多表查询

如果要查询的内容来自多个表，就需要对多个表进行连接后再进行查询。例如，有两个表，一个是保存了用户基本信息的User表（ID，姓名，性别，年龄），另一个是用户账号表Admin（ID，账号，密码）。如果要查询用户的姓名、性别、账号、密码信息，就需要对这两张表进行连接，可以按照ID字段建立联系。SQL语句如下：

```
Select 姓名,性别,账号,密码 From User, Admin where User.ID = Admin.ID
```

6. 其他查询

（1）使用Distinct关键字可以去掉查询结果中重复的记录。例如：

```
Select Distinct author From lyb      //多条记录中有相同的作者则只显示一条
```

(2) 使用 As 关键字可以为字段名指定别名,如将 author 字段名显示为"作者"。

```
Select author As 作者, title As 标题 From lyb
```

7.1.5 添加、删除、更新记录的语句

1. Insert 语句

在动态网站程序中,经常需要向数据库中插入记录。例如,用户发表一条留言时,就需要将该条留言作为一条新记录插入到表 lyb 中。使用 Insert 语句可以实现该功能,语法如下:

```
Insert Into 表(字段 1,字段 2, … ) Values (字段 1 的值,字段 2 的值, … )
```

说明:

① 利用 Insert 语句可以给表中部分或全部字段赋值。Values 括号中的字段值的顺序必须和前面括号中的字段一一对应。各字段之间、字段值之间用逗号隔开。

② 在插入时要注意字段的数据类型,若为文本或备注型,则该字段的值两边要加单引号;若为日期/时间型,则应在值两边加 # 号(加单引号也可以);若为布尔型,则值应为 True 或 False;自动编号字段不需要插入值。

③ 可以只给部分字段赋值,但主键字段必须赋值,不能为空且不能重复。

下面是一些插入记录的例子:

```
Insert Into lyb (author ) Values('芬芬')
Insert Into lyb (author, title, [date]) VALUES ('芬芬','大家好!', #207 - 12 - 12#)
```

说明: 由于 date 是 SQL 语言中的一个关键字,如果表中的字段名与 SQL 中的关键字相同时,就必须把该字段名写在中括号内,如[date],否则 SQL 语句会出错。因此有时在执行 Insert 语句出现不明原因的错误时,不妨把所有字段名都写在中括号内。

2. Delete 语句

使用 Delete 语句可以一次性删除表中的一条或多条记录。语法如下:

```
Delete From 表[Where 条件]
```

说明: "Where 条件"与 Select 语句中的 Where 子句作用是一样的,都用来筛选记录。在 Delete 语句中,凡是符合条件的记录都会被删除,如果没有符合条件的记录则不删除,如果省略条件,则会将表中所有的记录全部删除。

下面是一些删除记录的例子:

```
Delete from lyb where id = 17
Delete from lyb where author = '芬芬'
Delete from lyb where date <#2010 - 9 - 1#
```

提示: Delete 语句以删除一整条记录为单位,它不能删除记录中某个或多个字段的值,因此 Delete 与 from 之间没有 * 或字段名。如果要删除某些字段的值,可以用下面的

Update语句将这些字段的值设置为空。

3. Update 语句

在实际生活中,经常需要修改信息。在SQL中,可以使用Update语句来修改更新表中的记录。语法如下:

```
Update 数据表名 Set 字段 1 = 字段值 1,字段 2 = 字段值 2, … [Where 条件]
```

说明:Update语句可以更新全部或部分记录。其中"Where"条件是用来指定更新数据的范围,其用法同Delete语句。凡是符合条件的记录都会被更新,如果省略条件,则将更新表中所有的记录。

下面是一些常见的例子:

```
Update lyb Set email = 'fengf@163.com' where author = '芬芬'
Update lyb Set title = '此留言已被删除', content = Null where id = 16
```

更新记录时,也可以采取先删除再添加。不过,这样的话会使自动编号的值改变,而有时是需要通过自动编号的值查找该记录的,而且采取先删除再添加需要执行两条SQL语句,有时可能发生第一条执行成功,而第二条执行失败的情况,从而对数据产生破坏。

7.1.6 SQL字符串中含有变量的书写方法

(1) 在ASP中,如果要执行SQL语句,通常将SQL语句写在一个字符串中。例如,对于下面的SQL语句:

```
Select * from link where name = '搜狐'
```

如果要把它写成字符串的形式,则形式如下(因为字符串常量要写在双引号中):

```
str = "Select * from link where name = '搜狐'"
```

这样就能从link表中查询到网站名name是"搜狐"的记录信息。但在实际查询时,查询条件(如此处的"搜狐")往往是从表单中获取的,如webName = Request. Form ("webName")。这样,查询条件就保存到了字符串变量webName中了。

由于字符串变量不能直接写在字符串常量中,必须用连接符(& 或+)和字符串常量连接在一起,因此,上面的语句要改为:

```
str = "select * from link where name = '"& webName &"'"
```

在这条语句等号右边的表达式中,实际包括如下三部分内容,即两个字符串常量和一个字符串变量,它们之间用连接符 & 连接在一起:

第一部分,字符串常量:

```
"select * from link where name = '"
```

第二部分,字符串变量:

```
webName
```

第三部分,字符串常量:

```
","
```

容易引起迷惑的是,为什么第一部分和第三部分中既有单引号又有双引号呢?其实,两边的双引号就是表示中间的内容是一个字符串常量。其中的单引号“'”和别的字符(如abcd)一样,只是这个字符串常量的内容而已。同样,对于第三部分来说,两边的双引号表示这是一个字符串常量,中间的单引号就是它的内容。

(2) 如果SQL语句中的常量是数值型,就不要用单引号“'”括起来。例如:

```
Select * fromlink where ID = 5
```

把它写成SQL字符串就是:

```
str = "Select * from link where ID = 5"
```

如果变量linkid=5,则将语句中的数值5替换成数值变量linkid后的字符串如下:

```
str = "Select * from link where ID = "&linkid
```

可见它由两部分组成,即前面的"Select * from link where ID="是字符串常量,后面的linkid是字符串变量,它们之间用连接符&连接起来。

(3) SQL语句中含有多个变量的情况。在SQL语句(尤其是Insert语句)中,经常会碰到一条SQL语句中有多个变量的情况,对于下面的Insert语句:

```
Insert Into lyb (author, title) VALUES ('芬芬','大家好!')
```

把它写成SQL字符串就是:

```
str = "Insert Into lyb (author, title) VALUES ('芬芬','大家好!') "
```

如果变量user='芬芬'、tit='大家好!',则可将该SQL字符串改写为:

```
str = "Insert Into lyb (author, title) Values ('"&user&"','"&tit&"')"
```

可见它由五部分组成,分别是字符串常量"Insert Into lyb (author, title) Values ('"、字符串变量user、字符串常量"','"、字符串变量tit和字符串常量"')"通过4个&连接起来。

7.2 ADO概述

ASP程序不能直接访问数据库,必须通过ADO(ActiveX Data Object)组件,ASP才可以访问Access、SQL Server、Oracle等各种支持ODBC或OLE DB的数据库。这就好比操作系统要通过驱动程序才能访问各种硬件一样。ASP、ADO、OLE DB及各种数据库之间的关系如图 7-8 所示。

用户必须了解 ADO 才能顺利地使用 ASP 访问数据库。ADO 包括了很多对象和子对象，这些对象之间的关系如图 7-9 所示。每个对象又有很多的集合、方法和属性。总的来看，ADO 有 3 个主要对象，即 Connection、Command 和 RecordSet。这 3 个对象的功能如表 7-1 所示。

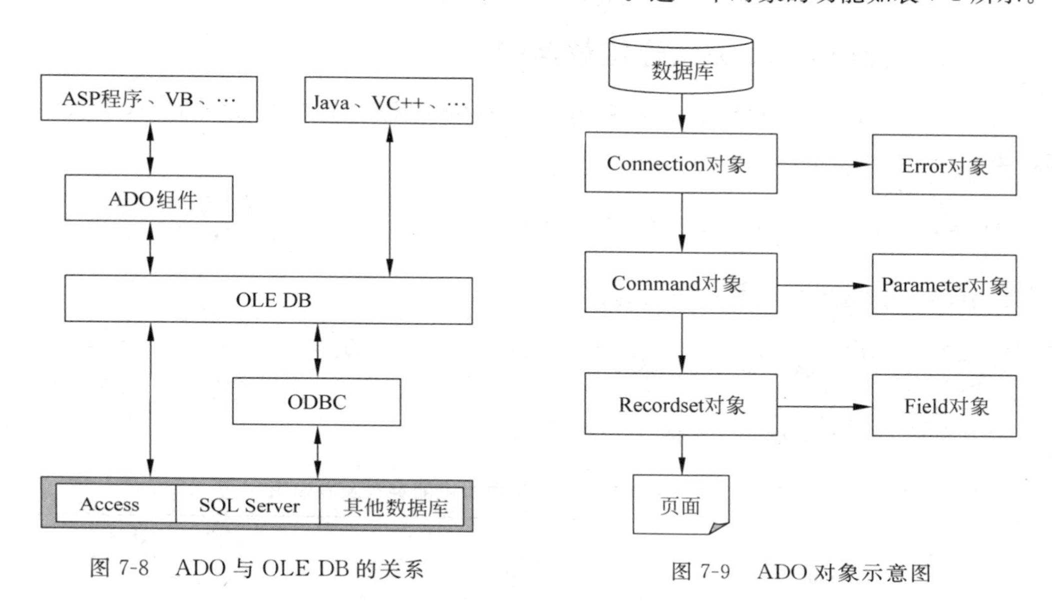

图 7-8　ADO 与 OLE DB 的关系

图 7-9　ADO 对象示意图

表 7-1　ADO 组件的 3 个主要对象及其功能

对　象	功 能 说 明
Connection	用来创建 ASP 脚本与指定数据库的连接
Command	对数据库执行命令，如查询、添加、修改和删除等命令
RecordSet	用来得到从数据库中的表返回的记录集

图 7-9 所示的是 ADO 对象的示意图，其中，Error 对象是 Connection 对象的子对象；Parameter 对象是 Command 对象的子对象；Field 对象是 RecordSet 对象的子对象。

从图 7-9 中可以看出，要在 ASP 页面中使用数据库中的数据，必须依次建立 ADO 的 3 个对象。但是在实际中，Command 对象可以不显式地建立。在页面上显示数据库中数据的步骤通常分为以下 3 个步骤。

(1) 用 Connection 对象连接数据库。

(2) 创建记录集，即通过查询将指定表中需要的数据读取到内存中。

(3) 绑定数据到页面，即输出记录集中一条记录的某个字段或多个字段的值。

7.3　Connection 对象

使用 Connection 对象之前先要建立该对象，语法如下：

```
Set 对象实例名 = Server.CreateObject("ADODB.Connection")
```

说明：

① 对象实例名可以是任意一个变量名，但通常这个实例名都约定命名为"conn"。

② 因为ADO中的对象都不是ASP的内置对象，因此不能直接使用它们，必须用Server.CreateObject方法先建立该对象的实例。

7.3.1 使用Open方法连接数据库

建立Connection对象后，还需要利用Connection对象的Open方法打开指定的数据库。语法如下：

```
Connection 对象实例名.Open 数据库连接字符串
```

其中，数据库连接字符串的形式为：

```
"参数 1 = 值 1;参数 2 = 值 2; …"
```

有关参数及其含义如表7-2所示。

表7-2 数据库连接字符串中的可能参数及其说明

参　数	说　明	参　数	说　明
Dsn	ODBC数据源名称	Dbq	数据库的物理路径
User	数据库登录用户名	Provider	OLE DB的数据提供者
Password	数据库登录密码	Data Source	OLE DB的数据库物理路径
Driver	数据库的驱动程序类型		

注：表中提供了很多参数，但每次并不会都用到。采用不同的连接方式，使用的参数一般也不同。

数据库连接字符串一般分为三类，即基于DSN的ODBC方式、无DSN的ODBC方式和基于OLE DB的方式。

1. 基于DSN的ODBC方式

基于DSN的ODBC方式数据库连接方式要求先在服务器端创建一个ODBC数据源，就可以用如下方法连接数据库：

```
conn.open"Dsn = lyb2"   '前提是已经创建了一个名称为 lyb2 的 ODBC 数据源
```

也可以省略"Dsn="，直接写数据源名。即：

```
conn.open"lyb2"
```

2. 无DSN(DSN-less)的ODBC方式

第一种方式的连接字符串虽然简单，但要求能够在服务器端设置ODBC数据源，对于租用服务器空间的用户来说，通常无法在服务器上进行这些设置。而且如果把程序从一台服务器移植到另一台服务器后，又必须在另一台服务器上重新设置，比较麻烦。无DSN(DSN-less)的ODBC方式则不需要设置数据源。例如：

```
conn.open "Driver = {Microsoft Access Driver ( * .mdb)};Dbq = E:\Web\lyb.mdb"
```

说明：这种方式的数据库连接字符串较长，但实际上它只包括两项，第一项 Driver 表示数据库驱动程序的类型，第二项 Dbq 表示数据库文件的物理路径。要特别注意的是，在 Driver 和(* . mdb)之间有且仅有一个空格，多或少都将连接不上。

对于这种方式，通常可以利用 Server 对象的 Mappth 方法将数据库的相对路径转换为物理路径，即：

```
conn.open "Driver = {Microsoft Access Driver ( * .mdb)}; Dbq = " & Server.Mappath("lyb.mdb")
```

这样改写后，如果将网站目录迁移到任何其他目录后，都不需要修改数据库的路径了。

3. 基于 OLE DB 的连接方式

OLE DB 是一种比 ODBC 效率更高的连接数据库的方式，也是微软目前推荐的连接方式。连接代码如下：

```
conn.open "Provider = Microsoft.Jet.OLEDB.4.0;Data Source =  E:\Web\lyb.mdb "
```

自然，这种方式也可以使用 Server. MapPath 将数据库的相对路径转换为物理路径：

```
conn.open "Provider = Microsoft.Jet.OLEDB.4.0;Data Source = " & Server.MapPath("lyb.mdb")
```

下面是一个完整地利用 Connection 对象连接数据库的程序代码，它主要分为两步，即创建 Connection 对象实例 conn 和用 Open 方法打开数据库连接字符串。由于应用了数据库技术的网站中几乎所有的网页都需要连接数据库，因此通常将该段代码保存成一个文件(一般命名为 conn. asp)，在需要连接数据库的网页中使用 Include 命令包含它即可。

```
---------------------清单 7-1 conn.asp------------------------------------
<% Dim conn
Set conn = Server.CreateObject("ADODB.Connection")
conn.open "Provider = Microsoft.Jet.OLEDB.4.0;Data Source = " & Server.MapPath("lyb.mdb")
%>
```

使所有网页能共享数据库连接代码的另一种方法是将数据库连接对象保存在一个 Application 变量中，由于 Application 变量能被网站中所有网页共享，因此该数据库连接对象能被所有网页使用，为了使数据库连接对象能够在用户访问任何网页之前就已存在，应该在 Global. asa 文件中建立它，代码如下：

```
<script language = "VBScript" runat = "server">
Sub Application_OnStart
Set Application("conn") = Server.CreateObject("ADODB.Connection")
Application("conn").open "Provider = Microsoft.Jet.OLEDB.4.0; Data Source = " & Server.
MapPath("lyb.mdb")
End Sub
</script>
```

这样在其他网页的开头就不需要写“<!--#include file="conn.asp"-->”了，只要增加一句“conn=Application("conn")”即可。但该方法建立的数据库连接对象不能为每个用户单独关闭，因此实际中用得很少，在此介绍仅作为对比。

4. 连接 SQL Server 数据库的方法

存取 SQL Server 数据库其实和存取 Access 数据库是一样的，只是连接 SQL 数据库时连接字符串略有区别。连接 SQL Server 数据库同样有以上 3 种方式，下面仅介绍最常用的基于 OLE DB 的连接方式。代码如下：

```
<% Dim conn
Set conn = Server.CreateObject("ADODB.Connection")
conn.Open "Provider = SQLOLEDB; Data Source = localhost; initial Catalog = pubs; Uid = tang; Pwd
= 123456"     'pubs 是数据库名,Uid 是用户名,pwd 是密码
%>
```

可以看出，连接 SQL 数据库与连接 Access 数据库相比，仅仅是连接字符串不同。由于 SQL Server 数据库不需要考虑数据库文件存放的地点，因此实际上更简单，只需要指定 Source 属性为 localhost(表示本机)，initial Catalog 属性为数据库名即可。

7.3.2 使用 Execute 方法创建记录集

连接了数据库以后，ASP 程序只是和指定的数据库建立了连接，但数据库中通常有多个表，数据库中的数据都是存放在表中的。为了在页面上显示数据必须读取指定的表(全部或部分数据)到内存中来，这称为创建记录集(RecordSet)。记录集可以看成是内存中的一个虚表，由若干行和若干列组成。记录集还带有一个记录指针，在刚打开记录集时该指针通常指向记录集中的第一条记录(如果记录集不为空)，如图 7-10 所示。

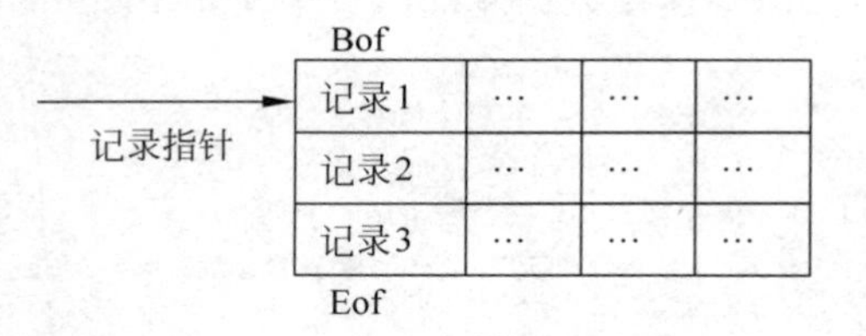

图 7-10 记录集示意图

创建记录集有几种方法，其中一种方法是使用 Connection 对象的 Execute 方法执行一个查询来创建记录集。例如：

```
Set rs = conn.Execute("Select * From lyb Order By ID Desc")
```

说明：

① conn.Execute 方法后的括号有时可以省略，但如果它前面有“Set rs=”，则括号不能省略。因此，此处的括号是一定不能省略的。

② 利用 Connection 对象的 Execute 方法执行一条 Select 语句，就会返回一个记录集对象，如 rs。

提示：可以简单地认为连接数据库是和指定的数据库建立联系，而创建记录集是和该

数据库中指定的表建立联系。因此在网页上显示数据库中的数据都必须先进行这两步。

7.3.3　在页面上输出数据

创建了记录集后，数据表中的相关数据就已经读取到内存中。这时只要使用 rs("字段名")就可以输出记录集指针当前指向记录的字段值到页面上。例如：

```
<% =rs("title")%><% =rs("author")%>
```

上述代码表示输出记录集中第一条记录中 title 字段和 author 字段的值。

如果要输出记录集中的第二条记录，可以利用 rs.MoveNext 方法先将记录集指针指向下一条记录，然后输出的即为第二条记录的字段值。例如：

```
<% rs.MoveNext
        Response.Write rs("title")&" "& rs("author")     %>
```

如果要输出记录集中所有的记录，可以利用循环语句每输出一条记录后，就将记录集指针移动到下一条记录，再输出这条记录，直到记录集指针指向了记录集的末尾(rs.Eof)才停止循环。但是这样只能输出每条记录的内容(每个单元格中的内容)。如果要以表格的形式输出记录集，则必须用 HTML 标记定义表格，再将记录集中的内容输出到每个单元格 <td>中。下面是一个将数据库(lyb.mdb)中表 lyb 中的数据显示在页面上的完整程序。程序运行结果如图 7-11 所示。

```
----------------------清单 7-2.asp 显示数据库中的记录-----------------
<% '------------------------连接数据库----------------------------------
Dim conn
Set conn=Server.CreateObject("ADODB.Connection")
conn.open "Provider=Microsoft.Jet.OLEDB.4.0;Data Source=" & Server.MapPath("lyb.mdb")
'------------------------创建记录集-----------------------------------
Set rs=conn.Execute("Select * From lyb Order By ID DESC")
%>
<! ------------------------在页面上显示数据库中的记录-------------------->
<table border="1" width="95%">
  <tr bgcolor="#e0e0e0">
    <th>标题</th><th width="100">内容</th><th width="60">作者</th>
    <th>email</th><th width="80">来自</th>
  </tr>
  <% do while not rs.eof %>
  <tr><td><% = rs("title") %></td>     <td><% = rs("content") %></td>
    <td><% = rs("author") %></td>      <td><% = rs("email") %></td>
    <td><% = rs("ip") %></td></tr>
  <% rs.movenext
loop    %>
</table>
```

说明：

① 本程序分为三部分；第一部分是连接数据库；第二部分是利用 Connection 对象的

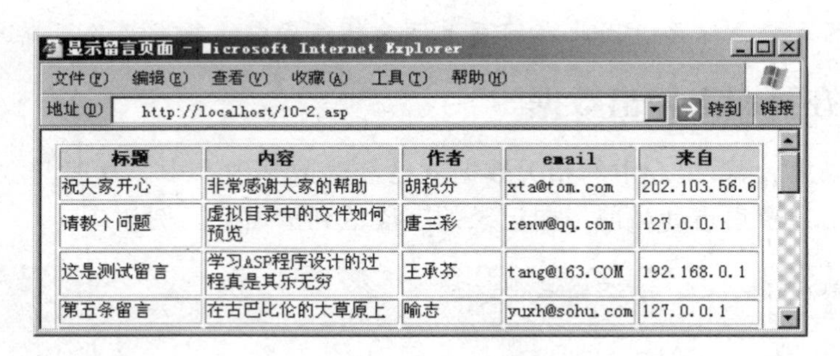

图 7-11　程序 7-2.asp 的运行结果

Execute 方法创建记录集；第三部分是用 Do…Loop 循环读取记录集中的所有记录。

② 刚打开记录集时，记录指针指向第一条记录，而利用 MoveNext 方法和循环就可以依次指向后面的每一条记录。

③ 由于每次循环显示一条记录，而每条记录显示在一行中，并且每显示一条记录要将记录指针向下移一条，因此 Do…Loop 循环的循环体是一对< tr >…</tr >标记和一条 rs.MoveNext 语句。

提示：从该程序可以看出，ASP 程序无法用一条语句将记录集整个表按原样输出，而只能利用循环和 rs.MoveNext 方法将记录一条一条的输出。

如果不想输出所有记录，只想输出记录集中的前 n 条记录，那么至少有两种方法：第一种方法是使用 for 循环，限定循环次数为 n；第二种方法是修改 SQL 语句为 Select Top n * From lyb Order By ID DESC，这样记录集中就只有 n 条记录。推荐用第二种方法，因为第一种方法虽然只在页面上输出 n 条记录，但实际上已经把所有的记录都读取到了记录集中，占用了内存。

提示：如果程序 7-2.asp 执行出错，有很多种原因，一种原因是在 Access 中打开了 lyb 表，这时只要在 Access 中关闭 lyb 表就可以了。

7.3.4　使用 Execute 方法操纵数据库

除了将数据表中的数据显示在页面上以外，有时还希望通过网页对数据库执行添加、删除或修改操作。例如，在网页上发表留言就是向数据表中添加一条记录。

1. 利用 Insert 语句添加记录

利用 SQL 语言的 Insert 语句可以执行添加操作，而使用 Connection 对象的 Execute 方法实际上可以执行任何 SQL 语句，因此利用 Execute 方法执行一条 Insert 语句，就可以在数据表中添加一条记录。下面是一个例子：

```
---------------------- 清单 7-3.asp 向数据库中添加记录 -----------------
<!-- #include file="conn.asp" -->
<%
conn.execute "Insert into lyb (author, title, [date],content) Values ('芬芬', '大家好', #207
-12-12# , '一起讨论')" %>
```

说明：

① 本程序分为两部分：第一部分是连接数据库，由于连接数据库的代码已写在 conn.asp

文件中，因此在这里直接利用 Include 命令调用该文件；第二部分是利用 Connection 对象的 Execute 方法添加记录。

② 由于只有执行查询语句才会返回记录集，添加记录不会产生记录集，因此在 conn.execute 前不必写“Set rs=”，conn.execute 方法后的括号也就可以省略了。

③ 用 Insert 语句一次只能添加一条记录，如果要添加多条，可以逐条添加或用循环语句。

2. 利用 Delete 语句删除记录

当管理员希望删除某些留言时，就需要在数据库中删除记录，可以利用 Connection 对象的 Execute 方法执行一条 Delete 语句来删除记录。下面是一个例子。

```
---------------------- 清单 7-4.asp 删除数据库中的记录 -----------------
<!-- #include file="conn.asp" -->
<%
conn.execute " Delete from lyb where ID in(28,26,23,25)", number   %>
本次操作共有<% = number %>条记录被删除!
```

说明：由于删除语句可一次删除多条记录，因此在这里使用了 Execute 方法的 number 参数，它将返回此次操作所影响的记录总数。如果这次有 4 条记录被删除，那么 number 将返回 4。

提示：本例中使用了 Execute 方法的 number 参数。实际上，使用 Execute 方法执行 Insert、Delete、Update 语句，都可以带 number 参数返回操作所影响的记录数，但如果用 Execute 方法执行 Select 语句，则 number 参数返回的值始终为-1，因为查询语句不会影响表中的记录数。

3. 利用 Update 语句更新记录

当需要修改某条留言时，就需要用 Execute 方法执行 Update 语句更新记录。例如：

```
---------------------- 清单 7-5.asp 更新数据库中的记录 -----------------
<!-- #include file="conn.asp" -->
<%
conn.execute "Update lyb set email='rong@163.com',author='蓉蓉' where id=21" %>
```

Execute 方法可用来记录新闻页面的点击次数，只要在显示某条新闻页面的适当位置加入如下这条语句就可以了。

```
conn.execute"update news set hits=hits+1 where id="&cstr(Request("id"))
```

这样每打开一次这个新闻页面，都会执行这条 SQL 语句，使点击次数(hits 字段)加 1。

提示：如果对数据库可以执行查询操作，但执行添加、删除、修改等操作出错。通常是数据库权限问题，找到数据库文件所在的文件夹，并在其上右击，在出现的“属性”面板中的“安全”选项卡中给予“EveryOne”读写权限即可。

7.4 使用 conn.execute 方法操纵数据库的综合实例

下面是一个综合实例，它能够对数据表中的数据进行添加、删除和修改。该程序主要包括管理主界面、添加记录模块、删除记录模块和更新记录模块。

7.4.1 数据管理主界面的设计

用户可以对 7-2.asp 稍作修改，使其在显示记录的基础上增加添加、删除和修改记录的链接，分别链接到添加、删除、更新记录的 ASP 文件上。因为这个网页要作为管理留言的首页，在此命名为 index.asp。

```
---------------------清单 7-6 index.asp 操纵数据库中记录的主界面---------------
<!--#include file="conn.asp"--><!--连接数据库-->
<% '------------------------创建记录集------------------------------
Set rs=conn.Execute("Select * From lyb Order By ID DESC")
 %>
<! ------------------------在页面上输出数据--------------------------->
<a href="addform.asp">添加记录</a>
<table border="1" width="95%">
  <tr bgcolor="#e0e0e0">
    <th>标题</th><th>内容</th><th>作者</th><th>email</th>
    <th>来自</th><th>删除</th><th>更新</th>
  </tr>
  <% do while not rs.eof %>
  <tr>
    <td><%= rs("title") %></td><td><%= rs("content") %></td>
    <td><%= rs("author") %></td><td><%= rs("email") %></td>
    <td><%= rs("ip") %> </td>
    <td><a href="delete.asp?id=<% =rs("id")%>">删除</a></td>
    <td><a href="editform.asp?id=<% =rs("id")%>">更新</a></td>
    </tr>
<% rs.movenext
loop        %>
</table>
```

程序的运行结果如图 7-12 所示。

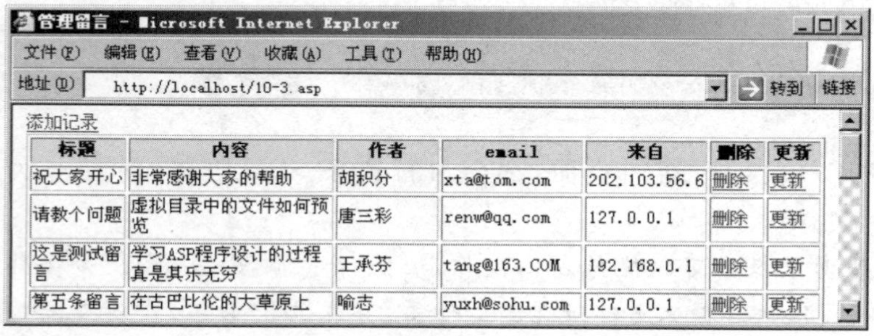

管理留言 - Microsoft Internet Explorer

文件(F) 编辑(E) 查看(V) 收藏(A) 工具(T) 帮助(H)

地址(D) http://localhost/10-3.asp 转到 链接

添加记录

标题	内容	作者	email	来自	删除	更新
祝大家开心	非常感谢大家的帮助	胡积分	xta@tom.com	202.103.56.6	删除	更新
请教个问题	虚拟目录中的文件如何预览	唐三彩	renw@qq.com	127.0.0.1	删除	更新
这是测试留言	学习ASP程序设计的过程真是其乐无穷	王承芬	tang@163.COM	192.168.0.1	删除	更新
第五条留言	在古巴比伦的大草原上	喻志	yuxh@sohu.com	127.0.0.1	删除	更新

图 7-12 程序 index.asp 的运行结果

说明：

① 请注意“删除”超链接：

```
<a href = "delete.asp?id = <% = rs("id") %>">删除</a>
```

其中，<%=rs("id")%>会输出这条记录 id 字段的值，而每条记录的 id 字段值都不相同，因此，所有记录后的“删除”超链接虽然都是链接到同一页面(delete.asp)，但带的 id 参数值不同，这样就可以将这条记录的 ID 参数值传递给 delete.asp。例如，如果这条记录的 id 字段值为 4，则这个超链接实际上为：

```
<a href = "delete.asp?id = 4">删除</a>
```

在 delete.asp 中，就可以用 Request 对象的 QueryString 获取这个 id 值。再根据该 id 值，删除对应的记录。对于更新记录的超链接也是同样的道理。

② 在有些程序中，删除和更新不是使用的超链接，而是使用表单中的按钮，如果要使用按钮，只要将下面的代码：

```
<a href = "editform.asp?id = <% = rs("id") %>">更新</a>
```

替换成：

```
<form action = "editform.asp?id = <% = rs("id") %>" method = "get">
      <input type = "submit" value = "更新">
</form>
```

说明：该方法的作用仅仅是利用 action 属性来传递 URL 参数，表单并没有向处理页提交任何内容。(注意，method 属性不能省略，想一想把 method 属性设置为 post 还可以吗?)

③ 如果希望用户在单击“删除”链接后弹出一个确认框询问用户是否确定删除，可以将 7-6.asp 中“删除”超链接的代码修改为：

```
<a href = "delete.asp?id = <% = rs("id") %>" onclick = "return confirm('确认要删除吗?')">删除
</a>
```

这样，由于 onclick 事件中的代码会先于 href 属性执行，因此当用户单击超链接时，将先弹出确认框，如图 7-13 所示。如果单击确认框上的“取消”按钮，confirm()函数将返回 false，本次单击超链接的行为将失效，就不会再链接到 delete.php 进行删除了。

图 7-13　删除确认框

7.4.2　添加记录的实现

当用户单击 index.asp 中的“添加记录”超链接时，就会链接到 addform.asp，该网页实际上是一个纯静态网页，它含有一个表单，用户可在该表单中输入留言内容。其主要代码如下：

```
-------------------- 清单 7-7 addform.asp 操纵数据库中记录的主界面 ---------------
<h2 align = "center">请您在下面填写留言</h2>
<form name = "form1" method = "post" action = "insert.asp">
  <table width = "400" border = "1" align = "center" cellpadding = "2">
    <tr><td width = "125">留言标题：</td>
      <td width = "275"><input type = "text" name = "title"> * </td>
    </tr>
    <tr><td>留言人：</td>
      <td><input type = "text" name = "author"> * </td>
    </tr>
    <tr><td>联系方式：</td>
      <td><input type = "text" name = "email"> * </td>
    </tr>
    <tr><td>留言内容：</td>
      <td><textarea name = "content" cols = "30" rows = "2"></textarea></td>
    </tr>
     <tr><td> </td><td><input type = "submit" value = "提 交"></td>
    </tr>
</table></form>
```

在浏览器中的显示结果如图 7-14 所示。

图 7-14 添加留言 addform.asp 的主界面

当用户单击“提交”按钮后，就会将表单中的数据提交给 insert.asp，下面的程序首先用 Request 对象获取表单中的数据，然后用 Execute 方法执行 Insert 语句将用户输入的数据作为一条记录中的各个字段插入到数据表 lyb 中，从而保存了用户留言，该过程如图 7-15 所示。

```
---------------------- 清单 7-8 insert.asp 添加记录的主程序 ------------------
<!-- #include file = "conn.asp" -->
<%
title = request.Form("title")
author = request.Form("author")
email = request.Form("email")
content = request.Form("content")
ip = request.ServerVariables("REMOTE_ADDR")
```

```
sql = "Insert into lyb(title,author,email,content,ip,[date]) values('"&title&"','"&author& "',
'" & email & "','" &content& "','"&ip&"',#"& Date() &"#)"
response.Write sql                       '输出 sql 语句,用于调试,可删除
conn.execute sql
response.Redirect("index.asp")          '插入成功后,自动转到首页
%>
```

说明:该程序中的 insert 语句较长,因此将其放在一个变量(sql)中。这样做的另一个好处是,如果 SQL 语句有错误,则可以先输出该 sql 语句,便于调试。

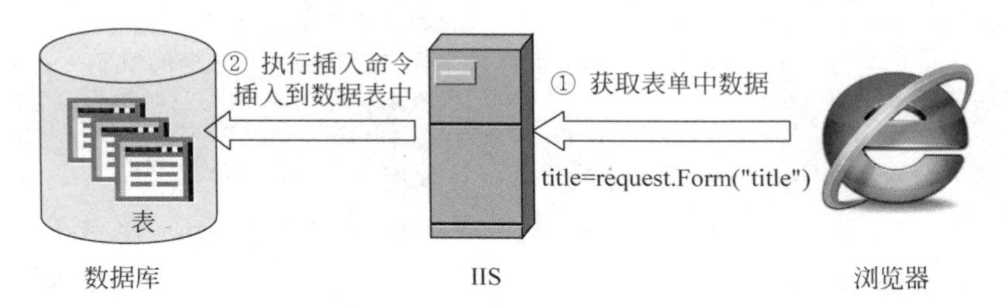

图 7-15 添加记录的步骤

7.4.3 删除记录的实现

当用户在 index.asp 中单击"删除"超链接时,就会执行 delete.asp 文件,该文件先获取超链接传递过来的记录 id 参数,然后用 delete 语句删除该 id 对应的记录。

```
---------------------清单 7-9 delete.asp 删除记录的主程序-----------------
<!-- #include file="conn.asp" -->
<% id=Cint(Request.QueryString("id"))
conn.execute "delete from lyb where id="&id
Response.Redirect("index.asp")
%>
```

delete.asp 删除记录的过程如图 7-16 所示。

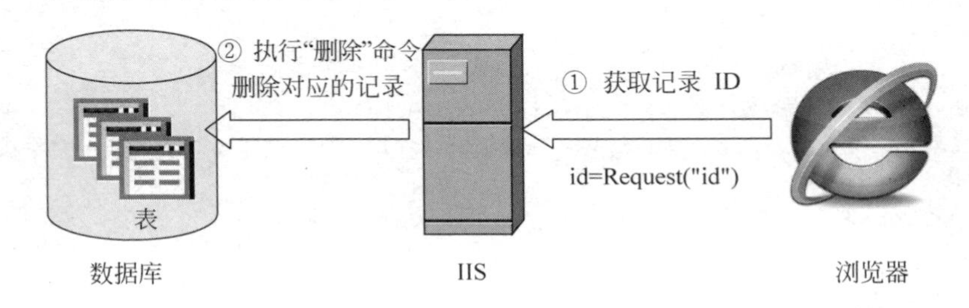

图 7-16 删除记录的步骤

说明:在第二行中使用了 cint 函数将获取到的 ID 参数强制转化为整型,虽然在一般情况下不使用 Cint 函数也可以,但这样做的好处是,可以防止非法用户在浏览器地址栏中手动输入一些非数值型的 id 参数,如"id='"破坏系统。

7.4.4 同时删除多条记录的实现

在有些电子邮件系统中，允许用户选中多封邮件然后将它们一并删除，这就是同时删除多条记录的一个例子。用户可以对程序 7-6index.asp 做些修改，将每条记录后的“删除”超链接换成一个多选框，再在最后一行添加一个“删除”按钮，修改后的代码如下：

```
------------------- 清单 7-10 delall.asp 操纵数据库中记录的主界面 --------------
<!-- #include file="conn.asp" -->
<%
if request.QueryString("del")=1 then          '如果用户单击"删除"按钮
        selectid=request.Form("selected")     '获取所有选中多选框的值
    if selectid<>"" then                      '防止 selectid 值为空时执行 SQL 语句出错
        conn.execute "Delete From lyb where id in ("&selectid&")"
        response.Redirect "delall.asp"        '删除完毕,刷新页面
end if
end if
    Set rs=conn.Execute("Select * From lyb Order By ID DESC")     '创建记录集
    %>
<form method="post" action="?del=1">  <!--表单提交给自身-->
<table border="1" width="95%">
  <tr bgcolor="#e0e0e0">
    <th>标题</th><th>内容</th><th>作者</th><th>email</th>
    <th>来自</th><th>删除</th><th>更新</th>
  </tr>
  <% do while not rs.eof %>
  <tr>
    <td><% = rs("title") %></td><td><% = rs("content") %></td>
    <td><% = rs("author") %></td><td><% = rs("email") %></td>
    <td><% = rs("ip") %></td>
    <td align="center">
<input type="checkbox" name="selected" value="<% =rs("id")%>"></td><!--复选框-->
    <td><a href="editform.asp?id=<% =rs("id")%>">更新</a></td>
    </tr>
<% rs.movenext
loop   %>
<tr bgcolor="#E0E0E0">
    <td></td><td></td><td></td><td></td><td></td>
    <td align="center"><input type="submit" value="删 除"></td><!--删除按钮-->
    <td></td></tr>
</table></form>
```

程序的运行结果如图 7-17 所示。

说明：

① 每条记录后的多选框的 name 属性值是静态的“selected”，因此循环以后所有记录多选框的 name 属性值都是 selected，而多选框的 value 属性值是动态数据<%=rs("id")%>，则循环后每条记录多选框的 value 属性值都是其 id 字段值。如果有多个多选框的 name 属性值相同，那么提交的数据就是(name=value1,value2,…)的形式。因此，在该程序中，如

管理留言 - Microsoft Internet Explorer

文件(F)　编辑(E)　查看(V)　收藏(A)　工具(T)　帮助(H)

地址(D) http://localhost/lyb-del.asp　转到　链接

添加记录

标题	内容	作者	email	来自	删除	更新
祝大家开心	非常感谢大家的帮助	胡积分	xta@tom.com	202.103.56.6	☐	更新
请教个问题	虚拟目录中的文件如何预览	唐三彩	renw@qq.com	127.0.0.1	☑	更新
这是测试留言	学习ASP程序设计的过程真是其乐无穷	王承芬	tang@163.COM	192.168.0.1	☑	更新
第五条留言	在古巴比伦的大草原上	喻志	yuxh@sohu.com	127.0.0.1	☐	更新
					删除	

图 7-17　delall.asp 的运行结果

果用户选中多条记录(如选中 2、3、5、7 条记录),则提交的数据就是(selected=2,3,5,7),那么最终执行的 SQL 语句就是 Delete From lyb where id in ("2, 3, 5, 7")。这是一条正确的 SQL 语句,因此会删除第 2、3、5、7 条记录。

② 本程序将表单界面和删除记录的程序写在了同一个文件中,方法是通过 action 属性将表单提交给自身而不是其他文件,但增加了一个查询字符串,处理程序据此判断是否提交了表单。

7.4.5　更新记录的实现

更新记录的过程分为两个阶段:第一阶段是提供一个用来更新记录的表单,该表单显示待更新记录的各字段值,以供用户更新该记录中的信息,其过程如图 7-18 所示。下面是更新记录的操作界面程序 editform.asp 的代码,其运行结果如图 7-19 所示。

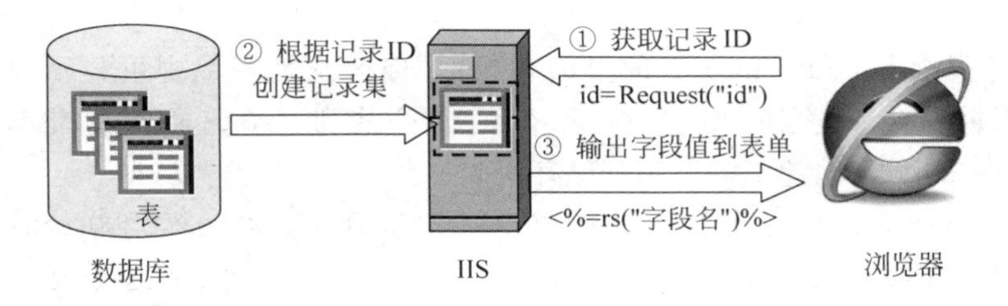

图 7-18　更新记录的步骤(第一阶段)

```
----------------------清单 7-10 editform.asp 更新记录的主界面-----------------
<!-- #include file = "conn.asp" -->
<% id = Request.QueryString("id")
set rs = conn.execute ("Select * from lyb where id = "&id)'显示待更新的记录
%>
<h2 align = "center">更新留言</h2>
<!--将获取到的 id 再传递给 edit.asp,供其修改该 id 对应的记录 -->
<form method = "post" action = "edit.asp?id = <% = id %>">
  <table width = "400" border = "1" align = "center" cellpadding = "2">
    <tr><td width = "125">留言标题: </td>
      <td width = "275"><input type = "text" name = "title" value = "<% = rs("title") %>">
 *</td>
```

```
    </tr>
    <tr><td>留言人:</td>
      <td><input type="text" name="author" value="<% = rs("author") %>"> *</td></tr>
    <tr><td>联系方式:</td>
      <td><input type="text" name="email" value="<% = rs("email") %>"> *</td></tr>
    <tr><td>留言内容:</td>
      <td><textarea name="content" cols="30" rows="2"><% = rs("content") %></
textarea>
</td></tr>
     <tr><td> </td><td><input type="submit" value="确 定"></td></tr>
  </table></form>
```

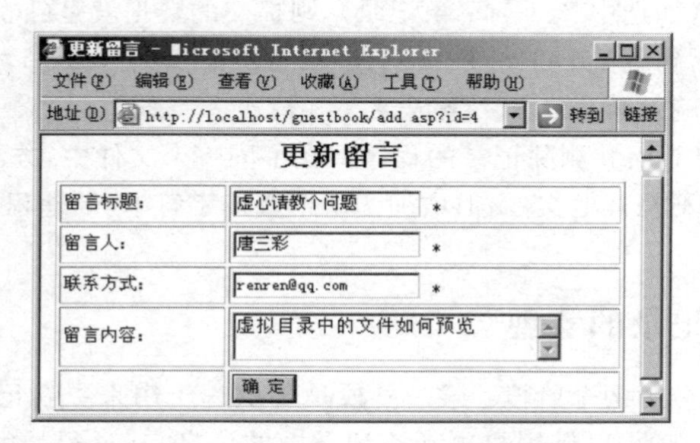

图 7-19　程序 editform.asp 的运行结果

说明:

① 该程序界面和 addform.asp 的界面很相似,但区别是表单中可显示一条记录的信息。它首先根据首页传过来的 id 值,执行“查询”命令找到这条记录,然后将其显示在表单中,由于只有一条记录,因此不需要用到循环语句。

② 请注意将动态数据显示在表单中的方法。对于单行文本框,它在初始时会显示 value 属性中的值,因此只要给其 value 属性赋值就可以了,如 value="<%= rs("title") %>";对于多行文本域,它在初始时会显示标记中的内容,因此将动态数据写在标记中即可。例如

```
<textarea name="content" cols="30" rows="2"><% = rs("content") %></textarea>
```

当用户单击“确定”按钮提交表单后,浏览器将与服务器进行第二次通信(更新记录的第二阶段)。更新记录处理程序 edit.asp 首先获取 editform.asp 中表单传递过来的 id 值,同时获取表单提交的数据,根据该 id 值和表单数据修改 id 对应的记录,其过程如图 7-20 所示。editform.asp 传递 id 通常有两种方法,一种是使用上述代码中的查询字符串方式,另一种是使用隐藏表单域传递,比如在 editform.asp 的表单中添加一个隐藏域:

```
<input type="hidden" name="id" value="<% = id %>" /><!-- 传递 id 值的第二种方式 -->
```

而更新执行程序(edit.asp)的代码如下:

```
---------------------- 清单 7-11 edit.asp 更新记录的主程序 ------------------
<!-- #include file="conn.asp" -->
<%
id=request.QueryString("id")            '根据 id 找到要修改的留言
title=request.Form("title")
author=request.Form("author")
email=request.Form("email")
content=request.Form("content")
sql="Update lyb Set title='" & title & "',author='" & author & "',email='" & email & "',
content='" &content & "' Where ID=" & id
conn.execute sql                         '执行更新语句
Response.Write "<script>alert('留言修改成功!');location.href='index.asp';</script>"
%>
```

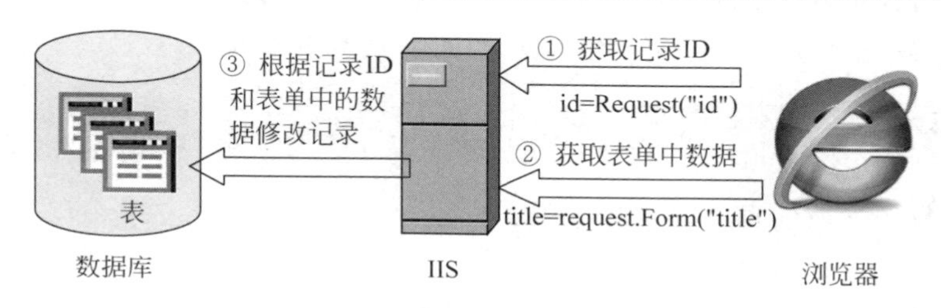

图 7-20 更新记录的步骤(第二阶段)

说明：

① Update 语句根据传过来的 id 找到要修改的留言。

② 更新完成后本程序采用输出客户端脚本的方法(location.href)转向首页，用来替代 Response.Redirect 语句，这样做的好处是，可以在返回之前弹出一个警告框提示用户“留言修改成功”，而 Response.Redirect 方法则无法在转向之前输出任何警告框之类的 JavaScript 的脚本。因此前面几个程序的 Response.Redirect 语句都可以换成这个语句，以增加弹出警告框提示用户的功能。

7.5 Recordset 对象

在页面上显示数据的前两步是连接数据库和创建记录集，用 Connection 对象可以连接数据库，用它的 Execute 方法也可以隐式地创建记录集，并执行对数据库的各种操作。但有时如果要实现某些特殊的功能(如分页显示记录)或要使用 Recordset 对象的某些属性(如 Recordcount、Absoluteposition 等)，就必须使用本节的方法明确建立 RecordSet 对象。

建立 Recordset 对象的语法如下：

```
Set 对象实例名 = Server.CreateObject("ADODB.Recordset")
```

说明：

① 其中对象实例名可以是任意一个变量名，但通常这个实例名都命名为“rs”。

② 因为 Recordset 也是 ADO 组件中的一个对象，所以 Recordset 对象名前也必须有“ADODB.”。

7.5.1 使用 open 方法创建记录集对象

定义了 Recordset 对象实例后，还需要用 Open 方法创建记录集，语法如下：

```
Recordset 对象.Open [Source], [ActiveConnection], [CursorType], [LockType], [Options]
```

例如：

```
<% rs.open "select * from lyb",conn,1,3 %>
```

提示：rs.open 方法最多可带 5 个参数，其中前两个是必须要的，后 3 个有时可以省略，上例中省略了第 5 个参数。不过如果要省略中间的参数，则必须用逗号给中间的参数留出位置。例如，如果省略第 3 个和第 5 个参数，则应写成如下形式。

```
<% rs.open "select * from lyb",conn,,3 %>
```

下面来看每个参数的具体含义和作用。

1. Source

Source 属性用来设置数据库查询信息，可以是 SQL 语句、表名或 Command 对象名，还可以是查询名或存储过程名。如果读取表中全部数据到记录集且不做任何排序，则可将 Source 属性设置为表名。例如：

```
<% rs.open "lyb",conn %>
```

提示：虽然 Source 参数可以是任何 SQL 语句，包括 Insert、Delete、Update 语句，但强烈建议不要用 rs.open 执行这些非查询语句，那样并不会返回记录集，如果再执行 rs.close(关闭记录集)语句就会出错，这些非查询语句一般用 7.4 节中的 conn.execute 方法来执行。

2. ActiveConnection

ActiveConnection 属性用来指定数据库连接信息，通常为 Connection 对象的实例名(如 conn)，也可以是数据库连接字符串。

3. CursorType

CursorType 属性用来设置记录集的指针类型，取值如表 7-3 所示。

表 7-3 CursorType 的参数取值

常量	数值	含　义
AdOpenForwardOnly	0	向前指针，只能用 MoveNext 或 Getrows 方法向前移动记录指针，默认值
AdOpenKeyset	1	键盘指针，指针在记录集中可以向前向后移动，当某用户做了修改后(除了增加新数据)，其他用户都可以立即显示
AdOpenDynamic	2	动态指针，指针在记录集中可以向前向后移动，所有修改都会立即在其他客户端显示
AdOpenStatic	3	静态指针，指针在记录集中可以向前向后移动，所有更新的数据都不会显示在其他客户端

CursorType 参数默认值为 0。如果只需要用 MoveNext 方法依次读取显示全部记录，可不设置该参数，但如果希望分页显示数据或要能前后移动指针，则必须令该参数为 1 或 3。

说明：表 7-3 中 CursorType 的常量就代表数值，因此，“rs. open "select * from lyb", conn,1,3”也可以写成“rs. open "select * from lyb",conn,AdOpenKeyset,3”，但这样写显然就麻烦些，因此一般都是写数值。

4. LockType

LockType 属性用来设置记录集的锁定类型（只读还是可写），取值如表 7-4 所示。

表 7-4 LockType 的参数取值

常 量	数值	含 义
AdLockReadOnly	1	只读，不允许修改记录集，默认值
AdLockPessimistic	2	只能同时被一个用户修改，修改时锁定，修改完毕后释放
AdLockOptimistic	3	可以同时被多个用户修改，只有修改的瞬间才锁定
AdLockBatchOptimistic	4	数据可以修改，但不锁定其他用户

LockType 的参数默认值为 1（只读）。因此，如果只需要读取数据库中的数据到页面上，而不需要修改，可不设置这个参数。而如果要修改记录集中的数据（包括添加、删除、更新），一般都将该参数设置为 3。

5. Options

Options 参数用来说明 Source 属性中字符串的含义，为 1 表示该 Source 参数是一个 SQL 语句，为 2 表示是一个表名，为 3 表示该参数是一个查询或存储过程名。不设置则由系统自动确定，因此该参数一般没必要设置，除非数据库中某个表名与某个查询或存储过程名相同。

rs. Open 语句也能写成多行的形式，即在每行里分别设置 rs. Open 方法的参数。例如：

```
<% rs.open "select * from lyb",conn,,3 %>
可写成：
<% rs.Source = "select * from lyb"
rs.ActiveConneciton = conn
rs.LockType = 3
rs.Open %>
```

下面是通过使用 rs. Open 方法创建记录集来改写程序 7-2. asp，代码如下：

```
<!-- #include file = "conn.asp" -->          <! ------------ 连接数据库 ----------->
<%         '---------------------- 显式创建记录集 -----------------------
    Set rs = Server.CreateObject("ADODB.Recordset")
    rs.open "select * from lyb Order By id desc", conn
%><! ---------- 显示数据库中记录的代码，同 7 - 2.asp，因此省略 ----------->
```

可以看到，只要把“Set rs=conn. Execute("Select * From lyb Order By id desc")”换

成上面显式创建记录集的两句就可以了。

7.5.2 RecordSet 对象的属性

1. RecordSet 属性的分类

Recordset 对象的属性大致上可归为三类。

第一类就是 7.4 节中作为 rs.open 方法参数的 Source、ActiveConnection、CursorType、LockType、Options 等属性。

第二类是 RecordCount、Bof、Eof 3 个属性，这 3 个属性都是只读属性，即只能在打开记录集后读取它的值，而不能设置它的值。它们的含义如下。

(1) RecordCount：返回记录集中的记录总数。

(2) Bof：当记录指针指向记录集开头时(第一条记录之前)，返回 True，否则返回 False。

(3) Eof：当记录指针指向记录集结尾时(最后一条记录之后)，返回 True，否则返回 False。

(4) AbsolutePosition：该属性用来返回或设置当前记录指针所指向的记录位置，可读写。

第三类是用来对记录集分页的属性，包括 Pagesize、Pagecount、Absolutepage 等。

2. Recordset 属性的常见应用

(1) 输出记录集中的记录总数(RecordCount 属性)。

```
<%
Set rs = Server.CreateObject("ADODB.Recordset")
rs.open "select * from lyb order by id desc", conn,1      '必须设置指针类型为 1 或 3
Response.Write "共有"& rs.Recordcount &"条记录"
 %>
```

(2) 判断记录集是否为空。判断记录集为空有两种方法，第一种是判断记录集的指针是否既指向开头也指向结尾，即：

```
if rs.bof and rs.eof then Response.Write "<p>目前还没有任何记录</p>"
```

第二种方法是判断记录集中记录总数是否为 0，即：

```
if rs.Recordcount = 0 then Response.Write "<p>目前还没有任何记录</p>"
```

虽然第二种方法看起来简单些，但 Recordcount 的执行效率要比 Eof 差，而且必须显式地创建记录集并且设置 CursorType 属性为 1 或 3 才能使用，因此能用 Eof 解决的问题就不要用 Recordcount 属性。

(3) 判断是否为最后一条记录。如果某条记录在记录集中的绝对位置等于记录总数，即“if rs.AbsolutePosition = rs.RecordCount then…”，则可判断它是最后一条记录。但实际上，使用 rs.AbsolutePosition 属性要在打开记录集前添加一条语句“rs.cursorlocation=3”。否则，rs.AbsolutePosition 的值总是为-1。至于为什么要这样设置，读者可参考某些资料，也可当作一个小技巧记下来。

另一种方法是，先用 rs. movenext 将记录集指针向下移动一次，此时如果指针指向 rs. eof，则可以判断这条记录是最后一条记录。

7.5.3 Recordset 对象的属性应用实例

1. 在一行中显示多条记录

有时如果想在表格的一行中显示多条记录（如一行显示 3 条），则可以利用 rs. absoluteposition 属性判断当前记录在记录集中的位置是否是 3 的倍数，如果是，则输出"</tr><tr>"标记使下一条记录从下一行开始显示。主要代码如下，效果如图 7-21 所示。

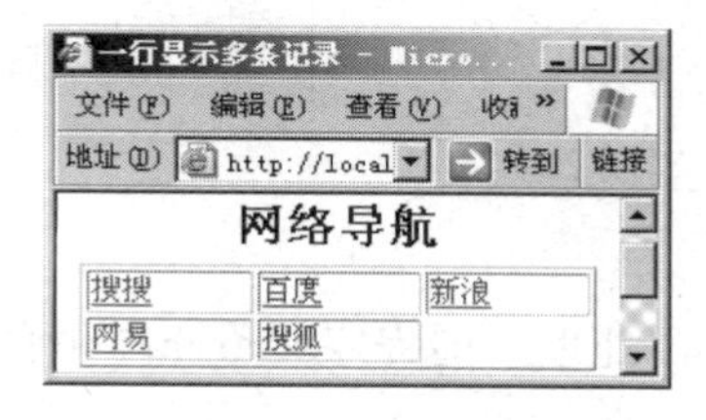

图 7-21 在一行中显示多条记录

```
<h2 align = "center">网络导航</h2>
<% Set rs = Server.CreateObject("Adodb.Recordset")
rs.cursorlocation = 3      '在打开记录集之前设置 cursorlocation 属性为 3
rs.open "Select * From link Order By id Desc" ,conn   %>
<table border = "1" width = "100 % " >     <! -- 以下显示数据库记录 -->
    <tr>
<%  Do While not rs.Eof      %>
    <td><a href = "http://<% = rs("URL") %>" ><% = rs("name") %></a></td>
    <%
    if rs.Absoluteposition mod 3 = 0 then Response.Write "</tr><tr>"
    rs.movenext
  Loop %>
</tr></table>
```

当然，如果将每条记录分别放在一个<div>标记中，设置这些 div 浮动，并让这些 div 外围容器宽度是 div 宽度的 3 倍，则每显示 3 个 div 就会自动换行，这样实现更简单些。

2. 查找记录的实现

查找记录实现的思想是：首先提供一个文本框供用户输入要查找的关键字，然后将用户提交的关键字作为条件利用 SQL 语句进行查找，最后将查找的结果（返回的记录集）提交给用户。下面对 7-2. asp 文件添加查找功能，首先在该文件的<table>标记前加入如下表单代码，修改后的页面显示效果如图 7-22 所示。

```
<form method = "get" action = "search.asp">
  <div style = "border:1px solid gray; background: # eee;padding:4px;">
查找留言：请输入关键字 <input name = "keyword" type = "text">
  <select name = "sel">
    <option value = "title">文章标题</option>
    <option value = "content">文章内容</option>
  </select>
  <input type = "submit" value = "查询">
</div></form>
```

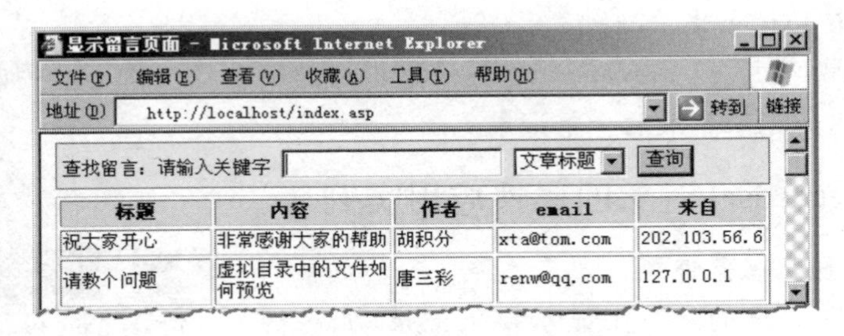

图 7-22 查找留言的界面

处理查询程序 search.asp 的主要代码如下：

```
<! -- #include file = "conn.asp" -- >
< h3 align = "center">查询结果</h3 >
<%
keyword = Trim(Request("keyword"))        '获取输入的关键字
sel = Request("sel")                      '获取选择的查询方式
Set rs = Server.CreateObject("ADODB.Recordset")
sql = "select * from lyb"
If keyword <> "" Then sql = sql & " where "&sel&" like '%"&keyword&"%'"
rs.open sql,conn,1'要使用 recordcount 属性,必须将游标设置为 1 或 3
if not(rs.bof and rs.eof) then Response.Write "< p >关键字为""&keyword&"",
共找到"&rs.recordcount&"条留言</p>" %>
< table border = "1">
  < tr bgcolor = "#e0e0e0">
    < th>标题</th > < th width = "100">内容</th > < th width = "60">作者</th >
    < th > email </th > < th width = "80">来自</th >
  </tr >
  <% do while not rs.eof                %>
  < tr >
    < td width = "100"><% = rs("title") %></td > < td ><% = rs("content") %></td >
    < td ><% = rs("author") %></td > < td width = "80"><% = rs("email") %></td >
    < td ><% = rs("ip") %> </td > </tr >
  <% rs.movenext
loop
elseResponse.Write "没有搜索到任何留言"
end if     %>
</table >
```

在图 7-22 所示的查询框中输入“大家”，则该程序的运行结果如图 7-23 所示。

查询结果 - Microsoft Internet Explorer

文件(F) 编辑(E) 查看(V) 收藏(A) 工具(T) 帮助(H)

地址(D) http://localhost/search.asp?keyword=%B4%F3%BC%D2&sel=tit

查询结果

关键字为“大家”，共为您找到3条留言

标题	内容	作者	email	来自
祝大家开心	非常感谢大家的帮助	胡积分	xta@tom.com	202.103.56.6
大家好!	雪花纷飞	芬芬	fengf@163.com	59.51.2.2
大家好呀	下雪了	芬芬	fengf@163.com	34.44.4.4

图 7-23 Search.asp 的运行结果

说明：该程序可以根据 title 字段或 content 字段进行查询，只需在下拉列表框中进行选择。查询记录也可以用 conn. Execute 方法执行查询语句实现，但用那种方法无法输出 rs. recordcount 的值，因此要统计查找到多少条留言会有些麻烦。

7.5.4　RecordSet 对象的方法

与其他对象一样，Recordset 对象也有许多方法，总的来说，它的方法可分为以下 3 组。

1. 第一组，用来打开和关闭 RecordSet 对象

第一组是关于 Recordset 对象的打开和关闭，包括 Open、Close 和 Requery。Open 方法用来打开记录集，而 Close 方法用来关闭记录集。有时，如果在一个页面上要显示多个记录集的内容，就必须将已显示的记录集关闭再打开新记录集，这样就不必创建多个记录集对象了。代码如下：

```
<%  …
rs.close
rs.open "select top 7 * from news where Bigclassname = '学生工作' order by id desc",conn
…  %>
```

Requery 方法用于将一个记录集先关闭再打开，由于它只能再打开原来的记录集，因此在实际中用得并不多。

2. 第二组，用来移动记录指针

RecordSet 对象用来移动记录指针的方法如表 7-5 所示。

表 7-5　RecordSet 对象移动记录指针的方法

方　法	说　明
MoveFirst	使记录指针指向第一行记录
MoveLast	使记录指针指向最后一条记录
MovePrevious	使记录指针上移一行
MoveNext	使记录指针下移一行
Move	使记录指针指向指定的记录
GetRows	从 Recordset 对象读取一行或多行记录到一个数组中

例如，假设当前记录指针指向第 3 条记录，则执行一次<% rs. movenext %>会使指针指向第 4 条记录，在此基础上，再执行一次<% rs. moveprevious %>又会使指针指向第 3 条记录。而 Move 方法用于将指针移动到指定的记录，其语法为：

```
rs.Move number, start
```

其中，number 参数表示从 start 位置向前或向后移动 number 条记录，如果 number 为正整数，表示向下移动；如果 number 为负整数，表示向上移动。而 start 用于设置指针移动的开始位置，如省略则默认为当前指针位置。例如，假设当前指针指向第 2 条记录，则执行一次<% rs. move 3,1 %>会使指针指向第 4 条记录。如果指针移动后超出了记录集的范围，则程序会报错。

3. 第三组,用于更新记录

RecordSet 对象更新记录的方法有 Addnew、Delete、Update、CancelUpdate、Updatebatch。

4. 第四组,其他一些方法

RecordSet 对象的 Find 方法可以查找单个记录,其中只能使用一个条件,不能使用逻辑运算符,如 rs. Find "id=5",要注意 Find 方法只能单向查找,默认为向下查找,如果没有找到记录,则指针指向 Eof; 当向上查找时,如果没有找到记录,则指针指向 Bof。Find 方法本质上是将指针指向符合条件的第 1 条记录,之后如果继续移动指针,则记录不一定符合条件。如果要查找全部符合条件的记录,建议使用 Filter 属性,如 rs. filter="author like '%阿%'"。

GetRows 方法可以将记录集读取到一个二维数组中,其中二维数组的第二个下标表示记录集中的记录数,第一个下标表示每条记录中的字段个数。下面是一个示例,它将显示 author 字段中有"阿"的所有记录。

```
<table border = "1" width = "95 %">
  <tr bgcolor = "#e0e0e0">
    <th>标题</th><th width = "100">内容</th><th width = "60">作者</th>
    <th>email</th><th width = "80">来自</th></tr>
<%
rs.filter = "author like '%阿%'"
if not rs.eof then FeedRows = Rs.GetRows()
for i = 0 to ubound(FeedRows,2)      '第二个下标对应记录数
%>
  <tr>
    <td width = "100"><% = FeedRows(1,i) %></td>
    <td><% = FeedRows(2,i) %></td>
    <td><% = FeedRows(3,i) %></td>
    <td width = "80"><% = FeedRows(4,i) %></td>
    <td><% = FeedRows(5,i) %> </td>
  </tr>
  <% next
        rs.close    %>
</table>
```

使用 GetRows()方法可以方便地将记录集转换为二维数组,如果设置每页显示多少条记录,则还可以实现分页程序。

7.5.5 使用 RecordSet 对象添加、删除、更新记录

在 7.4 节中,使用 conn. Execute 方法执行 SQL 语句已经可以对数据库中数据进行添加、删除和更新操作,但这种方法要执行的 SQL 语句通常比较复杂,容易出错。实际上,在 RecordSet 对象中提供了一组专门用来添加、删除和更新记录的方法,使用它们可以使程序更加清晰。

1. 使用 Addnew 方法和 Update 方法添加记录

添加记录要同时用到 Addnew 方法和 Update 方法,记录真正被添加到数据表中是在执行了 rs. Update 方法后。下面用这种方法改写程序 7-8 insert. asp。改写后的代码如下:

```
<! -- #include file = "conn.asp" -- >
<%
title = request.Form("title")
author = request.Form("author")
email = request.Form("email")
content = request.Form("content")
Set rs = Server.CreateObject("ADODB.Recordset")
rs.open "select * from lyb",conn,1,3      '创建记录集,并设置记录集可写
rs.addnew                                 '添加一条新记录,如果漏掉,将会改写原来的记录
rs("author") = author
rs("title") = title
rs("content") = content
rs("email") = email
rs("time") = date()
rs("ip") = request.Servervariables("REMOTE_ADDR")
rs.update                                 '更新记录集,将记录写入数据表中
Response.Redirect("index.asp") %>
```

说明：这种方法的优点是，如果要添加的内容中有单引号等特殊字符或添加的记录不完整，则用 Insert 语句不好添加。而且，这种方法添加记录比用 Insert 语句添加记录效率要高。

2. 使用 Delete 方法和 Update 方法删除记录

删除记录的方法是：首先将指针移动到要删除的记录，然后利用 Delete 方法就可以删除当前记录，再用 Update 方法更新数据表。下面用这种方法改写程序 7-9 delete.asp。改写后的代码如下：

```
<! -- #include file = "conn.asp" -- >
<% id = cint(request.QueryString("id"))
Set rs = Server.CreateObject("ADODB.Recordset")
rs.open "select * from lyb where id = "&id ,conn,1,3     '找到要删除的记录
rs.delete                                                '删除当前记录
rs.update                                                '更新记录集
Response.Redirect("index.asp")
%>
```

说明：程序首先通过 id 找到要删除的记录，这样创建的记录集 rs 中就只有一条记录。如果记录集中有多条记录，则执行删除时会删除记录集中的第 1 条记录，因为指针在初始时指向第 1 条记录。

3. 使用 Update 方法更新记录

更新记录的方法是：首先将指针移动到要更新的记录，然后利用 Update 方法更新数据表即可。下面用这种方法来改写程序 7-11 edit.asp。改写后的代码如下：

```
<! -- #include file = "conn.asp" -- >
<% id = cint(request.QueryString("id"))               '根据 id 找到要修改的留言
title = request.Form("title")
```

```
author = request.Form("author")
email = request.Form("email")
content = request.Form("content")
set rs = Server.CreateObject("ADODB.Recordset")
rs.open "select * from lyb where id = "&id ,conn,1,3          '找到要更新的记录
rs("title") = title
rs("author") = author
rs("content") = content
rs("email") = email
rs.update                                                     '更新记录集,将记录写入数据表中
Response.Write "<script>alert('留言修改成功!'); location.href = 'index.asp';</script>"
%>
```

提示：使用 Addnew、Delete、Update 方法前都必须用 rs. Open 方法显式地创建记录集。

7.5.6 在一个页面需要创建两个记录集的情况

从前几节的程序中可以看出，为了显示数据表中的数据到页面上，通常在一个页面中只需要创建一个记录集，如果要显示多个记录集的内容，则使用 rs. open 方法不断地打开、关闭、再打开新的记录集即可。

但是在修改记录的界面程序中，有时会需要创建两个记录集对象。例如，图 7-24 中修改记录的界面中有一个下拉列表框，该下拉列表框列出了新闻所属的各种类别供用户选择，显然这需要创建一个显示所有类别字段的记录集（该记录集中有多条记录），再把它填充到下拉列表框中；而要显示待修改记录各个字段是根据该记录的 id 创建一个记录集，该记录集中只包含单条记录，因此，这里面存在两个不同的记录集，一个记录集用来显示待修改的记录，另一个记录集用来显示下拉列表框中的新闻所属类别。为此必须同时创建两个记录集，它对应的代码如下：

```
<!-- #include file = "conn.asp" -->
<% id = request.QueryString("id")
'-------------------- 带有下拉列表框的修改记录表单程序 -------------------
    Set rs = Server.CreateObject("ADODB.Recordset")
    rs.open "select * from lyb where id = "&id, conn
%>
<h2 align = "center">更新留言</h2>
<form method = "post" action = "edit3.asp?id = <% = rs("id") %>">
  <table width = "400" border = "1" align = "center" cellpadding = "2">
    <tr><td width = "125">留言标题: </td>
      <td width = "275"><input type = "text" name = "title" value = "<% = rs("title") %>">
*</td>
    </tr>
    <tr><td width = "125">留言类型: </td>
      <td width = "275"><select name = "clas">
     <% Set rs2 = Server.CreateObject("ADODB.Recordset")
    rs2.open "select distinct class from lyb", conn '创建第 2 个记录集,用于得到所有类别
```

```
        do while not rs2.eof %>
            <option value="<% = rs2("class") %>" <% if rs2("class") = rs("class") then
    response.Write "selected" %>><% = rs2("class") %></option>
            <% rs2.movenext
                loop
                rs2.close
                set rs2 = nothing        %></select> *</td></tr>
        <tr><td>留言人：</td>
          <td><input type="text" name="author" value="<% = rs("author") %>"> *</td>
        </tr>
        <tr><td>联系方式：</td>
          <td><input type="text" name="email" value="<% = rs("email") %>"> *</td>
        </tr>
        <tr><td>留言内容：</td>
          <td><textarea name="content" cols="30" rows="2"><% = rs("content") %></
    textarea>
    </td></tr>
          <tr><td> </td><td><input type="submit" value="确 定"></td></tr>
    </table></form>
```

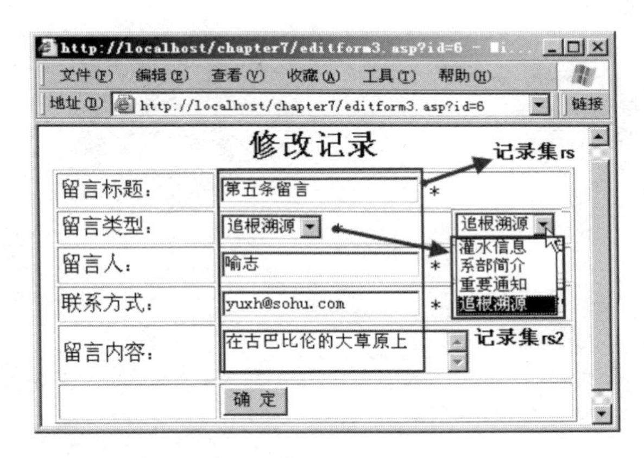

图 7-24　带有下拉列表框的修改记录界面需同时创建两个记录集

也就是说，如果一个显示记录集的区域中嵌入了另一个显示其他记录集的区域，一般就需要创建两个记录集。

7.5.7　分页显示数据

大多数留言板、论坛程序都具有分页显示记录的功能。当记录很多时，能自动将记录集分页显示，用户可以一页一页地浏览，如图 7-25 所示。记录集中共有 14 条记录，每页显示 4 条，这样就共分成了 4 页。

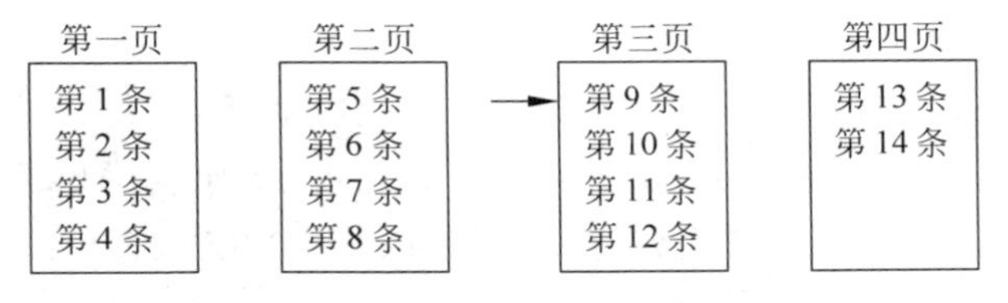

图 7-25　分页显示记录示意图

要分页显示，就要用到 Recordset 对象的分页属性，包括 Pagesize、Pagecount、Absolutepage。

1. 实现只显示某一页的记录

首先用 PageSize 属性设置每页显示多少条记录。这里设置 rs. PageSize＝4，设置了 PageSize 属性后，内存中的记录集就会自动分成多页，但页面上仍然会显示整个记录集中的所有记录，并不会自动分页。

其次，需要设置 rs. Absolutepage 属性，如设置 rs. Absolutepage＝3，设置这条属性后，会使记录集的记录指针从一开始就指向第 3 页的第 1 条记录(即图 7-25 中的第 9 条记录)。这样，页面上就只会显示第 9 到第 14 条记录，而不会显示第 1 到第 8 条记录了。

最后，用户需要设置循环终止条件使其只显示一页的记录，比如从第 9 条显示到第 12 条，方法是设置循环输出记录只循环 4 次即可，也就是循环 rs. PageSize 次就终止。但另外还需要考虑末页的情况，如果末页的记录不足 rs. PageSize 条，则末页并不能循环 rs. PageSize 次，而是到了记录集结尾就应该终止循环。因此与显示所有记录的循环相比，分页显示记录的循环条件应改为“do while not rs. eof and pageS＞0(pageS＝rs. PageSize)”，然后每循环一次让 pageS 减 1。也就是说只要输出了一页的记录，或者到了记录集的结尾都终止循环。具体代码如下：

```
<!-- #include file = "conn.asp" -->
<% Set rs = Server.CreateObject("ADODB.Recordset")
rs.open "select * from lyb order by id desc", conn, 1
rs.pagesize = 4                        '设置每页显示 4 条记录
pageS = rs.pagesize                    '用 pageS 保存 rs.pagesize
rs.AbsolutePage = 3                    '从第 3 页开始显示
%>
<table border = "1" width = "95 %">
  <tr bgcolor = "#e0e0e0">
    <th>标题</th><th width = "100">内容</th><th width = "60">作者</th>
    <th>email</th><th width = "80">来自</th>
  </tr>
  <% do while not rs.eof and pageS > 0 %>
  <tr>
    <td><% = rs("title") %></td><td><% = rs("content") %></td>
    <td><% = rs("author") %></td><td><% = rs("email") %></td><td><% = rs("ip") %
></td>
  </tr>
<% pageS = pageS - 1
rs.movenext
loop %>
</table>
```

说明：

① 由于每页只输出 rs. pagesize 条记录，因此在循环中每输出一条记录要使 rs. pagesize 的值减 1，但不能直接对 rs. pagesize 的值减 1，否则 rs. AbsolutePage 指针所指向的记录会随着它的值发生变化，因此只能将 rs. pagesize 的值保存到变量 pageS 中，每次循环后再令 pageS 的值减 1，这样 rs. pagesize 的值就不会在循环中发生变化了。

② 实际上在处理末页时循环多少次还有另一种方法，就是计算出末页会有多少条记录，如果不是末页，就循环 rs. pagesize 次，是末页就循环 rs. recordcount-(rs. pagecount-1) * rs. pagesize 次，主要代码如下：

```
<% rs.PageSize = 4                                          '设置每页显示 4 条记录
rs.AbsolutePage = pageNo                                    '设置当前显示第几页
if pageNo = rs.pagecount then                               '如果是最后一页
    pageS = rs.recordcount - (rs.pagecount - 1) * rs.pagesize  '计算最后一页有多少条记录
else
    pageS = rs.PageSize
end if
for i = 1 to pageS    %>
  <tr><td><% = rs("title") %></td>
        ……<! -- 显示记录 -->
  </tr>
  <% rs.movenext
next   %>
```

③ 在处理末页循环多少次上的第三种方法是，仍然使用 For 循环强制循环 rs. PageSize 次，但是每次循环时都判断是否到了记录集结尾，如果到了，就强制跳出循环。代码如下：

```
For I = 1 To rs.PageSize
        If rs.Eof Then Exit For     %>     '如果到了记录集结尾,就跳出循环
        <tr><td><% = rs("title") %></td>
        ……<! -- 显示记录 -->
</tr>
<% rs.MoveNext
    Next %>
```

2. 添加超链接页码和翻页链接，实现分页导航

分页程序必须能让用户自己选择要显示的页，因此应将 rs. AbsolutePage＝3 改成 rs. AbsolutePage＝ pageNo(用户选择的页码)。然后制作几个不同页码的超链接供用户单击，而每个超链接中都带了一个查询字符串(? pageNo＝n)，这样，用户单击了某个页码的超链接后，程序就可以获取 pageNo 参数的值 n 并将其赋给 pageNo 变量，而第一次打开页面时不会有这个查询字符串，就让它显示第 1 页。因此，完整的分页显示记录的程序如下。运行结果如图 7-26 所示。

```
'-------------------------------清单 7-20.asp-------------------------------
<! -- #include file = "conn.asp" -->
<% pageNo = Request("pageNo")
if not IsNumeric(pageNo) or pageNo = "" Then  '如果 pageNo 为空或非法则显示第 1 页
pageNo = 1
Else
pageNo = cInt(pageNo)                          'pageNo 一定要转换为数值型,因为要进行数值比较
End if
Set rs = Server.CreateObject("ADODB.Recordset")
rs.open "select * from lyb order by id desc",conn,1
```

```
rs.pagesize = 4                                         '设置每页显示 4 条记录
pageS = rs.pagesize                                     '用 pageS 保存 rs.pagesize
rs.AbsolutePage = pageNo                                '从第 pageNo 页开始显示
 %>
<table border = "1" width = "95 %">
<tr bgcolor = " # e0e0e0"><th>标题</th><th width = "100">内容</th>
<th width = "60">作者</th><th> email </th> <th width = "80">来自</th></tr>
<% do while not rs.eof and pageS > 0 %>
<tr><td><% = rs("title") %></td><td><% = rs("content") %></td>
    <td><% = rs("author") %></td><td><% = rs("email") %></td><td><% = rs("ip") %
></td>
  </tr>
<%      pageS = pageS - 1
rs.movenext
loop     %>
</table>
<p><% if pageNo <> 1 then                              '设置超链接页码或翻页链接,实现分页导航
    response.write "<a href = '?pageNo = 1'>首页</a> "
    response.write "<a href = '?pageNo = "&pageNo - 1&"'>上一页</a> "
else
    response.write "首页 "
    response.write "上一页 "
end if
For i = 1 to rs.PageCount
      if i = pageNo then
        response.write i&" "                           '分页,如果是当前页,则不存在链接
       else
        response.write "<a href = '?pageNo = "&i&"'>"&i&"</a>  "
       end if
Next
if pageNo < rs.PageCount then
    response.write "<a href = '?pageNo = "&pageNo + 1&"'>下一页</a>  "
    response.write "<a href = '?pageNo = "&PageCount&"'>末页</a>  "
else
    response.write "下一页 "
    response.write "末页 "
end if
    response.write "共"&rs.RecordCount&"条记录  "      '共多少条记录
    response.write pageNo&"/"&rs.PageCount&"页"            '当前页的位置
  %></p>
```

分页显示留言页面 - Microsoft Internet Explorer

标题	内容	作者	email	来自
祝大家开心	非常感谢大家的帮助	胡积分	xta@tom.com	202.103.56.6
请教个问题	虚拟目录中的文件如何预览	唐三彩	renw@qq.com	127.0.0.1
这是测试留言	学习ASP程序设计的过程真是其乐无穷	王承芬	tang@163.COM	192.168.0.1
第五条留言	在古巴比伦的大草原上	喻志	yuxh@sohu.com	127.0.0.1

首页 上一页 1 2 3 4 5 下一页 末页 共17条记录 1/5页

图 7-26 分页显示记录示例

3. 对搜索结果进行分页显示

上述只是最基本的分页程序。假设要对图 7-21 中搜索留言得到的结果进行分页，则上述分页程序只能正确显示第 1 页，用户单击第 2 页后又会显示所有记录，而不是查询找到的记录。这是因为单击“下一页”链接后没有将用户输入的查询值传递给第 2 页。为此可以在获取了用户输入的查询值后，一方面将它传递给 SQL 语句进行查询，另一方面将其保存在分页链接的 URL 参数(或表单隐藏域)中。具体来说，可以给分页链接增加一个 URL 参数，将该 URL 参数的值设置为查询关键字以传递给其他页。关键代码如下：

```
<% key = Trim(Request("keyword"))        '接收表单或查询字符串中的查询关键字
     ……       '根据该关键字创建查询语句……
response.write "<a href = '?key = "&key&"&pageNo = "&pageNo + 1&"'>下一页</a> "
     '并将该关键字保存在 URL 参数中,使其他页可以再次获取该关键字
response.write "<a href = '?key = "&key&"&pageNo = "&PageCount&"'>末页</a> " %>
```

这样每次单击分页链接时，都会将关键字重新传给 SQL 语句，因此单击分页链接后创建的记录集仍然是查询结果的记录集。具体代码如下，运行结果如图 7-27 所示。

```
<h3 style = "margin:4px" align = "center">查询结果</h3>
  <% pageNo = Request("pageNo")
if not IsNumeric(pageNo) or pageNo = "" Then   '如果 pageNo 为空或非法则显示第 1 页
pageNo = 1
Else
pageNo = cInt(pageNo)                          'pageNo 一定要转换为数值型,因为要进行数值比较
End if
'获取查询关键字,既可能是从查询表单获取的,也可能是从 URL 参数中获取到的
key = Trim(Request("keyword"))
set rs = Server.CreateObject("ADODB.Recordset")
sql = "select * from lyb"
If key <> "" Then sql = sql&" where content like '%"&key&"%'"
rs.open sql,conn,1
rs.pagesize = 2                                '设置每页显示 2 条记录
pageS = rs.pagesize                            '用 pageS 保存 rs.pagesize
rs.AbsolutePage = pageNo                       '从第 pageNo 页开始显示
if not(rs.bof and rs.eof) then
  do while not rs.eof and pageS > 0
        Response.Write rs("title") & "," & rs("content") & "<hr>"
        pageS = pageS - 1
      rs.movenext
    loop
else response.Write "没有搜索到任何留言"
end if   %>
<p><%   if pageNo <> 1 then
    response.write "<a href = '?keyword = "&key&"&pageNo = 1'>首页</a> "
    response.write "<a href = '?keyword = "&key&"&pageNo = "&pageNo - 1&"'>上一页</a> "
else
        response.write "首页 " &"上一页 "
end if
```

```
for i = 1 to rs.PageCount                    '循环输出页码
    if i = pageNo then
      response.write i&" "                   '分页,如果是当前页,则不存在链接
    else
      response.write "<a href = '?keyword = "&key&"&pageNo = "&i&"'>"&i&"</a> "
    end if
Next
if pageNo < rs.PageCount then
  response.write "<a href = '?keyword = "&key&"&pageNo = "&pageNo + 1&"'>下一页</a> "
  response.write "<a href = '?keyword = "&key&"&pageNo = "&PageCount&"'>末页</a>"
else
        response.write "下一页 "&"末页 "
    end if
rs.close    %></p>
```

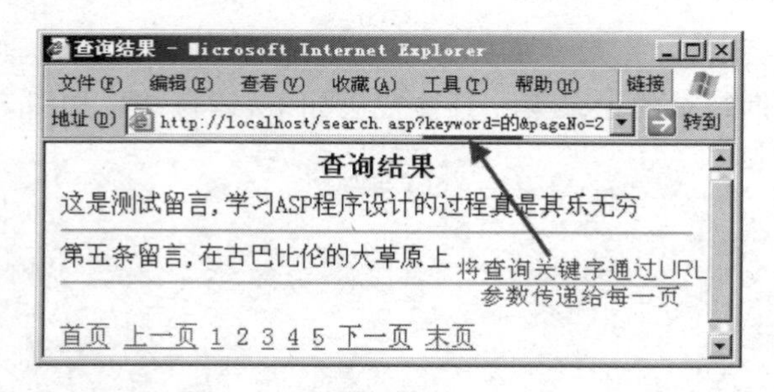

图 7-27 对查询结果进行分页的效果

4. 对大型记录集进行分页显示

另一个问题是,如果记录集中有上万条记录,上述分页程序也会将所有记录一次性读入到记录集中,这样很占用服务器的内存,性能会比较低。如果能每次只读取一页的记录到记录集中那样性能就会大大提高,这对于记录很多的数据表来说有重要的实用价值。下面的SQL语句可以用来读取某一页的记录。

```
"select top "& pageS &" * from lyb where id not in(select top "& (pageNo - 1) * pageS &" id from
lyb order by id) order by id"
```

其中,pageS是每页显示的记录条数,显示一页的记录数就可以通过"select top "& pages…来实现,显示当前页的记录就是要求去除前面几页显示的记录数,假设当前页的页码是pageNo,则前面几页显示的记录数为(pageNo-1) * pageS。

通过执行SQL语句每次读取一页的记录到记录集来实现分页的完整代码如下,运行结果如图7-26所示。

```
<! -- #include file = "conn.asp" -->
<% Set rs = Server.CreateObject("ADODB.Recordset")
rs.open ("select count( * ) from lyb"),conn,1
rCount = rs(0)                               '获取记录总数并保存到 rCount 中
rs.close
```

```
pageS = 4                                                   '每页显示 4 条记录
pagec = rCount\pageS + 1                                    '总共有多少页
pageNo = cInt(Request.querystring("pageNo"))                '获取分页链接 URL 中的页码
if pageNo = 0 then pageNo = 1                               '如果 URL 中没有页码则显示第 1 页
if pageNo = 1 then
        rs.open ("select top "& pageS &" * from lyb"),conn,1
else
        last = (pageNo - 1) * pageS                         '计算前面几页显示了的记录数
        rs.open ("select top "& pageS &" * from lyb where id not in(select top "& last &" id
from lyb order by id) order by id"),conn,1                  '显示本页的记录
end if %>
<table border = "1">
  <% do while not rs.eof %>          <!-------- 在页面上输出数据 ---------->
  <tr><td><% = rs("title") %></td><td><% = rs("content") %></td>
    <td><% = rs("author") %></td><td width = "80"><% = rs("email") %></td>
    <td><% = rs("ip") %> </td></tr>
  <% rs.movenext
         loop %>
</table>
<p><%
if pageNo > 1 then                                          '如果不是第 1 页
        response.write "<a href = '?pageNo = 1'>首页</a>  "
        response.write "<a href = '?pageNo = "&pageNo - 1&"'>上一页</a>  "
else
        response.write "首页 "
        response.write "上一页 "
end if
for i = 1 to pageC                                          '循环输出分页链接
     if i = pageNo then
     response.write i&" "                              '如果是当前页,则不存在链接
     else
     response.write "<a href = '?pageNo = "&i&"'>"&i&"</a>  "
     end if
Next
if pageNo < pageC then
        response.write "<a href = '?pageNo = "&pageNo + 1&"'>下一页</a>  "
        response.write "<a href = '?pageNo = "&pageC&"'>末页</a>  "
else
        response.write "下一页  "
        response.write "末页  "
end if
    response.write "共"&rCount&"条记录  "              '共多少条记录
    response.write pageNo&"/"& pageC &"页  "           '当前页的位置
    rs.close
%></p>
```

这种方法完全没有使用 Recordset 对象的分页属性,而是通过每次分页时执行一个不同的查询实现的。从效率上说,如果记录集中记录很多,这种方式比一次性将整个记录集读入内存效率要高些,但如果记录集中记录不多,则这种方式每显示一页就要执行一个不同的查询,效率反而比常规的分页程序还低些。

7.5.8 Recordset 对象的 Fields 集合

1. Fields 集合和 Field 对象

Recordset 对象有一个集合，即 Fields 集合(字段集合)，Recordset 对象有一个子对象，即 Field 对象，所有 Field 对象组合起来就是 Fields 集合，这就是它们两者的关系。

在前面，用户经常用 rs("title")来输出当前记录的 title 字段值，现在想想为什么可以这样输出某个字段值呢，其实这是省略了 Fields 集合，它的完整写法是 rs. Fields("title")，它表示记录集的字段集合中的 title 字段。由于 Fields 集合是 Recordset 对象的默认集合，因此通常省略它。实际上，要输出当前记录中的 title 字段值，总共有以下 8 种方法：

```
① rs("title")                          ⑤ rs(1)
② rs.Fields("title")                   ⑥ rs.Fields(1)
③ rs.Fields("title").Value             ⑦ rs.Fields(1).Value
④ rs.Fields.Item("title").Value        ⑧ rs.Fields.Item(1).Value
```

说明：这里的 1 是 title 字段在记录集 rs 中的索引值(索引值从 0 开始)，可以通过 Select 语句在创建记录集时改变该索引值。例如，如果创建记录集的语句是 rs. open "select id,author, title,ip from lyb order by id desc",conn，则此时 title 字段在记录集中的索引值就变成 2 了。

2. Field 对象及其属性

通过 Fields 集合的字段名或索引值可以返回一个 Field 对象，如前面的 rs. Fields("title")、rs("title")、rs(1)、rs. Fields(1)都将返回一个 Field 对象。

Field 对象主要有两个属性：Name 和 Value，Name 属性表示字段名，Value 属性表示字段值。因此 rs. Fields("title"). Value 会返回当前记录 title 字段的值。由于 Value 是 Field 对象的默认属性，因此通常省略不写。而 rs. Fields("title"). Name 将返回当前记录 title 字段的字段名，即 title。

3. Fields 集合的属性 Count

如果想知道当前记录集中共有多少个字段，可使用 rs. Fields. count，它将返回记录集中字段的个数。

4. Fields 集合的方法 Item

Item 方法可以获得字段集合中的某一字段，它通常可以省略，因此很少用。例如：

```
set Fld= rs.Fields.Item("title")
set Fld= rs("title")
Fld= rs("title")
```

这 3 种方式都可建立一个 Field 对象的实例 Fld。

7.6 新闻网站综合实例

在本实例中，用户将把如图 7-28 所示的一个静态网页转化为动态网站，也就是向静态网页中绑定数据。由于制作一个完整的动态网站要经过数据库设计、制作前台页面、制作后台管理程序等步骤，工作量相当大。因此在实际中，用户一般是借用他人的数据库和后台管理程序，用于添加、删除和修改网站新闻内容，这样的后台管理系统称为 CMS(内容管理系统)或新闻管理系统。自己只制作前台页面(主要包括首页、栏目首页和内页)，然后在这些页面中绑定数据，即显示数据库中的有关数据。

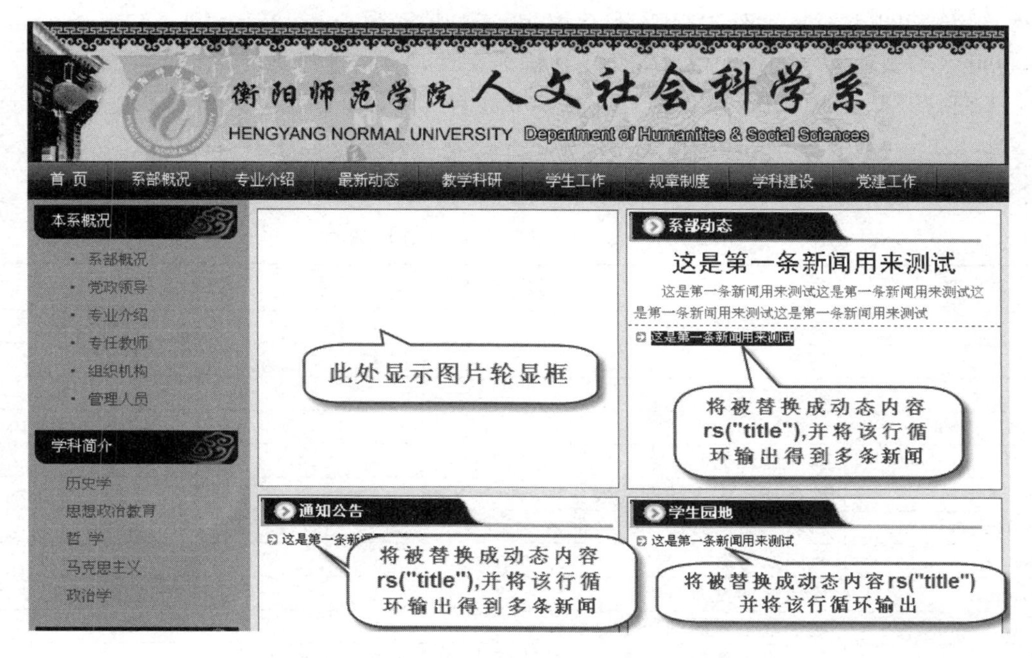

图 7-28 新闻网站的静态首页

7.6.1 为网站引用后台程序和数据库

下面以风诺新闻系统为例，介绍在制作网站时如何利用它的数据库和后台程序。首先在百度上搜索“风诺新闻系统”，下载下来后将其所有文件解压到一个目录内，如 E:\Web，设置 E:\Web 为该新闻系统的网站主目录(该目录下有 admin 目录和 data 目录)，如图 7-29 所示。

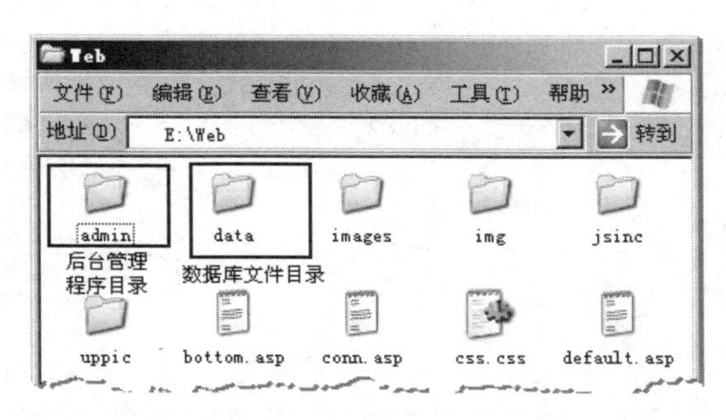

图 7-29 风诺新闻系统网站主目录下的内容

其中，data 子目录下有一个 funonews.mdb 的 Access 数据库文件为该网站的数据库。为了安全起见最好将其重命名，在这里重命名为 #data.mdb，网站目录下的 conn.asp 是连接数据库的文件，将其数据库连接字符串中的数据库文件名也做相应的更改。

网站目录下的其他文件是用该 CMS 制作的一个示例网站，其中 default. asp 为该网站的首页，otype. asp 为该网站的栏目首页，funonews. asp 为该网站的内页；css. css 为该网站的样式表文件；top. asp、bottom. asp 和 left. asp 为该网站各页面调用的头部、尾部和左侧文件。用户可以将这些文件都删除，只保留 admin、data、和 uppic 3 个子目录和 conn. asp 文件，也可以不删除这些文件。以后如果新建同名文件时直接选择将其覆盖即可。

下面打开 #data. mdb，可发现该数据库中共有 4 个表，分别是 Admin、Bigclass、News 和 SmallClass，其中 News 表存放了网站中的全部新闻，News 表中所有字段及含义如表 7-6 所示。

表 7-6　#data. mdb 中 news 表的结构

字 段 名	字 段 含 义	数 据 类 型
ID	新闻的编号	自动编号
title	新闻标题	文本
content	新闻内容	备注
BigClassName	新闻所属的大类名	文本
SmallClassName	新闻所属的小类名(可不指定)	文本
imagenum	该条新闻中含的图片数	数字
firstImageName	新闻中第一张图片的文件名	文本
user	新闻发布者	文本
infotime	该新闻的发布日期	日期/时间
hits	记录该条新闻的单击次数	数字
ok	是否将该新闻作为图片新闻显示(该新闻中必须含有图片)	是/否

如果不喜欢这些字段的名称，可以在数据库的设计视图中对字段名进行修改。

接下来，进入风诺新闻系统的后台创建网站的栏目，并在每个栏目中添加几条新闻。后台登录的网址是 http://localhost/admin/adminlogin. asp，使用默认用户名“funo”和密码“funo”，即可登录进入如图 7-30 所示的新闻后台管理界面。

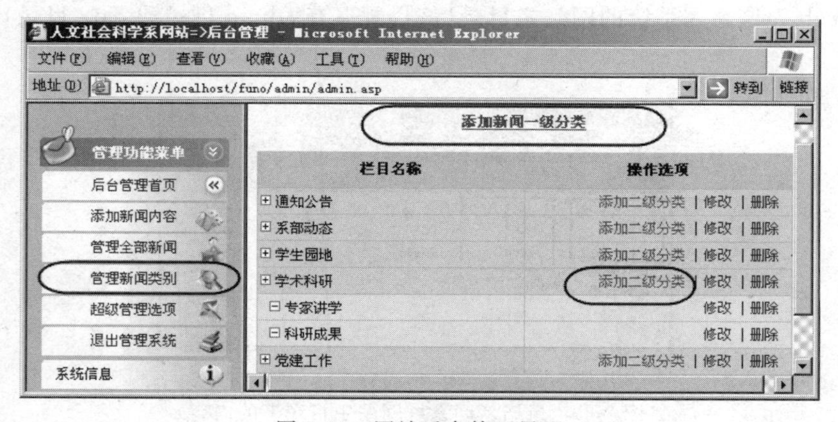

图 7-30　网站后台管理界面

在这里，首先选择“管理新闻类别”创建网站应具有的栏目，如“通知公告”“系部动态”“学生园地”等，还可以在这些栏目下再选择“添加二级分类”来创建小栏目。将网站栏目创建好之后，就可以选择左侧的“添加新闻内容”为每个栏目添加几条测试新闻，只要在添加新闻时将这些新闻的“新闻类别”选择为不同的栏目即可。这样这些新闻就保存到 news 表中。

7.6.2 在首页显示数据表中的新闻

在首页的各个栏目中显示这个栏目的新闻是通过显示记录集中的记录实现的。例如，要显示“通知公告”栏目中的最新 7 条新闻，只要执行下面的查询来创建记录集。

```
rs.open "select top 7 * from news where Bigclassname = '通知公告' order by id desc", conn
```

接下来就可以循环输出该记录集中的 7 条新闻到页面中。而要显示“学生工作”栏目的新闻，就必须执行不同的查询，因此需要一个新的记录集来实现。为了得到一个新记录集，有两种方法：第一种方法是创建一个新的记录集对象，如 rs2；第二种方法是将原来的记录集关闭，再用原来的记录集对象 rs 打开一个新记录集。例如：

```
rs.close
rs.open "select top 7 * from news where Bigclassname = '学生工作' order by id desc", conn
```

在使用第二种方法时，内存中只需保存一个记录集对象，因此更节约资源，一般情况下都使用这种方法。首页显示新闻的过程是：打开为第一个栏目创建的记录集，然后循环输出记录到该栏目框内，再关闭记录集；打开为第二个栏目创建的记录集，再输出记录到第二个栏目框，如此循环。首页显示新闻的代码如下，运行结果如图 7-31 所示。

```
<div id = "main">
<div id = "pic"><! -- # include file = "flashad.asp" --></div>      <! -- 图片轮显框 -->
<div id = "xbdt">                                                   <! -- 系部动态栏目 -->
<h2 class = "lanmu">                                                <! -- 栏目标题 -->
<a href = "otype.asp?owen1 = 近期工作"></a>系部动态</h2>
<%
Set rs = Server.CreateObject("ADODB.RecordSet")
sql = "select top 6 * from News where bigclassname in('学生工作','德育园地','科研成果','近期工
作','图片新闻') order by id desc"       '在这些栏目中找 6 条最新的记录
rs.Open sql,conn,1                      '为近期工作栏目创建记录集
strcon = NoHtml(rs("content"))          '调用函数,去除 HTML 字符
strcon = replace(strcon," ","")
%>
<h3 align = "center"><% = trimtit(rs("title"),12) %></h3>     <! -- 头条新闻的标题 -->
<p><a href = "ONEWS.asp?id = <% = rs("id") %>"><% = left(strcon,42)&" …</a>
["&noyear(rs("infotime"))&"]" %></p><! -- 头条新闻的内容 -->
<ul>
<% rs.movenext                          '第一条记录已作为头条显示,因此下面从第二条开始显示
for i = 0 to 4 %>                       '显示 5 条新闻
<li class = "xinwen"><b><% = noyear(rs("infotime")) %></b><! -- 新闻的日期 -->
                <! -- 新闻的标题和链接 -->
<a href = "ONEWS.asp?id = <% = rs("id") %>"><% = trimtit(rs("title"),20) %></a></li>
```

```
<% rs.movenext
next
rs.close                    '关闭该记录集,下面再创建第二个栏目的记录集
rs.open ("select top 7 * from news where Bigclassname = '近期工作' order by id desc"),conn
  %>
</ul></div>
<div id = "tzgg">           <! -- 通知公告栏目 -->
<h2 class = "lanmu"><a href = "otype.asp?owen1 = 近期工作"></a>通知公告</h2>
<ul>
<% for i = 0 to 6           %>
<li class = "xinwen"><b><% = noyear(rs("infotime")) %></b>
<a href = "ONEWS.asp?id = <% = rs("id") %>"><% = trimtit(rs("title"),20) %></a></li>
<% rs.movenext
next
rs.close
rs.open ("select top 7 * from news where Bigclassname = '学生工作' order by id desc"),conn   >
</ul></div>
<div id = "xsyd">           <! -- 学生工作栏目 -->
    <! -- 与通知公告栏目中的代码类似,因此省略 --></div>
</div>
```

图 7-31 新闻版块最终效果图

将图 7-31 与图 7-28 相比,可看出图 7-28 中显示静态文字的地方被替换成了输出动态数据,这称为绑定数据到页面。由于每条新闻位于一个<li>标记内,因此循环输出新闻的循环体是<li>…</li>和 rs.movenext。

上述代码中还调用了 3 个函数,即裁剪字符串长度的 Trimtit(tit,n)(代码见 5.4.2 节)、去除日期前年份的 NoYear(str)和过滤 HTML 标记的 NoHtml(str)。其代码如下:

```
<% Function NoYear(str)                                    '去除日期前年份
        a = Instr(str, "-")
        NoYear = Mid(str, a+1)                             '函数的输出
End Function
Function NoHtml(str)                                       '去除 HTML 源代码
        Do while instr(str,"<")>0 or instr(str,">")>0      '如果字符串中有"<"或">"
        begin = instr(str,"<")                             '找到"<"符的位置
        en = instr(str,">")
        length = len(str) - en
        filterstr = left(str,begin-1)&right(str,length)
                          '将"<"符左边的内容和">"符右边的内容连接在一起
        str = filterstr   '令输入的字符串等于过滤后的字符串,以便进行下次过滤
        Loop
        NoHtml = str      '函数的输出
End Function %>
```

提示：过滤 HTML 标记的函数还可以使用正则表达式来书写，那样不需要使用循环，效率更高，有兴趣的读者可参考有关正则表达式的资料。

上述代码调用的 CSS 代码如下，主要是设置 4 个栏目框浮动和设置标题栏背景图片。

```
<style type="text/css">
#pic, #xbdt, #tzgg, #xsyd {                                       /* 4个栏目框 */
        border:1px solid #CC6600;       background:white;
        width:335px;
        padding:2px 6px 10px;       margin:4px;
        float:left;                                               /* 使4个栏目框都浮动 */}
#main {
        background: #e8eadd;       padding:4px;}
#main .lanmu {
        background:url(images/title-bg3.jpg) no-repeat 2px 2px; /* 设置栏目标题背景图案 */
        padding:8px 0px 0px 40px;
        font-size:14px;  color:white;
        margin:0;     height:32px;   }
#main .lanmu a {
        background:url(images/more2.gif) no-repeat;/* 设置超链接的背景为"more"图标 */
        float:right;                               /* 设置"more"图标右浮动 */
        width:37px;height:13px;
        margin-right:4px;   }
#main #xbdt h3 {
        font: 24px "黑体";color: #900;             /* 设置首条新闻的标题样式 */
        margin:0px 4px 4px;   }
#main #xbdt p {
        margin:4px;
        font: 13px/1.6 "宋体";color: #06C; text-indent:2em;
        border-bottom: 1px dashed #900;            /* 设置首条新闻与下面新闻的虚线 */}
#main .xinwen {
        height:24px;     line-height:24px;
```

```
        background:url(images/article_common.gif) no-repeat 6px 4px; /*新闻前的小图标*/
        font-size:12px;
        padding:0 6px 0 22px;}
.xinwen b {  float: right;     /*每条新闻的日期显示在右侧*/  }
ul{  margin:0;  padding:0;list-style:none;  }
a {  color: #333;  text-decoration: none;  }
a:hover {  color: #900;  }
</style>
```

尽管对于过长的标题可以使用 Trimtit(tit,n)函数裁剪和加省略号,但这种方法效率比较低。目前推荐的另一种方法是使用 CSS 属性：text-overflow。对于上例,只要对 li 元素添加如下代码就能实现裁剪过长标题的目的。

```
#main .xinwen {
    text-overflow: ellipsis;            /*文本溢出则忽略*/
    -o-text-overflow: ellipsis;         /*兼容低版本的Opera*/
    white-space: nowrap;                /*强制不换行*/
    overflow: hidden;                   /*溢出内容隐藏*/}
```

7.6.3 制作动态图片轮显效果

1. Pixviewer.swf 文件的原理

在图 7-31 中第一个栏目框中的图片轮显效果是通过包含一个 flashad.asp 的文件实现的。该文件需调用一个 pixviewer.swf 文件,pixviewer.swf 是个特殊的 Flash 文件,用来实现图片轮显框。它可以接受两组参数,第一组参数包括 pics、links 和 texts,用于设置轮显图片的 URL 地址、图片的链接地址及图片下的说明文字。例如：

```
var pics = "uppic/1.gif | uppic/2.gif | uppic/3.gif | uppic/4.gif | uppic/5.gif"
var links = "onews.asp?id = 88 | onews.asp?id = 87 | onews.asp?id = 86 | onews.asp?id = 8 | onews.asp?id = 7"
var texts = "爱我雁城、爱我师院 | 国培计划 | 青春舞动 | 长春花志愿者协会 | 朝花夕拾,似水流年"
```

上述代码 3 个参数的值都是字符串,其中 pics 参数指定了欲载入图片的 URL,这里使用了相对 URL,共设置了 5 个图片文件的路径(最多可设置 6 个)。各图片路径之间必须用“|”号隔开(最后一幅图片后不能有“|”)。links 参数和 texts 参数分别定义了图片的链接地址和图片下的说明文字,其格式要求和 pics 参数相同。上述代码载入了 5 张图片轮显并定义了它们的链接地址和说明文字。

2. 轮显动态图片的方法

上面将 5 张图片 URL 地址直接写在 pics 变量中的做法只能固定地显示这 5 张图片。而在新闻网站中,要能自动显示最新的 5 条新闻中的图片。因此,必须能从 News 表中读取最新的 5 条具有图片的新闻记录,将记录的相关字段值填充到这 3 个参数中去。因为 News 表中的 firstImageName 字段保存了新闻中第一张图片的文件名,而这些新闻中的图片都保存在 uppic 目录中,因此可以采用如下语句为 pics 添加每张图片的 URL 路径。

```
pics += "uppic/<% = rs("firstImageName") %>"
```

而本新闻系统中所有的新闻都是链接到同一页面 onews. asp，只是所带的参数为该条新闻的 id 字段。因此设置 links 参数的语句如下：

```
links += "onews.asp?id = <% = rs("id") %>"
```

texts 参数只要装载每条新闻的标题即可，但要把标题长度限制在 16 个字符以内。

```
texts += "<% = trimtit(rs("title"),16) %>"
```

下面是从数据库中读取 5 条具有图片的记录，并设置 pics、links、texts 参数，实现轮显动态图片的代码：

```
<script language = "JavaScript">
var pics = "", links = "", texts = ""              //定义 3 个变量为空字符串
<% Set rs = Server.CreateObject("ADODB.RecordSet")
sql = "select top 5 * from NEWS where firstImageName <>'' and ok = true order by id desc"
rs.cursorlocation = 3                              '为了使用 AbsolutePosition 属性必须设置该属性
rs.Open sql,conn,1,1
Do while not rs.Eof                                '循环输出记录集中的所有 5 条记录
   %>
  pics += "uppic/<% = rs("firstImageName") %>"                 '依次添加每张图片的 URL 地址
  links += "onews.asp?id = <% = rs("id") %>"
  texts += "<% = trimtit(rs("title"),16) %>"
  <%
  If rs.AbsolutePosition < rs.RecordCount then %>              //如果不是最后一条记录
  pics += "|";links += "|"; texts += "|";                      //添加分隔符"|"
<%    end if
      rs.MoveNext
      Loop
      rs.close
      set rs = nothing %>
……
</script>
```

说明：创建记录集时选择了图片不为空且允许作为图片新闻显示的 5 条记录。在输出记录时，如果不是最后一条记录(if rs. AbsolutePosition < rs. RecordCount)，就需要在其后面添加分隔符“|”，而最后一条记录不能添加。

3. 设置图片轮显框的大小

第二组参数用来定义该图片轮显框及其说明文字的大小。它有 4 个参数，例如：

```
var focus_width = 336                              //定义图片轮显框的宽
var focus_height = 224                             //定义图片轮显框的高
var text_height = 14                               //定义下面文字区域的高
var swf_height  =  focus_height + text_height      //定义整个 Flash 的高
```

只要修改这些参数，就能使图片轮显框改变成任意大小显示。

4. 其他设置

下面还有一些代码，是用来插入 Pixviewer.swf 这个 Flash 文件到网页中，并对其设置参数的代码。这段代码不需要做多少修改，只要保证引用 Pixviewer.swf 文件的 URL 路径正确，还可以设定文字部分的背景颜色。找到第 2 个 document.write，粗体字为设置的地方。

```
document.write('<param name="allowScriptAccess" value="sameDomain"><param name="movie"
value="images/pixviewer.swf"><param name="quality" value="high"><param name="bgcolor"
value="#ffffff">');
```

该图片轮显框默认会有 1 像素灰色的边框，如果要去掉边框，可以找到第 4 个 document.write，做如下修改就可以了。

```
document.write('<param name="FlashVars" value="pics='+pics+'&links='+links+'&texts
='+texts+'&borderwidth='+(focus_width+2)+'&borderheight='+(focus_height+2)+'
&textheight='+text_height+'">');
```

7.6.4 制作显示新闻详细页面

新闻详细页面实际上就是显示一条记录的页面，它首先获取前一页面传过来的新闻的 ID，找到该条新闻后将需要的字段用不同的样式显示在页面的不同位置上。例如，图 7-32 中的标题字段以 24px 大字体显示在页面上方，而内容部分以正常字体显示在页面中央。

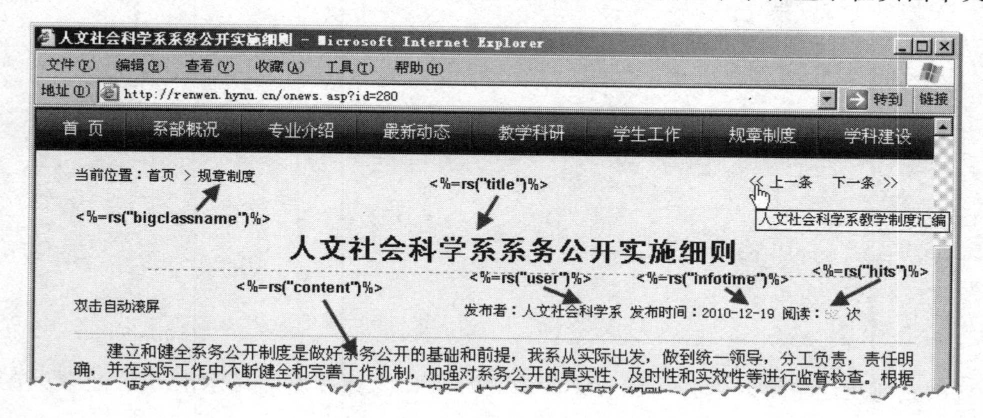

图 7-32 显示新闻详细页面

1. 显示新闻的制作

新闻详细页面首先应根据其他页传过来的记录 ID 值找到该条记录。因此其开头是获取 ID 值的代码。再根据 ID 值用 Select 语句查找该条记录。代码如下：

```
<% id=cint(request.QueryString("id"))
Set rs=Server.CreateObject("ADODB.RecordSet")
rs.open "Select * From news where id=" & id, conn,1,1 %>
```

接下来，就可以将该条记录的各个字段输出到页面的相应位置，主要代码如下：

```
<title><% =rs("title") %></title><! -- 将 title 字段显示在页面标题中 -->
……<h2><% = rs("title") %></h2>
当前位置：<a href="index.asp">首页</a> &gt; <a href="otype.asp?owen1 = % = rs("
bigclassname") %>"><% = rs("bigclassname") %></a>
发布者：<% = rs("user") %> 发布时间：<% = rs("infotime") %> 阅读：<font color="#
ffcc00"><% = rs("hits") %></font>次
<div style='font-size:7.5pt'>
<hr width="700" size="1" color=CCCC99>
<% =rs("content") %></div>
```

显示完记录集后，必须将记录集和数据库连接关闭，否则可能会影响网站内其他页面的打开速度，关闭记录集和数据库连接的代码如下：

```
<% rs.close                    '先关闭记录集
set rs = nothing               '再清除记录集对象
conn.close
set conn = nothing              %>
```

2. “上一条”“下一条”新闻链接的制作

在显示新闻页面中，“上一条”链接可以链接到该新闻所属栏目中的上一条新闻，“下一条”链接则转到同栏目中的下一条新闻，如图 7-27 所示。虽然这种功能对于新闻网站来说并不是十分必要，但对于博客类网站来说却是不可或缺的，因为用户通常都是通过单击“下一条”链接来一条条查看博客主人的日志。

制作的思路为：“上一条”链接主要是要找到上一条新闻的 id 值。这不能通过将本条新闻的 id 值减 1 实现，因为这样得到的 id 值对应的新闻可能是其他栏目的新闻，甚至可能是已经被删除了的新闻(删除记录后其 id 值不会被新添加的记录所占用)。而应该通过一个查询语句，找到在同一栏目(bigclassname)中所有 id 值比该新闻的 id 值小的记录，再对这些记录进行逆序排列，取其中 id 值最大的一条，也就是逆序排列后记录集中的第一条记录。

因此，首先要通过 id 找到该条记录对应的大类名(bigclassname)，将其保存到一个变量中，然后关闭该记录集，再新开一个查询上一条新闻 id 和 title 的记录集。代码如下：

```
<% sql = "select bigclassname from news where id = " & id   '通过 id 找到该记录的大类名
rs.open sql,conn,0,1
bcn = cstr(rs("bigclassname"))       '将其保存在变量 bcn 中，因为等下要关闭该记录集
if bcn = "" then Response.End        '如果该新闻无大类名，则结束
rs.close
sql = "select top 1 id,title from news where id <" & id &"and Bigclassname = '"&bcn &"' order by id
desc"                                '找上一条记录
rs.open sql,conn,1,1
 if rs.eof then                      '如果找不到，表明该记录已经是第一条记录
 pret = 0                            '做一个标记给变量 pret，赋值为 0
 else
```

```
    pret = rs("id")
    pretit = rs("title")
    end if
  rs.close
  sql = "select top 1 id,title from news where id >" & id &"and Bigclassname = '"&bcn &"' order by
  id"                          '找下一条记录
  rs.open sql,conn,1,1
  If rs.eof then               '如果找不到,表明该记录已经是最后一条记录
   nextt = 0                   '做一个标记给变量 nextt,赋值为 0
  else
    nextt = rs("id")
    nexttit = rs("title")
  end if
  rs.close   %>
```

接下来,在页面上输出“上一条”和“下一条”的链接,代码如下:

```
<% if nextt <> 0 then %>    <! -- 如果有下一条记录 -- >
<a title = "<% = nexttit %>" href = "onews.asp?id = <% = nextt %>">下一条 &gt;&gt;</a>
<% end if
if pret <> 0 then %>     <! -- 如果有上一条记录 -- >
<a title = "<% = pretit %>" href = "onews.asp?id = <% = pret %>"> &lt;&lt; 上一条 </a>
<% end if   %>
```

3. 记录新闻的单击次数

只要将下面的语句放在页面的适当位置,用户每打开一次该页面,就会使 hits 值加 1。

```
<% sql = "update news set hits = hits + 1 where id = "&cstr(request("id"))
conn.execute sql %>
```

7.6.5 制作分栏目首页

分栏目首页用来显示一个栏目的新闻,如图 7-33 所示。当用户单击导航条上的某个导航项或栏目框上的“more”图标时,都将链接到分栏目首页,并将栏目名以 URL 参数的形式传递给该页。因此,分栏目首页首先要获取栏目名,再根据栏目名执行查询得到相应的记录集。关键代码如下:

```
<% owen1 = request.QueryString ("owen1")       '获取首页传来的栏目名
sql = "select * from news where BigClassName = '"&owen1&"' order by id desc"
rs.Open sql,conn,1,1
if rs.recordcount = 1 then response.Redirect "onews.asp?id = "& rs("id")     %>
```

上述代码最后一行的功能是:当列表页中只有一条记录时,则自动转向该条记录对应的新闻详细页面。

接下来就是循环输出该记录集所有记录的标题和日期等字段到页面上。

由于每个栏目的记录可能有很多,因此图 7-30 中的分栏目首页还具有分页的功能,分页功能的实现请读者仿照 7.5.7 节中介绍的方法实现。

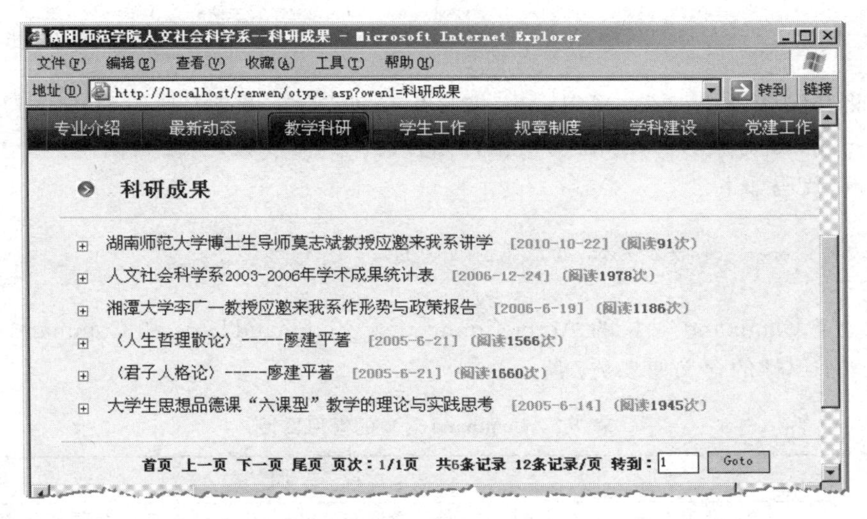

图 7-33 分栏目首页

7.7 Command 对象

Command 对象是 ADO 中介于 Connection 对象和 Recordset 对象之间的一个对象，它可以通过传递 SQL 指令，对数据库提出查询、添加、删除、修改记录等操作请求，然后把得到的结果返回给 RecordSet 对象。

不过，在实际开发中，因为使用 RecordSet 对象或 Connection 对象的 Execute 方法同样可以完成这些操作，且代码比使用 Command 对象的代码更简洁，因此 Command 对象在一般的小型网站开发中并不常用。

但是，对于一些大型网站或基于 B/S 的管理信息系统来说，其数据表中的记录往往非常多，可能有上万条或更多。这时如果仍然使用 RecordSet 对象或 Connection 对象去执行页面中的 SQL 查询语句效率就会比较低了，导致系统的响应速度慢。

对于这种情况比较好的做法是：首先直接在 Access 中新建查询(注意是在 Access 中建立查询)，然后使用 Command 对象的 Execute 方法执行这些查询，虽然同样是执行 SQL 查询语句，但这里是将 SQL 语句放在 Access 数据库中而不是 ASP 的代码中，这样执行起来效率就会高很多，在对大型数据库进行查询时能明显感觉到速度加快。

提示： Command 对象虽然也能对数据库执行添加、删除、修改等操作，但其执行这些操作相对于 RecordSet 对象来说不具有任何优势。因此，建议不要使用 Command 对象执行添加、删除、修改操作，而仅仅在对效率要求比较高时，用 Command 对象执行对数据库的查询操作(包括非参数查询和参数查询)。非参数查询是指不能接受用户输入参数的查询；参数查询是指用户可以输入查询参数(关键字)，然后根据用户输入的参数进行查询。

7.7.1 非参数查询

首先在 Access 中新建一个查询(在 Access 中新建查询的具体方法请参看 7.1.2 节)，切换到查询窗口的"SQL 视图"下，输入如下查询语句：

```
Select Top 5 * from lyb order by id DESC;
```

其次将其保存为query1。可以看出,非参数查询实际上就是普通的SQL语句。现在可以利用Command对象的Execute方法执行该查询。具体步骤是,首先创建一个Command对象的实例,代码如下:

```
Set cmd = Server.CreateObject("ADODB.Command")
```

再次设置Command对象的ActiveConnection、CommandType和CommandText 3个属性。这3个属性的含义如表7-7所示。

表7-7 Command对象的常用属性

属 性	说 明
ActiveConnection	设置Command对象的数据源,通常是Connection对象名或数据库连接字符串,如cmd.ActiveConnection=conn
CommandType	设置或返回查询信息的类型,取值为4表示类型是Access中的查询名或SQL Server中的存储过程名
CommandText	设置或返回数据库中的查询信息,可以是SQL语句、表名、查询名等
Prepared	设置或返回数据查询信息是否要先进行编译、存储。如果先编译了,则下次访问时速度可以加快。默认值为False,表示不编译

最后使用Command对象的Execute方法执行查询来返回一个记录集rs。具体代码如下:

```
<! -- # include file = "conn.asp" -- >
< %
set cmd = Server.CreateObject("ADODB.Command")
cmd.activeConnection = conn      '指定 Connection 对象
cmd.commandtype = 4              '表示查询指令是查询名
cmd.CommandText = "query1"       '指定查询
set rs = cmd.Execute             '执行查询,返回记录集
Do While Not rs.Eof
        Response.Write rs("title") & "," & rs("author") & "< br >"
        rs.MoveNext
    Loop
% >
```

说明:

① Command对象的Execute方法与Connection对象的Execute方法类似,即如果用该方法执行的是一个SQL查询语句,则可以返回一个记录集,如果执行的是插入、删除、修改的语句,则不能够返回记录集,此时前面就不能有“set rs=”。

② Command对象的属性必须一个一个的设置,这不像Recordset对象,因为Recordset对象的属性既可以一个一个的设置,也可以用Open方法将所有的属性设置写在一行里。

7.7.2　参数查询

大多数情况下程序需要根据用户输入的关键字进行查询，这称为参数查询。在 Access 中也可以建立参数查询，在 Access 查询窗口中输入如下代码：

```
SELECT * FROM lyb WHERE author Like '%' + varName + '%'
```

然后将其保存为 query2。

上面的 SQL 语句中含有一个参数“varName”，它是一个变量，可以接受要传入的参数，执行时，根据传入的 varName 值返回相关的记录。

注意：

① 上述查询中的通配符必须用“%”而不能用“*”，如果用“*”，Command 对象将得不到查询结果；如果要在 Access 中测试该 SQL 语句，可以将“%”暂时换成“*”。

② Access 中的查询有一些固有限制，如规定字段名不能是变量，因此如果要实现用户可选择按标题或按内容查询新闻则无法使用 Access 的查询实现。下面是一种错误写法：

```
SELECT * FROM lyb WHERE varSel Like '%' + varName + '%'
```

可以使用 Command 对象执行参数查询，但必须建立一个 Parameter 对象来接收参数并提供给 Command 对象。建立 Parameter 对象要使用 Command 对象的 CreateParameter 方法，语法如下：

```
Set prm = cmd.CreateParameter(prmName,prmType,prmDirection,prmSize,prmValue)
```

其中，CreateParameter 方法可以有 5 个参数。然后使用 Command 对象的 Parameters 集合将参数提供给 Command 对象，语法如下：

```
cmd.Parameters.Append(prm)
```

下面是一个通过作者名查询记录的具体示例。

```
<!-- #include file = "conn.asp" -->
<h2 align = "center">参数查询示例</h2>
<form method = "POST" action = "">
        请输入要查找的姓名：<input type = "text" name = "Name">
<input type = "submit" value = " 确 定 "></form>
<% If Request.Form("Name")<>"" Then
    Set cmd =  Server.CreateObject("ADODB.Command")
    cmd.ActiveConnection = conn      '指定 Connection 对象的数据源
    Dim prmName,prmType,prmDirection,prmSize,prmValue
    prmName = "varName"              '参数名称,在 qryList2 中的变量
    prmType = 200                    '参数类型,200 表示是变长字符串
    prmDirection = 1                 '参数方向,1 表示输入
    prmSize = 10                     '参数大小,最大字节数为 10
```

```
    prmValue = Request.Form("Name")                    '要传入的参数值
    '下面建立一个参数对象 prm
    Set prm = cmd.CreateParameter(prmName,prmType,prmDirection,prmSize,prmValue)
    cmd.Parameters.Append(prm)                         '将该参数对象加入到参数集合中
    '下面执行查询 query2
    cmd.CommandType = 4                                '表示查询指令是查询名
    cmd.CommandText = "query2"                         '指定查询名称
    Set rs = cmd.Execute                               '执行查询
    '以下利用循环简单列出留言标题和发布者
    Do While Not rs.Eof
        Response.Write rs("title") & "," & rs("author") & "<br>"
        rs.MoveNext
    Loop
End If   %>
```

如果要根据用户输入的多个关键字进行查询,则可以将多个参数使用 Append 方法依次添加到 Command 对象的 Parameters 集合中。

总之,Command 对象和 Parameter 对象主要用来执行 Access 查询或 SQL Server 的存储过程,这通常是为了提高对大型数据表的查询效率。

7.8 留言板综合实例

留言板是目前网站使用较广泛的一种与用户交流的方式,用户通过留言板可以方便地与网站主办者进行交流和沟通。从功能上看,留言板程序分为三部分,即留言的书写与保存(添加记录)、留言的显示(显示记录),以及对留言的管理(更新和删除记录),都是通过对数据表的操作来完成的。

在程序 7-2.asp 中,实际上已经实现了一个留言板的原型,只是每条留言都显示在表格的一行中,显得不专业。为此,用户可以将一条留言放置在一个单独的 div(或 table)中,并设置样式。将得到如图 7-34 所示的效果,这样看起来就像一个留言板了。

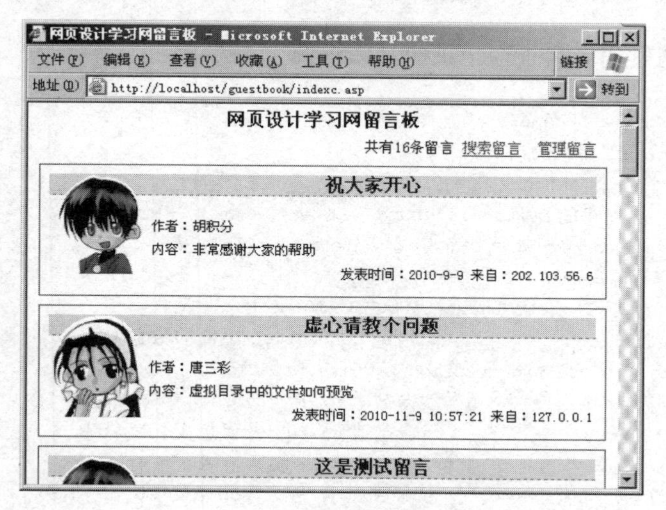

图 7-34 留言板的效果

1. 显示留言页面的主要代码

程序 7-2.asp 已经可以将留言显示在表格中了，只要将 7-2.asp 中循环输出<tr>标记改成循环输出<div>标记就可以得到图 7-34 所示的留言板效果，代码如下：

```
<% if not(rs.bof and rs.eof) then
do while not rs.eof %>
<div id = "main"><img src = "images/<% = rs("sex") %>.gif" style = "float:left;"/>
<h3><% = rs("title") %></h3><p>作者：<% = rs("author") %></p>
      <p>内容：<% = rs("content") %></p>
    <p align = "right">发表时间：<% = rs("date") %> 来自：<% = rs("ip") %></p>
</div>
<% rs.movenext
loop
else response.Write("<p>目前还没有用户留言</p>")
end if %>
```

说明：在数据表 lyb 中添加了一个字段 sex，该字段只有两个值，1 和 2。同时在 images 目录下放置了两张图片 1.gif 和 2.gif。

该留言板中 div 的边框和边界等是通过 CSS 代码实现的，调用的全部代码如下：

```
<style type = "text/css">
#main {
        margin:8px auto;      width:480px;
        border:1px solid red;      padding:8px;}
#main h3 {
        text-align:center;
        border-bottom:1px dashed gray;background:#9FF;}
#main p {
        font:12px/1.6 "宋体";      margin:2px;    }
</style>
```

2. 验证用户登录的主要代码

在管理留言前，必须要验证用户的用户名和密码，以确定是否是真实的管理员，因此管理登录将链接到 login.asp，它的代码如下：

```
<h1 align = "center">用户登录</h1>
<form method = "post" action = "chklogin.asp">
<table width = "200" border = "1" align = "center" cellpadding = "0" cellspacing = "0" >
    <tr><td align = "center">用户名：</td>
        <td height = "28"><input name = "admin" type = "text" size = "12" /></td></tr>
    <tr><td height = "28" align = "center">密 码：</td>
<td><input name = "password" type = "password" value = "" size = "12" /></td></tr>
                    <tr><td height = "32"> </td>
<td> <input type = "submit" name = "Submit" value = "提交" /></td></tr>
  </table>
</form>
```

验证用户登录程序的方法是将用户输入的用户名和密码在 admin 表中进行查找，如果查找得到的记录集不为空，就表明有匹配的用户名和密码。验证用户登录信息的程序chklogin.asp的代码如下：

```
<!-- #include file = "conn.asp" -->
<%
admin = request.Form("admin")
password = request.Form("password")
rs.open "select * from admin where user = '" & admin & "' and password = '"&password&"'",conn,1
if rs.eof and rs.bof then               '如果记录集为空，表明没有匹配的用户名和密码
session("admin") = ""
response.write"<script>alert('您输入的用户名或密码不正确!');history.go(-1)</script>"
response.end
else
    session("admin") = rs("user")       '登录成功则写入 session
    response.redirect "admin.asp"       '并转到留言管理页面
end if
                                        '此处省略关闭记录集和数据库连接代码
%>
```

而在admin.asp文件的开头可以验证用户的Session("admin")变量是否为空，如果为空，就表明没有登录，而是通过直接输入admin.asp的URL进入的，此时必须将其引导至登录页。

```
<% if session("admin") = "" then response.redirect "login.asp"  %>
```

由此可见，Session("admin")变量相当于系统给登录成功用户发的一张"票"，而其他后台管理页面都要先验票才能决定是否允许用户访问，有了这张票就能访问所有后台管理页面。

这样就完成了一个最简单的留言板程序，该留言板不具有回复留言功能，如果要能回复留言则数据表lyb中至少要增加一个字段，以区分该条留言是普通留言还是回复的留言，如果是回复的留言，可以设置该字段的值是某条普通留言的ID值，以表明是对该条留言的回复信息。

7.9 使用DW开发ASP访问数据库

在前面几节中，都是使用手动编写代码的方式实现ASP访问数据库。实际上，DW提供了可视化的操作方法实现ASP访问数据库。使用DW开发ASP数据库应用程序的步骤大体上可分为3个步骤：①连接数据库；②创建记录集；③绑定动态数据到页面。

7.9.1 建立数据库的连接

首先在DW中建立一个动态站点，然后再新建一个ASP VBScript的动态页文件。在DW的浮动面板组中，选择"应用程序"→"数据库"面板，或者执行"窗口"→"数据库"命令打开该面板。单击"数据库"选项卡下的"＋"按钮，在弹出下拉菜单中选择"自定义连接字符

串”选项，将弹出如图 7-35 所示的对话框。

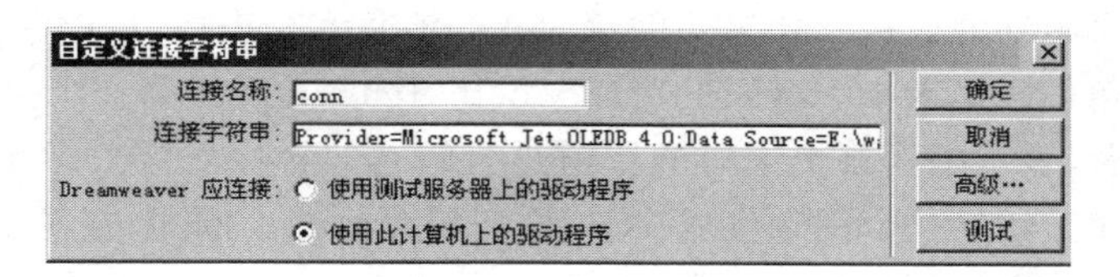

图 7-35 “自定义连接字符串”对话框

在“连接名称”中任意输入一个名称，如 conn，它将作为创建的 Connection 对象的实例名。在“连接字符串”中输入数据库的连接字符串，例如：

```
Provider = Microsoft.Jet.OLEDB.4.0;Data Source = E:\wgzx\data\article.mdb
```

提示：连接字符串中的路径必须使用绝对路径，不能使用 Server.mappth 方法转换的路径，否则无法连接成功，这可以看成是 DW 软件的一个 Bug。在网站全部制作完成后可将 conn.asp 中的绝对路径再手动改成相对路径的形式。

输入完成后，单击“确定”按钮，如果连接成功，则会在数据库连接 conn 下显示数据库中所有的表名，如图 7-36 所示。如果连接失败，则不会显示表名。

这样就创建了数据库连接，通过执行该操作，DW 会自动在网站目录下建立一个名称为 Connections 的子目录，并在其中创建一个 conn.asp 的文件，该文件中保存了数据库连接的代码。

提示：建立的数据库连接可以被网站中所有的页面共同使用，因为这个数据库连接的代码被放置在了一个公共文件 conn.asp 中，而每个页面都需要创建单独的记录集。

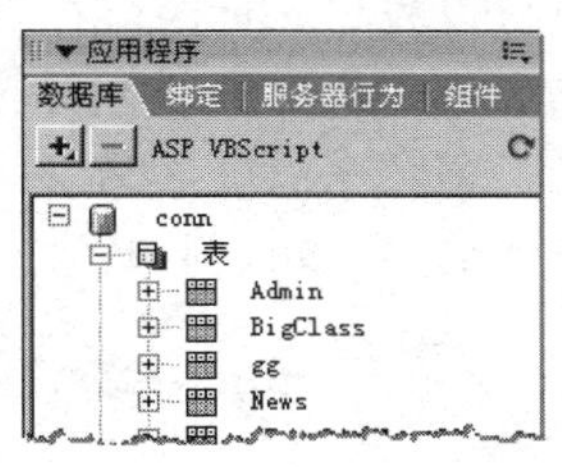

图 7-36 成功建立数据库连接

7.9.2 创建记录集

在数据库连接成功后，就可以创建记录集了。方法如下：在图 7-36 中，选择“绑定”选项卡，单击“绑定”选项卡下的“+”号按钮，在弹出的下拉菜单中选择“记录集(查询)”命令，将弹出如图 7-37 所示的创建记录集对话框。

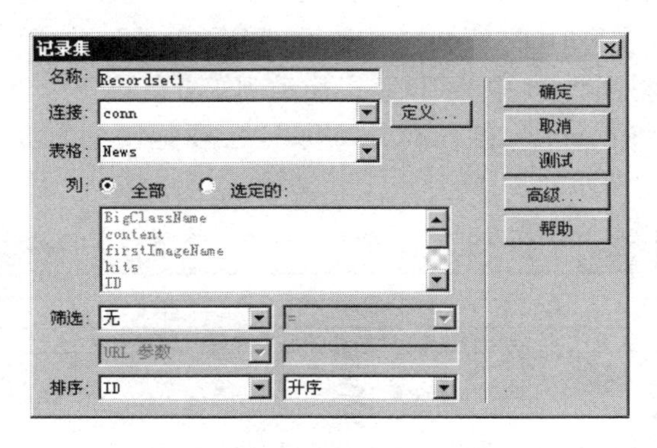

图 7-37 创建记录集对话框

首先在“连接”中，选择记录集对象需要使用的数据库连接名，如 conn，再在“表格”中，选择创建查询需要用到的表格。如果要创建的查询涉及多个表格，可以单击“高级”按钮，直接编写 Select 语句创建记录集。“筛选”对应 where 子句，其后的第一个下拉框中可以选择数据表中的字段名，表示根据哪个字段的取值进行筛选。排序对应 Order By 子句。因此，记录集对话框实际上就是一个用来生成 SQL 语句的对话框。例如，在图 7-37 中的设置，实际上就等价于用如下语句创建的记录集。

```
Set Recordset1 = Server.CreateObject("ADODB.Recordset")
Recordset1.Open "SELECT * FROM News ORDER BY ID ASC", conn
```

7.9.3 绑定动态数据到页面

建立记录集后，记录集中就会出现字段的列表，这些字段称为动态数据，如图 7-38 所示。接下来用户可以将这些动态数据输出到页面中。方法是选中要输出到页面中的动态字段，然后按住鼠标左键将该字段拖动到页面的某个位置上。也可以先将光标停留在页面某处，然后双击某个字段名也能输出该字段的值到页面的这个位置上。

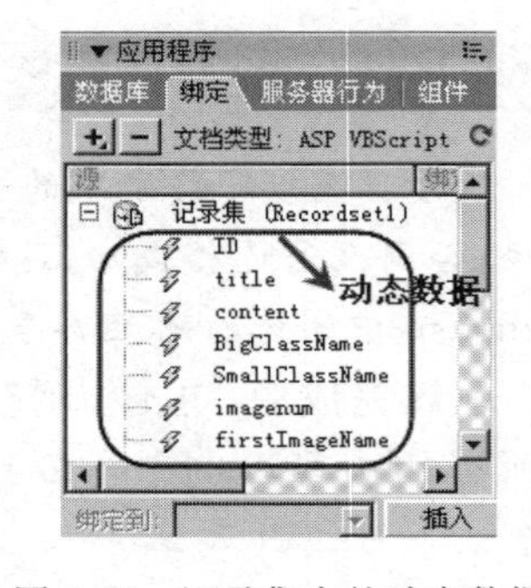

图 7-38　记录集中的动态数据

绑定字段后，DW 实际上就是在页面的某个位置插入了一条输出语句，例如：

```
<% =(Recordset1.Fields.Item("title").Value) %>
```

这条语句等价于<%=Recordset1("title")%>，会输出 title 字段的值到页面上。

7.9.4 创建重复区域服务器行为

通过绑定动态数据到页面上，就可以在页面上输出记录集中第一条记录的字段了，但是如果要循环输出记录集中的多条记录，则需要使用重复区域服务器行为，它可以为一段代码建立循环，使其循环输出多次。

为了说明重复区域服务器行为的用法，首先在页面上插入一个两行四列的表格，在第 1 行的各个单元格中输入文字“ID”“标题”“内容”和“所属栏目”。然后在第 2 行中绑定图 7-38 中的动态数据，也就是将图 7-38 中的 ID 字段拖动到第 2 行第 1 个单元格中，将 title 字段拖动到第 2 个单元格中，将 content 和 BigClassName 字段拖动到第 3 个和第 4 个单元格中，完成后的效果如图 7-39 所示。

图 7-39　插入动态数据后的表格

然后选中该表格的第2行，方法是将光标停留在第2行中的任意位置上，然后单击标签按钮< tr >，就选中了第2行，如图7-39所示。接下来对这一行< tr >添加重复区域服务器行为，选择图7-36中的“服务器行为”选项卡，单击其下的“+”号按钮，在弹出的下拉菜单中选择“重复区域”命令，就会弹出如图7-40所示的“重复区域”对话框，这里选择显示4条记录，则会将第2行对应的tr元素循环输出4次，单击“确定”按钮后，就会发现第2行左上角会显示“重复”图标。

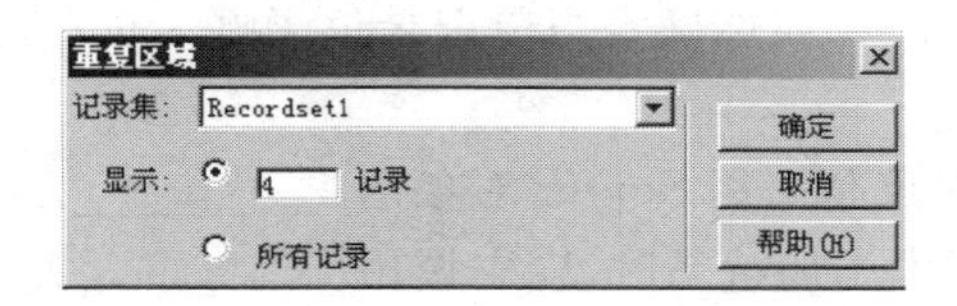

图7-40 “重复区域”对话框

保存运行该页面，运行效果如图7-41所示，可发现两行的表格由于对第2行利用重复区域服务器行为循环输出了4次，已经变成了5行。

http://localhost/wgzx/index.asp - Microsoft Internet Explorer

文件(F) 编辑(E) 查看(V) 收藏(A) 工具(T) 帮助(H)

地址(D) http://localhost/wgzx/index.asp

ID	标题	内容	所属栏目
2	祝大家开心	非常感谢大家的帮助	胡积分
4	请教个问题	虚拟目录中的文件如何预览	唐三彩
5	这是测试留言	学习ASP程序设计的过程真是其乐无穷	王承芬
6	第五条留言	在古巴比伦的大草原上	喻志

图7-41 添加重复区域服务器行为后的运行效果

这样，无须编写任何代码就将数据表中的记录显示到了页面中。实际上，在“服务器行为”选项卡中，还可以进行记录集分页、插入记录等大多数数据库常用的操作，功能十分强大，但使用DW应用程序面板自动生成的ASP程序也具有代码冗余、可读性差的缺点，因此并不建议读者使用这种方式开发ASP数据库程序，但读者通过学习这种方式可加深对ASP访问数据库步骤的理解。

习题7

一、作业题

1. 如果一个记录集的Bof属性值为True，而Eof属性值为False，则可以判断(　　)。

A. 记录集一定为空　　B. 记录集一定不为空

C. 记录集可能为空　　D. 记录集指针指向记录集的结尾

2. 设定义了记录集rs，如果希望打开的记录集可以前后移动指针，并且可读可写，则下面(　　)是可行的。

A. rs.Open Sql,conn　　B. rs.Open Sql,conn,1,3

C. rs.Open Sql, conn,,3　　D. rs.Open Sql, conn,3,1

3. 在 Connection 对象中,可以用于执行任何 SQL 语句的方法是(　　)。

A. Run　　B. Open　　C. Command　　D. Execute

4. Recordset 对象的(　　)集合包含的是记录集中的全部字段。

A. Fields　　B. Field　　C. Item　　D. Count

二、填空题

1. 记录集分页显示时,RecordSet 对象的__________属性确定当前显示的记录行在记录集中的绝对位置,__________属性确定当前记录位于哪一页上,__________属性用于设置每页显示的记录数。

2. 建立 Connection 对象是采用 Server 对象的__________方法进行的。

3. 记录集对象向数据库添加记录时,应先调用__________方法,然后再给各字段赋值,最后再调用__________方法,来更新数据库记录。

4. 若要获得记录集中第 3 个字段的名称,则实现的语句为____________________,要获得第 4 个字段的值,实现的语句为__________。

三、实操题

开发一个用户注册的功能模块,要求用户能注册,能检查用户注册名是否重复,保存用户注册的信息到数据库和用户的 Cookie 中,下一次访问时可以用该用户名和密码登录,登录后就可以查看有关网页的内容,如果没有注册,则能重新定向到注册页面。

第 8 章

ASP文件访问组件

ASP 程序有时可能需要对服务器端的文件或文件夹进行操作，对文件的操作包括创建文本文件、写入文本文件（即用文本文件保存一些信息）、读取文本文件中的内容。对文件夹的操作包括创建、复制、移动和删除等。利用 ASP 的文件访问（File Access）组件，可以实现上述这些功能。

8.1 文件访问组件

ASP 的文件访问组件中包含多个对象，常用的对象如表 8-1 所示。

表 8-1 文件访问组件中包含的对象

对　象　名	说　　明
FileSystemObject	文件系统对象，包含处理文件和文件夹的所有方法
TextStream	文本流对象，用来对文本文件进行读写
File	文件对象，该对象的属性和方法可以处理文件
Folder	文件夹对象，提供对文件夹的访问功能
Drive	磁盘对象，提供对当前磁盘驱动器的访问功能

8.1.1 文本文件的读取

使用 FileSystemObject 对象可以创建新文件或打开已有的文件，并得到文件对应的 TextStream 对象。使用 TextStream 对象可以实现对文本文件的读取和写入操作。

FileSystemObject 对象必须先创建才能使用，创建 FileSystemObject 对象实例的语法如下：

```
Set fso = Server.CreateObject("Scripting.FileSystemObject")
```

其中“fso”是自定义的对象实例名，也可以使用其他变量名，但建议一般采用该名称。

Scripting. FileSystemObject 是文件系统对象的固定名称。

建立该对象后，就可以利用它的属性和方法进行各种文件操作了。例如，使用它的 OpenTextFile 方法可以打开一个文本文件，并返回一个 TextStream 对象。代码如下：

```
Set tsm = fso.OpenTextFile(Server.MapPath("test.txt"))
```

这样就打开了 test. txt 文件。实际上，OpenTextFile 最多可以带有 4 个参数，语法为：

```
Set tsm = fso.OpenTextFile(Filename[, IOmode][, Create][, format])
```

其中，Filename 表示要打开的文件名；IOmode 表示文件的打开方式，1 为只读，2 为可写，8 为可追加，默认为 1；Create 表示如果要打开的文件不存在时，是否自行创建新文件，True 为是，False 为否，默认为 False；format 指定文件的编码方式，0 为 ANSI 方式，－1 为 Unicode 格式，－2 为系统默认方式，默认为 0。

打开文件后，就可以使用返回的 TextStream 对象的各种方法从文本文件中读取指定的数据了，TextStream 对象常用的方法如表 8-2 所示。

表 8-2 TextStream 对象从文本文件中读取数据的方法

对 象 名	说 明
Read(Number)	从文本文件中读取规定的字符数
Readline	从文本文件中读取一行(不含换行符)
ReadAll	取得 TextStream 文件中的所有内容
Skip(Number)	在当前打开的文件中跳过规定的字符数
SkipLine	在当前打开的文件中跳过一行
Close	关闭当前打开的 TextStream 文件并释放资源

1. 使用 Readline 方法读取文本文件

例如，要读取 test. txt 文件中的所有内容，可以使用如下程序(8-1. asp)，该程序运行效果如图 8-1 所示。

```
<html><body>
<h2 align = "center">读取已有文本文件</h2>
<%  '声明一个 FileSystemObject 对象实例
Set fso = Server.CreateObject("Scripting.FileSystemObject")
    '打开文件并返回一个 TextStream 对象实例
Set tsm = fso.OpenTextFile(Server.MapPath("test.txt"))
Do While Not tsm.AtEndOfStream
    Response.Write "<p>"&tsm.ReadLine &"</p>"  '逐行读取,直到文件结尾
Loop
tsm.Close                                       '关闭 TextStream 对象
%>
</body></html>
```

说明：

① 上述代码用于读取和 8-1. asp 在同一目录下的 test. txt 文件的所有内容。因此，必

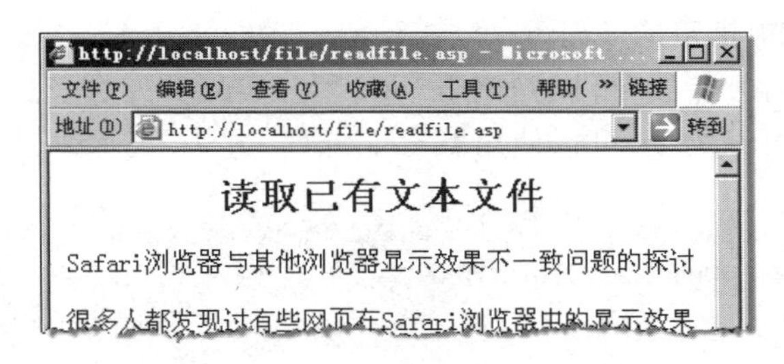

图 8-1　读取文本文件

须保证 test.txt 文件已经存在(因为 OpenTextFile 的 Create 参数值默认为 False)。

② 程序使用 Do…While 循环依次读取文本文件中每一行文本,并在每行文本两端添加<p></p>标记。直到达到文件末尾,此时 AtEndOfStream 的属性值为 True。可见读取文本文件内容非常类似于读取数据库,但读取文件时指针会自动指向下一行,所以不需要像数据库中使用 MoveNext 方法移动指针。

③ 虽然 ReadAll 方法可以一次性将文本文件中的内容都读出来,但由于文本文件中的换行符会被浏览器当成空格而忽略掉,为了保持文本文件原有的段落格式,通常都是使用 ReadLine 方法一行一行地读取并在每行末尾加换行标记来实现。

2. 使用 Read 方法读取数据

除了使用 ReadLine 方法外,还可以使用 Read 方法读取数据。Read 方法从一个打开的文本文件中返回规定的字符数。下面的示例将读取文本文件 test.txt 中第一行的内容。

```
<h2 align = "center">读取已有文本文件</h2>
<%                                  '声明一个 FileSystemObject 对象实例
Set fso = Server.CreateObject("Scripting.FileSystemObject")
    '声明一个 TextStream 对象实例
Set tsm =  fso.OpenTextFile(Server.MapPath("test.txt"))
Do While Not tsm.AtEndOfLine
    Response.Write tsm.Read(1)   '逐字符读取,直到行的末尾
Loop
tsm.Close                           '关闭 TextStream 对象
%>
```

程序从 test.txt 文件中读取数据,每次读取一个字符,利用 AtEndOfLine 属性判断是否到达行的末尾。Read 方法的参数表示一次读取的字符数量,调用 Read(1)方法可以每次读取一个字符。TextStream 对象的常用属性如表 8-3 所示。

表 8-3　TextStream 对象的常用属性

属　性	说　明
AtEndOfStream	只读,当指针指向当前文件的末尾时,返回 True,否则返回 False
AtEndOfLine	只读,当指针指向当前行的末尾时,返回 True,否则返回 False
Column	只读,返回当前字符在该行中的位置
Line	只读,返回指针所在行在整个文件中的行号

3. 读取指定的行中指定的字符

如果要从指定的行开始读，可以先使用 tsm. SkipLine()方法，它可以跳过一行或多行。如果要跳过几个字符再开始读，可以使用 tsm. skip(4)方法，表示跳过 4 个字符。例如：

```
<% Set fso = Server.CreateObject("Scripting.FileSystemObject")
      Set tsm =  fso.OpenTextFile(Server.MapPath("test.txt"))
   tsm.SkipLine()
   tsm.SkipLine()                                        '跳过两行
   tsm.skip(4)                                           '跳过 4 个字符
   Do While Not tsm.AtEndOfStream
      Response.Write "<p>"&tsm.ReadLine &"</p>"          '逐行读取,直到文件结尾
   Loop
   tsm.Close       %>
```

SkipLine()方法不可以带参数，因此要跳过多行的话可以写几条或用循环语句。

8.1.2 文本文件的写入和追加

向文本文件中写入内容的方法是：首先使用文件系统对象 fso 的 OpenTextFile 以可写形式打开一个文件，然后利用返回的 TextStream 对象的 WriteLine 方法就可以向文件中写入内容了。但要注意的是，在目录中创建文件或写入文件之前，必须确保对目录拥有进行写操作的权限。

下面是将字符串“Hello!”和当前时间写入到文本文件 content. txt 中的示例。

```
<html><body>
   <h2 align = "center">向文本文件写入内容</h2>
   <%       '声明一个 FileSystemObject 对象实例
   Set fso = Server.CreateObject("Scripting.FileSystemObject")
            '以可写形式打开文件
   Set tsm =  fso.OpenTextFile(Server.MapPath("content.txt"),2)
   tsm.WriteLine "Hello!"          '向文件中写一行内容
   tsm.WriteLine Time()            '再写一行内容
   tsm.WriteBlankLines(4)          '向文件中写入 4 个空白行
   tsm.Close                       '关闭 TextStream 对象
   %>
</body></html>
```

这样，打开 content. txt 就可以看到该文件中已写入了两行内容，但如果 content. txt 中原来就含有内容，则写入内容时会将文件中原有的内容全部清空。如果要在文件原有的内容后追加新内容，只需要将 OpenTextFile 的第二个参数设置为 8，表示可追加。代码如下：

```
Set tsm =  fso.OpenTextFile(Server.MapPath("content.txt"), 8)   '以可追加形式打开文件
```

则每次运行程序写入文本时都不会清除 content. txt 中原有的内容，运行效果如图 8-2 所示。

图 8-2　向文本文件中追加内容

8.1.3　创建文本文件

使用 CreateTextFile(Filename[, Overwrite][, Unicode])方法可以创建新的文本文件,并返回该文本文件对应的 TextStream 对象。此方法有一个必要参数和两个可选参数,说明如下:

(1) Filename:必要参数。指定要创建的文件和路径,若路径不存在,则返回错误信息。

(2) Overwrite:可选参数。默认值为 True,它表示文件如果已经存在,则覆盖。

(3) Unicode:可选参数。表示该文件是否用 ASCII 字符集形式创建及保存。

用 CreateTextFile()方法创建文件后,也可以用返回的 TextStream 对象对此文件进行写操作。下面是一个例子。

```
    <%                          '声明一个 FileSystemObject 对象实例
    Set fso = Server.CreateObject("Scripting.FileSystemObject")
    '使用 TextStream 对象的 CreateTextFile 方法创建文件
    Set tsm = fso.CreateTextFile(Server.MapPath("content.txt"), True)
    tsm.WriteLine "Hello!"      '向文件中写一行内容
    tsm.WriteLine date()        '再写一行内容
    tsm.Close
%>
```

执行该程序后就会发现相应的目录中已经生成了一个 content.txt 的文件,并向该文件中写入了两行内容。

HTML 文件本质上也是文本文件,因此可以用创建文本文件的方法自动生成 HTML 文件,只要将 HTML 代码当成字符串写入到文件中即可,下面是一个例子。

```
<html><body>
   <h2 align = "center">自动生成 HTML 文件</h2>
    <%     '声明一个 FileSystemObject 对象实例
    Set fso = Server.CreateObject("Scripting.FileSystemObject")
        '使用 TextStream 对象的 CreateTextFile 方法创建文件
    Set tsm = fso.CreateTextFile(Server.MapPath("temp.htm"),True)
    tsm.WriteLine "<html>"         '向文件中写入内容,以下同
    tsm.WriteLine "<head>"
    tsm.WriteLine "<title>我的主页</title>"
    tsm.WriteLine "</head>"
    tsm.WriteLine "<body>"
    tsm.WriteLine "<h2 align = 'center'>我的主页</h2>"
    tsm.WriteLine "<p align = 'center'>欢迎大家访问"
```

```
    tsm.WriteLine "</body>"
    tsm.WriteLine "</html>"
    tsm.Close          '关闭 TextStream 对象
    Response.Redirect "temp.htm"
    %>
</body></html>
```

总结：要创建一个 TextStream 对象，有以下 3 种方法。

(1) 使用 FileSystemObject 对象的 OpenTextFile 方法可以打开一个文本文件，并且返回一个 TextStream 对象。

(2) 使用 FileSystemObject 对象或 Folder 对象的 CreateTextFile 方法可以创建一个文本文件，并且返回一个 TextStream 对象。

(3) 使用 File 对象的 OpenAsTextStream 方法打开一个已经存在的文本文件，并且返回一个 TextStream 对象。

8.1.4 读写文件的应用——制作计数器

很多网站中都有计数器，用于记录网站的访问量。制作计数器一般可采用以下两种方法。

(1) 利用文本文件实现。利用 ASP 程序读写文本文件中的数字信息来实现计数功能。

(2) 利用图像文件实现。首先仍然是用 ASP 程序读写文本文件中的数字信息，然后把数字值和图像文件名一一对应起来，并予以显示。

1. 用文件实现计数器

将网站的访问次数保存在一个文本文件中，当有用户访问该网站时，打开并读取文件中的数值，将访问次数加 1 后显示在网页上，然后将这个新的值写回到文件中。代码如下：

```
<%    '创建一个 FileSystemObject 对象
Set fs = CreateObject("Scripting.FileSystemObject")
Set tsm = fs.OpenTextFile(Server.mappath("count.txt"))  '打开 count.txt 文件
Visitors = tsm.Readline                                  '读取文件中的内容
tsm.close
Visitors = Visitors + 1                                  '将访问次数值加 1
Set out = fs.CreateTextFile(Server.mappath("count.txt"))
out.WriteLine(Visitors)                     '将新的访问次数值写入 count.txt 文件中
out.close
Set fs = nothing
%>
<html><body>
<h2>欢迎进入 asp 的世界</h2><hr>
您是本站第<% = visitors %>位贵宾.
</body></html>
```

运行上述程序前应先在当前目录下新建一个 count.txt 文件并且在第一行输入 0。当用户访问该网页时，程序每执行一次就会使 count.txt 文件中的值加 1。

2. 对计数器设置防刷新功能

上面的计数器可以通过刷新使计数器的值增加，这在许多情况下是不希望看到的。为了解决这个问题，可通过 Session 判断是不是同一用户在重复刷新网页。具体代码如下：

```
<%      '创建一个 FileSystemObject 对象
Set fs = CreateObject("Scripting.FileSystemObject")
'启动 count.txt 文件，并且读取记录在文件中的 visitors
Set tsm = fs.OpenTextFile(Server.mappath("count.txt"))
Visitors = tsm.Readline
tsm.close
If IsEmpty(Session("Connected")) Then  '如果 Session 变量为空
    Visitors = Visitors + 1            '将访问次数值加 1
End If
Session("Connected") = True            '设置 Session 标记
'将新的访问次数值写入 count.txt 文件中
Set out = fs.CreateTextFile(Server.mappath("count.txt"))
out.WriteLine(Visitors)
out.close
Set fs = nothing     %>
```

上述代码中，当用户访问一次后，Session("Connected")变量的值就为 True，当该用户刷新网页再次访问时，Session("Connected")变量的值不会丢失因此不为空，就不会使 Visitors 的值加 1 了，而其他用户第一次访问时 Session("Connected")变量的值为空。

3. 用文件及图像实现计数器

为了使计数器美观，可以设计 0～9 各数字对应的 GIF 图片，并把它们放在网站中相应的目录下，然后根据计数的数值读取调用指定的 GIF 图片，从而实现图像界面的计数器，代码如下：

```
<%
Set fs = CreateObject("Scripting.FileSystemObject")
'打开 count.txt 文件，并且读取记录在文件中的 visitors
Set tsm = fs.OpenTextFile(Server.mappath("count.txt"))
visitors = tsm.readline
tsm.close
countlen = len(visitors)            '获取文本文件中的字节长度
'逐个取 visitors 的每个字节，然后串成< img src = ?.gif >图形标记
For i = 1 to countlen               '下面输出数字对应的 img 元素
        num = num&"< img src = " & mid(visitors,i,1) & ".gif ></img>"
Next
If IsEmpty(Session("Connected")) Then
        Visitors = Visitors + 1     '将计数器的值加 1
    End If
Session("Connected") = True
Set out = fs.CreateTextFile(Server.mappath("count.txt"))
out.WriteLine(visitors)
out.close
Set fs = nothing
 %>
```

8.2 文件及文件夹的基本操作

8.2.1 复制、移动和删除文件

有时可能需要使用ASP对服务器端的文件进行复制、移动和删除操作。ASP的文件存取组件提供了两种方法实现这些操作：一种是使用FileSystemObject对象的相应方法；另一种是使用File对象的相应方法。

1. FileSystemObject对象

FileSystemObject对象对文件进行操作的常用方法有：CopyFile、MoveFile、DeleteFile和FileExists。语法如下：

(1) 复制(CopyFile)，语法是：fso.CopyFile source，destination [，overwrite]。例如：

```
fso.CopyFile test.txt, test2.txt
```

(2) 移动(MoveFile)，语法是：fso.MoveFile source，destination。例如：

```
fso.MoveFile text2.txt, temp\text2.txt
```

(3) 删除(DeleteFile)，语法是：fso.DeleteFile Source [，force]。

(4) 文件是否已存在(FileExists)，语法是：fso.FileExists(Source)。例如：

```
IF fso.FileExists(Source) = True Then fso.DeleteFile Source
```

说明：

① 其中，参数Source表示源文件，destination表示目标文件。

② 复制时，overwrite为True表示可以覆盖，False表示不可以，默认为True。

③ 移动时，如果目标文件已经存在，则会出错不允许覆盖。

④ 删除时，如果force参数为True，表示可以删除只读文件，为False表示不可以，默认为False。

⑤ 复制、移动和删除时，都可以在参数Source中使用通配符"?"和"*"，这意味着可以一次复制、移动和删除多个文件。

【例8-1】 在当前目录下创建content.txt文件，然后将其复制为content2.txt，再将content2.txt移动到temp目录下并改名为content.log，最后删除content.txt。则代码如下：

```
<%
    Set fso = Server.CreateObject("Scripting.FileSystemObject")
    '声明一个 TextStream 对象实例
    Set tsm = fso.CreateTextFile(Server.MapPath("content.txt"))
    tsm.WriteLine "Hello!"          '向文件中写一行内容
    tsm.WriteLine date()            '再写一行内容
```

```
    tsm.Close
    fso.CopyFile Server.MapPath("content.txt"), Server.MapPath("content2.txt")
    fso.MoveFile Server.MapPath("content2.txt"), Server.MapPath("temp\content.log")
    IF fso.FileExists("content.txt") = True Then fso.DeleteFile("content.txt")
%>
```

提示：复制、移动操作都不能自动创建文件夹，因此应首先保证 temp 文件夹存在，才能运行该程序。

2. File 对象

除了使用 FileSystemObject 对象的方法来复制、移动和删除文件外，还可以使用 File 对象来实现这些功能。要使用 File 对象，可以调用 FileSystemObject 对象的 GetFile()方法来创建一个 File 对象的实例。代码如下：

```
Set fso = Server.CreateObject("Scripting.FileSystemObject")
Set MyFile  = fso.GetFile(Server.MapPath("content.txt"))
```

File 对象的相关操作方法如下。

(1) Copy 方法：创建一个当前文件的新副本。语法如下：

```
Myfile.Copy newcopy, [Overwrite]
```

(2) Move 方法：移动当前文件。语法如下：

```
Myfile.Move newcopy
```

(3) Delete 方法：删除当前文件。语法如下：

```
Myfile.Delete
```

下面的代码使用 File 对象将 content.txt 复制为 content2.txt，再将 content.txt 删除。

```
<%
'声明一个 FileSystemObject 对象实例
Set fso = Server.CreateObject("Scripting.FileSystemObject")
Set MyFile  = fso.GetFile(Server.MapPath("content.txt"))
MyFile.copy Server.MapPath("content2.txt")      '复制文件为 content2.txt
MyFile.delete                                   '删除原来的文件
 %>
```

8.2.2　获取文件属性

如果要获取文件属性，则可以使用 File 对象的几个属性。File 对象可以访问每个文件夹内的文件，并能获取文件的属性。File 对象的属性如表 8-4 所示。

表 8-4 File 对象的属性

属　性	说　明
Name	读/写,设置或返回文件的名称
Type	只读,返回文件的类型,如"文本文档""JPEG 图像"等。
Attributes	读/写,设置或返回文件的属性,0 为普通,1 为只读,2 为隐藏,4 为系统,32 表示上次备份后已更改的文件,各个属性是相加的关系
Path	只读,返回文件的绝对路径
ParentFolder	只读,返回文件的父文件夹对应的 Folder 对象
Size	只读,返回文件的大小
DateCreated	只读,返回文件的创建日期和时间
DateLastAccessed	只读,返回最后一次访问该文件的日期和时间
DateLastModified	只读,返回最后一次修改该文件的日期和时间
Drive	只读,返回文件所在驱动器的盘符

要使用这些属性,必须先创建一个 File 对象的实例。下面是一个获取并显示文件 content.txt 各种属性的实例,运行结果如图 8-3 所示。

```
<h2 align="center">File 对象的属性示例</h2>
<%
'声明一个 FileSystemObject 对象实例
Set fso=Server.CreateObject("Scripting.FileSystemObject")
'声明一个 File 对象实例
Set fle=fso.GetFile(Server.MapPath("content.txt"))
Response.Write "<br>文件名: " & fle.Name
Response.Write "<br>文件属性: " & fle.Attributes
Response.Write "<br>路径: " & fle.Path
Response.Write "<br>大小: " & fle.Size
Response.Write "<br>创建日期: " & fle.DateCreated
%>
```

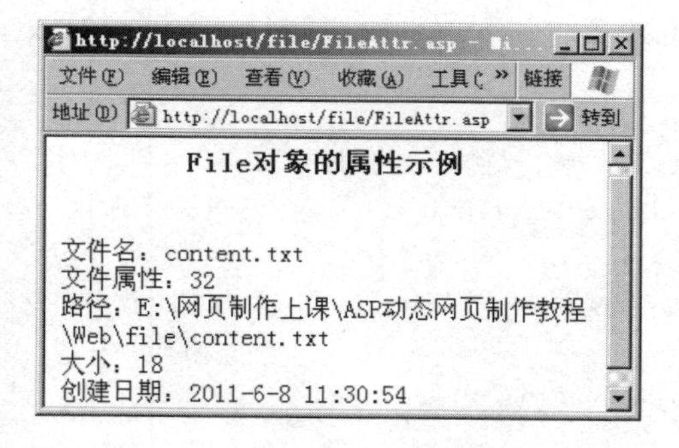

图 8-3 显示 content.txt 的各种属性的运行结果

8.2.3 获取文件夹的属性及其内容

使用 FileSystemObject 对象和 Folder 对象可以对文件夹进行各种操作,如创建、复制、移动和删除文件夹等。Folder 对象又称为文件夹对象,一个文件夹就是一个 Folder 对象。

建立 Folder 对象的语法如下：

```
Set Fld = fso.GetFolder(FolderName)
```

建立 Folder 对象实例后，就可以利用它的属性获取文件夹的各种信息。Folder 对象的常用属性如表 8-5 所示。

表 8-5 Folder 对象的常用属性

属　　性	说　　明
Name	读/写，设置或返回文件夹的名称
Attributes	读/写，设置或返回文件夹的属性，0 为普通，1 为只读，2 为隐藏，4 为系统，各个属性是相加的关系
ParentFolder	只读，返回文件夹的父文件夹对应的 Folder 对象
Path	只读，返回该文件夹的绝对路径
Size	只读，返回该文件夹的大小
IsRootFolder	只读，返回一个布尔值，说明文件夹是不是当前驱动器的根目录
SubFolders	只读，返回该文件夹下的所有子文件夹，实际上将返回一个由 Folder 对象组成的集合
Files	只读，返回该文件夹下所有的文件，实际上将返回一个由 File 对象组成的集合
DateCreated	只读，返回文件夹的创建日期和时间
DateLastAccessed	只读，返回最后一次访问该文件夹的日期和时间
DateLastModified	只读，返回最后一次修改该文件夹的日期和时间
Type	只读，返回该文件夹的类型
Drive	只读，返回文件所在驱动器的盘符

1. 显示文件夹的各种属性

下面的例子将输出当前目录的上级目录的各种属性和路径信息，运行效果如图 8-4 所示。

```
<h3 align = "center">Folder 对象的属性示例</h3>
   <%
   Dim fso     '声明一个 FileSystemObject 对象实例
   Set fso = Server.CreateObject("Scripting.FileSystemObject")
   Dim fld     '声明一个 File 对象实例
   Set fld = fso.GetFolder(Server.MapPath(".."))
   Response.Write "<br>文件夹名: " & fld.Name
   Response.Write "<br>文件夹属性: " & fld.Attributes
   Response.Write "<br>路径: " & fld.Path
   Response.Write "<br>大小: " & fld.Size
   Response.Write "<br>类型: " & fld.Type
   Response.Write "<br>创建日期: " & fld.DateCreated
    %>
```

2. 显示文件夹下的子文件夹和文件名

下面的例子将返回当前目录下的所有子文件夹和子文件名称，运行效果如图 8-5 所示。

```
<h2 align = "center">显示指定文件夹下所有子文件夹和文件</h2>
    <%         '声明一个 FileSystemObject 对象实例
    Set fso = Server.CreateObject("Scripting.FileSystemObject")
    '声明一个 Folder 对象
    Set fld = fso.GetFolder(Server.MapPath(".."))
    Response.Write fld.Name&"的子文件夹共" & fld.SubFolders.Count & "个<br>"
    '下面利用循环输出子文件夹集合中的所有 Folder 对象
    Dim objItem             '声明一个对象变量
    For Each objItem In fld.SubFolders
        Response.Write objItem.Name & "<br>"
    Next
    Response.Write "文件共" & fld.Files.Count & "个<br>"
    '下面利用循环输出文件集合中的所有 File 对象
    For Each objItem In fld.Files
        Response.Write objItem.Name & "<br>"
    Next     %>
```

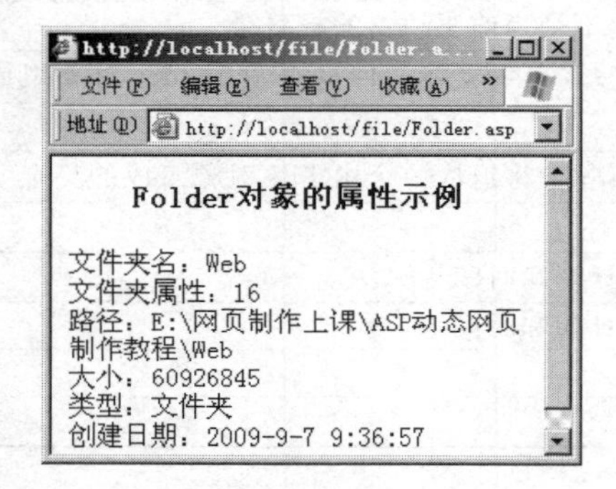

图 8-4 显示文件夹的属性

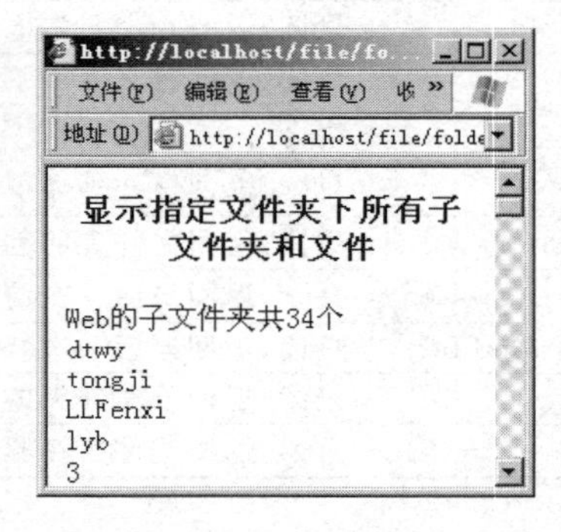

图 8-5 显示文件夹下的子文件夹和文件

8.2.4 创建、删除和移动文件夹

使用 FileSystemObject 对象的 CreateFolder 方法、MoveFolder 方法、CopyFolder 方法和 DeleteFolder 方法，可以方便地实现创建文件夹、移动文件夹、复制文件夹和删除文件夹的操作。

(1) CreateFolder 方法：用来创建一个新文件夹。例如：

```
<%      '声明一个 FileSystemObject 对象实例
Set fso = Server.CreateObject("Scripting.FileSystemObject")
fso.CreateFolder Server.MapPath("content")      '在当前目录下创建文件夹 content
fso.CreateFolder Server.MapPath(Date())
%>
```

(2) MoveFolder 方法：用来将一个或多个文件夹从某位置移动到另一个位置。例如：

```
fso.MoveFolder Server.MapPath(Date()),Server.MapPath("content\"&Date())
```

(3) CopyFolder 方法：将文件夹从某位置复制到另一位置。例如：

```
fso.CopyFolder Server.MapPath("content\"&Date()), Server.MapPath(Date())
```

复制文件夹时，会将该文件夹中的文件和子目录都一起复制过去。

(4) DeleteFolder 方法：该方法删除一个指定的文件夹及其中的内容。例如：

```
fso.DeleteFolder Server.MapPath("content\"&Date())
```

8.2.5 显示磁盘信息

使用 Drive 对象可以获取磁盘驱动器的各种信息，一个驱动器就是一个 Drive 对象，建立 Drive 对象的语法如下：

```
Set drv = fso.GetDrive("C:")
```

其中，drv 是自定义的 Drive 对象名，"C："是驱动器盘符名。

Drive 对象的常用属性如表 8-6 所示。

表 8-6 Drive 对象的常用属性

属 性	说 明
DriveLetter	只读，返回驱动器的字母，如"C"
DriveType	只读，返回驱动器的类型，0 为未知，1 为软驱，2 为硬盘，3 为网络磁盘，4 为光驱
FileSystem	只读，返回驱动器文件系统的类型，如 FAT32 或 NTFS
SerialNumber	只读，返回用于识别磁盘卷的十进制序列号
VolumeName	读/写，设置或返回驱动器卷名
TotalSize	只读，返回驱动器的总容量大小
FreeSpace	只读，返回驱动器上可用剩余空间的大小

1. 显示驱动器的各种属性

下面的代码用 FileSystemObject 对象的 GetDrive 方法获得一个 Drive 对象，再输出 Drive 对象的各个属性来显示驱动器的各种属性，运行效果如图 8-6 所示。

```
<h2 align = "center">显示驱动器的各个属性</h2>
    <%
    '声明一个 FileSystemObject 对象实例
    Set fso = Server.CreateObject("Scripting.FileSystemObject")
    Set drv = fso.GetDrive("C:")
    Response.Write "<br>驱动器名: " & drv.DriveLetter
    Response.Write "<br>文件系统: " & drv.FileSystem
    Response.Write "<br>序列号: " & drv.SerialNumber
    Response.Write "<br>可用空间大小: " & drv.AvailableSpace
    %>
```

2. 列出所有驱动器的名称

FileSystemObject 对象只有一个常用属性——Drivers，它可以返回硬盘上所有驱动器对象的集合。下面就利用 For Each 循环遍历这个集合,代码如下,运行效果如图 8-7 所示。

```
<h2 align = "center">列出所有驱动器名称</h2>
<%      '声明一个 FileSystemObject 对象实例
Set fso = Server.CreateObject("Scripting.FileSystemObject")
Response.Write "共有" & fso.Drives.Count & "个驱动器"
For Each drv in fso.Drives              '下面用循环列出每个驱动器的名称
    Response.Write "<br>驱动器名称: " & drv.DriveLetter
    if drv.isReady then Response.Write " 磁盘格式: "& drv.FileSystem
Next    %>
```

图 8-6　显示驱动器的各个属性

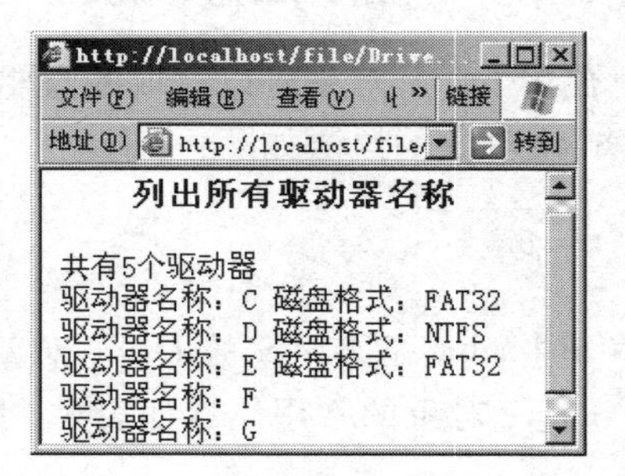

图 8-7　列出所有驱动器名称

总结：获得 Drive 对象有两种方法：一种是使用 GetDrive 方法获得指定路径中驱动器对应的 Drive 对象；另一种是使用 FileSystemObject 对象的 Drives 属性返回所有 Drive 对象的集合。

8.3　制作生成静态页面的新闻系统

有些网站采用的是 ASP 程序系统,但却能生成静态的 HTML 页面,用户访问网站时访问的也是 HTML 静态页面。将 ASP 文件转换成静态 HTML 的好处很多,首先,静态 HTML 页面不需要服务器端进行解释,用户打开页面的速度会快些,同时,打开静态页面时 Web 服务器不需要访问数据库,减轻了对数据库访问的压力；其次,静态 HTML 页面对搜索引擎更加友好,使网站在搜索引擎中的排名能够上升。生成静态页面的缺点是,随着时间的推移,生成的静态页面越来越多,会占用一些磁盘空间。

使用 ASP 生成静态 HTML 页面的主要原理是利用 FSO 组件的 CreateTextFile()方法创建 HTML 格式的文本文件。因此,用户在后台添加一条新闻后,ASP 程序一方面将这条新闻作为一条记录添加到数据库中；另一方面首先制作一个新闻页面的模板页,再将这条新闻的各个字段替换掉模板页中的标志内容,最后将修改后的模板页用 FSO 输出成静态 HTML 文件,并存放在网站的相应目录下。之所以要使用模板页,是因为如果完全用 WriteLine()方法将 HTML 代码一行一行写入到文本文件中代码量太大。

8.3.1　数据库设计和制作模板页

下面来制作一个可以生成静态页面的新闻系统,该新闻系统和 7.6 节中制作的新闻系统有相似的地方，也具有添加、删除和修改新闻的功能，因此也需要数据库的支持。但也有不同的地方，主要表现在该新闻系统的新闻显示页面是静态的 HTML 页面。下面先来设计该新闻系统的数据库。

1. 数据库的设计

数据库中保存了一个 news 表，该表用于存放所有新闻的内容。news 表中的字段及字段类型如表 8-7 所示。

表 8-7 生成静态 HTML 页面的新闻系统数据库中的 news 表结构

字段名	字段类型	说明
Id	自动编号	新闻的编号
title	文本	新闻的标题
content	备注	新闻的内容
author	文本	发布者
time	日期/时间	发布时间
filepath	文本	新闻对应的静态页面文件的路径

可以看出，与普通的新闻系统的 news 表相比，生成静态页面的新闻系统主要是多了个 filepath 字段，用于将生成的 html 文件的路径保存到 news 表中，这样才能在首页建立到这些 html 文件的 URL 链接。

2. 新闻模板页的制作

在数据库中再新建一个表 moban，用来保存模板页的 HTML 代码，之所以要将模板页的代码保存到数据表中，是为了方便能通过新闻系统后台对模板页的代码进行修改，还能在 moban 表中保存多个模板页，让用户从后台发布新闻时可以选择任意一套模板。moban 表中的字段及字段类型如表 8-8 所示。

表 8-8 保存模板页的 moban 表结构

字段名	字段类型	说明
id	自动编号	模板的编号
html	备注	模板的 html 代码

然后新建模板文件，模板文件的代码如下：

```
<html>
<head>
    <meta http-equiv="Content-Type" content="text/html; charset=gb2312" />
    <title>$mtitle$</title>
</head>
<body>
<div style="background:#ddd; width:480px; margin:0 auto;">
<h1 align="center" style="border-bottom:1px dashed gray">$mtitle$</h1>
<p style="font:12px/1.5 '宋体'" align="right">发布者：$mauthor$</p>
<p style="font:14px/1.8 '宋体'; text-indent:2em;">$mcontent$(发布时间：$mtime$)</p>
</div>
</body>
</html>
```

将上述模板文件的所有代码复制到moban表的html字段中即可。

说明：

① 上述模板文件中形如$……$的地方是作为标志字符供实际新闻进行替换的地方，例如实际新闻的标题将替换字符串$mtitle$，内容将替换字符串$mcontent$等。这样替换后就是一个显示实际新闻的静态HTML页面了。

② 该模板页主要为说明原理，因此设计得比较简单，用户可以将其设计得更美观。

下面来制作能生成静态页面的新闻发布系统，具体步骤是：首先制作一个添加新闻的页面，用户在该页面中输入新闻内容并提交新闻后，服务器端获取该页面表单中的新闻信息，将这些信息一方面添加到news表中，另一方面替换模板页中的相关位置字符，再用FSO组件的CreateTextFile()方法将替换后的模板页生成为HTML文件。

8.3.2 新闻添加页面和程序的制作

1. 制作新闻添加的前台页面 addnews.asp

新闻添加页面addnews.asp实际上是一个纯静态页面，该页面中只有一个表单，供用户添加新闻。代码如下，显示效果如图8-8所示。

```
<h2 align="center">添加新闻页面</h2>
<form name="form1" method="post" action="add.asp">
  <table width="600" border="0" align="center" cellpadding="4" cellspacing="1" bgcolor
="#333333">
  <tbody bgcolor="#ffffff">
    <tr><td width="125">新闻标题: </td>
      <td width="475"><input type="text" name="title" size="30"></td></tr>
    <tr><td>发布者: </td>
      <td><input type="text" name="author"></td> </tr>
    <tr><td>所属栏目: </td>
      <td><input type="text" name="lanmu"></td></tr>
    <tr><td>新闻内容: </td>
      <td><textarea name="content" cols="30" rows="3"></textarea></td></tr>
     <tr><td></td><td><input type="submit" name="Submit" value="提交"></td></tr>
    </tbody>
  </table></form>
```

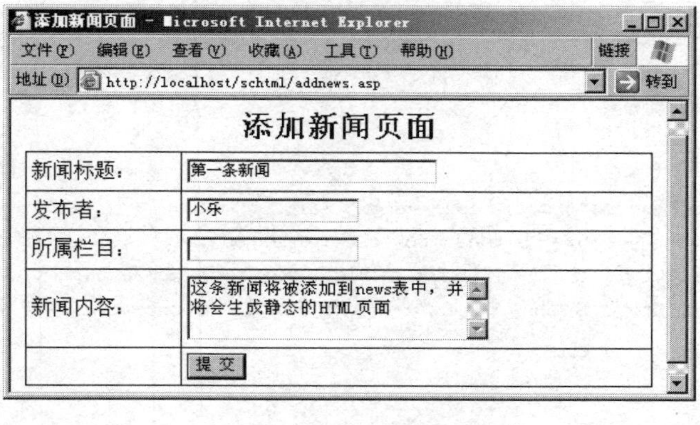

图8-8 新闻添加页面的设计

2. 保存新闻到 news 表的程序(add. asp)

接下来,获取用户在新闻添加页面 addnews. asp 中输入的新闻,先将其保存到 news 表中,添加新闻到 news 表就是向 news 表插入一条记录,代码如下:

```
<!-- #include file = "conn.asp" -->
<%
title = request.Form("title")
author = request.Form("author")
lanmu = request.Form("lanmu")
content = request.Form("content")
sql = "Insert into news(title, author, content,[time]) values('"&title &"','"&author& "','" &
content & "',#" &now()& "#)"
conn.execute sql
response.Redirect("admin.asp")
%>
```

3. 替换模板页中的相应字符

另一方面将用户输入的新闻替换模板代码中相应位置的字符,再将替换后的模板代码用 fso 写入到一个后缀名为 html 的文件中,该文件即是生成的静态 html 页面。

替换模板页并生成 html 文件的完整代码(add. asp)如下:

```
<!-- #include file = "conn.asp" -->
<%      '---------- 获取用户在表单中输入的内容 ------------------------
title = htmlencode(request.Form("title"))    '对表单内容进行 html 编码
author = htmlencode(request.Form("author"))
lanmu = request.Form("lanmu")
content = htmlencode(request.Form("content"))
    '------ 读取模板代码并用用户输入的内容替换模板中的相应位置字符 -----
set rs = Server.CreateObject("adodb.recordset")
rs.open "select * from moban where id = 2",conn,1,1
mb_code = rs("html")                            '读取模板代码,将模板代码保存到 mb_code 变量中
rs.close
mb_code = replace(mb_code,"$mtitle$",title)         '替换模板文件中的相应字符
mb_code = replace(mb_code,"$mauthor$",author)
mb_code = replace(mb_code,"$mcontent$",content)
mb_code = replace(mb_code,"$mtime$",now())
'------ 生成静态 html 文件的文件名和保存这些文件的文件夹名 -----
fname = makefilename(now())                 '用时间日期得到文件名
folder = "html/"&date()&"/"                 '用系统日期作为今天新闻的文件夹
filepath = folder&fname                     '得到文件相对于网站目录的 URL(路径名加文件名)
'------ 创建保存 html 文件的文件夹(如果文件夹不存在) -----
Set fso = Server.CreateObject("Scripting.FileSystemObject")
if not fso.FolderExists(Server.MapPath(folder)) then          '判断如果不存在则建立新文件夹
    fso.CreateFolder(Server.MapPath(folder))              '创建文件夹
end if
'------ 创建 html 文件并将模板内容写入到文件中 -----
Set tsm = fso.CreateTextFile(Server.MapPath(filepath)) '创建 html 文件
tsm.WriteLine mb_code                               '将替换后的模板内容写入到 html 文件中
```

```
tsm.close
'------将用户输入的新闻内容和静态 html 文件的路径 filepath 插入到 news 表中-----
sql = "Insert into news(title,author,content,[time],filepath) values('"&title&"','"&author& "
','" & content & "',#" &now()& "#,'"& filepath &"')"
conn.execute sql
response.Redirect("admin.asp")
'------调用的功能函数 -----
function makefilename(fname)                    '生成文件名的函数
fname = replace(fname,"-","")                   '过滤掉一些字符
fname = replace(fname," ","")
fname = replace(fname,":","")
fname = replace(fname,"PM","")
fname = replace(fname,"AM","")
makefilename = fname & ".html"
end function
function HTMLEncode(fString)                    '对 HTML 字符进行编码的函数
fString = replace(fString,">","&gt;")
fString = replace(fString,"<","&lt;")
fString = Replace(fString,CHR(32)," ")
fString = Replace(fString,CHR(13),"")
fString = Replace(fString,CHR(10) & CHR(10),"<br>")
fString = Replace(fString,CHR(10),"<br>")
HTMLEncode = fString
end function %>
```

为了运行该程序，首先必须在网站目录下建立一个名为“html”的子目录，这个子目录用于存放所有自动生成的 html 文件。但是随着时间的推移用 FSO 组件生成的 HTML 文件可能会越来越多，如果都直接放在 html 文件夹下，则该目录下的文件太多太乱，不好管理。

为此可在 html 文件夹下根据当天的日期新建子文件夹，把当天生成的新闻文件都放在这个子文件夹下。这样打开这些静态页面时就能看到诸如 http://localhost/html/2011-6-11/2011611154635.html 这样的 url，可以分析出是在 html 文件夹下建立了当前日期的文件夹。

而文件名是根据当前的系统日期和时间得到，虽然用 now()函数就能得到日期和时间，但这样得到的字符串中含有空格、“-”“:”等字符，为此，程序中编写了一个 makefilename (fname)的函数，用于将这些字符过滤掉。这样，生成的文件名就完全是由数字组成。执行 addnews.asp 并单击“提交”按钮后，就会发现在 html 目录下生成了如图 8-9 所示的文件夹和 html 文件，双击该 html 文件就可打开如图 8-10 所示的新闻页。

图 8-9　生成的文件夹和文件

图 8-10　打开生成的静态 html 文件

可见,每个 html 文件的文件名就是由当前日期和时间值(精确到秒)组成的,只要不在同一秒钟内发布两条新闻,则每个文件的文件名都不会重复,新建的文件就不会覆盖以前的文件。当然,为防止生成的文件名重复,更安全的做法是在日期时间值后用 Rnd()函数再生成一个几位的随机字符串作为文件名的一部分,这样文件名更加不可能重复,而且还可防止文件名被浏览者猜测到。

8.3.3　新闻后台管理页面的制作

除了能发布新闻外,一个完整的新闻系统还应具有新闻修改和新闻删除的功能。为此,需要先制作一个新闻后台管理页面(admin. asp),该页面用来显示所有新闻的列表,并能链接到新闻静态页面,还提供了"编辑"和"删除"的链接供用户执行修改或删除操作。整个程序完全是读取 news 表中的数据(类似于 7.4.2 节中的 index. asp 文件),没有涉及 FSO 组件对文件的操作。关键代码如下,运行效果如图 8-11 所示。

```
<!-- #include file = "conn.asp" -->
<h2 align = "center">新闻系统后台管理</h2>
<% rs.open "select * from news order by id desc",conn,1,1 %>
<table width = "600" border = "0" align = "center" cellpadding = "6" cellspacing = "1" bgcolor
= "#FF00FF"><tbody bgcolor = "#ffffff">
  <tr><th> ID</th><th>新闻标题</th><th>发布者</th><th>发布时间</th>
    <th>操作</th></tr>
  <% do while not rs.eof %>
  <tr><td rowspan = "2"><% = rs("id") %></td>
    <!-- rs("filepath")保存了静态 html 文件的 URL 地址 -->
    <td><a href = "<% = rs("filepath") %>"><% = rs("title") %></a></td>
  <td><% = rs("author") %></td>
    <td><% = rs("time") %></td>
<td width = "73" rowspan = "2"><a href = "editform.asp?id = <% = rs("id") %>">编辑</a>
<a href = "del.asp?id = <% = rs("id") %>">删除</a></td></tr>
  <tr><td colspan = "3">内容: <% = rs("content") %></td></tr>
  <% rs.movenext
loop %>
  </tbody>
</table>
```

图 8-11　新闻后台管理页面(admin. asp)

可见，该程序与 7.4.2 节中的 index.asp 文件的区别在于，该程序每条新闻的标题是链接到了生成的静态 html 文件的 URL，这样用户才能访问到这些 html 文件。

8.3.4 新闻修改页面的制作

当单击图 8-11 中的“编辑”链接时，就会链接到新闻修改页面（editform.asp），该页面首先提供一个表单供用户修改信息（表单中要显示原来的信息）。当提交修改后的信息后，程序一方面更新这条新闻在 news 表中的对应记录，另一方面还要重新生成同名的 html 文件，这样会自动覆盖原来的 html 文件。

因此 editform.asp 中的 ASP 程序主要有以下三方面的功能：①获取 admin.asp 页传过来的 id 值，根据 id 读取原来的记录，显示在该页的表单中供用户修改；②当用户提交该页的表单后，用用户提交的信息更新 news 中的记录；③用用户提交的信息替换模板页中的相应字符，再重新生成同名的 html 文件。具体代码如下，运行效果如图 8-12 所示。

```
<!-- #include file="conn.asp" -->
<%  '下面的代码用来读取原来的记录，目的是显示在该页的表单中供用户修改
id=request.querystring("id")                    '获取 admin.asp 页传过来的 id 值
if id<>"" then
   rs.Open "select * from news where id="&id,conn,1,3
    id=rs("id")                                 '读取原来的记录
    filepath=rs("filepath")
    title=rs("title")
    author=rs("author")
    content=rs("content")
    rs.close
end if
   '下面的代码用来用用户提交的信息更新数据库中的记录
if Request.Querystring("act")="edit" then      '如果用户提交了该页的表单
     title=request.form("title")                '获取表单中的内容
     content=request.form("content")
     author=request.form("author")
     id=request.form("id")                      '获取表单隐藏域中的 id
     filepath=request.form("filepath")          '获取表单隐藏域中的 filepath
Set rs = Server.CreateObject ("ADODB.Recordset")
sql = "Select * from news where id="&id
rs.Open sql,conn,3,2
datetime=rs("time")                             '用表单中的内容更新记录
rs("title")=title
rs("content")=content
rs("author")=author
rs.update
rs.close
         '下面的代码用来重新生成 html 文件
    set rs=Server.CreateObject("adodb.recordset")
    rs.open "select * from moban where id=2",conn,1,1
    mb_code=rs("html")                          '读取模板页的代码
    rs.close
    mb_code=replace(mb_code,"$mtitle$",title)      '替换模板页中的相应位置的字符
```

```
    mb_code = replace(mb_code," $ mauthor $ ",author)
    mb_code = replace(mb_code," $ mcontent $ ",content)
    mb_code = replace(mb_code," $ mtime $ ",datetime)
        '创建文件系统对象
Set fso = Server.CreateObject("Scripting.FileSystemObject")
        '创建与原来的 html 文件同名的文件,将会覆盖原来的 html 文件
Set tsm = fso.CreateTextFile(Server.MapPath(filepath))
tsm.WriteLine mb_code                       '将替换后的模板中的内容写入到 html 文件中
tsm.close
response.redirect "admin.asp"               '修改完毕回到 admin.asp 页
End if   %>
<h3 align = "center">新闻修改页面</h3>
<form method = "post" action = "?act = edit">  <! -- 提交表单将发送 URL 字符串 -->
  <table width = "480" border = "0" align = "center" cellpadding = "4" cellspacing = "1" bgcolor
= "#333333"><tbody bgcolor = "#ffffff">
    <tr><td width = "125">新闻标题: </td><td width = "375">
            <input type = "text" name = "title" size = "30" value = <% = title %>></td></tr>
    <tr><td>发布者: </td>
      <td><input type = "text" name = "author" value = <% = author %>></td>
    </tr>
    <tr><td>所属栏目: </td>
      <td><input type = "text" name = "lanmu"></td> </tr>
    <tr><td>新闻内容: </td><td>
<textarea name = "content" cols = "30" rows = "3"><% = content %></textarea></td>
    </tr>
     <tr><td><input name = "id" type = "hidden" value = "<% = id %>">
<input name = "filepath" type = "hidden" value = "<% = filepath %>"></td>
      <td><input type = "submit" value = "提 交"> </td></tr></tbody>
  </table></form>
```

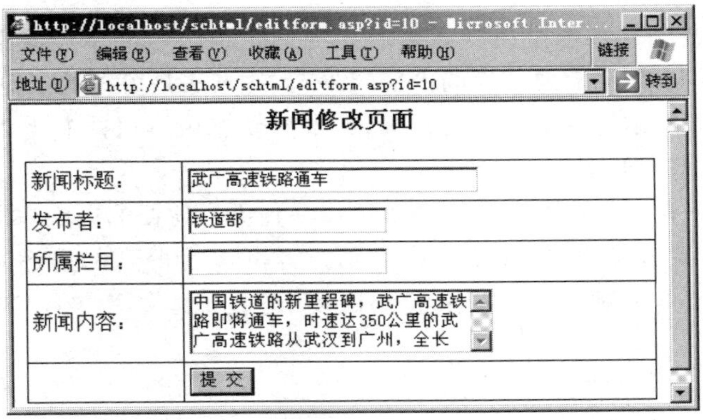

图 8-12 新闻修改页面的制作

说明：该文件将显示表单的程序和获取表单并更改数据的程序写在了同一个页面中，通过 url 后的查询字符串来判断是否提交了表单。表单中有两个隐藏域，用于发送新闻的 id 和 filepath 两个信息，这两个信息不要求用户可见，但对找到对应的新闻记录和静态 html 文件以进行修改是必要的。

8.3.5 新闻删除页面的制作

当用户单击图 8-11 中的“删除”链接时，就会链接到新闻删除页面(del.asp)，该页面的功能也是分为两部分，其一是将这条新闻对应的记录从 news 表中删除；其二是删除该新闻对应的静态 HTML 文件，这是必要的，否则浏览者还可以通过直接输入 html 文件的 URL 访问到该新闻。代码如下：

```
<!-- #include file="conn.asp" -->
<%
id = request.querystring("id")                   '获取 admin.asp 页传过来的 id 值
Set rs = Server.CreateObject ("ADODB.Recordset")
sql = "Select * from news where id="&id
rs.Open sql,conn,2,3
filepath=rs("filepath")                          '找到新闻对应的 HTML 文件路径
Set fso = CreateObject("Scripting.FileSystemObject")
fso.DeleteFile(Server.mappath(filepath))         '删除 HTML 文件
Set fso = nothing
rs.delete                                        '删除这条记录
rs.close
Response.redirect "admin.asp"                    '删除完毕后回到 admin.asp 页
%>
```

至此，一个简单的生成静态 html 页面的新闻发布系统就基本实现了，用户还可以在 news 表中给新闻添加一个所属栏目的字段，使新闻在首页能按栏目分类显示，并增加模板代码管理页，该页面通过对 moban 表中记录的修改实现对模板代码的修改，以及向 moban 表中添加新记录实现增加新的模板页。

8.3.6 使用 XMLHttp 对象实现首页和列表页的静态化

8.3.2 节中实现新闻详细页面静态化的方法是先制作一个模板页，再用动态数据替换模板页中的相应内容，如果需要替换的内容较少，上述方法是可行的。但如果需要替换的动态内容相当多，例如网站的首页和栏目首页，其中的动态内容可能有上百处，将这么多的内容一个个替换则效率太低了。

因此，实现首页和列表页的静态化通常采用一种更为简便的办法，即使用 XMLHttp 对象捕获服务器执行动态页生成的静态页代码。将执行后得到的静态页代码写入到一个 Adodb.Stream 对象的实例中，再将该实例的内容写入到文本文件中，即得到一个静态页面。

说明：

① XMLHttp 对象是 IIS 内置的一个 ActiveX 对象，与实现 Ajax 技术的 XMLHttpRequest 对象实际上是同一个对象。所不同的是，XMLHttp 对象是运行在服务器端的对象，而 XMLHttpRequest 对象是一个客户端的对象。

② Adodb.Stream 对象虽然是 ADO 组件的一个对象，但它的功能与数据库访问实际上没多大关系，它主要用于数据流的输出和控制(以何种格式和编码输出，输出数据流中的哪些部分等)。由于 XMLHttp 对象返回的内容是 utf-8 编码的字符串，对于含有中文字符

的网页，必须使用 Adodb.stream 对象处理一下，将其转换成 gb2312 的编码，否则输出的内容会是乱码。

1. 生成静态页面的文件

为了方便生成静态页面，可以把生成静态页的代码写在一个函数 createhtml 中，该函数接受 3 个参数：url 是将执行的动态文件的 URL 地址；filename 是生成的静态文件的文件名；path 是生成的静态文件的路径。下面是用来执行动态页面生成静态页的完整代码(func.asp)。

```
'------------------------- func.asp --------------------------------
Function createhtml(url,filename,path)                    '生成静态页面的主函数
Set fso = Server.CreateObject("Scripting.FileSystemObject")
if not fso.FolderExists(Server.MapPath(path)) then        '判断如果不存在则建立新文件夹
        fso.CreateFolder(Server.MapPath(path))            '创建文件夹
end if
path1 = server.mappath(path)&"\"&filename
Set MyTextFile = fso.CreateTextFile(path1)                '创建静态页文件
strTmp = getHTTPPage(trim(url))                           '使用 getHTTPPage 函数执行动态页面
MyTextFile.WriteLine(strTmp)                              '将静态页代码写入到文件中
MytextFile.Close
response.write "生成"&filename&"成功<br>"
Set fso = nothing
End function
        '利用 XMLHttp 对象执行动态页面返回 HTML 代码字符串的函数
Function getHTTPPage(url)              '执行动态页面,返回执行完后生成的 html 代码字符串
 On Error Resume Next
set http = Server.createobject("Microsoft.XMLHTTP")
 Http.open "GET",url,false             '在服务器端执行一个动态页面的 URL 地址
 Http.send()                           '发送 xmlhttp 请求
 if Http.readystate <> 4 then          '如果没有执行完毕
  exit function
 end if
 getHTTPPage = bytesToBSTR(Http.responseBody,"GB2312") '该函数的返回值是经过 bytesToBSTR 函数
                                                       处理过的以 GB2312 编码的 html 字符串
 set http = nothing
 If Err.number <> 0 then                                '如果发生错误
  Response.Write "<p align = 'center'><b>服务器获取文件内容出错</b></p>"
  Err.Clear
End If
End Function
'利用 Adodb.Stream 对象读取 XMLHttp 对象输出的内容,将其以指定编码格式的字符串输出,其中
body 参数表示读取的内容,Cset 参数表示指定的编码方式
Function BytesToBstr(body,Cset)                              '定义一个函数
set objstream = Server.CreateObject("adodb.stream")  '创建 stream 对象并赋值给 objsteam
 objstream.Type = 1                    '设置 objstream 的数据类型为字节,以字节方式输出
 objstream.Mode = 3                    '设置 objstream 的打开模式
 objstream.Open                        '打开 objstream
 objstream.Write body                  '将输入给函数的内容写入到数据流
 objstream.Position = 0                '设置 objstream 指向 body 第一字节
```

```
objstream.Type = 2                          '指定 Stream 中包含的数据的类型为文本
 objstream.Charset = Cset                   '指定数据流的编码方式
 BytesToBstr = objstream.ReadText           '读取数据流中的内容并将其作为函数返回值
 objstream.Close
 set objstream = nothing
End Function
    '用当前时间生成静态文件名的函数
Function timetohtml(str)
  timetohtml = Replace(Replace(Replace(str,":",""),"-",""),"","")&".html"'过滤时间中的符
号
End Function
    '下面是为函数及程序指定一些参数的默认值
url0 = "http://localhost/chapter7/renwen"   '这个为页面地址
path5 = "../"                               '这个为生成后文件路径
pagesize = 12                               '设置每页显示的记录数量
listpage = "newslist_"                      '新闻列表页的名称前缀
%>
```

2. 调用 func.asp 生成各种静态页面的代码

例如,假设已存在一个动态首页的文件(如 index.asp),如果要生成静态首页(如 index.htm),只需调用 createhtml(url,filename,path)函数即可。代码如下:

```
<!--#include file="func.asp"-->
<%     path = "../"
     filename = "index.htm"          '设置生成后的静态文件的文件名
     url = url0&"/index.asp"         '将执行的动态页面的地址,必须是 http://****.asp 格式的
     Call createhtml(url,filename,path)
%>
```

同样,假设已存在一个动态栏目首页文件(如 otypeh.asp),要生成静态的栏目首页文件,也只需调用 createhtml(url,filename,path)函数即可。

但是,一个栏目可能有很多新闻,栏目首页可能需要分页显示,因此必须为每个分页都生成一个静态文件,所以栏目首页的静态文件是类似 newslist_1.html、newslist_2.html、……的形式。为此,需要首先获得该栏目总共有多少条记录,然后根据记录数计算有多少个分页,利用循环语句将每个分页都使用 createhtml(url,filename,path)函数生成类似 newslist_1.html、newslist_2.html、newslist_3.html 的静态栏目首页。

另一方面,每个栏目都有栏目首页,它们都是 newslist_1.html 这样的文件名。如果把每个栏目的栏目首页都放在一个文件夹下,则会因为文件同名而相互覆盖,为了避免这种情况,也为了方便网站文件管理,比较好的办法是为每个栏目建立一个文件夹,这个文件夹的文件名可以使用栏目名或栏目 id 命名,但由于栏目名通常是中文,因此使用栏目 id[即 rs("bigclassid")字段]来命名。这样每个栏目对应的文件夹都不会同名。因此生成栏目首页的完整的代码如下:

```
<!--#include file="adminconn.inc"-->
<!--#include file="func.asp"-->
<%
```

```
owen1 = request("owen1")                              '获取一级栏目名
owen2 = request("owen2")                              '获取二级栏目名,二级栏目名可为空
    sql = "select bigclass.bigclassid,news.id from news,BigClass where news.BigClassName =
BigClass.BigClassName and news.BigClassName = '"&owen1&"' order by news.id desc"
                             '根据一级栏目名 ingBigClassName 得到一级栏目的 id(bigclassid)
    set rs = server.CreateObject("Adodb.Recordset")
    rs.open sql,conn,1,1
    If rs.eof Then                                    '如果记录集为空
      pagecount = 1                                   '则栏目首页只有一页
    Else
      count = rs.recordcount                          '记录总数
      If count Mod pagesize = 0 Then
          pagecount = count\pagesize                  '计算栏目首页的分页数
      Else
          pagecount = count\pagesize + 1              '计算栏目首页的分页数
      End If
          path = rs("bigclassid")                     '使用栏目 id 做栏目文件所在的文件夹
      For i = 1 To pagecount                          '有多少分页就生成多少个栏目首页分页文件
          filename = rs("bigclassid")&listpage&i&".html"   '这个为生成后的文件名
          url = url0&"/otypeh.asp?owen1 = "&owen1&"&owen2 = &page = "&i
                                           '这个为动态页面地址,必须是 http://****.asp 格式的
          Call createhtml(url,filename,path)  '生成栏目首页分页文件
      next
        End If
        rs.close    %>
```

当然,也可以使用 createhtml(url,filename,path)函数生成新闻详细页面,下面的程序利用循环同时生成网站内所有新闻详细页的静态页面,并将它们分别保存在所属栏目对应的文件夹中,其中新闻详细页面的动态页 URL 是 onews.asp,则要生成某个新闻页面,需要调用的 URL 形式类似于 onews.asp? id=123。

```
<!-- #include file = "adminconn.inc" -->
<!-- #include file = "func.asp" -->
<%
set rs = server.createobject("adodb.recordset")
sql = "select bigclass.bigclassid, news.id, news.infotime from news, BigClass where news.
BigClassName = BigClass.BigClassName order by news.id desc"'主要是计算有多少条记录,并获得每
条记录的 id 和添加时间,以便用添加时间作为文件名
  rs.open sql,conn,1,1
  If rs.eof Then            '如果记录集为空则不做处理
  Else
    Do While Not rs.eof     '有多少条记录就生成多少个静态页面
      filename = Replace(Replace(Replace(rs("infotime"),":",""),"-",""),"  ","")&".html" '
这个为生成后的文件名
  url = url0&"/onews.asp?id = "&rs("id")  '这个为动态页面地址,必须是 http://****.asp 格式的
  path = "../"& rs("bigclassid")            '将生成的静态页面放置到所属栏目的目录中
   Call createhtml(url,filename,path)
  rs.movenext
  loop
    End If
    rs.close    %>
```

这样就可以生成网站中所有的新闻详细页了，但生成的首页和栏目首页上的链接还是链接到动态页面，为此，可以在数据表中添加一个 filepath 字段，将生成的静态页面的 URL 保存到该字段中，然后将原来到动态页的链接：

```
<a href = "onews.asp?id = <% = rs("id") %>"><% = rs("title") %></a>
```

修改为：

```
<a href = "<% = rs("filepath") %>"><% = rs("title") %></a>
```

如果要链接到静态的栏目首页，只要将链接地址修改为"栏目 id 名/newslist_1.html"即可。而"上一页"的链接就链接到"栏目 id 名/newslist_n-1.html"。

另外需要注意的是，由于首页静态文件和栏目页静态文件处于不同级的文件夹下，必须保证它们引用的 CSS 文件和图片文件的路径正确，因此一般将这些文件放在一个单独的文件夹下。

习题 8

一、选择题

1. 如果要对一个文本文件进行读写，通常需要用到下列(　　)对象的方法。
   A. File　　B. FileSystemObject　　C. TextStream　　D. Drive
2. 当使用 OpenTextFile 方法打开一个文件并准备读取内容时，指针会指向(　　)。
   A. 文件开头　　B. 文件结尾　　C. 第1行　　D. 最后一行
3. 执行"tsm.WriteBlankLines 1"语句后，会向文本文件中写入一个(　　)。
   A. <p>　　B.
　　C. 1　　D. 换行符(回车)
4. 如果目标文件不存在，下面(　　)语句能够自动建立文件？
   A. Set tsm= fso.OpenTextFile(Server.MapPath("test.txt"), ,True)
   B. Set tsm= fso.OpenTextFile(Server.MapPath("test.txt"),2,True)
   C. Set tsm= fso.OpenTextFile(Server.MapPath("test.txt"),8,False)
   D. Set tsm= fso.OpenTextFile(Server.MapPath("test.txt"), ,False)

二、填空题

如果要向文本文件写入内容，并且不清除文本文件中原有的内容，需要使用 FileSystemObject 对象的________方法，并设置它的第二个参数为________。

三、简答题

1. 在新建文本文件时，扩展名是否一定要用.txt？
2. 如果要修改一个文件的文件名，都有哪些方法？

四、实操题

用文件存取组件开发一个留言板(提示：可以在表单中输入留言内容，然后追加到一个文本文件中)。

第9章

基于jQuery的Ajax技术

Ajax是异步JavaScript与XML(Asynchronous JavaScript and XML)的缩写。它是由被誉为Ajax之父的Jesse James Garrett于2005年提出的概念。Ajax是一种创建交互式Web应用程序的网页开发技术,它本质上是将下列技术组合应用的技巧。

(1) 使用HTML和CSS处理网页的内容和表现形式。

(2) 使用DOM(Document Object Model)进行动态显示及交互。

(3) 使用XML和XSLT进行数据交互和操作(可选,也可以使用其他格式)。

(4) 使用XMLHttpRequest对象在浏览器和服务器之间异步交换数据。

(5) 使用JavaScript将上述几项绑定在一起。

9.1 Ajax技术的基本原理

"老技术,新技巧"是对Ajax恰如其分的描述。在后面会看到,Ajax的本质就是使用XMLHttpRequest对象在浏览器和服务器间交换数据。但是,XMLHttpRequest对象并不是由Garrett设计出来的,而是微软在1999年就已提出来并内置到了IE浏览器中,但微软并没有意识到XMLHttpRequest对象有如此大的用途,直到Garrett提出Ajax的概念后,这个对象才随着Ajax技术受到开发者的追捧。

9.1.1 浏览器发送HTTP请求的3种方式

为了理解Ajax技术的基本原理,必须深入了解浏览器发送HTTP请求的方式,在传统的Web应用程序中,浏览器向服务器发送一个HTTP请求,一般有两种方式。

(1) 在浏览器地址栏中输入网址并按回车键。这将向服务器发送载入一个页面的请求。如果URL中带有查询字符串,则还会将查询字符串中的数据发送给服务器。

(2) 提交表单。这将把表单中的数据发送给服务器并且载入action属性中指定的页面。

这两种方式发送HTTP请求有一个共同点,即无论是输入网址还是提交表单,都会使页面刷新。服务器会返回给浏览器一个完整的页面，如图 9-1 所示。

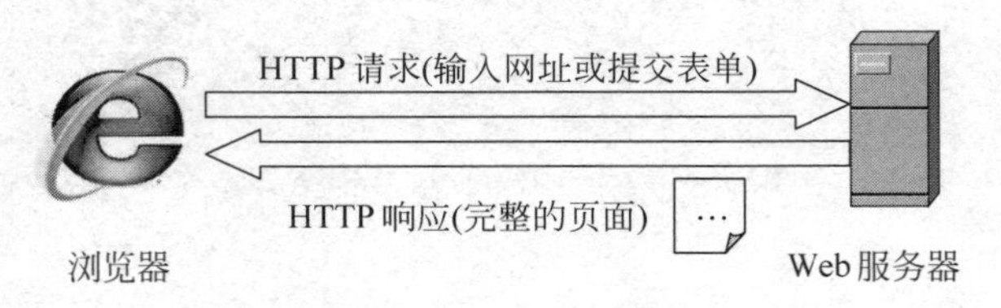

图 9-1　传统方式发送 HTTP 请求

实际上，浏览器向服务器发送 HTTP 请求，还有第三种方式，即使用 XMLHttpRequest 对象发送异步 HTTP 请求。所谓"异步"，是指浏览器与服务器交互过程中(即浏览器发送请求和服务器返回响应的过程)，用户仍然可以在浏览器上进行其他一些操作，而不必等待服务器响应完成后才能操作。

异步方式发送 HTTP 请求与前两种方式发送 HTTP 请求有明显的不同。因为服务器返回给浏览器的不再是一个完整的页面，而是一些字符串(见图 9-2)，因此页面不会刷新(但为了更新页面上的局部区域，通常把服务器返回的数据载入到页面的某些元素中)。

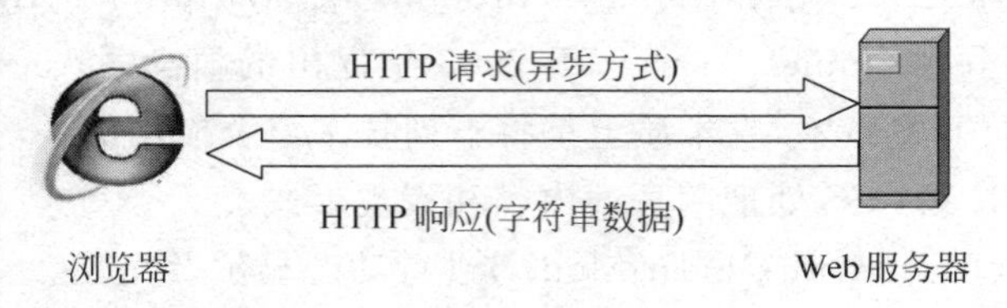

图 9-2　异步方式发送 HTTP 请求的过程

具体来说，异步方式与传统方式发送 HTTP 请求的区别可总结如下。

(1) 传统方式发送 HTTP 请求时一个 HTTP 请求对应一个页面，因此每次发送请求后页面会刷新，而异步方式发送 HTTP 请求不再对应一个页面，发送 HTTP 请求后页面不会刷新。

(2) 传统方式发送 HTTP 请求后，由于页面会刷新，因此在刷新的过程(载入服务器返回的页面)中，浏览器处于白屏状态，用户无法在浏览器上进行任何操作。而异步方式发送 HTTP 请求后，页面不会刷新，因此用户仍然可以继续在浏览器上进行其他一些操作。

在很多时候，使用异步方式发送 HTTP 请求可以给用户带来很大便利。例如一个用户注册的网页，服务器需要检查用户输入的用户名是否已经被注册过，这需要查询数据库，如果使用传统方式发送 HTTP 请求的话，则在"发送 HTTP 请求—服务器查询数据库—服务器返回查询结果的网页"这个过程中，用户都无法在浏览器上进行任何其他操作。而改用异步方式发送的话，则在"发送 HTTP 请求—服务器查询数据库—服务器返回查询结果的字符串—载入字符串到某个页面元素中"这个过程中，用户仍然能在浏览器中进行一些其他操作，如继续输入后面的注册项等。

9.1.2　基于 Ajax 技术的 Web 应用程序模型

Ajax 技术是对传统 Web 应用程序的一次革命，因为传统的 Web 应用程序(如普通的 ASP 程序)的运行过程是：发送请求给服务器→服务器对请求进行处理(此时客户端需等待)→处理完成后服务器发送回全新的页面。

人们发现，Web应用程序的这种处理方式较桌面应用程序的响应速度要慢（因为数据要在Web服务器和客户端之间来回传输）。为此，人们想出了一种方案，就是在与Web服务器交互的过程中只传输页面上需要做更改的区域，而不传输整个页面，这样可使传输的数据量减少，缩短传输时间；并且，在与服务器交互的过程中，客户端仍然可以在当前页面继续操作，正常使用应用程序，而不必等待服务器的响应。这就是Ajax技术的原理，它使用户对Web应用程序的操作看上去就像桌面应用程序了，大大改善了用户体验。

也就是说，传统的Web应用程序每次都要刷新整个页面，而Ajax程序只需刷新页面的局部区域。实现了真正意义上的“按需取数据”，从而提高了应用程序效率，节约了网络带宽。

传统的Web应用程序在提交请求后必须等待服务器处理完毕（页面刷新完毕）才能继续操作（见图9-3）。而Ajax程序不需要等待服务器的响应就能继续操作，因为它具有Ajax引擎能在客户端对用户的操作进行处理（见图9-4）。这样客户端不需要等待，不会出现浏览器“白屏”现象。

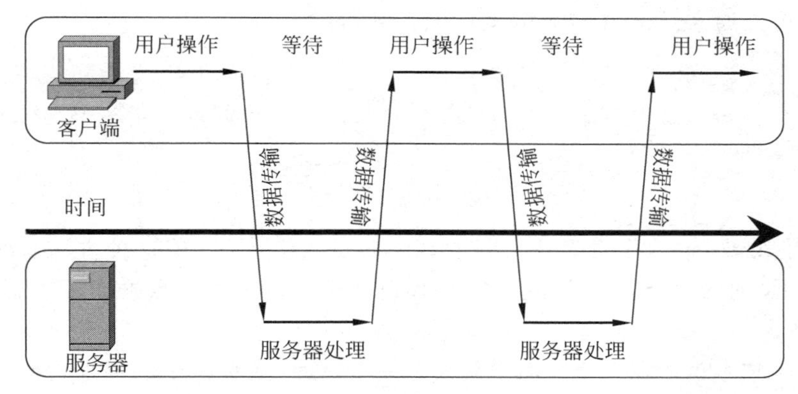

图9-3　传统的Web应用程序模型

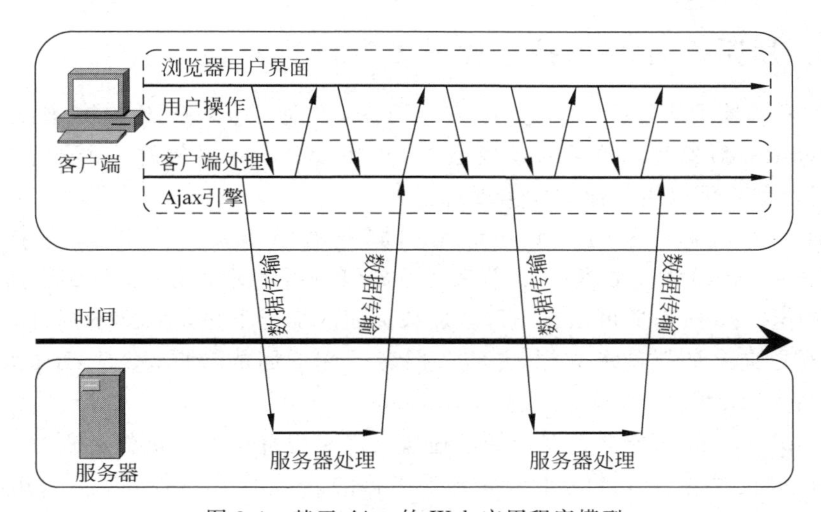

图9-4　基于Ajax的Web应用程序模型

总的来说，Ajax技术具有如下优点。

(1) 更好的用户体验，用户感觉响应速度更快。

(2) 可以把一些由服务器负担的工作转嫁到客户端，利用客户端闲置的处理能力来处理，减轻服务器和带宽的负担，节约空间和带宽租用成本。

(3) Ajax 由于可以调用外部数据，能方便地实现网站间数据的共享。

(4) 基于标准化的并被广泛支持的技术，并且不需要插件或下载小程序。

(5) Ajax 使 Web 中的界面与应用分离(也可以说是数据与呈现分离)。

当然，Ajax 技术也是有缺点的，虽然使用 Ajax 技术后客户端与服务器之间每次传输的数据量减少了(只需传输页面上需要更改的区域代码)，但一旦使用 Ajax 技术，客户端通常会频繁地请求服务器，服务器要处理的请求数量将大大增加，所以有时很难简单地说 Ajax 技术到底是降低了服务器负荷，还是增加了服务器负荷。

一般来说，Ajax 适用于交互较多、频繁读数据、数据分类良好的 Web 应用。

9.1.3 载入页面的传统方法

为了使读者能逐步了解 Ajax 技术，本节从如何在一个页面中载入另一个页面中的内容说起，传统的方法通常是使用< iframe >标记。例如：

```
<div id = "target">
        < iframe src = "test.asp" width = "250" height = "200" scrolling = "no" frameborder =
"0" name = "main"></iframe >
</div >
```

这样就将 test.asp 这个页面载入到了 # target 元素中了。但这种方法有些过时了，其缺点是载入的页面内容和表现无法分离，例如只想载入页面中的数据而不想载入页面的外观就无法实现。

使用 Ajax 技术也能在一个页面中载入另一个页面(或页面中的局部代码)。这是通过 XMLHttpRequest 对象来实现的。

9.1.4 用原始的 Ajax 技术载入文档

Ajax 技术的核心是 XMLHttpRequest 对象，任何 Ajax 技术的实现都离不开它。XMLHttpRequest 对象是浏览器对象模型 BOM 中 Window 对象的一个子对象(注：IE 6 浏览器不支持，但它可以用其他方式实现)。

XMLHttpRequest 对象的主要功能是向服务器异步发送 HTTP 请求，并能接收 HTTP 响应的数据(即载入文档)。本节来学习如何使用该对象载入文档到页面中。

XMLHttpRequest 对象可以在不重新加载页面的情况下更新页面的局部，也就是在页面加载后仍然能向服务器请求数据，并接收服务器端返回的数据，XMLHttpRequest 对象本质上是具备 XML 发送/接收能力的 HttpRequest 对象。

XMLHttpRequest 对象载入文档的过程与用户使用自动售水机的过程非常相似(如果把用户想象成浏览器，把自动售水机想象成服务器的话)。①用户首先需要投币给自动售水机，这就相当于用该对象的 send()方法发送异步请求给服务器；②然后用户需要监视售水机是否出水，这就相当于用该对象的 onreadystatechange 事件监听服务器是否返回了 HTTP 响应；③自动售水机出水了，相当于 XMLHttpRequest 对象通过 responseText 属性将数据返回给浏览器；④用一个容器去接售水机出来的水，相当于把 responseText 的属性值赋给一个 DOM 对象的 innerHTML 属性，这样这个 DOM 对象就接住了 XMLHttpRequest 对象返回的内容。图 9-5 是这两个过程的对比。

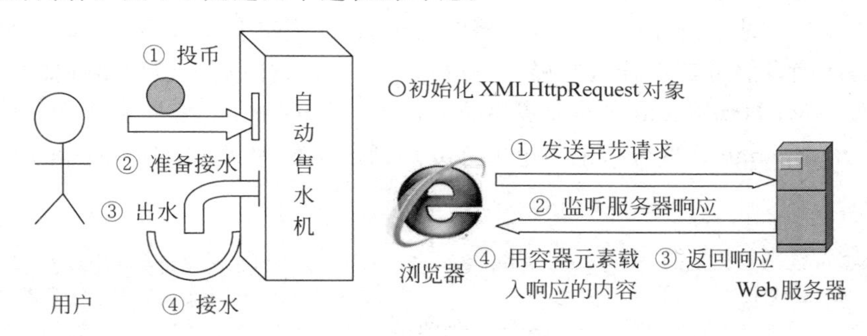

图 9-5　自动售水机与 XMLHttpRequest 对象工作过程的对比

下面具体来看 XMLHttpRequest 对象异步获取服务器数据的全过程。包括以下几个步骤。

（1）在使用 XMLHttpRequest 对象前，必须先创建该对象的实例。代码如下：

```
var xmlHttpReq;
    if (window.ActiveXObject){                          //针对 IE6
        xmlHttpReq = new ActiveXObject("Microsoft.XMLHTTP");
    }
    else if (window.XMLHttpRequest){                    //针对除 IE6 以外的浏览器
        xmlHttpReq = new XMLHttpRequest();              //实例化一个 XMLHttpRequest
    }
```

这样就创建了一个 XMLHttpRequest 对象的实例 xmlHttpReq。由于 IE6 浏览器是以 ActiveXObject 的方式引入 XMLHttpRequest 对象的，而在其他现代浏览器（如 IE7＋、Firefox、Safari）中 XMLHttpRequest 对象是 Window 对象的子对象。为了兼容这两类浏览器，必须用上述代码中的两种方式创建该对象的实例。

（2）然后使用 XMLHttpRequest 对象的实例的 open()方法指定载入文档的 HTTP 请求类型、文件名及是否为异步方式。代码如下：

```
xmlHttpReq.open("GET", "9-2.html", True);  //调用 open 方法并采用异步方式载入文档
```

其中 open 方法可以有 3 个参数：第一个参数表示 HTTP 请求的类型（GET 或 POST），第二个参数表示请求文件的 URL 地址，第三个参数表示请求是否以异步方式发送（默认值为 True，表示是异步方式）。

提示：XMLHttpRequest 对象出于安全性考虑，规定 open 方法中的 URL 地址必须是相对 URL 地址，而不能是绝对 URL，这使得 Ajax 发送异步请求无法实现跨域（Cross-Origin，即跨网站的意思）请求。要实现跨域请求，必须使用 JSONP（JSON with Padding）技术。

（3）使用 send()方法将 open 方法指定的请求发送出去，该方法只有一个参数，但该参数可以为空或 null，建议 null 一定要写，否则程序只能在 IE 中运行，在 Firefox 中无法运行。代码如下：

```
xmlHttpReq.send(null);
```

(4) 用 send()方法发送了一个载入文档的请求后，还要准备接收服务器端返回的内容。但是客户端无法确定服务器端什么时候会完成这个请求。这时需要使用事件监听机制来捕获请求的状态，XMLHttpRequest 对象提供了 onreadystatechange 事件实现这一功能。

onreadystatechange 事件可指定一个事件处理函数来处理 XMLHttpRequest 对象的执行结果，例如：

```
xmlHttpReq.onreadystatechange = RequestCallBack;  //onreadystatechange 一定要全部小写
function RequestCallBack(){                        //一旦 readyState 值改变，将会调用这个函数
    if(xmlHttpReq.readyState == 4 && xmlHttpReq.status == 200){
        //将 xmlHttpReq.responseText 的值赋给 #target 元素
        document.getElementById("target").innerHTML = xmlHttpReq.responseText;
    }  }
```

说明：

① onreadystatechange 属性中的事件处理函数只有在 readyState 属性发生改变时才会触发，readyState 的值表示服务器对当前请求的处理状态，在事件处理函数中可以根据这个值来进行不同的处理。

readyState 有 5 种可取值(0 表示尚未初始化；1 表示正在加载；2 表示加载完毕；3 表示正在处理；4 表示处理完毕)。一旦 readyState 属性的值变成了 4，就表明服务器已经处理完毕。

status 属性表明请求是否已经成功，如果 status 属性的值为 200 表明一切正常，服务器已成功接受了客户端的请求，如果为其他值则表明有错误发生(如 404 表示资源未找到)。

因此 readyState 属性的值变成了 4 并且 status 属性的值为 200 就表明服务器已经处理完毕并且没有发生错误，这时客户端就可以访问从服务器返回的响应数据了。

② 服务器在收到客户端的请求后，根据请求返回相应的内容。返回的内容可以有两种形式，一种是文本形式，将存储在 responseText 中，另一种是 XML 格式，存储在 responseXML 中。responseText 和 responseXML 都是只读属性，只有当 readyState 属性值为 4 的时候，才能通过 responseText 获取完整的响应信息。如果设置服务器端响应内容类型为"text/xml"，responseXML 才会有值并被解析成一个 XML 文档。

③ 由于上述程序是向服务器请求载入文档 9-2.html，因此服务器处理请求完毕后，返回的就是 9-2.html 的全部内容，它以字符串形式保存在 responseText 属性中，因此可设置 #target 元素的 innerHTML 为 xmlHttpReq.responseText，这样 #target 元素中就载入了 9-2.html 中的内容。

将上述几步代码合在一起，并在页面中添加一个按钮和一个 #target 元素。设置单击该按钮就执行上述代码。就得到了一个采用 Ajax 技术载入文档的完整程序。代码如下：

```
------------------------------ 清单 9 - 1.html ------------------------------
<html><body>
<script>
```

```
function Ajax(){                                    //定义一个函数来异步获取信息
    var xmlHttpReq;
    if (window.ActiveXObject){                      //针对 IE6
        xmlHttpReq = new ActiveXObject("Microsoft.XMLHTTP");
    }
    else if (window.XMLHttpRequest){                //针对除 IE6 以外的浏览器
        xmlHttpReq = new XMLHttpRequest();          //实例化一个 XMLHttpRequest
    }
    if(xmlHttpReq!= null){                          //如果对象实例化成功
        xmlHttpReq.open("get","9-2.html");          //设置异步请求的方式和请求的 URL
        xmlHttpReq.send(null);                      //用 send 方法发送请求
        xmlHttpReq.onreadystatechange = RequestCallBack;    //设置回调函数
    }
    function RequestCallBack(){                     //一旦 readyState 值改变,将会调用这个函数
        //如果服务器处理完毕并且没有出错
        if(xmlHttpReq.readyState == 4 && xmlHttpReq.status == 200){
        //将服务器返回的内容载入到#target 元素中
document.getElementById("target").innerHTML = xmlHttpReq.responseText;
        }
    }}
</script>
<input type="button" value="Ajax 载入" onclick="Ajax();" />
<div id="target"></div>
</body></html>
```

其中,被载入的文档(9-2.html)的代码如下:

```
-------------------------------- 清单 9-2.html --------------------------------
<h2>被加载的文件 9-2.html</h2>
<p>这是被加载的文件的内容</p>
```

然后运行 9-1.html,结果如图 9-6 所示,可看到 9-2.html 中的 HTML 代码已经被加载到 9-1.html 中的#target 元素中了。

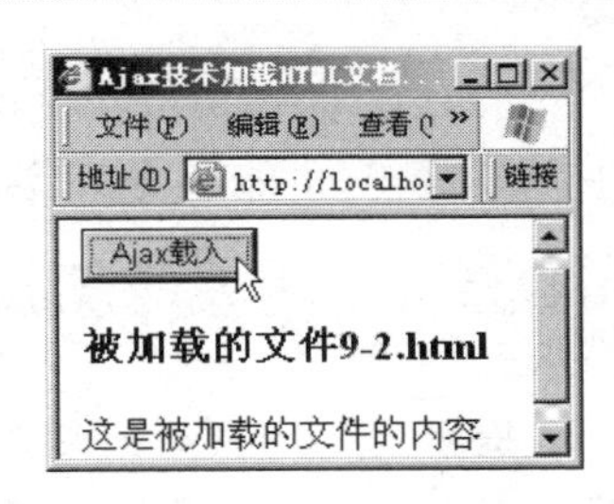

图 9-6 在 IE 中载入文档

说明:

① 9-1.html 是载入文档的页面,9-2.html 是被载入的文档,可以看出,9-2.html 是一个普通的 HTML 文档,只是它没有<html><body>等标记,因为这些标记不能放置在<div id="target"></div>元素中。也可以理解为,使用 Ajax 技术后,服务器返回的不再是完整的页面,因此没有<html><body>等标记。

② 运行之前必须将这两个文件都保存为 UTF-8 编码方式。因为 XMLHttpRequest 对象传输数据默认采用的编码方式是 UTF-8。页面的编码方式可以在 DW 中设置,方法是:执行"修改"→"页面属性"命令,选择"标题/编码"选项,如图 9-7 所示。将"编码"设置为"Unicode(UTF-8)"即可。此时,如果页面头部有<meta>标记,则它的 charset 属性值也会自动更改为 UTF-8,如果不是,可手动改过来。

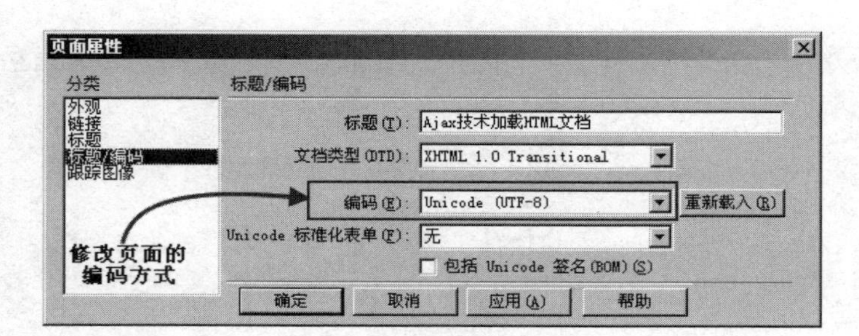

图 9-7 在 DW 中设置页面的编码方式

9.1.5 解决 IE 浏览器的缓存问题

下面将 9-2. html 的代码修改一下,如将第二行修改为"<p>已经修改了这里的内容</p>",然后在 IE 中刷新 9-1. html,单击按钮,结果仍然如图 9-6 所示,可看到在 IE 中 9-1. html 加载的内容仍然没变。这是因为在 Ajax 应用中,当用户访问一次后,再进行访问时,如果 XMLHttpRequest 请求中的 URL 不变,在 IE 中就会发生这样的现象,那就是取 URL 中的网页不会到服务器端取,而是直接从 IE 的缓存中取。为了解决 IE 的这个问题,必须保证每次发送给服务器端的 URL 都不相同,这可以通过在 URL 后加一个随机数或时间戳来实现。

(1) 加随机数方法。可使用 Math. random()函数产生一个随机数。具体可将代码中的 xmlHttpReq. open("get","9-2. html");修改为如下语句即可。

```
xmlHttpReq.open("get","9-2.html?t = " + Math.random());
```

(2) 加时间戳方法。可使用时间函数获取当前的时间。可将代码修改为:

```
xmlHttpReq.open("get","9 - 2.html?t = " +  new Date().getTime());
```

(3) 另外,还可以在发送 Ajax 请求之前,即 xmlHttpReq. send(null)语句之前,添加如下一条语句,也能解决 IE 浏览器运行 Ajax 程序时的缓存问题。

```
xmlHttpReq.setRequestHeader("If - Modified - Since","0");
```

提示:Ajax 缓存问题是 IE 浏览器才有的问题,Firefox 等其他浏览器不存在该问题。修改 9-2. html 后再运行 9-1. html,在 Firefox 中的效果如图 9-8 所示,显示的是修改后的内容。

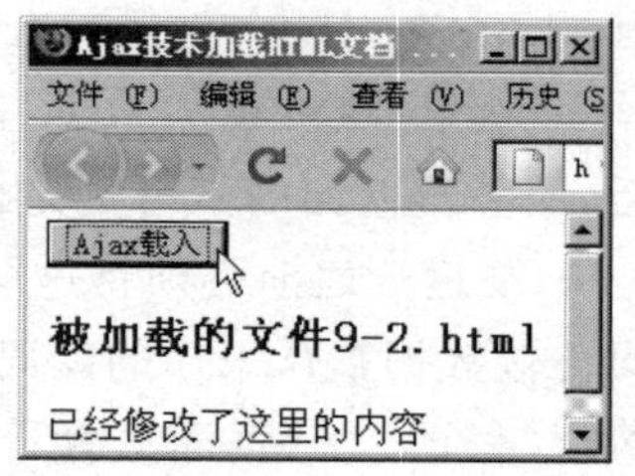

图 9-8 在 Firefox 中载入修改后的文档

9.1.6 载入 ASP 文档

用 Ajax 技术可以载入任何网页文档,如果载入的是 ASP 动态网页,则服务器端会先执行动态网页,再将生成的静态 HTML 代码发送给客户端,因此客户端网页加载的是动态网页执行后的静态 HTML 代码。下面是一个动态网页文件(9-3. asp),代码如下:

说明：

① 通过 send 方法以 POST 方式发送数据，必须先用 setRequestHeader 方法设置请求头的格式。

② 由于服务器一般需要对接收的数据进行处理，因此都是将数据发送给动态页面。

③ 上述程序直接发送定义好的变量给服务器，实际程序中，通常先获取表单中的数据，再将表单中的数据发送给服务器，这样服务器就能获取用户提交的数据了。

3. XMLHttpRequest 对象与服务器端通信的步骤

Ajax 技术与服务器端异步交互主要依靠 XMLHttpRequest 对象，XMLHttpRequest 对象与服务器端通信的过程如图 9-11 所示，步骤可总结如下。

(1) 创建 XMLHttpRequest 对象。

(2) 使用 open()方法设置 XMLHttpRequest 对象请求的 URL、发送 HTTP 请求的方式，以及是否为异步模式等。

(3) 使用 send()方法发送 HTTP 请求。

(4) 使用 onreadystatechange 事件监听服务器端的反馈，根据 readyState 属性来判断服务器是否已经对请求处理完成，一旦完成则接收服务器端传回的数据。

由于页面没有刷新，浏览器不知道服务器什么时候完成了对请求的处理，因此需要第(4)步进行监听，这是 Ajax 程序和普通 ASP 程序运行过程中最明显的区别。

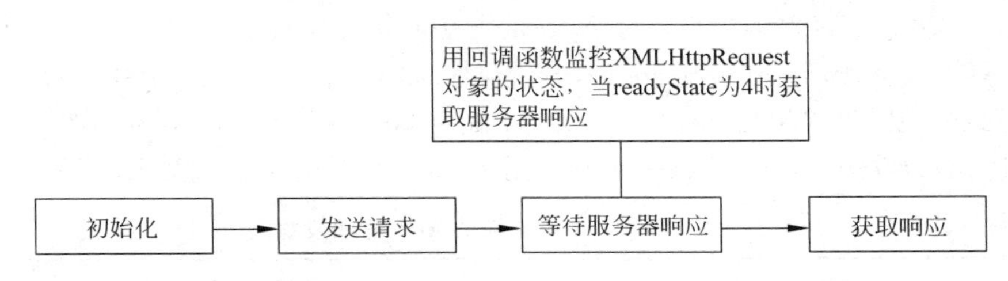

图 9-11　XMLHttpRequest 对象与服务器通信的过程

在实际中，通常也可将第(4)步放在第(3)步之前，也就是在发送 HTTP 请求之前，就将接收服务器端数据的“装置”准备好。防止发送 HTTP 请求后服务器端返回数据过快，onreadystatechange 事件来不及监听和接收。

提示：

① XMLHttpRequest 对象虽然名称中含有 XML，但它并不限于和 XML 文档一起使用，它可以接收任何格式的文本，包括普通文本、HTML 文本、JSON 文本、XML 文本等。

② XMLHttpRequest 对象与 ASP 中的 $_REQUEST 数组的功能也完全不同，$_REQUEST 是服务器端的数组，它的作用是获取从客户端发送来的数据；而 XMLHttpRequest 对象是客户端浏览器中的对象，它的作用是发送数据给服务器后再从服务器获取传回来的数据。

4. 传统 Web 程序与 Ajax 程序的区别

1) 客户端发送请求的方式不同

传统 Web 应用发送请求通常有两种方式：①采用提交表单的方式发送 POST 或 GET 请求；②让浏览器直接请求网络资源发送 GET 请求。而采用 Ajax 技术后，Web 应用需要使用 XMLHttpRequest 对象来发送请求，这不需要提交表单。表单中的数据会先发送给一些 JavaScript 代码而不是发送给服务器，由 JavaScript 代码捕获表单数据并向服务器发送异步请求。

2) 服务器生成的响应不同

传统的 Web 应用中服务器的响应总是完整的 HTML 页面。在采用 Ajax 技术后，服务器响应的不再是完整的 HTML 页面，而只是必须更新的数据，因此服务器生成的响应可能只是简单的字符串(或 XML 文档、JSON 文档等)。

3) 客户端加载响应的方式不同

传统的 Web 应用具有每个请求对应一个页面的关系，而且服务器响应的就是一个完整的 HTML 页面，因此浏览器每刷新一次就会自动加载并显示服务器的响应。而采用 Ajax 技术后，服务器响应的只是必须更新的数据，浏览器不会刷新，故客户端必须通过事件监听程序来监测服务器的响应是否完成，如果响应完成，再动态加载服务器的响应。

9.2 jQuery 中的 Ajax 方法与载入文档

由于在传统的 Ajax 中，XMLHttpRequest 对象有很多的属性和方法，对于想快速入门 Ajax 的用户来说，并不是个容易的过程。jQuery 对 Ajax 操作进行了封装，这样可大大简化开发 Ajax 程序的过程。

jQuery 主要是通过提供一些针对 Ajax 的方法和属性实现 Ajax 的。jQuery 中常用的 Ajax 方法只有 4 个，即 load()、$.get()、$.post()和 $.ajax()方法。其中，$.ajax()方法属于最底层的方法，第二层是 load()、$.get()和 $.post()方法，第三层还有 $.getScript()和 $.getJSON()方法。这些 jQuery 中最常用的 Ajax 方法的功能如表 9-1 所示。

表 9-1 jQuery 中最常用的 Ajax 方法及功能

方　法	功　能
load(url, [data], [callback])	载入远程 HTML 文件代码并插入至 DOM 元素中
$.get(url, [data], [callback], [type])	通过远程 HTTP GET 请求载入信息
$.post(url, [data], [callback], [type])	通过远程 HTTP POST 请求载入信息
$.ajax(options)	通过 HTTP 请求加载远程数据，jQuery 的底层 Ajax 实现

提示： $.get()方法是 jQuery 用来创建 Ajax 应用中的一种全局函数，与 jQuery 中的 get()方法完全不同，get()方法用来获取集合中指定的元素并将其转换成 DOM 对象，它必须是一个 jQuery 对象的方法。

9.2.1 使用 load 方法载入 HTML 文档

Ajax 的本质特征就是刷新页面的局部，这主要是通过将远程的文档载入到页面的局部元素中实现的。下面将介绍载入各种类型文档到页面局部元素中的方法。

load()方法是 jQuery 中最为简单和常用的 Ajax 方法。它能载入远程 HTML 文档并将其插入到指定的 DOM 元素中。它的语法为：

```
load( url [, data ] [, callback])
```

这些参数的含义如表 9-2 所示。

表 9-2　load()方法参数的含义

参数名称	类　型	说　明
url	String	请求 HTML 文档的 URL 地址
data(可选)	Object	发送至服务器的 key：value 数据(Json 类型数据)
callback(可选)	Function	请求完成时的回调函数,无论请求成功或失败

1. 载入整个 HTML 文档

下面使用 load()方法改写 9-1.html 中的脚本,同样实现载入 HTML 文档。代码如下：

```
----------------------------清单 9-4.html------------------------------
<script src="jquery.min.js"></script>        <!--引入 jQuery 环境-->
<script>
function Ajax(){
        $("#target").load("9-3.asp");      //用 load 方法载入 9-3.asp
}
</script>
<input type="button" value="Ajax 提交" onclick="Ajax();" />
<div id="target"></div>
```

9-4.html 的运行结果如图 9-6 所示,可看到,load()方法只用了一行代码就完成了 9-1.html 中很烦琐的工作。只需要使用 jQuery 选择器为加载的 HTML 代码指定目标位置,然后将要加载的文件 URL 作为参数传递给 load()方法即可。

如果要在 load()方法后添加一条弹出警告框的语句,可将代码修改为：

```
function Ajax(){     //对 9-4.html 中的 Ajax()函数进行修改
     $("#target").load("9-3.asp");
alert("正在加载中");
}
```

就可以看到警告框是先于文档加载完之前弹出的,这验证了 Ajax 在获取服务器端的数据时确实是采用了异步方式,异步加载意味着在发出取得 HTML 片段的 HTTP 请求后,会立即继续执行后面的脚本,无须等待。在之后的某个时刻,当浏览器收到服务器的响应时,再对响应的数据进行处理。因此在和服务器端传输数据的过程中,客户端仍然可以继续运行接下来的程序。

提示：如果要避免 IE 浏览器的缓存问题,可以在向服务器端发送 URL 时同时发送一个随机数,例如：

```
$("#target").load("9-3.asp",{sid:Math.random()});
```

这样每次发送请求时会将该随机数也发送给服务器,当然也可以直接通过 URL 字符串的方式加随机数。

2. 载入 HTML 文档中的指定元素

上面的例子将 9-3. asp 中的所有内容都加载到了 #target 元素中。但有时可能只需要加载 HTML 文档中的某些元素，那么可以通过修改 load 方法的 URL 参数来实现，通过对 URL 参数指定选择器，就可以很方便地从加载过来的 HTML 文档中筛选出所需要的内容。

load 方法的 URL 参数的语法为："url selector"。注意，URL 和选择器之间有一个空格。

例如，只需要载入 9-5. html 中 class 为" title "的内容，可以使用如下代码来完成。

```
function Ajax(){                                     //对 9-4.html 中的 Ajax()函数进行修改
    $("#target").load("9-5.html .title");   //URL 和选择器之间必须有一个空格
}
```

其中 9-5. html 的文档代码如下，修改后的 9-4. html 运行效果如图 9-12 所示。

```
------------------------------清单 9-5.html------------------------------
<h3>Ajax 技术的关键</h3>
 <h3 class="title">Ajax 的默认编码是 utf8</h3>
 <p class="layer">沙发.</p>
 <h3 class="title">如何修改文件的编码方式</h3>
 <p class="layer">板凳.</p>
 <h3 class="title">responseText 存放着服务器响应的内容</h3>
 <p class="layer">地板.</p>
```

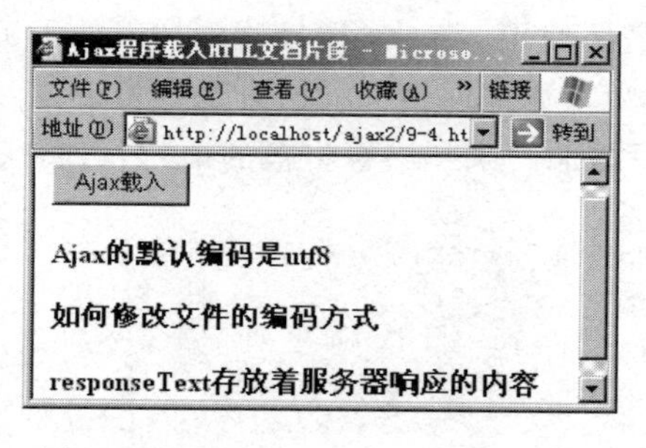

图 9-12 Ajax 载入 HTML 文档片段

提示：如果客户端页面(9-4. html)中包含有 CSS 样式，那么被载入的文档中的元素将会应用客户端页面中的 CSS 样式。

从以上实例可以看出，载入 HTML 文档或文档片段只需要很少的工作量，但这种固定的数据结构并不一定能够在其他的 Web 应用程序中得到重用。因此有时可能需要载入 JSON 文档或 XML 文档。

3. load 方法传递数据的方式

load()方法在载入 HTML 文档时，还可以带有参数，这些参数将采用 GET 方式或 POST 方式传递给服务器。默认是采用 GET 方式传递数据，但如果 load 方法带有 data 参数(形如{key1:val1, key2:val2,…})，则带有的参数会采用 POST 方式传递，而 URL 参数总是以 GET 方式传递。例如：

```
function Ajax(){        //对 9-4.html 中的 Ajax()函数进行修改,得到 9-6.html
    $("#target").load("9-6.asp?user=张三&comment=很好",{nick:"rain", age:22})
}
```

9-6. asp 文件的内容如下,9-6. html 运行效果如图 9-13 所示。

```
---------------------------- 清单 9-6.asp --------------------------------

<% response.Charset = "gb2312"
    user = request.QueryString("user")          'URL 字符串中的数据采用 GET 方式传递
    comment = request.QueryString("comment")
    nick = request.form("nick")                 'data 参数中的数据默认采用 POST 方式传递
    response.Write "<h3>评论人: "&user&"</h3>"
    response.Write "<p>内容: "&comment&"</p>"
    response.Write "<p>签名: "&nick&"</p>"
%>
```

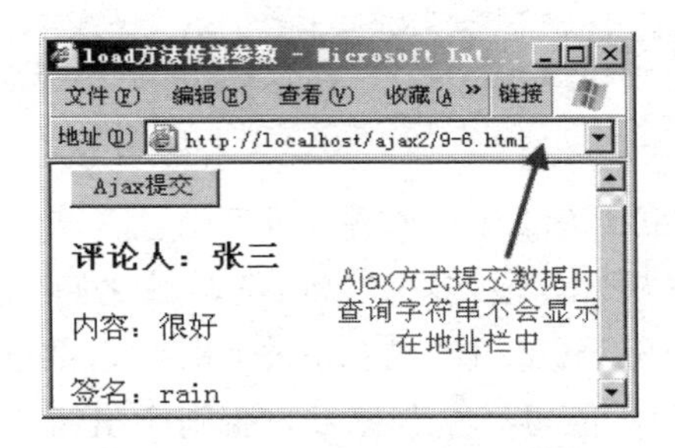

图 9-13 用 load 方法传递参数给服务器

说明：

① 该程序使用了 URL 字符串和 data 参数两种方法向服务器发送数据,但对于 Ajax 异步方式发送数据来说,由于单击按钮后页面没有刷新,因此 URL 字符串并不会显示在地址栏中。

② 服务器端使用 Request 对象获取 Ajax()函数传送过来的数据,对于 GET 方式传送的数据,要用 Request. QueryString 方法,对于 POST 方式传送的数据,要用 Request. Form 方法获取,获取了数据之后,9-6. asp 生成的静态 HTML 代码会自动被载入到 #target 元素中。

③ 当然还可以在 9-4. html 中放置一个表单,然后将用户在表单中输入的数据用 load 方法传递给服务器端,但对于这种较复杂的应用一般使用 9.3 节中介绍的 $. get 或 $. post 方法更好。

由此可见,load 是 jQuery 中最简单的 Ajax 函数,但是它的使用具有下列局限性。

(1) load 方法主要用于直接返回 HTML 的 Ajax 接口,不能返回其他格式的文档。

(2) load 是一个 jQuery 对象的方法,需要在 jQuery 对象上调用,并且会将返回的 HTML 加载到这个对象内,即使设置了回调函数也还是会加载,因此不方便对返回的 HTML 代码先进行处理后再加载。

9.2.2 JSON 概述

JSON 是 JavaScript Object Notation 的缩写，意思是 JavaScript 对象表示法。JSON 是一种轻量级的数据交换格式，它使用 JavaScript 提供一种灵活而严格的存储和传输数据的方法。非常便于阅读和编写，也易于被程序获取。在进行 Ajax 开发中，很多场合使用 JSON 作为数据格式比使用 XML 更加方便，尤其是使用 jQuery 开发 Ajax 时，JSON 格式数据应用得非常频繁。

JSON 可用来创建 JavaScript 对象或数组，下面分别来介绍 JSON 对象和 JSON 数组。

1. JSON 对象

大家知道，一个对象是由若干属性和方法构成的。JSON 使用一些"键-值"对来描述 JavaScript 对象（"键-值"对就相当于对象的"属性名-属性值"，JSON 也可以描述对象的方法，但一般很少用）。JSON 使用花括号{}将一组"键-值"对包括在一起形成一个对象。例如：

```
var user = { "username":"andy", "age":20, "sex":"male" };
```

说明：

① 一个 JSON 对象以"{"开始，以"}"结束，对象中包含若干个元素，元素分为键和值两部分。键和值之间用"："（冒号）隔开；多个"'键：值'对"之间使用"，"（逗号）分隔。键或值如果是字符串常量则必须用引号（单引号或双引号）引起来，数值型或变量则不需要。

② 最后一个属性值之后不能再有"，"（逗号），否则会出错。

如果要用 JSON 来描述对象的方法，也是可以的，下面是一个例子。

```
var user = { name: "张三",           //属性
           show: function(){          //方法
           alert ( this.name); }      }
<p onclick = "user.show()">单击我引用对象</p>     <! -- 调用对象的方法 -->
```

2. JSON 数组

JavaScript 的数组可以使用方括号[]进行动态定义。使用 JSON 将 JSON 对象和 JSON 数组的两种语法组合起来，可以轻松地表达复杂而且庞大的数据结构。例如：

```
var user = {
        "username":"andy",
        "age":20,
        "info": { "tel": "123456", "cellphone": "98765"},
        "address": [
                {"city":"beijing","postcode":"222333"},
                {"city":"newyork","postcode":"555666"}
            ]
    }
```

说明：

① 数组是值(value)的有序集合。一个JSON数组以“[”开始，以“]”结束。值之间使用“,”(逗号)分隔，最后一个值之后不允许有“,”(逗号)。

② JSON对象允许嵌套，即某个属性值可以是简单数据，也可以是一个JSON对象或数组，如"info"和"address"属性的值。

③ 该JSON数据中有4个元素，即username、age、info和address，元素又可以由其他元素组成，如"info"由"tel"和"cellphone"两个子元素组成。

3. JSON对象和JSON字符串的转换

在数据传输过程中，JSON是以文本，即字符串的形式传递的，而JS操作的必须是JSON对象，所以有时必须对JSON对象和JSON字符串进行相互转换。

JSON字符串：

```
var str1 = '{ "name": "cxh", "sex": "man" }';
```

JSON对象：

```
var str2 = { "name": "cxh", "sex": "man" };
```

1) JSON字符串转换为JSON对象

要将上面的JSON字符串str1转换成JSON对象，可以使用eval()函数，eval()函数会把一个字符串当成一个表达式并去执行它。例如：document.write("5+3")；将会输出字符串“5+3”，但document.write(eval("5+3"))；将会输出数字8，原因就是eval()把字符串“5+3”当成了一个算术表达式5+3并且执行了它。

eval()会试图去执行包含在字符串中的一切表达式或者一系列合法的JavaScript语句。并把最后一个表达式或者语句所包含的值或引用作为它的返回值。因此，alert(eval("5+3,6,7+2"))；会返回9。

将JSON字符串str1转换成JSON对象通常使用如下语句。

```
var obj = eval('(' + str1 + ')');
```

其中，表达式中的“+”是连接运算符，因此代码首先在字符串str1的左右两边添加了一对小括号“()”。大家知道，加了小括号之后，JavaScript就会把其中的内容当成一个表达式并去执行它，而不加的话，eval会将大括号识别为JavaScript代码块的开始和结束标记，那么“{}”将会被认为是一条空语句并去执行它。

提示：为了返回常用的“{}”这样的对象声明语句，必须用小括号将其括起来，以转换为表达式，才能返回其值。对于原始的Ajax开发来说，由于其只能返回字符串(通过responseText属性)或XML格式(通过responseXML属性)的数据，无法返回JSON格式的数据，因此为了得到JSON数据，通常要对返回的字符串使用eval()方法转换为JSON对象。但对于jQuery开发Ajax来说，可以设置返回的数据是JSON格式，因此eval()方法用得并不多。

除了使用eval()函数外，JSON官方网站还提供了一个开源的JSON解析器和字符串转换器专用文件“json.js”。在百度上搜索下载到该文件后，将其引入到当前文件中，即在代码中加入< script src="json.js"></script >，就可以使用其中的parseJSON()或JSON.parse(str)方法将JSON字符串转换成JSON对象。例如：

```
var obj = str1.parseJSON();
var obj = JSON.parse(str);
```

然后，就可以这样读取了：

```
alert(obj.name);alert(obj.sex);
```

说明：如果obj本来就是一个JSON对象，那么使用eval()函数转换后(哪怕是多次转换)还是JSON对象，但是使用parseJSON()函数处理后会有问题(抛出语法异常)。

2) JSON对象转换为JSON字符串

使用“json.js”中提供的方法，可以将JSON对象转换成JSON字符串。例如：

```
var last = obj.toJSONString();        //转换成 JSON 字符串
var last = JSON.stringify(obj);       //转换成 JSON 字符串
alert(last);
```

9.2.3 使用$.getJSON方法载入JSON文档

在实际开发中，通常把JSON格式的数据保存成一个后缀名为“.json”的单独的外部文件，例如，可以把下面的JSON格式数据保存成“9-7.json”文件。

```
---------------------------- 清单 9 - 7.json ------------------------------
[ { "username": "张三",
    "content": "沙发."
  },
  { "username": "李四",
    "content": "板凳."
  },
  { "username": "王五",
    "content": "地板."
  }]
```

然后使用$.getJSON()方法就可以在网页中加载这个JSON文档。$.getJSON()方法前面没有任何一个jQuery对象，可见它是一个全局的jQuery函数，不需要任何一个jQuery对象进行调用。因此，$.getJSON()是作为全局jQuery方法定义的，也就是说，它不是某个jQuery对象实例的方法。为了容易理解，在这里称它为全局函数。下面是一个使用$.getJSON()载入json文件的例子。

```
function Ajax(){              //对 9 - 4.html 中的 Ajax()函数进行修改，得到 9 - 7.html
    $.getJSON("9 - 7.json");
}
```

这样就使用$.getJSON函数加载了这个JSON文档。但是当单击按钮后，看不到任何效果。这是因为JSON文档不像HTML文档，加载了之后内容就可以直接显示在页面上(因为浏览器不能直接解析JSON文档)。为了能在页面上显示JSON文件中的内容，需要使用回调函数对JSON文档中的数据进行适当处理后再显示在页面上。因此，$.getJSON方法通常还需要一个回调函数作为它的第二个参数。这个参数是当加载完成时调用的函数。如上所述，Ajax请求都是异步的，回调函数提供了一种等待数据返回的方式，当服务器端返回数据完成后才会执行回调函数中的代码。

回调函数也需要一个参数，该参数中保存着返回的数据(相当于XMLHttpRequest对象的responseText属性)。该参数建议命名为data，但也可以使用其他任何变量名。为了能在页面上显示返回的数据，上述代码应改写为：

```
function Ajax(){
                                        //对 9-4.html 中的 Ajax()函数进行修改,得到 9-7.html
//function(data){ … }是 $.getJSON 的回调函数,其中 data 是该回调函数的参数
    $.getJSON("9-7.json", function(data){
        alert("JSON 数据: " + data[1].username);          //输出"JSON 数据: 李四"
        $("#target").html(data[1].username);
        });
}
```

这样单击按钮后，就会发现#target元素中已经载入了9-7.json中的数据“李四”，这是因为，9-7.json中的内容是一个JSON数组，因此在9-7.html中用$.getJSON加载它完成后，回调函数的参数data中保存的也是这个数组。由于data是一个数组，对于数组来说，通过对其加下标(data[1])可以获取数组中的某个元素，而该数组中每个元素都是一个对象。因此可以用data[1].username引用这个对象的相应属性。

提示：访问JavaScript对象的属性有两种方法，一种是“对象.属性名”，另一种是“对象["属性名"]”，因此，data[1].username又可写成data[1]["username"]。

如果要获取JSON文件中的所有数据，则可以使用循环的方法。例如：

```
function Ajax(){     //对 9-4.html 中的 Ajax()函数进行修改,得到 9-7.html
    $.getJSON("9-7.json", function(data){
        for(i=0;i<data.length;i++){             //此处 data 是一个数组
        $("#target").append("<h3>" + data[i].username + "</h3>");
        $("#target").append("<p>" + data[i].content + "</p>");
        }
    }); }
```

但更加专业的方法是使用jQuery提供的$.each方法遍历数组data。例如：

```
function Ajax(){            //对 9-4.html 中的 Ajax()函数进行修改,得到 9-7.html
    $.getJSON("9-7.json", function(data){
        $.each(data, function(i, item) {
            $("#target").append("<h3>" + item.username + "</h3>");
            $("#target").append("<p>" + item.content + "</p>");
            });
        }); }
```

其中参数 *i* 是数组 data 中元素的索引值，item 是数组元素的值，由于 9-7.json 中每个数组元素都是一个对象，因此 item 是一个对象。

说明：

① 回调函数 function(data)中的 data 参数可以将服务器端输出的数据转换成客户端的数据，是 Ajax 技术中服务器与浏览器之间传递数据的桥梁。

② 遍历数组可采用循环的方法，也可采用 $.each 方法，程序中将每个数组元素中的对象属性取出后，将其放置在不同的 HTML 标记中，使它们以不同的表现形式显示出来。可见，JSON 格式数据由于具有规范的格式，使 JSON 文档中的任何数据都可以按需取出，而 HTML 文档中的代码作为一个整体，要单独取出其中的一些会有些麻烦。这是加载 JSON 文档与加载 HTML 文档相比具有的优势。

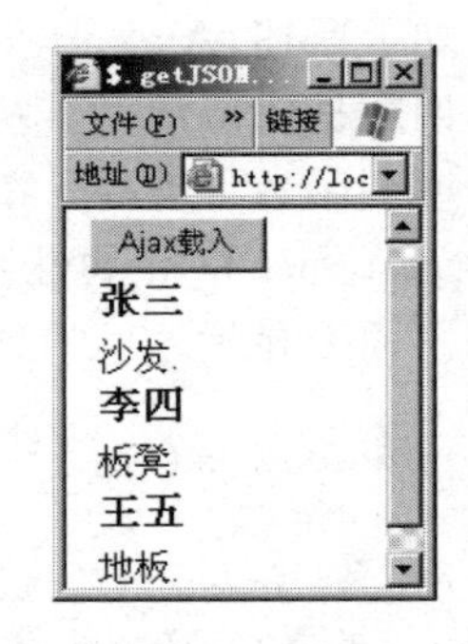

图 9-14　$.getJSON 方法载入 JSON 数据

③ append 方法是内部插入数据的方法，这样每循环一次，新添加的数据将追加到原有数据的末尾处。因此运行结果如图 9-14 所示。

④ 通常 $.getJSON()方法必须带有回调函数才能显示所加载的 JSON 文档中的数据，而 load 方法却可以不带有回调函数，这是因为 HTML 文档的内容可以直接显示在浏览器中，而 JSON 文档是不能被浏览器直接解析的。

⑤ 虽然 JSON 格式很简洁，但它却不允许有任何错误。所有方括号、花括号、引号和逗号都必须合理而且适当地存在，否则会引起文件不被加载，并且不会提示任何错误信息，脚本只是静默地终止运行。

9.2.4　使用 $.getScript 方法载入 JavaScript 文档

jQuery 提供了 $.getScript()方法直接加载外部 js 文件，像加载一个 HTML 文档一样简单方便，并且不需要对 JavaScript 文件进行任何处理，JavaScript 文件就会自动执行。加载 js 文档的示例代码如下：

```
function Ajax(){              //将 9 - 4.html 中的 Ajax()函数进行修改，得到 9 - 8.html
     $.getScript('9 - 8.js');
}
```

其中，9-8.js 的代码如下，9-8.html 的运行结果如图 9-15 所示。

```
----------------------------- 清单 9 - 8.js -----------------------------
var comments = [
  {  "username": "张三",
       "content": "沙发."
  },
  {  "username": "李四",
    "content": "板凳."
```

```
  },
  {  "username": "王五",
    "content": "地板."
  }  ];
var html  = "<table border = '1' cellpadding = '2'>";        //第 11 行
  $ .each(comments , function(Index, comment) {
       html += '<tr><td>' + comment['username'] + ':</td><td>' + comment['content'] + '
</td></tr>';
  })
html  += "</table>"
$ ("#target").html(html);
```

图 9-15 \$.getScript()方法加载 JavaScript 文档

如果需要，与 load()、\$.getJSON()方法一样，\$.getScript()方法也可设置回调函数，它会在 JavaScript 文件加载完成后运行。例如可将 9-8.js 中从第 11 行开始下面的代码删除，然后将这些代码放到 \$.getScript()方法的回调函数中。代码如下：

```
function Ajax(){        //将 9 - 4.html 中的 Ajax()函数进行修改,得到 9 - 8.html
      $ .getScript('9 - 8.js', function(data){    //function(data){ … }为回调函数
      var html  = "<table border = '1' cellpadding = '2'>";
   $ .each(comments , function(Index, comment) {
       html += '<tr><td>' + comment['username'] + ':</td><td>' + comment['content'] + '
</td></tr>';  })  //comment['username']也可写成 comment.username
html  += "</table>";
$ ("#target").html(html);
      });  }
```

9.2.5 使用 \$.get 方法载入 XML 文档

本节使用 \$.get()方法来载入 XML 文档，但需要注意的是，\$.get()方法实际上可载入任何类型的文档。XML 是 Ajax 缩写词中的一部分，但 XML 文档相对于 JSON 文档过于复杂，因此在实际 Ajax 开发中比较少用。加载 XML 文档的方法很简单，而且与加载 JSON 文档相当类似。下面先新建一个名为 9-9.xml 的 XML 文档，它的代码如下：

```
---------------------------- 清单 9 - 9.xml ------------------------------
<?xml version = "1.0" encoding = "utf - 8"?>
<stulist>
```

```
    <student email = "zhangsan@1.com">
      <name>张三</name>
      <id>1</id>
      <comment>沙发</comment>
    </student>
      <student email = "lisi@2.com">
          <name>李四</name>
          <id>2</id>
            <comment>板凳</comment>
      </student>
</stulist>
```

然后再新建一个 9-9.html 的文档，并使用 $.get()方法载入 9-9.xml，代码如下：

```
function Ajax(){      //对 9-4.html 中的 Ajax()函数进行修改，得到 9-9.html
    $.get("9-9.xml");
}
```

1. 加载并显示 XML 文档中的单条数据

这样就使用 $.get()方法加载了这个 XML 文件。但是当单击按钮时，看不到任何效果。这是因为 XML 文档像 JSON 文档一样，加载了之后并不能直接被浏览器解析。为了能在页面上显示 9-9.xml 文档中的内容，需要使用回调函数对 XML 文档中的数据进行适当处理。因此，$.get()方法通常还需要一个回调函数作为它的另一个参数。这个参数是当加载完成时调用的函数。将上述代码改写为：

```
function Ajax(){            //对 9-4.html 中的 Ajax()函数进行修改，得到 9-9.html
     $.get("9-9.xml", function(data) {
     $("#target").html($(data).find("name").eq(0).text());
     $("#target").append($(data).find("student").attr("email"));
    });
}
```

运行 9-9.html，当单击按钮后，就加载了 9-9.xml 文档中的部分数据，如图 9-16 所示。

图 9-16　加载 XML 文档中的数据

说明：

① 处理加载完成的 XML 文档和处理 JSON 文档有些相似，但最大的不同在于：XML 文档可看成是一个元素(如 9-9.xml 的 <stulist>…</student>)，因此回调函数的 data 参数中保存的也就是 stulist 元素，XML 元素和 HTML 元素一样，可以将其放置在 $()中转换成一个 jQuery 对象。因此 $(data)是一个 jQuery 对象，相当于 $("stulist")。

② 处理 XML 文档中的结点和处理 HTML 文档的结点一样，可以利用 JavaScript 或 jQuery 的 DOM 遍历方法(实际上，DOM 模型本来就是用于遍历 XML 文档的)，如 find()、filter()及 attr()等方法。

③ 本例中通过 $(data).find("name")可获取到所有<name>标记的元素组成的集合，

对它加 eq(0)就获取到了第一个< name >标记的元素，再通过 text()方法就获取到了该元素中的文本内容。而 $(data). find("student")可获取所有< student >标记的元素组成的集合，由于 attr("email")方法可以获取元素集合中第一个元素的属性值，因此就不需要在该集合后加 eq(0)了。还可发现，find()方法可搜索指定元素的所有后代元素，而不仅限于子元素。

2. 加载并显示 XML 文档中的所有数据

如果要输出 XML 文档中的所有数据，同样可以利用循环语句或 $. each()方法。例如：

```
function Ajax(){                                    //将 9-4.html 中的 Ajax()函数进行修改
    $.get("9-9.xml", function(data) {
        $("#target").html("<table />");    //在#target 中创建一个 table 元素
        $(data).find("student").each(function(){
            var tr = "<tr><td>" + $(this).find("name").text() + "</td>"
            tr += "<td>" +  $(this).attr("email") + "</td>"
            tr += "<td>" +  $(this).find("comment").text() + "</td></tr>"
             $("table").attr({"border": 1, "cellpadding": 4}).append(tr);
        })
    });
}
```

则单击 9-9.html 中的按钮后，运行结果如图 9-17 所示，可看到 XML 文档中的数据按照指定的格式输出了，也就是说使用 XML 可实现数据和表现分离。

图 9-17　遍历载入 XML 文档中的所有数据

3. 加载用 ASP 动态生成的 XML 文档

如果用 ASP 文件动态生成 XML 文档，则也可以用 $. get()方法加载生成的 XML 文档。这在实际中很常用，因为有时需要将数据库中的数据转换成 XML 数据。下面是一个生成 XML 文档的 ASP 程序的例子。

```
----------------------------清单 9-10.asp--------------------------------
<!-- #include file = "conn.asp" -->
<% Response.Expires = -1             '防止 IE 从缓存中取输出的 XML 文档
Response.CharSet = "GB2312"
Response.ContentType = "text/xml"    '设置输出的文本为 XML 格式，非常重要
Response.Write "<?xml version = ""1.0"" encoding = ""GB2312""?>"
Response.Write "<comments>"
  Set rs = conn.Execute("Select top 4 * From lyb")
do while not rs.eof %>
  <comment id = "<% = rs("id") %>">
  <title><% = rs("title") %></title>
  <content><% = rs("content") %></content>
  <author><% = rs("author") %></author>
  </comment>
  <% rs.movenext
loop  %>
</comments>
<% rs.close %>
```

说明：

① 9-10.asp 中，页面文件的编码类型、Response.CharSet 的编码类型一定要与 XML 文件头中的 encoding 属性中的编码类型相同。

② 如果要测试 9-10.asp 输出的 XML 文档是否正确，最好每次在 URL 后手动加个不同的字符串，如 http://localhost/9-10.asp? n=12，这样可防止 IE 从缓存中取 XML 文档。

加载 9-10.asp 的文件 9-10.html 的代码如下，运行结果如图 9-18 所示。

```
function Ajax(){        //将 9 - 4.html 中的 Ajax()函数进行修改,得到 9 - 10.html
    $.get("9 - 10.asp", function(data) {
        $("#target").html("<table />");
        $("table").attr({"border": 1,"cellpadding":4});
        $(data).find("comment").each(function(){
            var tr = "<tr><td>" + $(this).find("title").text() + "</td>"
            tr += "<td>" + $(this).find("author").text() + "</td>"
            tr += "<td>" + $(this).find("content").text() + "</td></tr>"
             $("table").append(tr);
        });
    });  }
```

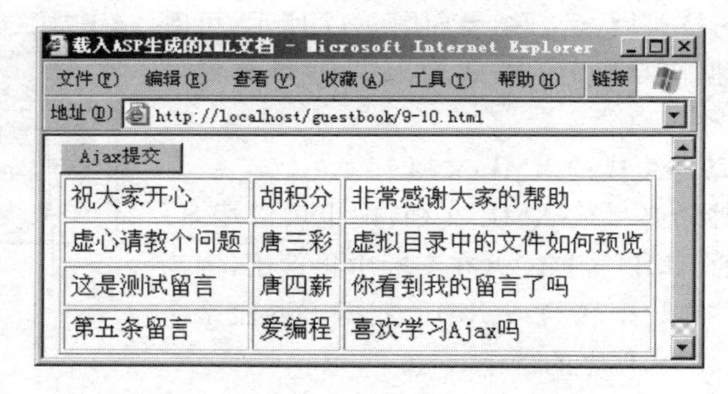

图 9-18 载入 ASP 生成的 XML 文档

4. 制作天气预报程序

在前面曾讲到过，使用 RSS 可以在各个网站之间共享数据，这是因为 RSS 是一个 XML 文件，其他网站只要用 Ajax 技术加载某个网站提供的 RSS 文件就可以共享该网站的数据。而以前的方法通常是使用<iframe>标记将某个网站的页面嵌入到自己的网站中，但缺点是页面和数据无法分离，也就无法按自己网页的风格显示其他网页中的数据。

目前，有些网站提供了天气预报信息的 RSS 数据源，我们找到以下的网址：http://weather.raychou.com/? /detail/57777/rss，在地址栏中输入该网址就可以看到如图 9-19 所示的关于“衡山天气预报”的 RSS 文件，只要在自己的网页中用 Ajax 技术加载该 XML 文档，再显示需要的内容就可以调用天气预报了。

具体制作步骤是使用 $.get()方法载入图 9-19 中的 RSS 文件，然后在回调函数中获取该 RSS 文件中的 channel 元素下的 title 元素的内容，item 元素下的 title 和 description 元素的内容并显示在页面的相应元素中。代码如下，运行效果如图 9-20 所示。

图 9-19　提供衡山天气预报的 RSS 文件

```
<script>
function Ajax(){      //将 9-4.html 中的 Ajax()函数进行修改
    $.get("http://weather.raychou.com/?/detail/57777/rss",
        function(data) {
            $("#date").append($(data).find("item").eq(0).find("title").text());
            $("#weather").append($(data).find("item").eq(0).find("description").text());
            $("#city").html($(data).find("channel").children("title").text());
    });    }
</script>
<input type="button" value="查询天气" onclick="Ajax();" />
<h3 id="city"></h3><p id="date">日期：</p><p id="weather">天气：</p>
```

当然，还可以设计一个下拉列表框，让用户可以选择自己的城市进行查询，只要知道这些城市对应的 RSS 文件的 URL 地址就可以了。代码如下，运行效果如图 9-21 所示。

```
function Ajax(){            //将 9-4.html 中的 Ajax()函数进行修改
    $.get("http://weather.raychou.com/?/detail/" + $("#sel").val() + "/rss",
        function(data) {
    $("#date").html($(data).find("item").eq(0).find("title").text());
$("#weather").html($(data).find("item").eq(0).find("description").text());
$("#city").html($(data).find("channel").children("title").text());
        });  }
旅游景点：<select id="sel" onchange="Ajax();">
  <option value="0">请选择旅游景点</option>
  <option value="57777">衡山</option>
  <option value="57771">韶山</option>  <!-- 韶山的 RSS 文件 URL 对应 57771 -->
</select>
<h3 id="city"></h3><p id="date"></p><p id="weather"></p>
```

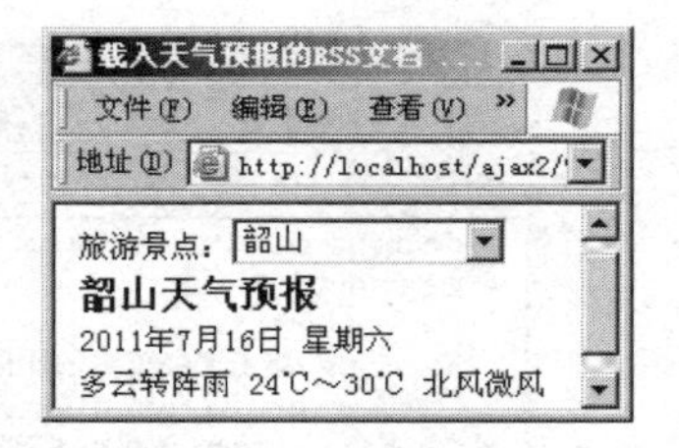

图 9-20 载入天气预报的 RSS　　　　图 9-21 提供下拉列表框选择的载入 RSS

说明：data 参数中保存的是 XML 文档的根元素 rss 元素，因此可以用 $(data)将这个 DOM 元素转换成 jQuery 对象。要找 rss 元素的后代元素使用 find()方法即可。但由于 rss 元素下有多个 item 元素，要获得第一个 item 元素就要在其后添加 eq(0)，而要找 channel 元素的子元素 title 只能用 children()方法，而不能用 find()方法，因为 find()方法会把所有后代元素(包括孙子元素)都获取进来。

9.2.6 各种数据格式的优缺点分析

使用 Ajax 技术可以载入 HTML、JSON、JavaScript 和 XML 等各种数据格式的文档，那么如何选择载入文档的格式呢？这需要考虑以下几个原则：①在不需要与其他应用程序共享数据的时候，使用 HTML 片段来提供返回数据一般来说是最简单的；②如果数据需要重用，则 JSON 文件是不错的选择，它在性能和文件大小方面具有明显的优势；③当远程应用程序未知时，XML 文档是明智的选择，因为它是 Web 服务领域的"通用语言"。

当然，具体选择哪种数据格式，并没有严格的规定，可以根据需求来选择最合适的返回格式进行开发。

JSON 文件的结构使它可以方便地重用。而且，它们非常简洁，也容易阅读。这种数据结构必须通过遍历来提取相关信息，然后再将信息呈现在页面上。本书接下来的程序大多都是采用的 JSON 文档的数据。

提示：加载 HTML 文档后，回调函数的参数 data 中保存的是一个字符串，加载 JSON 文档后，回调函数的参数 data 中保存的通常是一个数组，加载 XML 文档后，回调函数的参数 data 中保存的是一个 XML 元素(XML 文档的根元素)。

9.3 发送数据给服务器

在 9.2 节中，主要是从服务器上取得服务器端的各种数据文件。然而，实现 Ajax 时在很多时候还需要能够发送数据给服务器，例如在表单中输入了动态形成的数据，就需要将输入的这些数据异步发送给服务器。实际上，9.2 节介绍的方法只要经过修改之后(主要是设置这些方法的 data 参数)，就都能实现浏览器与服务器间的双向数据传送。

9.3.1 使用 $.get()方法执行 GET 请求

在 9.2.4 节中，使用 $.get()方法请求装入远程页面，实际上，如果使用 $.get()方法的 data 参数，该方法还能发送数据给远程页面。$.get()方法的完整结构如下：

```
$.get( URL  [, data]  [, callback]  [, type] )
```

可见,如果省略了中间某个参数,该参数后面的逗号也可省略。$.get()方法各参数的说明如表 9-3 所示。

表 9-3 $.get()方法的参数解释

参数名称	类型	说明
URL	String	请求的远程文件的 URL 地址
data(可选)	Object	发送给服务器的 key:value 数据
callback(可选)	Function	回调函数,载入成功后会执行该函数中的代码
type(可选)	String	服务器端返回内容的格式,可以是 html、json、xml、script、jsonp、text 等

1. 发送表单中的数据给服务器

在 Ajax 应用中,发送数据给服务器通常是发送用户在表单中填写的数据给服务器。下面是一个例子,将用户输入的评论通过 $.get()方法发送给服务器。

```
---------------------------- 清单 9 - 11.html --------------------------------
function Ajax(){
$.get("9 - 11.asp",                    //第 1 个参数,请求文件的 URL
    {user: $("#user").val(),comment: $("#comment").val()},
                                       //第 2 个参数,发送给服务器的数据
    function(data){                    //第 3 个参数,回调函数,在请求完成后执行
        $("#target").append(data);
    });
}
<p>姓名: <input type = "text" id = "user" /></p>
<p>评论: <textarea id = "comment" cols = "20" rows = "2"></textarea></p>
<input type = "button" value = "Ajax 提交" onclick = "Ajax();" />
<div id = "target"></div>
```

说明:

① 9-11.html 中的 $.get()方法与 9-9.html 中的 $.get()方法相比,主要是增加了 data 参数,用于向服务器发送数据。data 参数必须是一个形如{key1:val1, key2:val2,…}的 JSON 对象。

② $("#user").val()可以获取 id 为 user 的表单元素的 value 属性值。由于这些表单元素不需要用传统方式提交,因此可以不设置 name 属性,也可以不要<form>标记。

③ $.get 方法除了使用 data 参数发送数据给服务器外,也可以使用传统的 url 字符串方式发送数据给服务器。因此,9-11.html 中的 $.get(…);语句可改写为:

```
$.get("9 - 11.asp?user = " + $('#user').val() + "&comment = " + $('#comment').val(),
    function(data){ … });
```

服务器端程序 9-11.asp 可以用 Request 方法获取 $.get()方法发送来的数据。代码如下:

```
------------------------------ 清单 9-11.asp ------------------------------
<% response.Charset = "gb2312"
    user = request.QueryString("user")
    comment = request.QueryString("comment")
    response.Write "<h3>评论人："&user&"</h3>"
    response.Write "<p>内容："&comment&"</p>"
%>
```

由于$.get()方法是用GET方式发送数据给服务器，因此9-11.asp必须用Request.QueryString集合来获取这些数据。运行效果如图9-22所示。

2. 对表单中的数据进行编码和解码

但是这个程序还有些缺陷，就是用户只能在表单中输入英文字符，如果输入的是中文字符，那么服务器接收到的信息将会是乱码。为了解决这个问题，需要在使用$.get()方法发送数据之前，先用escape方法对信息进行编码，而服务器端获取了数据之后，再用unescape方法进行解码。将9-11.html中$.get()方法的data参数修改为：

```
{user:escape($("#user").val()),comment:escape($("#comment").val())},
```

再将9-11.asp中两行代码修改如下，则运行效果如图9-23所示。

```
user = unescape(request.QueryString("user"))
comment = unescape(request.QueryString("comment"))
```

图9-22 $.get()方法发送数据

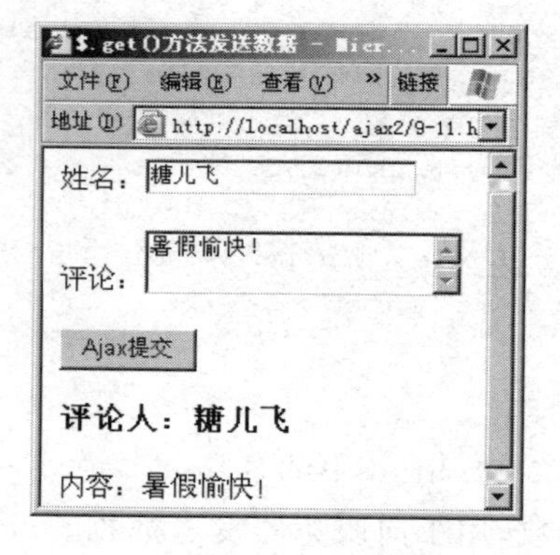

图9-23 对信息进行编码后的效果

提示：

① escape方法会将参数中的字符串编码成Unicode格式的字符串，例如“学习Ajax”将被编码成“%D1%A7%CF%B0Ajax”，使它们能在所有计算机上可读，而unescape方法又会将Unicode格式的字符串转换回原来的字符串。

② 在Ajax中，虽然GET方式发送数据仍然是将数据作为URL地址的参数发送，但由于页面不会刷新，因此URL地址栏中并不会显示这些参数。这是GET在Ajax中作为异步请求方式与常规的GET方法的明显区别。

3. 接收JSON格式的数据

在9-11.asp中，输出的是HTML格式的代码，9-11.html直接将这些代码插入#target

元素中。实际上还可以让 9-11.asp 输出 JSON 格式的数据，代码如下，这样方便 9-11.html 对这些数据设置特定的格式。

```
<% response.Charset = "gb2312"
user = unescape(request.QueryString("user"))
comment = unescape(request.QueryString("comment"))
response.Write("{ user: '"&user&"', comment:'"&comment&"'}")'输出 JSON 格式数据
%>
```

9-11.html 文件的代码可修改为：

```
function Ajax(){
    $.get("9-11.asp",
    {user:escape($("#user").val()),comment:escape($("#comment").val())},
    function(data){        //第 3 个参数,回调函数,在请求完成后执行
        var html = "<h3>评论人: " + data.user + "</h3><p>内容: " + data.comment + "</p>";
        $("#target").append(html);
    },"json");             //第 4 个参数,设置服务器返回内容的格式
}
```

修改后的 9-11.html 文件主要是设置了第 4 个参数，即设置服务器返回的内容格式为 "json"，这是必要的。如果不设置，服务器返回的内容默认是字符串形式，那就需要先将 JSON 字符串转换成 JSON 对象，即需要在语句“var html =…”之前添加一句：

```
data = eval("(" + data + ")");
```

提示：如果 $.get() 方法的第 4 个参数设置为 "json"，则它等价于 $.getJSON(URL [, data] [, callback]) 方法，如果 $.get() 方法的第 4 个参数设置为 "script"，则它等价于 $.getScript(URL [, data] [, callback]) 方法。这两个方法实际上也可以设置 data 参数向服务器发送数据。

4. 发送超链接中的数据给服务器

有时需要将超链接中的内容发送给服务器，服务器再据此返回不同的结果。下面是一个通过 $.get() 方法实现的例子。代码如下，运行效果如图 9-24 所示。

```
---------------------------- 清单 9-12.html ----------------------------
<script>
$(document).ready(function() {
  $('#news a').click(function() {
        $.get("9-12.asp", {'title': escape($(this).text())},function(data){
            $("#target").append(data);
        });
    return false;        //使单击超链接不发生跳转
  });
});
</script>
<ul id = "news">
```

```
    <li><a href="9-12.asp?id=1">关于加强教学督导的通知</a></li>
    <li><a href="9-12.asp?id=2">关于中层干部会议的通知</a> </li>
    <li><a href="9-12.asp?id=3">关于收集月工作要点的通知</a> </li>
    </ul>
  <div id="target"></div>
  ---------------------------- 清单 9-12.asp ----------------------------
  <%  response.Expires = -1
      Response.CharSet = "GB2312"
      title=unescape(request.QueryString("title"))
      response.Write title&"<br>"
   %>
```

通过上述实例不难看出，$.get()方法主要是依靠URL、[data]、[callback]参数完成与服务器交互的(发送和接收数据)，各参数的功能如图9-25所示。

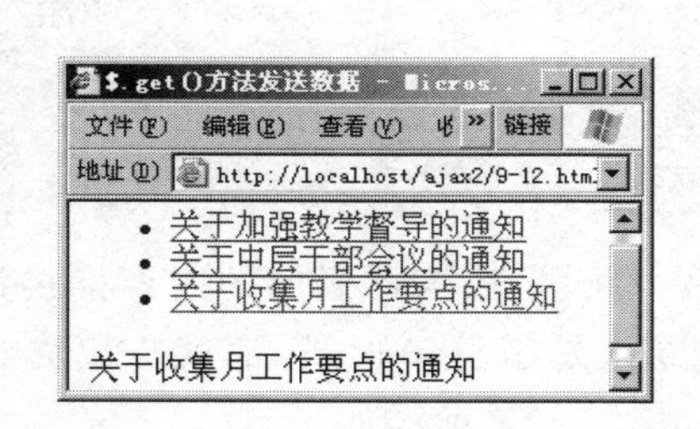

图 9-24　发送a元素中的内容给服务器

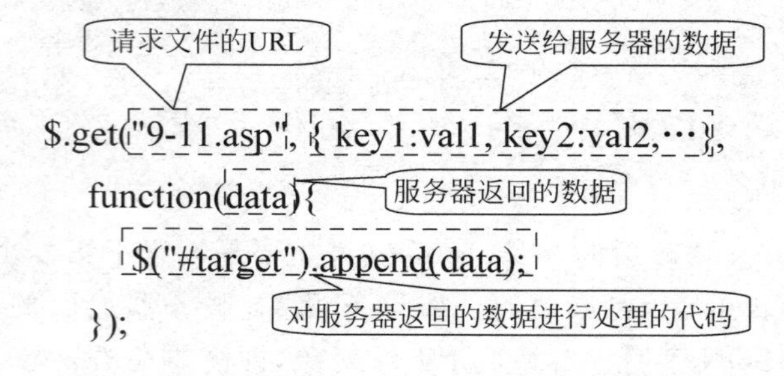

图 9-25　$.get()方法各个参数的功能示意图

9.3.2　使用$.post()方法执行POST请求

$.post()方法从形式上看与$.get()方法非常相似，$.post()方法的结构如下：

```
$.post( URL  [, data]  [, callback]  [, type] )
```

可以发现，$.post方法的参数、选项及使用方法与$.get方法完全相同，只是$.post方法在发送数据时是以POST方式发送的。GET方式和POST方式在发送数据时的差异如下。

(1) GET请求会将参数跟在URL后进行传递，而POST请求则是作为HTTP消息的实体内容发送给Web服务器。当然，在Ajax请求中，用户看不到这种区别(因为页面未刷新)。

(2) GET方式对传输的数据有大小限制，通常不能超过2KB，而使用POST方式传递的数据量要比GET方式大得多，理论上没有限制。

(3) GET方式请求的数据会被浏览器缓存起来，因此其他人就可以从浏览器的历史记录中读取这些数据，如账号和密码等，在某些情况下，GET方式会带来严重的安全问题，而POST方式请求的数据不会被浏览器缓存，不存在上述安全问题。

(4) 通过GET方式和POST方式传递给服务器端的数据，服务器端需要采用不同的方式获取，对于ASP来说，GET方式发送的数据可以用Request.QueryString集合获取，而

POST 方式发送的数据就要用 Request. Form 集合获取，当然，两种方式都可以用省略集合的 Request()来获取。

由此可见，GET 方式和 POST 方式有显著区别，虽然普通用户可能感觉不到。

下面使用 $. post 方法实现 9.3.1 节中程序 9-11. html 和 9-11. asp 完成的功能。

```
function Ajax(){                    //对 9 - 11.html 中的 Ajax()函数进行修改,得到 9 - 13.html
  $.post("9 - 11.asp",              //第 1 个参数,请求文件的 URL
    {user: $("#user").val(),comment: $("#comment").val()},
                                    //第 2 个参数,发送给服务器的数据
    function(data){                 //第 3 个参数,回调函数,在请求完成后执行
        $("#target").append(data);
    });  }
```

可见，只要将 $. get 换成 $. post 就可以了，其他地方都不需要更改。而在 9-11. asp 中，只需要将 Request. QueryString 换成 Request. Form 就可以了。

在 9.2.1 节提到过，在使用 load()方法时，如果带有 data 参数，则 data 参数中的数据会使用 POST 方式发送请求。因此也可以使用 load 方法来完成与 9-13. html 同样的功能。代码如下：

```
function Ajax(){
    $("#target").load("9 - 11.asp",          //第 1 个参数,请求文件的 URL
    {user:escape($("#user").val()),comment:escape($("#comment").val())})
}
```

上例表示用 load 方法载入 9-11. asp 文档，并向服务器端的 9-11. asp 发送一条数据，即{user:escape($("#user").val()),comment:escape($("#comment").val())}。

9.3.3　使用 $. ajax()方法设置 Ajax 的细节

使用 load()、$. get()和 $. post()方法就可以完成大多数常规的 Ajax 程序。但如果要使 Ajax 程序能控制错误和很多交互的细节，那么就要用到 $. ajax()方法。

$. ajax()方法是 jQuery 中最底层的 Ajax 实现，前面用到的 load()、$. get()、$. post()、$. getScript()和 $. getJSON()这些方法，都是基于 $. ajax()方法构造的，因此用 $. ajax()方法可以代替所有这些方法。

$. ajax()方法除了能实现上述 3 个方法同样的功能外，还可以设定 beforeSend、error、success 及 complete 的回调函数。通过这些回调函数，可以给用户更多的 Ajax 提示信息。另外，还有一些参数，可以设置 Ajax 请求的超时时间或页面的"最后更改"状态等。

$. ajax()方法只有一个参数，它的语法为：

```
$.ajax(options)
```

$. ajax()方法在参数 options 中却包含了该方法所需要的请求设置及回调函数等信息。options 参数中的数据是 JSON 格式的数据，均以 key:value 的形式存在(各数据之间用","隔开，最后一个数据后面没有",")，它的所有数据都是可选的。

例如，可以使用下面的代码代替\$.getScript()方法，它的作用等价于\$.getScript('9-8.js');。

```
$.ajax({
    type: "GET",                    //设置请求方式
    url: "9-8.js",                  //设置请求的URL
    dataType: "script"              //设置返回数据的类型，最后一个数据后面没有","
})
```

上例并不能看出\$.ajax(options)比其他方法有什么优势。通常使用\$.ajax()方法是为了使用该方法中的多个回调函数，如使用beforeSend的回调函数在正在载入服务器端内容时提示用户“正在载入”，防止用户在等待时不知所措，这比让用户对着白屏要友好得多。下面是一个例子，运行结果如图9-26和图9-27所示。

```
function Ajax(){              //对9-11.html中的Ajax()函数进行修改，得到9-14.html
$.ajax({
    type: "GET",
    url: "9-14.asp",
    data: "user=" + escape($("#user").val()) + "&comment=" + escape($("#comment").val()),
    beforeSend:function(){//发送请求之前
        $("#target").html("<img src='loading.gif'/><br>正在载入…");},
    error:function(){$("#target").html("<p>载入失败</p>");},
    success: function(data){//请求成功时
        $("#target").html(data);
    }});
}
------------------------------清单9-14.asp------------------------------
<% Response.Charset="gb2312"
user=unescape(request("user"))
comment=unescape(request("comment"))
for i=1 to 10000000 : next'用于延时，以看到正在载入的图标
response.Write "<h3>评论人："&user&"</h3>"
response.Write "<p>内容："&comment&"</p>"
%>
```

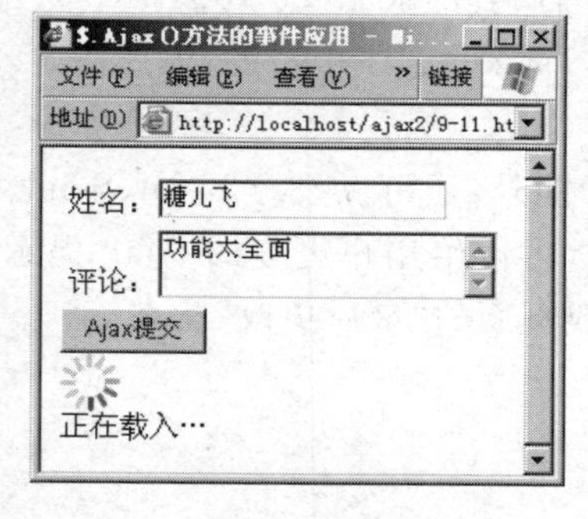

图9-26 正在载入时

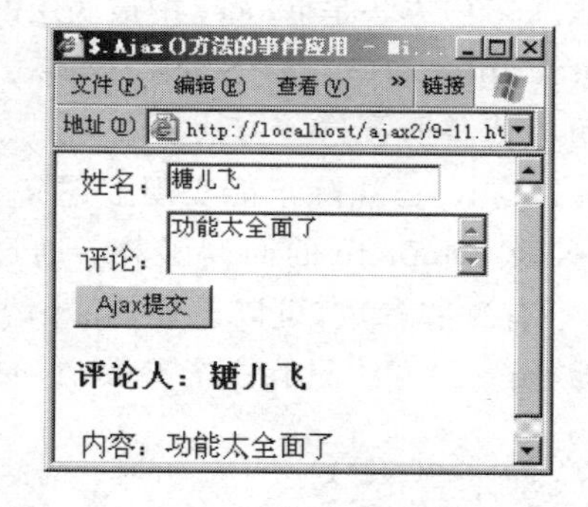

图9-27 载入完成后

说明：

① \$.ajax()方法的data参数可以接受两种类型的数据，除了上面这种"key1=

val1&key2=val2"形式外，还可以是 JSON 格式，因此上述 data 语句可改写为：

```
data: {user:escape( $ ("#user").val()),comment:escape( $ ("#comment").val())},
```

② load()、$.get()、$.post()方法都只能有一个回调函数，在请求完成时执行的，而 $.ajax()方法可以有多个回调函数，这些回调函数前加了 beforeSend：表示发送请求之前调用的回调函数，success：表示请求成功时调用的回调函数。

$.ajax()方法中可以用到的回调函数如表 9-4 所示。

表 9-4　$.ajax()方法中的参数说明

回调函数	说　　明
beforeSend	发送请求之前调用的回调函数，该函数接受一个唯一的参数，即 XMLHttpRequest 对象作为参数
success	在请求成功时调用的回调函数，该函数接受两个参数，第 1 个参数为服务器返回的数据 data，第 2 个参数为服务器的状态 textStatus
error	请求失败时调用的回调函数，该函数可接受 3 个参数，第 1 个参数为 XMLHttpRequest 对象，第 2 个参数为相关的错误信息 textStatus，第 3 个参数可选，表示错误类型的字符串
dataFilter	对 Ajax 返回的原始数据进行预处理的函数。提供 data 和 type 两个参数：data 是 Ajax 返回的原始数据，type 是调用 $.ajax()时提供的 dataType 参数。函数返回的值将由 jQuery 进一步处理，并且必须返回新的数据(可能已改变)，以传入 success 回调函数
complete	请求完成时调用的回调函数(无论请求是成功还是失败)，如果同时设置了 success 或 error，则在它们执行完之后才执行 complete 中的回调函数

9.3.4　全局设定 Ajax

当一个页面中有多个地方都需要利用 $.ajax()方法进行异步通信时，如果对每个 $.ajax()方法都设置它的细节将有些麻烦。这时可以直接利用 $.ajaxSetup(options)方法统一设定所有 $.ajax()方法中的参数，它的 options 参数与 $.ajax(options)中的完全相同，例如可以对 9-14.html 中的 $.ajax()参数中的相同部分进行统一设置，代码如下：

```
----------------------------- 清单 9-15.html -------------------------------
$.ajaxSetup({            //统一设置 $.ajax()方法中的相同部分
    type: "GET",
    beforeSend:function(){ $ ("#target").html("< img src = 'loading.gif' />< br >正在载入…");},
    error:function(){ $ ("#target").html("< p >载入失败</p >");},
    success: function(data){                    //第 3 个参数,回调函数,在请求完成后执行
        $ ("#target").html(data);
    }});
function Ajax(){
$.ajax({
    data: {user:escape( $ ("#user").val()),comment:escape( $ ("#comment").val())},
    url: "9-14.asp"
  })
}
```

说明：

① $.ajax()方法中的data数据一般不能用$.ajaxSetup(options)方法统一设定，因为传送给服务器的数据是用户在表单中输入的，每次都不同，而$.ajaxSetup(options)方法只会在页面初始化时运行一次，此时用户还没有输入数据，因此会获取不到。

② $.ajaxSetup(options)方法不能设置load()方法的相关操作，如果设置请求类型type为"GET"，也不会改变$.post()方法采用POST方式。

9.4 表单的序列化方法

用户经常使用表单向服务器提交数据，如注册、登录等。传统的方法是将表单提交到另一个页面，整个浏览器就会被刷新。而使用Ajax技术则能够异步提交表单，并将服务器返回的数据显示在当前页面中。

在表单中输入框较少的情况下，可以通过"键:值"对参数向服务器端发送数据，例如9-11.html中的这段代码的第3行：

```
function Ajax(){
  $.get("9-11.asp",           //第1个参数,请求文件的URL
    {user:$("#user").val(),comment:$("#comment").val()},
    function(data){            //第3个参数,回调函数,在请求完成后执行
        $("#target").append(data);
    });
}
```

可以看到由于只需提交两个表单元素的数据，因此data参数的内容{user:$("#user").val(),comment:$("#comment").val()}较短，但如果表单中有10个输入框，那么data参数中的内容将会非常多。因此，上面这种方式在只有少量字段的表单中，还可以使用，一旦表单中的元素非常多，则这种方式在代码冗余的同时也会使对表单的操作缺乏灵活性。

1. serialize()方法

jQuery为获取表单中所有数据提供了一个简化的方法——serialize()。serialize()方法将创建一个以标准URL编码方式表示的文本字符串并返回该字符串，在Ajax请求中可将该字符串发送给服务器。通过使用serialize()方法，可以把上面的JavaScript代码改写为：

```
------------------------------清单9-16.html------------------------------
function Ajax(){
    $.get("9-11.asp",             //第1个参数,请求文件的URL
    $("#form1").serialize(),      //第2个参数,发送给服务器的数据
    function(data){               //第3个参数,回调函数,在请求完成后执行
        $("#target").append(data);
    });
}
<body><form id="form1">
<p>姓名:<input type="text" name="user" /></p>
<p>评论:<textarea name="comment" cols="20" rows="2"></textarea></p>
```

```
<input type="button" value="Ajax 提交" onclick="Ajax();" /></form>
<div id="target"></div>
```

说明：

① serialize()方法通常用来获取某个 form 元素内所有表单元素的 name/value 属性值，因此必须添加一对<form>标记将需要序列化的表单元素包含起来，并且该元素必须是<form>，如果将上述代码中的<form>改成<div>等其他元素就不行了。

② serialize()方法必须通过元素的 name 属性才能获取到元素的 value 值，因此必须把表单中每个表单域的 id 属性改为 name 属性。

因此，如果在文本框中输入了姓名“tang”和评论“Hello”，则 $("#form1").serialize()方法会将这些内容序列化为“user=tang&comment=Hello”。运行结果如图 9-28 所示。

图 9-28　serialize()方法序列化表单后提交数据

实际上，serialize()方法可作用于任何 jQuery 对象，所以不光只有 form 元素能使用它，其他选择器选取的元素也能使用它，例如下面的 jQuery 代码。

```
$(":checkbox, :radio").serialize());
```

这将把页面中所有被选中的复选框和单选按钮的值序列化为 URL 字符串形式。

提示：serialize()方法会对表单中的内容采用 encodeURIComponent()方法进行编码，该方法是针对 utf-8 文档的编码方式。因此如果当前页面是 gb2312 格式编码，则在表单中输入中文内容后，服务器端页面获取的将是乱码。为了解决这个问题，可以修改 jquery 的源文件，找到 jquery.min.js 下面的代码。

```
if(a.constructor = = Array||a.jquery)jQuery.each(a,function(){s.push(encodeURIComponent
(this.name) + " = " + encodeURIComponent(this.value));});
```

将两处“encodeURIComponent”都修改成“escape”即可。

2. serializeArray()方法

serializeArray()方法和 serialize()方法用法类似。唯一区别在于该方法不是返回字符串，而是将一组表单元素编码为一个名称和值的 JSON 对象数组（形如[{key1:val1, key2:val2}, {key1:val3, key2:val4}]）。

由于服务器端页面既可接收 URL 编码方式的字符串，也可接收 JSON 格式的数据，因此，要使 9-16.html 发送给服务器的数据转换为 JSON 格式，只需将 $("#form1").serialize()改为 $("#form1").serializeArray()即可，其他地方及服务器接收页都无须做任何更改。

因为 serializeArray()方法返回的是 JSON 格式的数组，因此如果想在客户端对用户在表单中输入的数据进行提取再按指定格式显示的话，使用该方法会比较方便。下面是一个例子，它使用 $.each()方法对 serializeArray()返回的数据进行循环输出，运行结果如

图 9-29 所示。

```
function Ajax(){
    var data =  $("#form1").serializeArray();
    $.each(data, function(i, item) {
    $("#target").append(item.name + " : " + item.value + "<br>");
    });
}
```

说明：serialize()方法和 serializeArray()方法是表单序列化的方法，可以用在任何客户端程序中，而不仅是 Ajax 程序。比如上例就和本章讨论的 Ajax 技术没有任何关系。

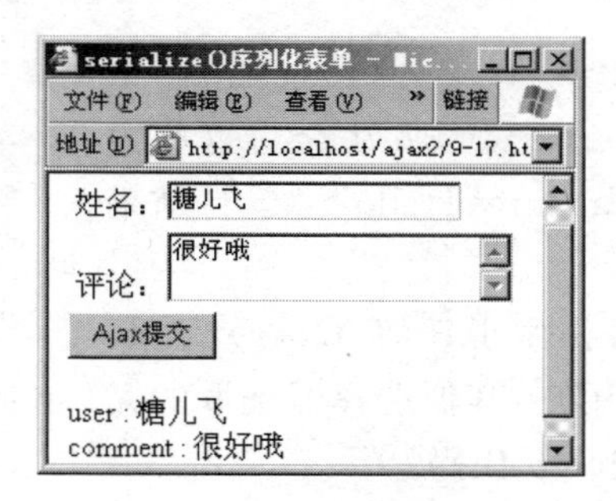

图 9-29　输出 serializeArray()方法返回的数据

3. $.param()方法

$.param()方法是实现 serialize()方法的核心，它用来对一个数组或对象按照 key/value 进行序列化。比如将一个 json 对象序列化，代码如下：

```
$(function(){
        var obj = {a:1,b:2,c:3};      //obj 是一个 json 对象
        var k =  $.param(obj);
        alert(k)                      //输出 a = 1&b = 2&c = 3
    })
```

可见它能够将 serializeArray()方法返回的 JSON 数据转换为 serialize()方法返回的数据。

习题 9

一、选择题

1. 下面(　　)不是 jQuery 用于实现 Ajax 技术的方法。

   A. $.load()　　B. $.get()　　C. $.post()　　D. $.ajax()

2. 关于 jQuery 中的 $.get()方法和 get()方法，下面说法中正确的是(　　)。

   A. $.get()方法可简写成 get()方法

   B. $.get()方法最多可带 4 个参数

   C. $.get()方法是某个 jQuery 对象的方法

D. get()方法按照 GET 方式发送数据

3. 当 Ajax 程序正在载入服务器端传来的数据时，如果要在目标元素中显示“正在载入”之类的提示信息，应使用$.ajax()函数的(　　)事件。

A. beforeSend　　B. success　　C. error　　D. complete

4. 如果要将用户在表单中输入的信息异步提交给服务器，则在$.ajaxSetup()方法不能设置下列(　　)?

A. type　　B. data　　C. url　　D. beforeSend

5. 在 Ajax 技术中，如果要对服务器返回的数据进行处理，必须将处理代码写在(　　)。

A. open 方法中　　B. send 参数中　　C. 回调函数中　　D. load 方法中

二、填空题

1. 使用 Ajax 技术发送中文字符给服务器时，需要在客户端用________方法对中文进行编码，服务器收到后，用________方法进行解码(假设网页编码方式为 gb2312)。

2. XMLHttpRequest 对象在传输数据时，采用的默认编码方式是________。

三、简答题

1. $.get()方法以 URL 字符串的形式发送数据给服务器，因此在发送数据时浏览器地址栏中可看到提交的 URL 查询字符串，这种说法对吗？为什么？

2. 在 Ajax 程序中，要避免 IE 从浏览器缓存中取网页有哪几种常用的方法?

3. 使用 Ajax 技术后不需要表单就能发送数据给服务器吗?

4. 如果要在网页中载入百度首页中的搜索框，使用 Ajax 技术该如何编写代码?

5. 如果使用$.get()方法获得服务器端传来的 JSON 对象，有哪两种方法?

6. 生成 json 字符串时，去除最后一条记录后的逗号“,”有哪几种方法?

四、实操题

编写程序，在网页上放置一个文本框，在文本框中显示表中 title 字段的值。当用户修改了文本框中的值，并离开文本框时(文本框失去焦点)，将新的值保存到 title 字段中。

第10章

以Ajax方式访问数据库

Web 应用程序只有和数据库进行交互才能体现出其强大的功能，如果再配合 Ajax 技术则能设计出更加友好的交互效果。通过 Ajax 方式访问数据库，可以在静态页面上载入数据库中的数据，也可以在无刷新的情况下查询数据库并更新显示查询结果。

10.1 以 Ajax 方式显示数据

大家知道，如果用 Ajax 程序去加载一个动态页，则加载的实际上是这个动态页执行完毕后生成的静态 HTML 代码。如果这个动态页能显示数据表中的记录，则用 Ajax 程序载入该动态页也就能显示数据表中的数据了。

10.1.1 以原有格式显示数据

使用 Ajax 程序显示数据表中数据的思路是：首先制作一个显示数据表中数据的动态页面(10-1. asp)，该页面的代码类似于 7-1. asp。唯一区别是因为它要被加载到别的页面中，因此代码中没有< html >、< body >等标记。

```
----------------------- 清单 10 - 1.asp ----------------------------------
<! -- # include file = "conn.asp" -- >
< %
Response.CharSet = "GB2312"
Set rs = conn.Execute("Select top 4 * From lyb")
do while not rs.eof
    response.Write "< tr >< td >"&rs("title")&"</td >"
    response.Write "< td >"&rs("content")&"</td >"
    response.Write " < td >"&rs("author") &"</td >"
    response.Write " < td >"&rs("email")&"</td >"
    response.Write "< td >"& rs("ip")&"</td ></tr >"
    rs.movenext
loop   % >
```

然后再制作一个静态页面 10-1.html，在该页面中放置一个容器元素（#disp），编写 Ajax 程序将动态页面 10-1.asp 载入到该容器中即可。10-1.html 的运行效果如图 10-1 所示。

```
---------------------- 清单 10 - 1.html ----------------------------------
<script src = "jquery.min.js"></script>
<script>
$(function(){               //页面载入时执行
    $.get("10 - 1.asp", function(data){
            $("#disp").append(data);
           alert(data);   //仅作测试,看服务器端数据是否已传来
    });
})
</script>
<h2 align = "center">以 Ajax 方式显示数据</h2>
<table border = "1" width = "100 %" id = "disp" >  <! -- 载入 10 - 1.asp 的容器元素 -->
    <tr bgcolor = "#e0e0e0">
        <th>标题</th><th width = "100">内容</th><th width = "60">作者</th>
        <th>email</th><th width = "80">来自</th>
    </tr>
</table>
```

图 10-1 以 Ajax 方式显示数据的执行结果

说明：

① 上述程序中 \$.get()方法也可以改为 \$.post()方法或 load()方法等其他 Ajax 方法。

② 10-1.asp 中只能使用 Response.Write 方法输出< tr >< td >标记，而不能写成< tr >< td ><%= rs("title") %></td >的形式，否则在 IE 中会显示不出来（但在 Firefox 中正常），这是因为 IE 不允许 JS 直接操作页面中 table 元素内的 html 片段。

10.1.2 以自定义的格式显示数据

上节中的方法只能按动态页面中固定的表格形式显示数据，即数据和数据的显示形式（如表格）没有分离。假如想在静态页面中对接收到的数据按指定的格式输出的话，则有以下两种方法。

(1) 返回 JSON 格式的字符串，将 JSON 数据以需要的格式显示。

（2）输出用某个特殊字符分隔的字符串，在客户端用 split 方法切分获取的数据，然后将这些数据以需要的格式显示。

1. 输出和获取 JSON 格式数据

为了让数据和表格相分离，在服务器端可以只输出纯 JSON 格式数据，而不输出表格标记。代码如下：

```
----------------------清单 10-2.asp -------------------------------------
<!-- #include file="conn.asp"-->
<%
Response.CharSet = "GB2312"
Set rs=conn.Execute("Select top 4 * From lyb") %>
[<% do while not rs.eof   %>    <!--循环输出 JSON 格式数据-->
  {"title":"<% = rs("title") %>",
  "content":"<% = rs("content") %>",
  "author":"<% = rs("author") %>",
  "email":"<% = rs("email") %>",
  "ip":"<% = rs("ip") %>"}
  <%     rs.movenext
      if not rs.eof then response.Write ","     '最后一条记录不输出","
loop
%>]
```

然后制作一个静态页面 10-2.html，将获取的服务器端 JSON 数据先进行处理后再加载到页面的 #disp 元素中。

```
----------------------清单 10-2.html ---------------------------------
$(function(){                              //修改 10-1.html 的该函数，得到 10-2.html
    $.getJSON("10-2.asp", function(data) {
        $.each(data, function(i, item) {   //循环输出 JSON 数据到表格行
        var tr = "<tr><td>" + item.title + "</td><td>" + item.content + "</td><td>"
+ item.author + "</td><td style='color:red'>" + item.email + "</td><td>" + item.ip +
"</td></tr>";
            $("#disp").append(tr);
        });
    });
})
```

可以看到，由于 JSON 数据已经独立，因此可以很容易地将 email 这一列数据的颜色设置为红色。也就是可以自定义这些数据的显示格式了。另外，上面的 $.getJSON 方法也可替换成 $.get 方法，但要设置 $.get 方法的 type 参数为"json"。

2. 按指定的特殊字符串格式输出一条记录

还可以在记录中每个字段间掺入一个特殊字符作为间隔符。然后使用 Split 函数将该字符串转换为数组，则数组中的每个元素就是一个字段。这样也能将数据进行分离。分离一条记录各个字段的代码如下：

```
----------------------- 清单 10-3.asp -----------------------------------------
<!-- #include file="conn.asp" -->
<%     Response.CharSet = "GB2312"
Set rs = conn.Execute("Select top 4 * From lyb")
'下面输出以"|"分隔的字符串
response.Write rs("title")&"|"& rs("content") &"|"&rs("author")&"|"&rs("email")&"|"&rs("
ip")
%>
```

注意：字符串分割符不要使用“@”“.”“,”等文本中可能会出现的符号，一般用“|”或“$”比较保险。

接下来制作一个静态页面10-3.html，用Ajax程序获取10-3.asp输出的字符串，这样回调函数的参数data中保存的就是字符串，可以用data.split("|")分割该字符串得到一个数组，则数据就被分离到数组的每个元素中了。10-3.html的运行结果如图10-2所示。

```
----------------------- 清单 10-3.html -----------------------------------------
    $(function(){                    //修改10-1.html的该函数,得到10-3.html
        $.get("10-3.asp", function(data) {
        str = data.split("|");       //分割获取到的字符串
        var tr = "<tr><td>" + str[0] + "</td><td>" + str[1] + "</td><td>" + str[2]
+ "</td><td style='color:red'>" + str[3] + "</td><td>" + str[4] + "</td></tr>";
            $("#disp").append(tr);
        });
    })
```

图10-2　分割一条记录中的数据

3. 按指定的特殊字符串格式输出所有记录

如果要将一个数据表中所有的字段值进行分割，则需要两种分割符，本例用“$”作为分隔符将每条记录分隔开，再用“|”将一条记录中的各个字段分隔开。代码如下：

```
----------------------- 清单 10-4.asp -----------------------------------------
<!-- #include file="conn.asp" -->
<%    Response.CharSet = "GB2312"
Set rs = conn.Execute("Select top 4 * From lyb")
do while not rs.eof
response.Write rs("title")&"|"& rs("content") &"|"&rs("author")&"|"&rs("email")&"|"& rs("
ip")
rs.movenext
if not rs.eof then response.Write "$"    '如果不是最后一条记录则输出"$"
loop  %>
```

接下来制作一个静态页面 10-4. html,用 Ajax 程序获取 10-4. asp 输出的字符串,然后用 data. split(" $ ")将每条记录分隔开,再用 tstr[i]. split("|")将记录中的每个字段分割开,分别放在不同的单元格中。代码如下:

```
---------------------- 清单 10 - 4.html --------------------------------------
$ (function(){     //修改 10 - 1.html 的该函数,得到 10 - 4.html
    $ .get("10 - 4.asp", function(data) {
        tstr = data.split(" $ ");
        for (i in tstr){
        str = tstr[i].split("|");
        var tr  =  "< tr >< td >" + str[0] + "</td >< td >" + str[1] + "</td >< td style =
'color:red'>" + str[2] + "</td>< td >" + str[3] + "</td >< td >" + str[4] + "</td ></tr >";
        $ ("#disp").append(tr);
    }});
})
```

总之,输出 JSON 格式数据或输出特殊字符串的方法都可以使记录集中的各个数据分离,只要将这些数据以不同的形式显示就能取得各种不同的效果。

10.2 以 Ajax 方式查找数据

10.2.1 无刷新查找数据的实现

查找数据是动态网页中常见的功能。查找数据和显示数据的区别在于,查找数据先要发送一个查询关键字(关键字通常是用户在表单中输入的)给服务器端程序,服务器根据该关键字查询特定的数据表再将查询结果发送给客户端。在 Ajax 中,可以参照 9.3 节中的方法发送查询数据给服务器,然后再用回调函数接收从服务器返回的查询结果。

下面的例子根据用户在下拉列表框中选择的网站名称,查找数据表 link,再异步显示网站的具体信息。首先编写 10-5. asp,用 $. get()方法将用户选择的网站 id 值发送给 10-6. asp。

```
---------------------- 清单 10 - 5.asp -------------------------------------
< script >
$ (function(){                              //页面载入时执行
$ ("#key").change(function(){               //当下拉框中的值发生变化时执行
      var cc1  =  $ ('#key').val();         //得到下拉菜单的选中项的 value 值
   if (cc1!= 0)                             //如果下拉框中的内容不为空
      {   //发送记录 id 和 sid 两个参数到 getweb.asp,其中 sid 用于避免缓存
      $ .get("10 - 6.asp",{id:cc1,sid:Math.random()},
          function(data){                   //回调函数,data 中保存了 10 - 6.asp 传回的数据
              $ ("#disp").html(data);     });
      }
   else {   $ ("#disp").html("还没选择!");   }
});
})
</script >
<! -- # include file = "conn.asp" -- >
```

```
<% Set rs = conn.Execute("Select * From link Order By link_id Desc") %>
请选择网站:<select id="key">
    <option value="0">==请选择==</option>
<% Do While Not rs.Eof %>      <!-- 填充下拉框中的数据 -->
    <option value="<% =rs("link_id") %>"><% =rs("name") %></option>
    <% rs.MoveNext
Loop
rs.close    %>
</select>
<ul id="disp"><b>网站信息...</b></ul>
```

10-6.asp代码如下，它在获取到id值后，将该id值作为SQL语句的参数进行查询，然后将查询的结果放在li元素中输出给10-5.asp，10-5.asp将这些信息载入到#disp元素中，运行结果如图10-3所示。

```
-----------------------清单10-6.asp------------------------------------
<!-- #include file="conn.asp" -->
<% Response.CharSet = "GB2312"
  id=request.querystring("id") '获得$.get()发送来的id
sql="Select * From link Where link_id="&id
set rs = Server.CreateObject("ADODB.recordset")
rs.Open sql, conn
if not rs.EOF then
  response.write "<li>编号: "&rs(0)&"</li>"
  response.write "<li>网站名: "&rs(1)&"</li>"
  response.write "<li>URL地址: "&rs(2)&"</li>"
  response.write "<li>介绍: "&rs(3)&"</li>"
else
  response.Write "没有搜索到信息"
end if
rs.close   %>
```

图10-3 10-5.asp的运行结果(查找数据示例)

如果希望将查找到的数据在客户端以表格的形式输出出来，则可以在10-6.asp中输出JSON格式数据或特殊格式的字符串，然后在10-5.asp中将每个数据单独取出放在单元格中，具体代码留给读者编写。

10.2.2 查找数据的应用举例

在 Ajax 开发中应用最广泛的莫过于查找数据了。很多 Ajax 应用实际上就是异步发送查询数据给服务器，服务器进行查询后再返回查询结果给客户端并加载到页面的局部。

1. 制作级联下拉框

级联下拉框是右边下拉框中的选项会随左边下拉框中选项的改变而改变的多级下拉框，通常用于省市等关联数据选择的时候。如图 10-4 所示，当左边下拉框中选择“吉林省”后，右边下拉框就会随之改变成吉林省的城市了。

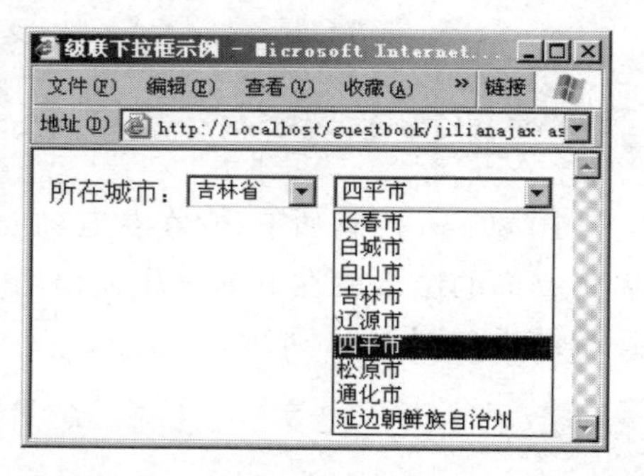

图 10-4 基于 Ajax 的级联下拉框示例

在 Ajax 技术出现以前，为了实现用户选择左边下拉框的某个选项时，右边下拉框的选项随之改变的功能，页面必须在一开始就加载右边下拉框中所有可能出现的选项(即所有省的所有市)，通常会一次性将右边下拉框中的全部数据取出来并存入数组中，然后根据用户的选择，通过 JavaScript 控制显示对应的列表项。

这可能不是实际想看到的效果：假设用户操作时只选择了一次(一个省)，他根本不可能选择其他省的城市，那么该页面加载的其他 30 多个省的城市数据就白白浪费了。因此，这种一次加载的方式将读取大量冗余数据，既增加了服务器负载，也浪费了网络带宽，更浪费了客户机的内存(浏览器 JavaScript 必须定义大数组来存放数据)。如果遇到更多级的下拉框，每一级下拉框又有上百个选项，那么这种资源的浪费将呈几何级增长。

如果换成 Ajax 方案，则可以完全避免上述问题：页面无须一次加载所有的子选项(城市)，可以在加载时只加载左边下拉框中的父选项，当用户选择了左边省的某个选项后，将这个省的 ID 异步发送给服务器，服务器根据省 ID 查找到属于该省的城市数据后，发送给当前页面，当前页面再将这些市的数据加载到右边下拉框即可。当用户改变左边下拉框的值时(触发下拉框的 change 事件)，再次异步向服务器发送请求，重新从服务器获取属于某个省的所有城市。通过这种方法，可避免一次加载全部列表项，从而提供更好的性能。

下面的代码(10-7.asp 和 10-8.asp)是一个采用 Ajax 技术实现级联下拉框的例子，省的数据和市的数据分别保存在 Province 表和 City 表中，这样可以方便对省市数据进行更新。两个表中包含的字段如下：Province(shengid，ShengName，shengorder)，City(id，shiname，shiorder，shengid)。每次当下拉框的值变化时，10-7.asp 就将 shengid(省 ID)发送给 10-8.asp 进行查询，10-8.asp 再将属于该省的所有市的数据以 JSON 格式输出，10-7.asp 获取到这些 JSON 数据后，将它们载入到右边列表框的< option >标记中，运行结果如图 10-4 所示。

```
----------------------- 清单 10 - 7.asp ------------------------------------
<script src = "jquery.min.js"></script>
<script>
$(function(){
    $("#szSheng").change(function(){                        //左边列表框值改变时触发
```

```
        $.getJSON("10-8.asp",{index: $(this).val()}, //发送列表框值给 10-8.asp
            function(data){                          //接收 10-8.asp 返回的数据
            var city = "";                        //根据返回的 JSON 数据,创建<option>项
            for (var i = 0; i < data.length; i++) {
            city += '<option value="' + data[i].ID + '">' + data[i].shi + '</option>';
            };
             $("#szShi").html(city);                  //在第二个下拉菜单中显示数据
        });
    });
    $("#szSheng").change();                          //让页面第一次显示的时候也有数据
})
</script>
  所在城市:<select id="szSheng">
<%
    Set rs = conn.Execute("select * from province order by shengorder")
    do while not rs.eof   %> <!--在左边列表框中加载所有省的信息-->
   <option value="<% = rs("shengid") %>"><% = trim(rs("ShengName")) %></option>
   <% rs.movenext
            loop
            rs.close %>
    </select>
  <select id="szShi"></select>     <!--右边列表框,用于加载市的信息-->
--------------------- 清单 10-8.asp -------------------------------------
<!-- #include file="conn.asp"-->
<% Response.Charset = "gb2312"
shengid = Request.QueryString("index")      '获得 $.getJSON 发送来的数据
sql = "select * from city where shengid = "&shengid&" order by shiorder"
JSON_text = "["
set rs = server.createobject("adodb.recordset")
rs.open sql,conn,1,1                          '根据省 ID 查询数据表
do while not rs.eof                           '循环输出 JSON 格式数据
    JSON_text = JSON_text + "{ID:"&rs("shiorder")&", shi: '"&rs("shiname")&"'}"
    rs.movenext
    if not rs.eof then JSON_text = JSON_text + ","      '不是最后一条记录就加","
loop
rs.close
JSON_text = JSON_text + "]"
Response.Write JSON_text
 %>
```

提示：如果要单独调试 10-8.asp，则可将 10-8.asp 代码中的 sql＝"select * from city where shengid＝"&shengid&" order by shiorder"修改为 sql＝"select * from city order by shiorder"，然后运行 10-8.asp，看输出的 JSON 代码的格式是否正确，正确格式应为：

```
[{optionValue:1, optionDisplay: '银川市'},{optionValue:1, optionDisplay: '南昌市'},
{optionValue:1, optionDisplay: '重庆市'},…,{optionValue:21, optionDisplay: '江门市'}]
```

2. 异步方式检测用户名是否可用

目前，有很多用户注册的表单在用户输入完用户名(即转到下一项，用户名文本框失去

焦点)后，就能检测该用户名是否已经被注册，如图10-5所示。这实际上是通过Ajax异步发送查询请求实现的，即在用户名文本框失去焦点时(blur事件)，就获取文本框中的值，将该值异步发送到服务器端进行查询，如果发现数据表中已存在该用户名的记录，则返回“此用户名已经注册”，否则返回“可以注册”的信息。

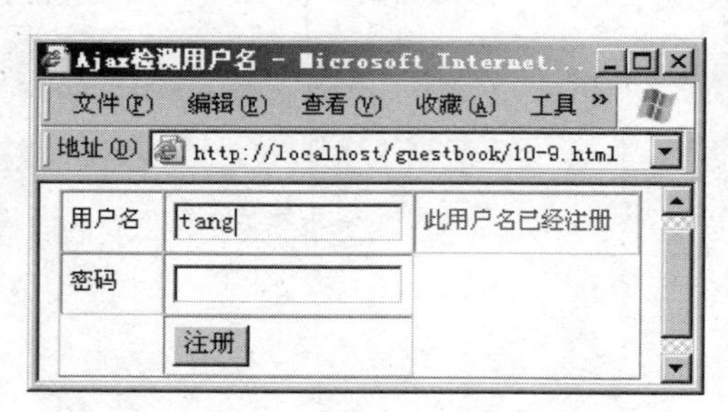

图10-5　检测用户名是否已经被注册(10-9.html的运行效果)

下面的代码(10-9.html和10-9.asp)是一个异步方式检测用户名是否可用的例子。其中，10-9.html使用$.get()方法将用户名发送给10-9.asp进行查询，10-9.asp根据查询的结果返回相应的信息。即如果查询得到的记录集为空就表明数据表admin中没有该用户名，否则表明数据表中已经存在这个用户名。运行结果如图10-5所示。代码如下：

```
----------------------- 清单 10 - 9.html ------------------------------------
<script src="jquery.min.js"></script>
<script>
$(function(){                                    //在页面载入时加载
$("#user").blur(function(){                      //在文本框失去焦点时检测
    user=$("#user").val();
    if (user != ""){
     $.get('10-9.asp', {username: user}, function (data){
       $("#prompt").html(data);});}
      else {$("#prompt").html("请输入用户名");};
    });
})
</script>
<form><table border=1 cellpadding=4 cellspacing=0 width="364">
<tr><td width="44">用户名</td>
    <td width="169"><input type="text" id="user"></td>
    <td width="119"><div id="prompt">请输入用户名</div></td></tr>
<tr><td>密码</td>
    <td><input type="text" id="pwd"></td><td></td></tr>
<tr><td></td>
    <td><input type="button" value="注册" id="reg"></td>
    <td id="show"></td></tr>
</table></form>
----------------------- 清单 10 - 9.asp ------------------------------------
<!--#include file="conn.asp"-->
<% Response.Charset="gb2312"
username=request("username")
```

```
sql = "select * from admin where user = '"&username&"'"
rs.open sql,conn,1,1
If rs.eof Then
  response.write "<font color = #0000ff>可以注册</font>"
Else
  response.write "<font color = #ff0000>此用户名已经注册</font>"
End If
rs.close   %>
```

提示：如果将表单元素的值赋给了变量(如 10-9.html 中的 user= $("#user").val())，则页面中的<form>标记不可省略。否则在 IE 中会出错，但在 Firefox 中正常。

上述代码只能检测用户名是否已经注册，还可以给它添加如果用户输入的用户名和密码合法，则在不刷新页面的情况下完成用户注册，也就是单击"注册"按钮时将用户名和密码异步发送给服务器并插入到 admin 表中，并返回欢迎信息。代码如下：

```
---------------------- 清单 10-9-2.html ---------------------------------
<script>
$(function(){                                          //在页面载入时加载
    $("#user").blur(function(){                        //在文本框失去焦点时检测
        user = $("#user").val();
        if (user != ""){
    $.get('10-9.asp', {username:user,n:Math.random()}, function (data){
            if (data == 1)                             //返回 1 表示用户名没有注册
      $("#prompt").html("<font color = #0000ff>可以注册</font>");
    else { $("#user").focus().select();
      $("#prompt").html("<font color = #ff0000>此用户名已经注册</font>"); }
      });}
      else { $("#prompt").html("请输入用户名");};
    });
    $("#reg").click(function(){                        //单击"注册"按钮时
        user = $("#user").val();password = $("#pwd").val();
    if (user != "" && password != ""){
      $.get('10-9.asp', {username: user,password:password,act:"login"},
function (data){
        $("#user").val("");    $("#pwd").val("");  //清空文本框
      $("#show").html(data);        });}
      else { $("#prompt").html("请输入用户名或密码");};  });
})
</script>
---------------------- 清单 10-9-2.asp ------------------------------------
<!-- #include file = "conn.asp" -->
<% response.Charset = "gb2312"
username = request("username"): password = request("password")
act = request("act")
if act = "login" then                                   '处理单击"注册"按钮的代码
sql = "insert into admin([user],[password]) values('"&username&"','"&password&"')"
conn.execute sql
response.write "欢迎"&username&", 注册成功"
```

```
response.End
end if
sql = "select * from admin where user = '"&username&"'"    '处理检测用户名的代码
rs.open sql,conn,1,1
If rs.eof Then response.write 1                             '如果没有记录则输出 1,表示可以注册
rs.close  %>
```

3. 制作带自动提示功能的输入框

在百度和Google等网站的搜索框,都具有自动提示(也称自动完成)功能,用户只需在表单中输入内容开头的信息,程序就会根据这些输入信息,自动在下拉列表框中显示用户可能要输入的内容,用户可以在下拉列表框中进行选择,这样减少了用户手动输入的工作量,带来了更好的用户体验。

实现输入框自动提示的具体思路是:每当用户在文本框中输入字符后(根据文本框中的值是否改变),就调用findroutes()函数,该函数将获取用户输入的内容,然后将其异步提交到服务器查询以它开头的内容,将查询到的结果以JSON格式返回,前台页面再将这些JSON数据添加到文本框下面的下拉列表框(#route_ul)中。

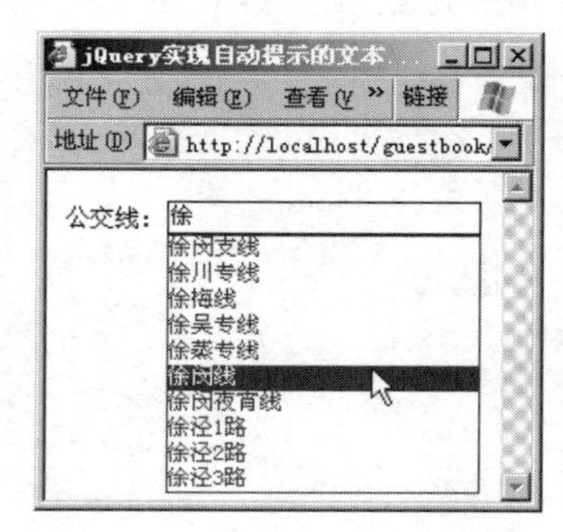

图10-6 使用Ajax技术实现自动提示的文本框

下面的代码(10-10.html和10-10.asp)是一个实现自动提示功能的例子,用于查询上海市的公交线路,当用户每次输入公交线路名的时候,它就会把用户输入的内容异步提交给10-10.asp进行查询,再返回匹配的内容给客户端页面10-10.html。当用户选中匹配的结果时,就会让查询框的值等于匹配结果。10-10.html的运行效果如图10-6所示。

```
---------------------- 清单 10 - 10.html ----------------------------------
<link href = "10 - 10.css" type = "text/css" />
<script src = "jquery.min.js"></script>
<script>
function findroutes(){                          //发送文本框 #routes 中信息给 10 - 10.asp
    if( $ ("#routes").val().length > 0){ //如果文本框内容不为空
        rout = escape( $ ("#routes").val());
        $ .get("10 - 10.asp",{sBus:rout},
            function(data){
             var aResult = new Array();
             if(data.length > 0){        //如果查询结果不为空
             aResult = data.split(",");
             setroutes(aResult);         //调用 setroutes 函数将每条提示结果放入 li 标记中
                }
                else clearroutes();
        });
    }
    elseclearroutes();                          //无输入时清除提示框(如用户按 del 键)
}
```

```
function setroutes(aResult){      //显示提示框,传入的参数为所有提示结果组成的数组
    clearroutes();                //每输入一个字母就先清除原先的提示,再继续
    $("#popup").addClass("show");
    for(var i=0;i<aResult.length;i++)
        //将匹配的提示结果逐一显示给用户
        $("#route_ul").append($("<li>"+aResult[i]+"</li>"));
    $("#route_ul").find("li").click(function(){       //当用户选中某条提示结果时
        $("#routes").val($(this).text());              //让查询框的值等于提示结果
        clearroutes();
    }).hover(                                          //添加鼠标指针滑过时的高亮效果
        function(){$(this).addClass("mouseOver");},
        function(){$(this).removeClass("mouseOver");}
    );
}
function clearroutes(){                                //清除提示框
    $("#route_ul").empty();
    $("#popup").removeClass("show");
}
</script>
<form method="post" name="Form1">公交线:
<input type="text" id="routes" onkeyup="findroutes();" />  <!--松开按键时开始查询-->
</form>
<div id="popup">
    <ul id="route_ul"></ul>    <!--放置提示内容-->
</div>
```

由于提示内容被放置在一个ul列表中,需要设置该列表的样式,并且当鼠标指针滑到某个提示项上时会高亮显示,这些都需要CSS代码来实现,10-10.html调用的CSS代码如下:

```
---------------------- 清单10-10.css ----------------------------------
input{                                  /* 路线输入框的样式 */
    font-size:12px; border:1px solid #000000;
    width:160px; padding:1px; margin:0px;
}
#popup{                                 /* 提示框div块的样式 */
    position:absolute; width:162px;
    color:#004a7e; font-size:12px;  /* 设置文本颜色和字体大小 */
    left:63px; top:34px;
}
#popup.show{                            /* 显示提示框的边框 */
    border:1px solid #004a7e;
}
ul{                                     /* 清除列表的默认样式 */
    list-style:none;  margin:0px; padding:0px;
    color:#004a7e;
}
li.mouseOver{                           /* 鼠标指针经过列表项时的高亮样式 */
```

```
    background-color:#004a7e;     color:#fff;
    height:1em;
}
```

10-10.asp 主要是接收$.get()方法传递过来的数据 sBus，再根据 sBus 进行查询，将查询结果以特殊字符串(用","分隔的字符串)的方式返回给 10-10.html。由于用户在文本框中输入的内容可能是中文，10-10.html 用 escape 方法对所传值编码了一下，因此 10-10.asp 在获取了所传值后，用 unescape 方法进行了解码。具体代码如下：

```
---------------------清单 10-10.asp---------------------------------
<!-- #include file="conn.asp" -->
<%
response.Charset="gb2312"
sInput = trim(unescape(request("sBus")))
    sResult = ""  '用来保存提示结果
    set rs=server.createobject("adodb.recordset")
        '查询以 sInput 开头的 10 条信息
    sql="select top 10 routename from route where routename like '"&sInput&"%'"
    rs.open sql,conn,1,1
    do while not rs.eof
        sResult = sResult & rs("routename")&","  '将每条提示结果用","分隔
    rs.movenext
loop
if len(sResult)>0 then sResult=left(sResult,len(sResult)-1)  '去掉最后的","
response.Write sResult    '输出所有的提示结果
%>
```

4. 制作 Ajax 无刷新登录系统

传统的用户登录程序无论用户登录成功还是失败都会跳转到另一页面，页面会刷新。利用 Ajax 技术，可以将用户输入的登录信息异步提交给动态页进行检测。服务器端对这些信息进行查询，如果查找到记录，就表明用户名和密码合法，输出登录成功的信息，客户端页面获取到返回的信息后，在原来显示登录框的容器中载入这些登录成功的信息即可，实现了页面不刷新就完成用户登录过程。

下面的代码(10-11.html 和 10-11.asp)是一个实现无刷新登录系统的例子，单击“登录”按钮后，就先判断是否输入了用户名和密码，如果输入了，就将用户名和密码发送给 10-11.asp 进行查询。10-11.html 在登录成功和失败时的运行效果如图 10-7 和图 10-8 所示。

```
---------------------清单 10-11.html--------------------------------
<script src="jquery.min.js"></script>
<script>
$(document).ready(function(){
    $("#btnLogin").click(function(){          //单击"登录"按钮后
         if($("#User").val()==""){            //判断是否输入了用户名
        alert("用户名不能为空"); $("#User").focus();
        return false;   }
    if($("#Pwd").val()==""){
```

```
            alert("密码不能为空") ; $("#Pwd").focus();
            return false;  }
         $.ajax({
         type:"POST",
         url:"10-11.asp",
         data:{userName:$("#User").val(),userPwd:$("#Pwd").val()},
         beforeSend:function(){$("#msg").html("正在登录中…");},
         success:function(data){
             $("#msg").html(data);  }
           });  });
});
</script>
    <div>用户名:<input id="User" type="text"/><br/>
    密 码:<input id="Pwd" type="text" /></div>
    <div id="msg"></div><!--在该容器中显示登录是否成功的信息-->
    <div><input id="btnLogin" type="button" value="登 录" /></div>
---------------------清单 10-11.asp--------------------------------
<!--#include file="conn.asp"-->
<% Response.Charset="gb2312"
user=request("userName")
Pwd = Request("userPwd")
Set rs=Server.Createobject("adodb.recordset")
sql="select * from admin where user='"&user&"' and password='"&Pwd&"'"
rs.open sql,conn,1,1
If rs.eof Then          '如果记录集为空
  Response.Write "用户名或密码错误,登录失败"
Else
  Response.Write "登录成功,欢迎:"&username
End If
rs.close   %>
```

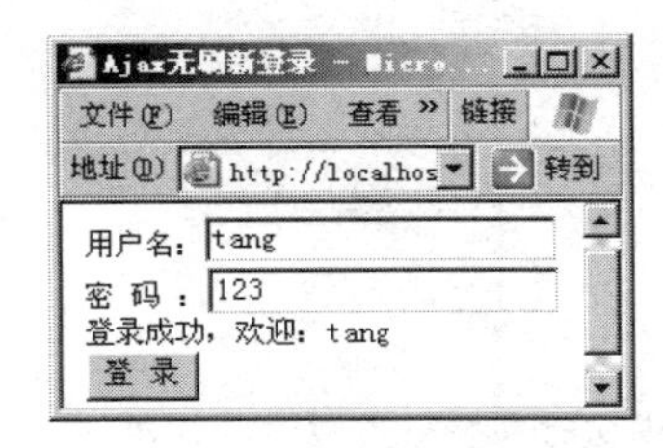

图 10-7 登录成功时

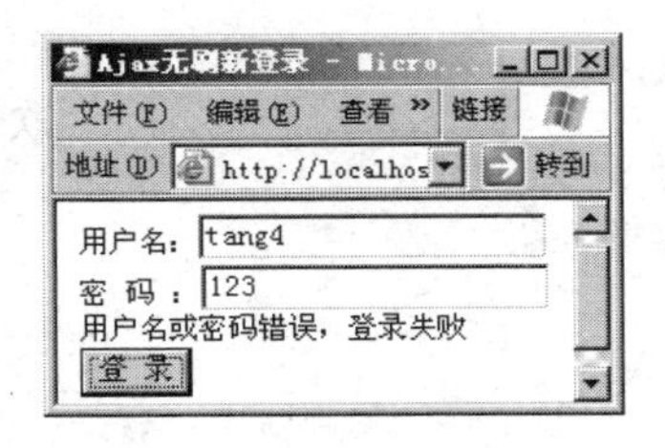

图 10-8 登录失败时

上述用户登录程序只具有判断用户名和密码是否正确的功能。但是,一个实用的用户登录程序还必须能为登录成功的用户设置 Session 变量,以便让已经登录的用户在访问其他页面时不必再次登录。下面的代码(10-12.html 和 10-12.asp)可实现这种功能。

由于已经获得 Session 变量的用户不需要输入用户名和密码就可以直接登录,因此 10-12.html 在页面加载时不显示登录表单,而是根据用户是否具有 Session 或是否输入了正确的密码来判断是载入登录成功的界面(loginok())还是载入未登录时的表单界面(loginno())。10-12.html 的运行结果如图 10-9 所示。实际使用时,只需要将 10-12.html

的代码嵌入到网站内多个不同的网页中即可测试设置了 Session 的效果。

```
---------------------- 清单 10-12.html ----------------------------------
<script src = "jquery.min.js"></script>
<script>
 $(function(){   loadlogin(); })          //页面加载时加载登录界面的函数
function loadlogin(){                     //加载登录界面的函数
     $.post('10-12.asp', function (data){
         $("#maker").html(data);
     });     }
function login(){                         //发送登录信息的函数
         var name =  $("#name").val();
         var pass =  $("#pass").val();
         if(name == "")alert("用户名不可以为空!");
         $.post('10-12.asp', {name: name,pass:pass}, function (data){
       $("#maker").html(data);
});  }
function outlogin(){                      //登录函数
     $.post('10-12.asp', {action: 'outlogin'}, function (data){
       $("#maker").html(data);
});    }
</script>
<div id = "box">
       <div id = "box_title"><h3>用户登录</h3></div>
       <div id = "box_1">
         <div id = "maker"></div>
       </div>
</div>
```

图 10-9　无刷新用户登录程序(未登录时、登录成功时和登录失败时的效果)

10-12.asp 首先获取 10-12.html 传过来的用户名和密码，如果获取不到，就会再获取 session("adminlogin")变量的值，如果也获取不到，则输出未登录时的登录表单代码。10-12.html 利用回调函数将这些界面代码加载到#maker 元素中，否则的话，就会查询数据库验证用户名和密码，如果正确则输出登录成功的界面代码，10-12.html 同样会利用回调函数将这些代码加载到#maker 元素中。

```
---------------------- 清单 10-12.asp ----------------------------------
<!-- #include file = "conn.asp" -->
<%
```

```
Response.CacheControl = "no-cache"          '防止 IE 缓存页面
response.Charset = "gb2312"
if request("action") = "outlogin" then      '如果单击了"注销"按钮
    session("adminid") = ""                 '清空 Session 变量
    session("adminlogin") = ""
        call loginno()
else
    adminid = request("name")               '获取用户名
    adminpws = request("pass")
if adminid = "" then                        '如果获取不到用户名
    if session("adminlogin") = "ok" then    '但是 Session 变量不为空
        call loginok()                      '显示登录成功界面
    else
        call loginno()                      '显示未登录界面
    end if
else                                        '获取到的用户名不为空
    set rs = Server.CreateObject("ADODB.RecordSet")
    Sql = "select * from admin where admin = '" & adminid & "' and pws = '" & adminpws & "'"
    rs.open Sql,Conn                        '对用户名和密码进行查询
    if rs.eof then                          '如果查询不到
        response.Write("用户名或者密码错误<br><input onclick = 'javascript:loadlogin();'
type = 'button' name = 'ok' value = '返回登录' />")
    else                                    '否则就表明查询得到,登录成功
        session("adminid") = rs("adminid")  '登录成功,设置 Session 变量
        session("adminlogin") = "ok"
        call loginok()                      '显示登录成功界面
    end if
    rs.close
end if
end if
Function loginok()                          '输出登录成功的界面代码
    response.Write "欢迎您,"&session("adminid")&"<br><input onclick = 'javascript:outlogin
();' type = 'button' name = 'ok' value = '注销' />"
End function
Function loginno()                          '输出未登录的界面代码
    response.Write("<form style = 'padding:0px; margin:0px;' name = 'form'><div id = 'sitename
'>用户名:<input style = 'WIDTH: 70px' id = 'name' /></div><div id = 'siteurl'>密  码:<
input id = 'pass' type = 'password' style = 'WIDTH: 70px' /></div><div id = 'sitesub'><input
onclick = 'javascript:login();' type = 'button' name = 'ok' value = '登录' /></div></form>")
End function
%>
```

5. 制作异步加载新闻的新闻网站首页

传统的新闻显示首页,数据库中的新闻和页面代码是同时加载进来的。也可以使用Ajax技术在首页上异步加载新闻,即首先将新闻页的网页显示出来,然后再通过Ajax函数异步加载各个栏目框中的新闻。由于加载新闻数据的速度很快,用户也看不出这和普通的新闻首页有什么区别。

下面是一个例子,它的原理是客户端页面 10-13.html 将某个栏目的栏目名(Bigclass)

发送给 10-13. asp，10-13. asp 根据该栏目名找到最新的 n 条属于该栏目的新闻并输出，10-13. html 使用回调函数获取到这些新闻数据后将其载入到指定的栏目框中。关键代码如下，运行效果如图 10-10 所示。

```
----------------------- 清单 10 - 13.html -----------------------------------
<script>
 $(function(){
   $.ajaxSetup({                          //统一设置 $.ajax()方法中的相同部分
        type: "GET",
        url:"10 - 13.asp"
    });
   $.ajax({                               //加载头条新闻的函数
      data:{Bigclass:escape("头条"),n:1},   //发送的参数 n 为 1 表示是头条新闻
      beforeSend:function(){ $(".top2").html("正在加载中…");},
      success:function(data){
             str = data.split("|");
             $(".top").html(str[1]);
             $(".top2").html('<a href = "ONEWS.asp?id = ' + str[0] + '">' + str[2] + '</a> [' +
str[3] + ']');
             }          });
    $.ajax({                              //加载系部动态栏目中的新闻
             //发送栏目名 Bigclass 和显示新闻的条数 n 参数给 10 - 13.asp
             data:{Bigclass:escape("系部动态"),n:6},
             beforeSend:function(){ $("#jqgz").html("正在加载中…");},
             success:function(data){
            $("#jqgz").html(data); }
         });
    $.ajax({                              //加载通知公告栏目中的新闻
             data:{Bigclass:escape("通知公告"),n:5},
             beforeSend:function(){ $("#tzgg").html("正在加载中…");},
             success:function(data){
            $("#tzgg").html(data); }
         });
    $.ajax({                              //加载学生园地栏目中的新闻
             data:{Bigclass:escape("学生园地"),n:5},
             beforeSend:function(){ $("#xsgz").html("正在加载中…");},
             success:function(data){
            $("#xsgz").html(data); }
         });
})</script>
<div class = "top"></div><div class = "top2"></div>
  <table id = "jqgz">…</table>
  <table id = "#tzgg ">…</table>
  <table id = "#xsgz ">…</table>
----------------------- 清单 10 - 13.asp -----------------------------------
  <! -- #include file = "rw2005/conn.asp" -->
  <%
Response.Charset = "gb2312"
Bigclass = unescape(request("Bigclass"))  '获取新闻的栏目名
```

```
n = request("n")                          '获取栏目中显示新闻的条数
Set rs = Server.CreateObject("ADODB.RecordSet")
sql = "select top "&n&" * from News where bigclassname = '" &Bigclass &"' order by id desc"
if n = 1 then sql = "select top 1 * from news where bigclassname in('学生工作','德育园地','科研
成果','近期工作') order by id desc"
rs.Open sql,conn,1,3
if n = 1 then                             '如果 n = 1 则按指定格式输出头条新闻
response.Write rs("id")&"|"&title(rs("title"),12)&"|"&title(NoHTml(rs("content")),42)&"|"
& rs("infotime")
response.End
end if
do while not rs.eof                       '循环输出获取的栏目中的所有新闻
    response.Write "<tr><td class = 'xinwen'><a href = 'ONEWS.asp?id = "& rs("id")&"'>"&title
(rs("title"),23)&"</a></td></tr>"
    rs.movenext
loop
rs.close   %>
```

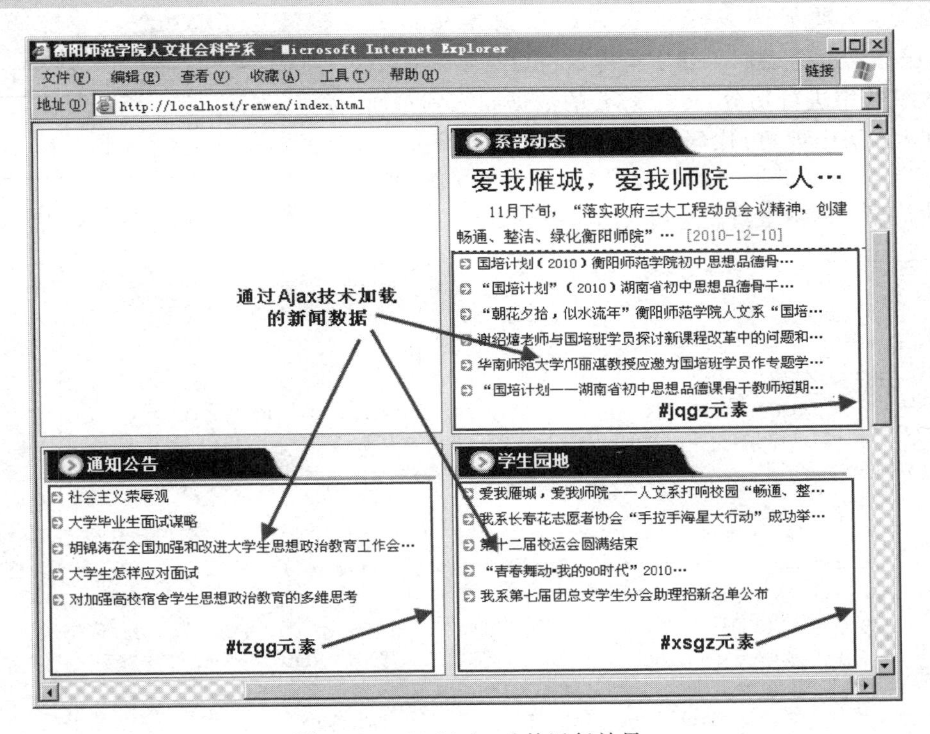

图 10-10　10-13.html 的运行效果

使用这种方式在首页上加载新闻数据，首页可以保存为 html 的扩展名，只要制作一个独立的输出栏目新闻的文件 10-13.asp，就可以通过 Ajax 函数调用 10-13.asp 往各个栏目加载新闻(并且可以很容易地设置各个栏目显示几条新闻)，在栏目很多时，这种方式的代码更精简，并可提高网站的开发速度。

6. 制作股票查询系统

目前，有很多网站提供股票的实时价格数据查询，其中有些网站还提供了获取股票数据的接口。可以通过异步请求的方式向这些网站发出请求，则它会返回相应的实时股票数据。

以“中国国航”(股票代码：601111)为例，如果要获取它的最新行情，只需访问新浪的股票数据接口：http://hq.sinajs.cn/list=sh601111 这个 URL(但不能直接在地址栏中输入 URL 访问)，就会返回一串文本，内容如下：

```
var hq_str_sh601111 = "中国国航,10.22,10.22,10.20,10.31,10.09,10.19,10.20,16243787,
165632560,8100,10.19,14700,10.18,55835,10.17,20735,10.16,33600,10.15,9767,10.20,48100,
10.21,55070,10.22,69200,10.23,41100,10.24,2011-07-08,15:03:08";
```

这个字符串由很多数据拼接在一起，数据之间用逗号隔开，如果用 split(“,”)对它进行切分，则数组中每个元素的含义如下：

0：“中国国航”，股票名称。

1：“10.22”，今日开盘价。

2：“10.22”，昨日收盘价。

3：“10.20”，当前价格。

因此，只要异步发送请求到股票数据接口的 URL，服务器就会返回上述字符串。可以在回调函数中对该字符串进行切分，再把需要的数据载入到页面的 DOM 元素中即可，代码如下，运行效果如图 10-11 所示。当然，为了获取实时的股票行情，还必须使用定时函数每隔 3 秒钟重新发送请求给服务器查询一次。

图 10-11　Ajax 股票查询的代码

```
----------------------- 清单 10-14.html ---------------------------------
<script src="jquery.min.js"></script>
<script>
function stock(){                              //单击"查询"按钮时执行
code1 = $("#code").val();                      //获取用户输入的股票代码
if(parseInt(code1).toString().length == 6 && code1.length == 6){  //判断股票代码是否合法
  $.ajax({                                     //发送异步请求
    type:"GET",
    url:"http://hq.sinajs.cn/list=sh" + $("#code").val(),    //股票代码是用户输入的
    beforeSend:function(){$("#price").html("正在查询")},
    success:function(data){
      //先截取字符串两个"之间的字符串(\"是"的转义字符),再通过","切分成数组
        str = data.substring(data.indexOf("\"") + 1,data.length - 1).split(",");
        $("#stock").html(str[0]);      //载入股票名称
        $("#price").html(str[3]);      //载入当前价
        }
    }); }
    else alert("输入有误");
  setTimeout(stock,3000);  //每隔 3 秒钟重新查询一次,刷新两个 DOM 元素的内容
}
</script>
股票代码:<input type="text" id="code" size="10" />
<input type="button" id="Search" onclick="stock()" value="查询" /><br />
股票名称:<span id="stock"></span> 当前价:<span id="price"></span>
```

但这个程序只能在IE中运行，Firefox出于安全考虑，不允许Ajax请求中的URL地址来自外部网站（即使用绝对URL），也就是不允许跨域请求。

如果要输出多只股票的实时信息，可以将$.ajax()方法中的url参数设置成'http://hq.sinajs.cn/list=sh000001,sh601939,sh600028'，则会返回多条上述字符串，将字符串中的数据提取出来分别载入到多个DOM元素中就能显示多只股票的信息了。

7. 制作动态载入内容的弹出框

在3.6.4节中，曾制作了一个鼠标指针经过时显示大图的程序，但那个程序中，所有记录的图片从一开始就已经加载到了网页中，只是没显示出来。如果记录很多的话，会导致网页中加载的图片太多，为此，可以在当鼠标指针经过某条记录时，才异步载入这条记录带有的图片，如图10-12所示。这样在打开网页时，并没有加载任何图片，而是根据用户的操作再加载对应的图片。另一个优点是，这样可以不刷新网页就加载服务器端最新的内容。

图10-12　鼠标指针移动到记录上时异步加载记录中的图片和标题到弹出框

实现思路是，当鼠标指针经过某条记录时，就调用showinfo()函数，并将这条记录的id值传递给该函数，showinfo函数将记录的id值异步发送给服务器端页面进行查询，将服务器返回的该记录的图片和标题加载到#target元素中。代码如下：

```
----------------------- 清单 ajaxPop.asp -----------------------------------
<script>
function showinfo(id){                                    //鼠标指针移动到某条记录上执行该函数
    $.get("show.asp",{id:id, n:Math.random()},    //发送记录 id 给 show.asp
        function(data){
            $("#target").html(data);                      //载入服务器传回来的数据
        });
}
</script>
<!-- #include file = "conn.asp" -->
<div style = "border:1px solid #CCC;margin:5px; padding:6px;">
<% Set rs = Server.CreateObject("ADODB.RecordSet")
sql = "select top 5 * from NEWS where firstImageName <>'' order by ID DESC"
rs.Open sql,conn,1,1                                       '找 5 条有图片的记录
do while not rs.eof %>                                     <!-- 显示 5 条新闻 -->
    <p><a href = 'ONEWS.asp?id = <% = rs("id") %>' onmouseover = 'showinfo(<% = rs("id") %
>)'><% = rs("title")&" " %><% = rs("infotime") %></a></p>
```

```
    <% rs.movenext
loop
rs.close
%></div>
<div id="target"><img src="loading.gif" style="margin:20px" />正在载入…</div>
```

而服务器端页面 show.asp 就是根据这个 id 查找对应的图片 URL 和标题并输出。代码如下：

```
----------------------清单 show.asp----------------------------------
<!--#include file="conn.asp"-->
<% Response.Charset="gb2312"
id = Request("id")
Set rs=Server.CreateObject("ADODB.RecordSet")
sql="select * from NEWS where id="&id     '根据 id 找到对应的记录
rs.Open sql,conn,1,1
Response.Write "<img width='280' src='uppic/"& trim(rs("firstImageName"))&"'/><br/><a
href='ONEWS.asp?id="&rs("id")&"'>"& left(rs("title"),20)&"…</a>"
rs.close   %>
```

上述代码可以使鼠标指针移动到新闻上时，在页面下方的#target元素中显示新闻中的图片，接下来要将#target元素设置为绝对定位元素，并且在默认状态下不显示，只有当鼠标指针移动到某条新闻上时，才显示#target元素，并且设置它的坐标（top、left值）为鼠标指针所在的位置附近。这需要用到事件对象的clientX等关于鼠标指针位置属性。为此，将ajaxPop.asp的代码修改如下，它的运行效果如图10-12所示。

```
----------------------清单 ajaxPop2.asp----------------------------------
<style>
#target{position:absolute; display:none; z-index:2; border:5px solid #f4f4f4;
        width:280px; height:210px; background:#fee;}</style>
<script>
$(function(){
    $("#show a").mouseover(function(event){       //当鼠标指针移动到a元素上时
        event = event || window.event;              //兼容IE和FF的事件对象
        $("#target").css("display","block");     //显示#target元素
        $("#target")[0].style.top = document.body.scrollTop + event.clientY + 10 + "px";
        $("#target")[0].style.left = document.body.scrollLeft + event.clientX + 10 + "px";
        id=parseInt($(this).attr("title"));      //从a元素title属性中获取记录ID
        $.get("show.asp",{id:id, n:Math.random()},
            function(data){
                $("#target").html(data);
            });
    });
    $("#show a").mouseout(function(){               //当鼠标指针离开a元素上时
        $("#target").html("<img src='loading.gif' style='margin:20px' />正在载入…");
        $("#target").css("display","none");      //隐藏#target
    });
})
</script>
```

```
<div id="show" style="border:1px solid #CCC;margin:5px; padding:6px;">
<% Set rs=Server.CreateObject("ADODB.RecordSet")
sql="select top 5 * from NEWS where firstImageName<>'' order by ID DESC"
rs.Open sql,conn,1,1                    '找5条有图片的记录
do while not rs.eof
    response.Write "<p><a href='ONEWS.asp?id="&rs("id")&"' title='"&rs("id")&"'>"&left
(rs("title"),24)&"…"&rs("infotime")&"</a></p>"
    rs.movenext
loop
rs.close %></div>
<div id="target"><img src="loading.gif" style="margin:20px" />正在载入…</div>
```

这样，当鼠标指针移动到a元素上时，会在鼠标指针位置附近先显示#target元素，此时#target中还显示“正在载入”图标，再异步载入服务器端内容到#target中。

10.3 以Ajax方式添加记录

10.3.1 基本的添加记录程序

Ajax技术可以实现在页面不刷新的情况下添加记录，实现的思路是：将用户在表单中输入的数据作为$.post()方法的data参数发送给服务器(如果用户在表单中输入的数据很多的话，最好用POST方式发送)，服务器端获取到数据后，先将这些数据作为一条记录插入到表中，然后再重新读取更新后的表中的所有数据并输出给客户端。客户端页面将服务器返回的数据载入到一个容器元素中，就可以显示添加记录后的数据表了。

下面的代码(10-15. asp和10-16. asp)是一个添加记录的程序，运行效果如图10-13所示。它的上半部分用来显示记录，通过ASP循环读取记录即可实现。下半部分是供用户添加记录的表单，当用户单击“添加”按钮时，将用户输入的数据发送给10-16. asp，10-16. asp将这些数据作为一条记录插入到数据表中，再重新输出更新后的数据表给10-15. asp。10-15. asp将这些数据载入到页面上半部分。

图10-13 Ajax方式添加记录

```
----------------------清单 10-15.asp----------------------------------
<script src="jquery.min.js"></script>
<script>
 $(function(){
     $("#Submit").click(function(){          //单击"添加"按钮时
        title=$("#title").val();author=$("#author").val(); //获取表单中的数据
        email=$("#email").val();content=$("#content").val();
      $.post("10-16.asp",                    //发送表单中的数据给 10-16.asp
         {  title:escape(title),             //表单中的数据可能有中文,需要先编码
           author:escape(author),
             email:escape(email),
             content:escape(content),
             act:"add"    },                 //act 参数表明这是添加操作
       function(data){                       //回调函数
         $("#title").val(''); $("#author").val('');          //清空添加记录框中的内容
         $("#email").val(''); $("#content").val('');
         $("#make").html(data);              //载入 10-16.asp 返回的内容
       });
});    });
</script>
<!--#include file="conn.asp"-->
<%     '上半部分显示留言区域的代码
rs.open "select * from lyb order by id desc",conn,1,1
if not(rs.bof and rs.eof) then                %>
<table align="center" border="1"><tr bgcolor="#e0e0e0">
   <th>标题</th><th width="100">内容</th><th width="60">作者</th>
<th>email</th><th width="80">来自</th></tr>
<tbody id="make">    <!--载入记录的容器-->
  <%   do while not rs.eof   %>
  <tr><td width="100"><%= rs("title") %></td><td><%= rs("content") %></td>
    <td><%= rs("author") %></td><td width="80"><%= rs("email") %></td>
    <td><%= rs("ip") %></td></tr>
  <%   rs.movenext
       loop %>
</tbody></table>
<% else
    response.Write("<p>目前还没有用户留言</p>")
end if
rs.close  %>
<form>     <!--添加留言的表单区域-->
  <table width="600" border="0" align="center" cellpadding="4" cellspacing="1" bgcolor
="#333333"><caption>请在下面发表留言</caption>
  <tbody bgcolor="#ffffff">
    <tr><td width="125">留言主题:</td>
      <td width="475"><input type="text" id="title"></td></tr>
    <tr><td>留言人:</td><td><input type="text" id="author"></td></tr>
    <tr><td>联系方式:</td><td><input type="text" id="email"></td> </tr>
    <tr><td>留言内容:</td>
      <td><textarea id="content" cols="30" rows="3"></textarea></td></tr>
     <tr><td></td><td><input type="button" id="Submit" value="添 加"></td></tr>
```

```
    </tbody>
  </table>
</form>
---------------------- 清单 10-16.asp ---------------------------------
<!-- #include file="conn.asp" -->
<%      response.Charset = "gb2312"
act = request("act")                                          '获取 act 参数
if act = "add" then
title = unescape(request("title"))                            '获取 $.post()方法传来的数据
    author = unescape(request("author"))
    email = unescape(request("email"))
    content = unescape(request("content"))
    rs.open "select * from lyb order by id desc",conn,1,3 '以可写方式打开记录集
    rs.addnew                                                 '将数据添加到记录表中
    rs("title") = title          :  rs("author") = author
    rs("email") = email          :  rs("content") = content
    rs.update
    rs.close
'------------------------ 代码段 A 开始 ---------------------
    rs.open "select * from lyb order by id desc",conn,1,1
do while not rs.eof          '重新输出更新后的记录集到客户端
      response.Write "<tr><td width='100'>"&rs("title")&"</td>"
    response.Write "<td>"& rs("content") &"</td>"
    response.Write "<td>"& rs("author") &"</td>"
    response.Write "<td width='80'>"&rs("email")&" </td>"
    response.Write "<td>"&rs("ip")&" </td></tr>"
    rs.movenext
loop
rs.close
'---------------------- 代码段 A 结束 ---------------------------------
End if   %>
```

10.3.2　在服务器端和客户端分别添加记录

代码 10-16.asp 在向数据表中插入一条记录后，又将整个更新了的数据表重新发送给浏览器，显然这样传输给浏览器的数据有些多。为此，可以在服务器端和客户端分别插入记录。

具体过程是：服务器端将该记录插入到数据表以后，并不将更新后的整个数据表回传给客户端，而是输出一个标志(如 1)通知客户端记录已经成功插入到数据库中，客户端收到该标志后，通过动态插入表格行的方法在表格中插入记录，以显示给用户看。可以将 10-16.asp 文件中的代码段 A 修改为下面的代码段 B。

```
'------------------------ 代码段 B 开始 ---------------------
Response.write 1   '输出记录在服务器端已经插入成功的标记 1
'---------------------- 代码段 B 结束 -----------------------
```

然后再修改 10-15.asp 文件中的回调函数，主要思路是，如果回调函数接收到的数据是 1，

就把用户输入的数据放在一行内插入到表格的所有行之前，代码如下：

```
function(data){                                  //对10-15.asp的回调函数进行修改
if(data==1){                                     //收到标志1,表明服务器端已插入成功
    $("#title").val(''); $("#author").val('');  //清空添加记录框中的内容
    $("#email").val(''); $("#content").val('');
    var newtr="<tr><td width='100'>"+title+"</td><td>"+content+"</td><td>"+
author+"</td><td>"+email+"</td></tr>"; //把用户输入的数据放在一行内
    $("#make").prepend(newtr);                   //在表格的所有行之前插入一行,即插入新的记录
        }}
```

这样，服务器和客户端之间异步传输的数据量明显减少，对于显示不需要分页的记录集来说推荐用这种方式，但如果记录集要分页显示，并要求每页显示的记录数是固定的，则在插入一行新记录后，还要用 remove()方法把表格中最下面一行删除。

10.3.3 制作无刷新评论系统

以 Ajax 方式添加记录的典型应用是制作无刷新评论系统或无刷新的留言板、用户注册程序、购物车程序等。

评论系统是在每条新闻的显示页面下方供用户发表评论的系统，类似于留言板，能显示所有用户发表的评论，但和留言板的区别在于：①评论系统通常不能对评论进行回复；②评论系统中每条记录要有该条评论属于哪条新闻的记录号。根据以上分析，评论系统的数据表设计如下：lyb(id, title, content, author, date, newsid, email)，其中 newsid 是该条评论所属的新闻记录的 id，通常根据 newsid 找到一条新闻的所有评论记录。评论系统的完整代码(10-17.html 和 10-17.asp)如下，运行效果如图 10-14 所示。

```
---------------------清单10-17.html--------------------------------
<script>
$(function(){
    $.ajax({                           //载入评论信息到页面上方的#comments中
        type:"GET",
        url:"10-17.asp?act=load&id="+Math.random(),
        error:function(){$("#comments").html("获取评论信息失败");},
        success:function(data){
            $("#comments").html(data);    }
    });
    $("#Submit").click(function(){//单击"发表评论"按钮时添加评论信息
        title=$("#title").val(); author=$("#author").val();   //获取表单中的数据
        email=$("#email").val(); content=$("#content").val();
        $.post("10-17.asp",{          //发送表单中的数据给addnew.asp
            title:escape(title), author:escape(author),
            email:escape(email), content:escape(content),
            act:"add"
        },
        function(data){                //回调函数,接收数据
            if(data==1) {              //表明评论已插入数据表中
```

```
            $("#title").val(''); $("#author").val('');    //清空添加记录框中的内容
           $("#email").val(''); $("#content").val('');
    var newcom = "<div style = 'border:1px solid #CCC;margin:5px;'>网友: " + author + " 发表
于" + Date() + "<br/>标题: " + title + "<br/>" + content + " Email: " + email + "</div>";
    $("#comments").prepend(newcom);            //插入到元素内部的最前面
      }});
    });
});
</script>
<h3>网友评论</h3>
<div id = "comments">                          <!--用来载入评论的内容-->
  <div style = "border:1px solid #CCC;margin:5px 5px;"><img src = "onLoad.gif" alt = "加载
中..." /> 评论加载中......</div>              <!--未加载完时显示加载中图标和文字-->
</div>
<form style = "margin:8px;">                   <!--用来发表评论的表单-->
  <table border = "0" align = "center" cellspacing = "1" bgcolor = "#333333">
  <caption>请在下面发表你的高见吧</caption>
  <tbody bgcolor = "#ffffff">
      <tr><td>昵称: </td><td><input type = "text" id = "author"></td></tr>
     <tr><td>邮箱: </td><td><input type = "text" id = "email"></td></tr>
    <tr><td>标题: </td><td><input type = "text" id = "title"></td></tr>
   <tr><td>内容: </td>
      <td><textarea id = "content" cols = "30" rows = "2"></textarea></td></tr>
     <tr><td></td>
      <td><input type = "button" id = "Submit" value = "发表评论"></td></tr>
    </tbody></table></form>
-----------------------清单 10-17.asp--------------------------------
<!-- #include file = "conn.asp" -->
<% response.Charset = "gb2312"
act = request("act")
if act = "load" then                             '如果是请求载入评论信息
rs.open "select top 3 * from lyb order by id desc",conn,1,1
if not(rs.bof and rs.eof) then
do while not rs.eof                            %>
  <div style = "border:1px solid #CCC;margin:5px;">
      网友: <% = rs("author") %> 发表于<% = rs("date") %><br/>
      标题: <% = rs("title") %><br/>
      <% = rs("content") %> Email: <% = rs("email") %>
  </div>
  <% rs.movenext
loop
else response.Write("<p>目前还没有用户留言</p>")
end if
rs.close
end if
      '-----------------如果是发表评论--------------------
if act = "add" then
   title = unescape(request("title"))           '获取 $.post()方法传来的数据
    author = unescape(request("author"))
    email = unescape(request("email"))
```

```
        content = unescape(request("content"))
        rs.open "select * from lyb order by id desc",conn,1,3          '可写方式创建记录集
        rs.addnew                                                      '将数据添加到记录表中
        rs("title") = title          :  rs("author") = author
        rs("email") = email          :  rs("content") = content
        rs("date") = now()
        rs.update
        rs.close
        response.write 1                                               '输出评论添加成功的标志
    end if %>
```

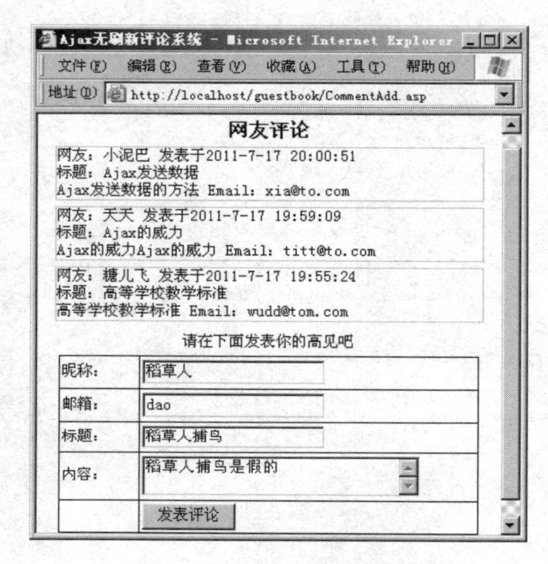

图 10-14　无刷新评论系统的运行效果

说明：上述代码和 Ajax 方式插入记录的程序(10-15.asp、10-16.asp)很相似，但区别在于：

① 该评论系统中的新闻是在页面载入后采用 Ajax 技术载入进来的，因此 10-17.html 中没有任何用来读取 lyb 表中的评论数据的 ASP 代码。

② 载入评论的容器元素 #comments 中本来就含有一个"正在加载…"的图标和文字，当载入完成后，这些内容会被评论信息替换掉。达到了不用 $.ajax() 方法的 beforeSend 函数也能实现显示"正在加载"图标的效果。

③ 该评论系统也采用了在服务器端和客户端分别插入记录的方法，服务器端插入记录成功后，发送标志 1 给客户端，客户端采用 prepend 方法动态插入 div 元素。

10.3.4　制作无刷新购物车程序

购物车程序是电子商务网站的常见功能模块，用户单击某件商品的"放入购物车"按钮后，就将这件商品添加到购物车中，用户可以转到其他商品页中继续购物，购物车中的商品不会丢失。在 Ajax 技术以前，通常将购物车中的商品信息暂存到 Cookie 或 Session 中，这样转到其他页面购物车中的商品就不会丢失。

使用 Ajax 技术后，每当往购物车中添加一件商品时，可以将商品信息以异步方式添加到数据表中，这样页面不会刷新，而且将商品信息保存在数据库中，即使用户关闭浏览器后购物车中的信息仍然会保存下来。

先来设计购物车程序的数据库。数据库中保存有两个表，一个是商品表 shop(id，name，price，type，img)，分别表示商品的 id、商品名、价格、类型和商品图像文件的 URL。另一个是购物车表 cart(id，name，price，num，type，spid，user)，分别表示购物记录 id、所购商品名、所购商品价格、所购商品数量、类型、商品 id 及客户名。假设一张网页显示一种商品(根据 id 读一条 shop 表中的记录到页面上)，则单击商品下面的"放入购物车"按钮后，则：①如果购物车中没有这种商品，就会将该商品加到购物车中；②如果购物车中已有该商品，就修改该商品的订购数量，最后根据购物车中的商品数量和价格计算用户需要支付的总价格。图 10-15 所示的是购物车程序的运行效果。代码如下：

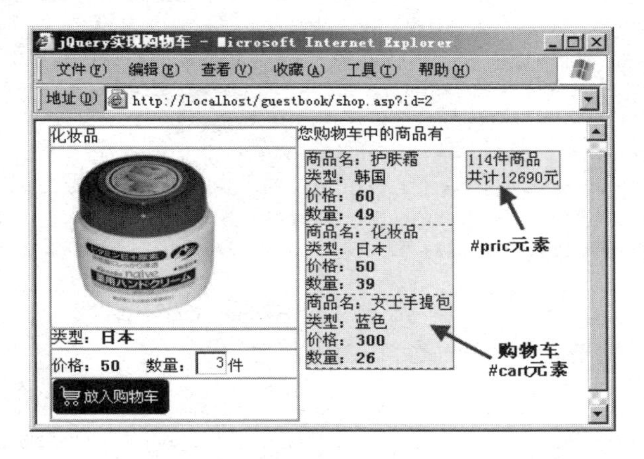

图 10-15　无刷新购物车程序的效果

```
------------------------ 清单 shop.asp ------------------------------------
<script>
 $(function(){
 $("#order").click(function(){                        //当单击"放入购物车"按钮时
 $.get("cart.asp",{id:$("#spid").val(),spn:escape($("#spn").text()),spt:escape($("
#spt").text()),spp:$("#spp").text(),num:$("#num").val(),sid:Math.random()},
                                                      //发送商品信息给 cart.asp
function(data){
    if(data==1){                                      //如果购物车中没有这件商品
var newsp="<div id='fff"+$("#spid").val()+"'>"+$("#spn").text()+"<br />"+$("
#spt").text()+"<br/><b>"+$("#spp").text()+"</b><br/><b>"+$("#num").val()
+"</b></div>";
 $("#cart").prepend(newsp);                           //将新商品插入到购物车中
}
    else    {                                         //如果购物车中已经有这件商品
        str=data.split("|");                          //得到商品 id 和数量
        kk="fff"+str[0];                              //获取商品 div 的 id
        s=document.getElementById(kk);
        $(s).find("b").eq(1).text(str[1]);//修改该商品的数量
```

```
}
var s = 0,n = 0;                                        //计算商品总价和商品总数量
$("#cart").children().each(function(){                  //对购物车中的每件商品
p = parseInt($(this).find("b").eq(0).text());           //每件商品的单价
y = parseInt($(this).find("b").eq(1).text());           //每件商品的数量
s = s + y * p;        n = n + y;
});
$("#pric").html(n + "件商品<br>共计" + s + "元");
});        });
})
</script>
<!-- #include file = "conn.asp" -->
<% id = request.QueryString("id")                        '从 URL 字符串获取商品的 id
Session("user") = "tang"  '本来应从 Session 中获取登录用户的用户名,这里直接设置
Set rs = conn.Execute("Select * from shop where id = "&id)  '显示某件商品
%>
<table width = "200" border = "1" cellspacing = "0" cellpadding = "0" style = "float:left">
  <tr><td id = "spn"><% = rs("name") %></td></tr>
  <tr><td><img src = "images/<% = rs("img") %>"/></td></tr>
  <tr><td>类型:<b id = "spt"><% = rs("type") %></b></td></tr>
  <tr><td>价格:<b id = "spp"><% = rs("price") %></b> 
  数量:<input type = "text" value = "1" id = "num" size = "2" style = "text-align:right;"/>件
</td></tr>
   <tr><td><input type = "image" src = "images/cart.png" id = "order"/>
   <input type = "hidden" id = "spid" value = "<% = rs("id") %>"/></td></tr>
</table>
<p style = "float:left">您购物车中的商品有</p><br />
<div style = " width:200; border:1px solid gray; background:#fee; height:200; float:left;
margin:5px" id = "cart">                                <!-- 该 div 表示购物车 -->
<% rs.close
Set rs = conn.Execute("Select * from cart where user = '"&Session("user")&"' order by id desc")
'获取某个客户的所有购物记录
if not rs.eof then
do while not rs.eof %><!-- 循环输出购物车中的商品 -->
<div id = "fff<% = rs("spid") %>" style = "border-bottom:1px dashed red;">
商品名:<% = rs("name") %><br />类型:<% = rs("type") %><br />
价格:<b><% = rs("price") %></b><br />数量:<b><% = rs("num") %></b>
</div>
<% rs.movenext
loop
else %>当前购物车为空
<% end if %>
</div>
<div style = " width:200;border:1px solid gray; background:#fee; float:left; margin:5px" id
= "pric"></div>    <!-- 显示商品总价格 -->
---------------------- 清单 cart.asp ----------------------------------
<!-- #include file = "conn.asp" -->
<% Response.Charset = "gb2312"
id = request("id")'获取异步发送的商品 id
```

```
spn = unescape(request("spn"))   :   spp = request("spp")
spt = unescape(request("spt"))   :   num = request("num")
Set rs = conn.Execute("Select * from cart where spid = "&id&" and user = '"& Session("user")&"'")
if not rs.eof then                                           '如果购物车中有这种商品
sql = "update cart set num = num + "&num &" where spid = "&id     '将该商品的件数增加
conn.execute sql
response.Write id&"|"&rs("num") + num                        '输出该商品的 id 和最新的件数
else                                                         '如果购物车中没有这种商品
sql = "insert into cart([spid],[name],[price],[num],[type],[user]) values("&id&",'"&spn &"'
,"&spp&","&num&",'"&spt&"','"&Session("user")&"')"
conn.execute sql                                             '添加商品到 cart 表中
response.write 1                                             '输出成功标志
End if   %>
```

运行该程序时，需要在 shop.asp 后添加 id 参数，如 http://localhost/shop.asp? id=1，将打开 id 为 1 的商品页面。由于每个客户需要一个单独的购物车，因此 cart 表中必须有 user 字段，然后根据当前的登录用户查找 cart 表中该用户的购物记录。但是本程序省略了用户登录模块，因此设置了一个 Session("user")="tang"，在实际程序中可直接获取登录用户的 Session 值即可。

购物车程序一般还需要有清空购物车功能，也就是当单击“清空”按钮时，将清空 cart 表中某个用户的所有购物记录，清空购物车的代码留给读者思考。

10.4　以 Ajax 方式修改记录

10.4.1　基本的 Ajax 方式修改记录程序

修改记录的过程实际上可分为两步。

(1) 根据 ID 查找记录并将要修改的记录显示在表单中。当用户单击图 10-16 中每条记录后的“编辑”链接时，就会在页面下方的 #editbox 元素中动态加载供用户修改记录的编辑框。

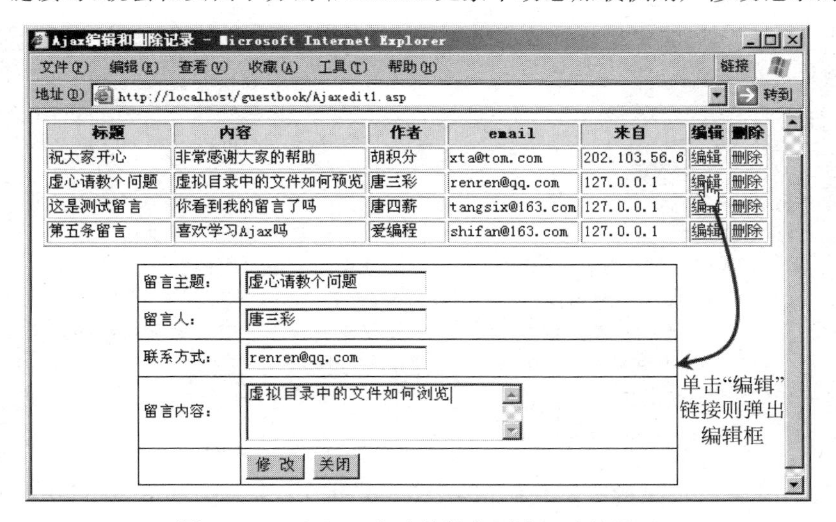

图 10-16　以 Ajax 方式编辑和删除记录的界面

制作步骤如下：首先在每条记录后放置一个“编辑”链接，当单击该链接时，就会调用函数 edit1(id)并将这条记录的 id 传递给该函数。代码如下：

```
<tr id="fff<% =rs("id")%>">
  <td><% = rs("title") %></td><td><% = rs("content") %></td>……
  <td><a href="javascript:;" onclick="edit1(<% =rs("id")%>)">编辑</a></td></tr>
```

函数 edit1(id)就会根据这个 id 值查找对应的记录，它会将该 id 值发送给服务器端页面(10-19.asp)进行查询，再将返回的字符串进行切分后，放置在表单的各个表单域中，最后显示表单供用户对原记录进行修改。关键代码如下：

```
function edit1(id) {                          //根据传来的 id 查询要修改的记录
     $.post("10-19.asp", {id:id,act:"edit"},
    function(data){
        str=data.split("|");                  //将服务器返回的数据进行切分
        str0=' ……<input type="text" id="title" value="'+str[1]+'"></td></tr><tr>
<td>留言人:</td><td><input type="text" id="author" value="'+str[2]+'">……<input
type="button" id="Submit" value="修 改" onClick="javascript:modify1('+str[0]+');"><
input name="reset" type="reset" id="reset" value="关闭" onClick="javascript:close2
();"/>';
         $("#editbox").html(str0);
         $("#editbox").fadeIn(300);//以渐现方式显示弹出框
    }  );
}
```

(2) 用户在表单中修改信息并单击“修改”按钮后，就会调用函数 modify1(id)，并将这条记录的 id 传递给该函数，该函数首先获取用户在表单中输入的内容，将这些内容连同记录的 id 一起发送给服务器端页面，服务器端页面根据 id 找到记录进行修改，修改完成后发送数据 1 给客户端表示修改成功，客户端收到 1 后，就在页面上单独更新记录所在行的数据。最后关闭信息修改框的界面。关键代码如下：

```
function modify1(id)
{   title=$("#title").val(); ……               //首先清空表单各输入框的内容
         $.post("editnew.asp",{
        title:escape(title),                  //发送表单中的内容和 id 给 10-19.asp
        id:id,… act:"modify" },
    function(data){
        if(data==1)                           //如果服务器端修改成功
        {      kk="fff"+id;                   //找到记录对应的行
            s=document.getElementById(kk).firstChild;          //该行中的第 1 个单元格
                s.innerHTML=title;            //逐个修改行中每个单元格的数据
                s=s.nextSibling;    ……   } } );
            close2()                          //关闭修改框
}
```

以 Ajax 方式修改记录的完整代码(10-18.asp 和 10-19.asp)如下，运行 10-18.asp，并单击“编辑”链接后，页面下方将出现编辑框，如图 10-16 所示。用户在编辑框中输入了信息并单击“修改”按钮后，页面上方表格中的相应记录将会更新，同时编辑框会消失，整个过程页面都不会刷新。

```
---------------------- 清单 10-18.asp ------------------------------
<script>
function edit1(id) {                      //根据 id 查找要修改的记录并显示在表单中
    $.post("10-19.asp",{id:id,act:"edit"},      //发送 id 给 10-19.asp 进行查询
    function(data){
        str = data.split("|");            //将服务器返回的数据进行切分
    //制作修改框,并将数据放置在修改框中,\是将一行代码写成多行的分行符
str0 = '<table width="600" border="0" cellspacing="1" bgcolor="#999999">\
<form name="form1"><tbody bgcolor="#ffffff"><tr bgcolor="#999999">\
<td width="125">留言主题: </td>\
<td width="475"><input type="text" id="title" value="'+str[1]+'"></td></tr>\
    <tr><td>留言人: </td><td><input type="text" id="author" value="'+str[2]+'"></
td></tr>\
    <tr><td>联系方式: </td>\
    <td><input type="text" id="email" value="'+str[3]+'"></td></tr>\
    <tr><td>留言内容: </td><td>\
    <textarea id="content" cols="30" rows="3">'+str[4]+'</textarea></td></tr>\
    <tr><td></td><td>\
    <input type="button" id="Submit" value="修 改" onClick="javascript: modify1('+str
[0]+');">\
    <input name="reset" type="reset" id="reset" value="关闭" onClick="javascript:
close2();"/>\
    </td></tr></tbody></form></table>';
        $("#editbox").html(str0);    //在弹出层中载入修改表单及其中的数据
        $("#editbox").fadeIn(300);   //以渐现方式显示修改弹出框
    });
}
function close2(){                        //关闭弹出框的函数
    $("#editbox").css("display","none");
}
function modify1(id){                     //发送用户输入的数据供服务器端修改记录
        title = $("#title").val();author = $("#author").val();    //获取表单中的内容
        email = $("#email").val(); content = $("#content").val();
      $.post("10-19.asp",{           //发送 id 和表单中的内容给 10-19.asp
       title:escape(title), author:escape(author),
       email:escape(email), content:escape(content),
       id:id, act:"modify"  },
      function(data){                     //在客户端修改记录
        if(data == 1){
          kk = "fff" + id;                //根据 id 找到记录对应的行
          s = document.getElementById(kk).firstChild; //该行中的第 1 个单元格
          s.innerHTML = title;            //修改第 1 个单元格的内容
            s = s.nextSibling;            //该行中的第 2 个单元格
            s.innerHTML = content;
            s = s.nextSibling;            //该行中的第 3 个单元格
            s.innerHTML = author;
```

```
                s = s.nextSibling;
                s.innerHTML = email; }
            close2();  });                          //关闭修改框
    }
    </script>
    <!-- #include file = "conn.asp" -->
    <% Set rs = Server.CreateObject("adodb.recordset")
    rs.open "select * from lyb order by id desc",conn,1,3
    if not(rs.bof and rs.eof) then %>
    <table align = "center" border = "1"><tr bgcolor = "#e0e0e0">
        <th>标题</th><th>内容</th><th width = "60">作者</th>
            <th>email</th><th>来自</th><th>编辑</th><th>删除</th></tr>
    <tbody id = "make">
    <%   do while not rs.eof                          %>
      <tr id = "fff<% = rs("id") %>">
        <td width = "100"><% = rs("title") %></td>
        <td><% = rs("content") %></td><td><% = rs("author") %></td>
        <td width = "80"><% = rs("email") %></td>
        <td><% = rs("ip") %></td>
        <td><a href = "javascript:;" onclick = "edit1(<% = rs("id") %>)">编辑</a></td>
        <td><a href = "javascript:;" onclick = "del1(<% = rs("id") %>)">删除</a></td><!--语
句①-->
        </tr>
          <% rs.movenext
    loop %></tbody>
    </table>    <!--语句②-->
    <% else     response.Write("<p>目前还没有用户留言</p>")
    end if
    rs.close
    set rs = nothing %>
    <div id = "editbox"></div>          <!--用来加载编辑框-->
```

10-19.asp的功能分为两部分，即对于单击“编辑”链接时，就查找对应的记录，并以特殊字符串的形式输出该记录给10-18.asp；对于单击“修改”按钮后，则修改对应的记录，并输出修改成功的标志1给10-18.asp。

```
    ----------------------清单 10-19.asp------------------------------
    <!-- #include file = "conn.asp" -->
    <% response.Charset = "gb2312"
    act = request("act")
    id = request("id")
    if act = "edit" then              '如果单击了"编辑"链接,显示记录中原有的内容到编辑表单中
        sql = "select * from lyb where id = "&id&" order by id desc"
        rs.open sql,conn,1,1
        If not rs.eof Then
          id = rs("id")           '读取原有的记录
          title = rs("title")
            author = rs("author")
```

```
        email = trim(rs("email"))
        content = trim(rs("content"))
        '下面以特殊字符串的形式输出要修改记录的各个字段
        response.write id&"|"&title&"|"&author&"|"&email&"|"&content
    End If
    rs.close
    End if
  if act = "modify" then                        '如果单击了"修改"按钮,修改数据表中的相关数据
    id = request("id")
        title = unescape(request("title"))
        author = unescape(request("author"))
        email = unescape(trim(request("email")))
        content = unescape(trim(request("content")))
        sql = "select * from lyb where id = "&id&" order by id desc"
        rs.open sql,conn,1,3
        rs("title") = title        :rs("author") = author
        rs("email") = email        :rs("content") = content
        rs.update                               '更新记录
        rs.close
        response.write 1                        '输出 1 通知客户端记录已修改成功
End If   %>
```

这样就实现了在页面无刷新的情况下编辑和修改记录。为了有更好的用户体验,可以通过 CSS 属性将编辑框设置为绝对定位元素,然后设置它的偏移属性使其叠放在页面的指定位置上,效果如图 10-17 所示。为 #editbox 元素添加的 CSS 代码如下:

```
#editbox{
    width:402px;z-index:999;background:silver;
    position:absolute;top:20%; left:30%;
    border:1px #ccc solid;display:none;
    filter:dropshadow(color = #666666,offx = 3,offy = 3,positive = 2);
                                                  /* 使用滤镜添加阴影效果 */
}
```

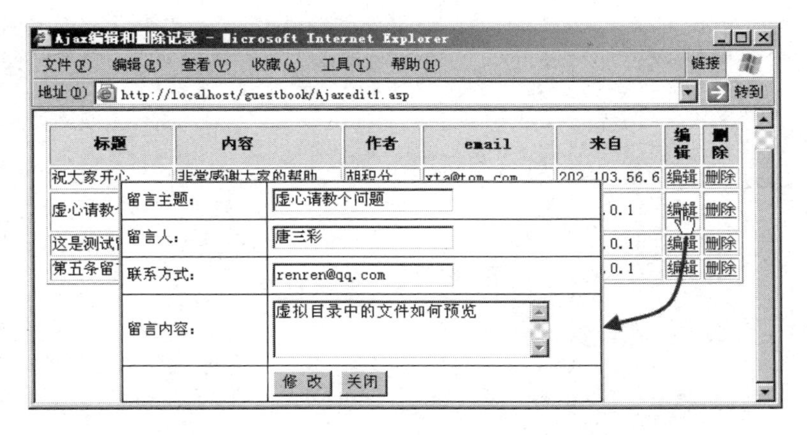

图 10-17　将编辑框设置成绝对定位元素后的效果

可以看出，一次修改记录的过程实际上与服务器进行了两次通信，第一次是发送 id 给服务器查询对应的记录以显示在编辑框中，第二次是发送 id 和编辑框中的内容供服务器端修改对应的记录。

10.4.2 制作无刷新投票系统

以 Ajax 方式修改记录的一个典型应用是制作无刷新投票系统。例如要制作一个书评投票系统，网页中列出了 5 条书评，可以对它们投票。投票系统需要一个 news 表，在该表中有一个 dig 字段，记录了每条书评的票数。当用户为某条书评投票后，就使该书评记录中 dig 字段的值加 1，即该书评的票数加 1。普通的投票系统在投票后页面会刷新，使用 Ajax 技术后可以将用户投票的记录 id 异步发送给服务器端，服务器端根据该 id 查找到对应记录，再将该记录的票数加 1。

为了防止用户重复投票，投票系统的一个基本要求是一个用户只能为一条新闻投一票，本例中采用 Session 判断是否为同一用户，如果 Session 变量不为空，表明是原来的用户，则不允许投票，显示“您已经投过票了”。

投票的过程是，当用户单击某条新闻后的“投一票”链接后，将调用函数 Dig(id)，并将记录的 id 值传递给该函数，Dig(id)函数将该 id 值发送给 service.asp 页面进行查询，如果存在该条记录，并且 Session 变量为空，则表示可以投票，将该条记录的 dig 字段值加 1。否则输出“您已经投过票了”。如果找不到记录 id 对应的记录则显示参数错误。无刷新投票系统的代码(10-20.asp 和 service.asp)如下，10-20.asp 的运行效果如图 10-18 所示。

```
--------------------- 清单 10 - 20.asp ------------------------------
<script>
function Dig(id) {                                          //当单击"投一票"链接时
    var content = document.getElementById("dig" + id);  //获取显示"投一票"的元素
      //获取显示票数的元素,其 id 属性值为一个数字,类似 id = "3"
    var dig = document.getElementById(id);
     $.ajax({
        type: "get",
        url: "service.asp",
        data: {id:id,n:Math.random()},                     //发送记录 id 给 service.asp
        beforeSend:function(){ $(dig).html('<img src = "images/Loading.gif">');},
        success: function(data){                           //处理返回的数据
            r = data.split(",");
              if(r[0] == "yt" ) {                          //已经投过票的情况
                $(content).html("您已经投过票了!");
                $(dig).html(r[1]);                         //显示原来的票数
                    }
              else if(data == "NoData")                    //没有找到记录
                    {alert("参数错误!");}
                else{
                    $(dig).html(data);                     //服务器修改成功,更新票数
                    $(content).html("投票成功");           //将"投一票"改成"投票成功"
            setTimeout("rightinfo(" + id + ")",3000);    //3 秒后调用 rightinfo(id)
                    }     }}); }
```

```
function rightinfo(id) {                                    //将"投票成功"还原成"查看"链接
    var content = document.getElementById("dig" + id);
    $ (content).html('<a href = "shownew.asp?id = ' + id + '">查看</a>');
}
</script>
<% Set rs = Server.CreateObject("Adodb.RecordSet") '以下为显示新闻记录的代码
    Sql = "Select * From News Order By Id Desc"
    Rs.Open Sql,Conn,1,1
    do while not rs.eof %>
<div class = "news" style = "padding:6px; border:1px solid green; margin:5px;width:450px;">
<div class = "dig" style = "float:right;clear:both">
    <h3 id = "<% = Rs("id") %>"><% = Rs("dig") %></h3>          <! -- h3 是 $ (dig)对象 -->
    <p id = "dig<% = Rs("id") %>">                       <! -- p 是 $ (content)对象 -->
    <a href = "javascript:Dig(<% = rs("id") %>);">投一票</a></p>
</div>
<div class = "content" style = "float:left; clear:both">
    <h3><% = Rs("Id") %><a href = "#"><% = Rs("Title") %></a></h3>
    <% = Left(Rs("Content"),30) %><br /> 作者:<% = Rs("AddName") %> 评论:
    <% = Rs("pinglun") %>条 时间:<% = Rs("AddTime") %></div>
</div>
<% Rs.MoveNext
Loop
Rs.Close %>
----------------------- 清单 service.asp -----------------------------------
<! -- #include file = "conn.asp" -->
<%  Dim id,Rs,Sql,dig
id = Replace(Trim(Request.QueryString("id")),"'","")   '安全起见,尝试去除单引号
Set Rs = Server.CreateObject("ADODB.Recordset")
    Sql = "Select * From News Where id = "&id
If Session("id"&id)<>"" Then                           '如果这条记录已经投过票了
    Rs.Open Sql, Conn,3,3
    If Rs.Eof And Rs.Bof Then
        Response.Write("NoData")
    Else
        Response.Write("yt" &","&rs("Dig"))            '输出标志 yt 和原来的票数
    End If
Else                                                   '尚未投过票的情况
    Rs.Open Sql,Conn,1,3
    If Rs.Eof And Rs.Bof Then
        Response.Write("NoData")
    Else
        Dig = Rs("Dig")                                '读取原来的票数
        Dig = Dig + 1
        Rs("Dig") = Dig                                '修改票数
        Rs.Update
        Session("id"&id) = id                          '设置针对该记录的 Session 变量
        Response.Write(Dig)                            '输出修改后的票数
    End If
  End If
Rs.Close %>
```

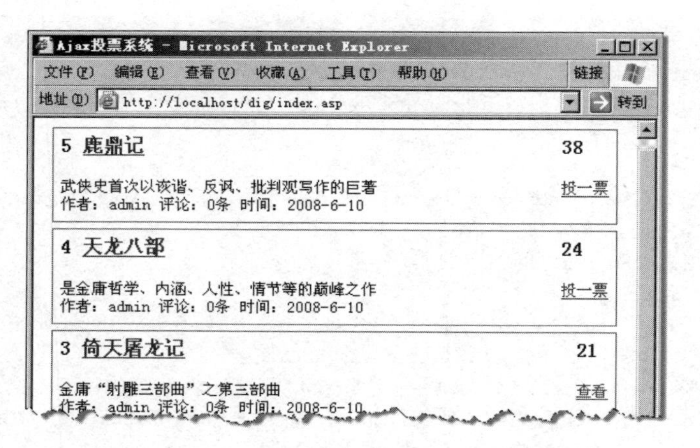

图 10-18　Ajax 投票系统(10-20.asp)运行效果

该实例中，单击"投一票"链接，如果投票成功后会显示"投票成功"提醒用户，但过 3 秒之后"投票成功"又会恢复成"查看"链接。

10.5　以 Ajax 方式删除记录

10.5.1　基本的删除记录程序

在图 10-16 及程序 10-18.asp 中已经提供了"删除"记录的链接，当用户单击"删除"链接时，将调用函数 del1(id)，并将记录的 id 值传递给该函数，函数 del1(id)将 id 用 $.get 方法发送给服务器端，服务器根据该 id 删除对应的记录后，重新执行查询操作，将删除后记录表中的数据输出给客户端，客户端将这些数据载入到 DOM 元素中。

删除记录的程序可以和修改记录的程序(10-18.asp)写在一起。首先把下面的代码放到 10-18.asp 文件的< script ></script >标记中。

```
----------添加到 10-18.asp 中的代码(10-18p.asp)-----------
function del1(id){
    $.get("10-19.asp",{id:id,act:"del"},
            function(data){     //回调函数
                $("#make").html(data);
        });     }
```

然后将下面的代码加到 10-19.asp 的末尾，用来在服务器端删除记录。再运行 10-18.asp 文件，单击图 10-19 中的"删除"链接即可实现不刷新网页删除记录。

```
---------添加到 10-19.asp 中的代码(10-19p.asp)--------------
<% if act = "del" then
        id = request("id")
        conn.execute "delete from lyb where id = "&id'删除 id 对应的记录
'-------------------------代码段 A 开始----------------------------
        rs.open "select * from lyb order by id desc",conn,1,3
```

```
    do while not rs.eof          '并重新输出记录表到客户端
      response.Write "<tr><td width='100'>"&rs("title")&"</td>"
      response.Write "<td>"& rs("content") &"</td><td>"& rs("author") &"</td>"
    response.Write "<td>"&rs("email")&" </td><td>"&rs("ip")&" </td>"
    response.Write "<td><a href='javascript:;' onclick='edit1("&rs("id")&")'>编辑</a></td>"
    response.Write "<td><a href='javascript:;' onclick='del1("&rs("id")&")'>删除</a></td>
  </tr>"
    rs.movenext
  loop
  rs.close
  '------------------------代码段 A 结束-----------------------
  End If   %>
```

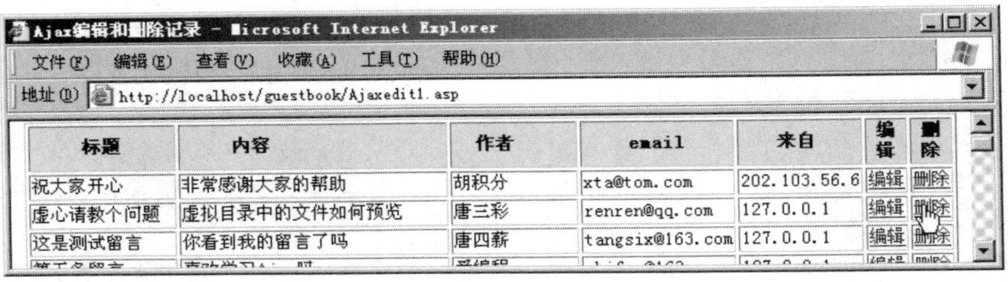

图 10-19　无刷新删除记录的程序运行效果

与添加记录一样，删除记录也可以不将删除后更新的记录集重新传给客户端，而是在 10-19p.asp 删除记录成功后发送标志 1 给客户端，客户端页面简单地删除该条记录对应的表格行。为此，可以将上述代码中的代码段 A 替换成如下的代码段 B：

```
Response.Write 1     '-----------------代码段 B-----------
```

再将 10-18p.asp 中函数 del1(id)的回调函数修改为：

```
function(data){
    if(data == 1)                              //如果服务器端删除成功
        {  kk = "fff" + id;
           s = document.getElementById(kk);    //找到被删除记录对应的表格行
           $(s).remove();                      //使用 remove()方法删除该 tr 元素
    }}
```

这样删除记录后不需要重新载入更新后的数据表，会感觉删除操作的速度更快了。

10.5.2　同时删除多条记录的程序

在 7.4.4 节中，给出了同时删除多条记录的程序。下面以 Ajax 方式实现无刷新的同时删除多条记录。为此，首先修改网页外观，将每条记录后的“删除”链接替换成一个复选框，只要将清单 10-18.asp 中的语句①修改为：

```
<td><input type="checkbox" name="sel" value="<% = rs("id") %>"></td>
```

然后在表格下方添加一行用来放置“删除”按钮。这只需在 10-18. asp 中的语句②前添加如下代码：

```
<tr bgcolor = "#E0E0E0"><td></td><td></td><td></td><td></td><td></td>
  <td><input type = "button" value = "删 除" onclick = "del2()"></td></tr>
```

这样，当单击“删除”按钮时，将执行函数 del2()。该函数首先获取选中的所有复选框的 value 值(保存了记录的 id 值)，然后将它们逐个添加到数组 delsel[]中，再将数组 delsel[]中的所有元素连接成字符串 idstr，这样 idstr 中就保存了形如“5,8,9”的多条记录 id，将 idstr 发送给 10-19. asp 进行删除，如果收到 10-19. asp 删除成功的标志 1，则在客户端删除每条记录对应的行。

函数 del2()的代码如下，将其添加到 10-18. asp 程序中即可。

```
function del2(){                                    //单击"删除"按钮时执行
var delsel = new Array();                           //定义数组 delsel
$(":checkbox:checked").each(function(){             //对每个被选中的复选框
        delsel[delsel.length] = this.value;         //将选中记录的 id 值保存到数组中
    });
idstr = delsel.join();                              //将数组 delsel 转换成字符串
$.get("10-19.asp",{id:idstr,act:"del"},             //选中的记录 id 组成的字符串给 10-19.asp
    function(data){
        if(data == 1) {
            for (i in delsel){                      //对每个数组中保存的记录 id 值
            kk = "fff" + delsel[i];
                s = document.getElementById(kk);    //被删除的记录对应的行
                $(s).remove();                      //删除行
            } }  });
}
```

提示：在上述代码中，数组 delsel 最初为空，因此 delsel. length 初值为 0，则 delsel[delsel. length]＝this. value 会把第一个选中元素的值保存到 delsel[0]中，这样 delsel. length 的值变为 1，则第二次遍历时，就会把第二个选中元素的值保存到 delsel[1]中，如此循环。

最后将上节 10-19p. asp 中处理删除记录的代码修改如下：

```
<%    if act = "del" then                              '删除记录
      id = request("id")                               '获取的 id 中包含多条记录的 id,并以逗号分隔
      sql = "delete from lyb where id in ("&id&")"     '删除多条记录
      conn.execute sql
      response.write 1                                 '服务器端删除成功发送 1 给客户端
End If   %>
```

这样修改完成后，10-18. asp 程序的运行效果如图 10-20 所示。

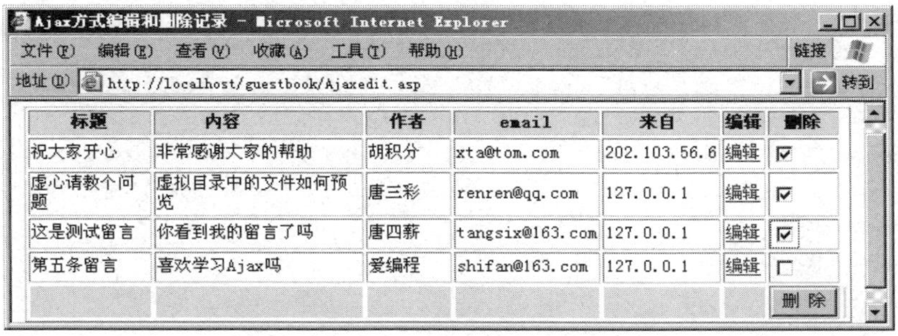

标题	内容	作者	email	来自	编辑	删除
祝大家开心	非常感谢大家的帮助	胡积分	xta@tom.com	202.103.56.6	编辑	☑
虚心请教个问题	虚拟目录中的文件如何预览	唐三彩	renren@qq.com	127.0.0.1	编辑	☑
这是测试留言	你看到我的留言了吗	唐四薪	tangsix@163.com	127.0.0.1	编辑	☑
第五条留言	喜欢学习Ajax吗	爱编程	shifan@163.com	127.0.0.1	编辑	☐
						删除

图 10-20　以 Ajax 方式同时删除多条记录

10.6　以 Ajax 方式进行记录集分页

使用 Ajax 技术实现无刷新分页的思路是：客户端页面发送页码给服务器端，服务器端根据该页码进行查询，返回该页对应的记录集，客户端将返回的内容载入到 DOM 元素中即实现了分页，这从本质上看是以 Ajax 方式查询数据库。

10.6.1　基本的 Ajax 分页程序

传统的分页程序中，分页一般是将页码通过 URL 参数的形式传递给分页程序的，在 Ajax 中，可以将页码作为 $.get()方法的参数传递给动态页，然后动态页根据该参数回显某一页的内容给静态页面，为此，每个分页链接不再指向一个 URL 地址，而是链接到一个分页的函数，该函数中有一个参数用来传递页码给服务器。

制作步骤如下：首先将 7.5.6 节中的分页程序 7-20.asp 稍作修改，主要是修改了分页链接的代码，单击分页链接后将调用 getweblist(n)函数，并将页码传递给该函数，修改后的代码如下：

```
----------------------清单 10-21.asp------------------------------
<!-- #include file="conn.asp"-->
<% response.Charset="gb2312"
  act=request("act")
  if act="list" then
'------代码段 A(分页代码：用来获取页码并显示当前页)----------
rs.open "select * from lyb order by id desc",conn,1,1
if not(rs.bof and rs.eof) then
Dim pageNo,pageS
if Request("pageNo")="" Then              '如果没获取到页码则显示第 1 页
  pageNo=1
  else pageNo=cInt(request("pageNo"))
End if
rs.PageSize=4                             '设置每页显示 4 条记录
pageS=rs.PageSize                         'PageS 变量用来控制显示当前页记录
rs.AbsolutePage=pageNo                    '设置当前显示第几页
```

```
do while not rs.eof and pageS > 0
    response.Write "<tr><td width='100'>"&rs("title")&"</td>"
    response.Write "<td>"&rs("content") &"</td><td>"&rs("author")&"</td>"
    response.Write "<td>"&rs("email")&"</td><td>"&rs("ip") &"</td>"
    response.Write "<td><a onclick='edit1("&rs("id")&")'>编辑</a></td>"
    response.Write "<td><a onclick='del1("&rs("id")&","&pageNo&")'>删除</a></td></tr>"
    rs.movenext
      pageS = pageS - 1
loop
End if
Str = Str & "<div>"                                                 '下面是显示分页链接的代码
Str = Str & "<a href='javascript:void(getweblist(1))'><<</a> " '分页链接
      For i = 1 To rs.pagecount
       If i = pageNo Then
          Str = Str & "<b style='color:red;font-size:16px;'>" & i & "</b> "
       Else
          Str = Str & "<a href=javascript:getweblist(" & i & ")>" & i & "</a> "
      End If
     Next
  Str = Str & " <a href='javascript:getweblist(" & rs.pagecount & ")'>>></a>"
  Str = Str & "</div>"
  Response.Write Str
------------------------------代码段A结束--------------------------------
End if  %>
```

需要注意的是，虽然该程序中没有 getweblist()函数，但是当 10-21.html 调用该页面时，会将该页面中的内容加载到 10-21.html 中，因此单击分页链接时仍然可以调用到 getweblist()函数。

调用该分页程序的页面 10-21.html 的代码如下，它的运行效果如图 10-21 所示。

```
---------------------清单10-21.html-----------------------------
<script src="jquery.min.js"></script>
<script>
 $(function(){
    getweblist(1);                                     //页面加载时显示第1页
});
function getweblist(str) {                             //单击分页链接时执行的函数
   $.get("10-21.asp",{act:"list",pageNo:str},          //发送页码给10-21.asp
    function(data){
         $("#list").html(data);
    });
}</script>
<table align="center" border="1"><tr bgcolor="#e0e0e0">
    <th>标题</th><th width="100">内容</th>……<th>删除</th></tr>
  <tbody id="list"> </tbody>
</table>
```

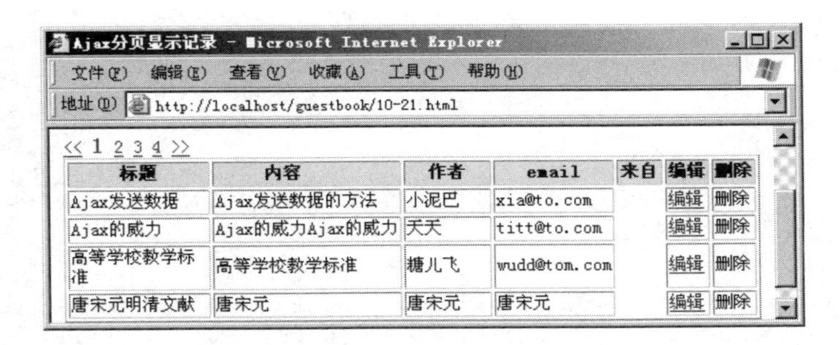

图 10-21　基本的 Ajax 分页程序

10.6.2　可设置每页显示记录数的分页程序

可以给分页程序添加能让用户选择每页显示多少条记录的功能，如图 10-22 所示，这样对用户来说更加友好。

Ajax分页显示记录 - Microsoft Internet Explorer

文件(F)　编辑(E)　查看(V)　收藏(A)　工具(T)　帮助(H)

地址(D) http://localhost/guestbook/Ajaxfy.asp

Ajax分页显示记录

每页显示 4 条 保存 取消

<< 1 2 3 4 >>

标题	内容	作者	email	来自	编辑	删除
第五条留言	喜欢学习Ajax吗	爱编程	shifan@163.com	127.0.0.1	编辑	删除
这是测试留言	你看到我的留言了吗	唐四薪	tangsix@163.com	127.0.0.1	编辑	删除
虚心请教个问题	虚拟目录中的文件如何预览	唐三彩	renren@qq.com	127.0.0.1	编辑	删除
祝大家开心	非常感谢大家的帮助	胡积分	xta@tom.com	202.103.56.6	编辑	删除

图 10-22　Ajax 分页显示记录并设置每页显示记录数

制作步骤是：在网页(10-21.html)中增加一个 p 元素，页面载入时调用 rightinfo()函数让 p 元素内显示“修改每页显示条数”的链接。单击该链接会调用 edit()函数，edit()函数将 p 元素内的 html 内容修改为输入每页记录数的文本框和“保存”按钮。单击“保存”按钮，就会调用 save(n)函数，并将用户输入的每页记录数传递给该函数，save(n)函数将 pagesize 发送给 10-22.asp，10-22.asp 就会根据它的值作为每页记录数重新分页，并且将 pagesize 值保存在 session("page")变量中，这样刷新后仍会按指定的每页记录数分页。save(n)函数再调用 getweblist(1)函数，10-22.asp 就会返回修改每页记录数后的第 1 页记录集给 10-22.html。

下面是可设置每页记录数的分页程序完整的代码(10-22.html 和 10-22.asp)。

```
---------------------- 清单 10 - 22.html ------------------------------
<script>
  $(function(){                                //页面载入时执行
    getweblist(1);                             //显示第 1 页
    rightinfo();                               //显示修改每页条数链接
});
    function getweblist(str){                  //发送页码并显示某一页的函数
```

```
        $.post("10-22.asp",{act:"list",pageNo:str},
            function(data) {
                $("#list").html(data);});      //载入当前页
}
function rightinfo() {                         //设置#right元素中显示修改分页条数链接
    $('#right').html('<a href="javascript:edit()">修改每页显示条数</a>');
}
function edit() {                              //供用户输入每页记录数的函数
    var str='<form style="margin:0">每页显示<input type="text" id="pagesize" size="3"
>条<input type="button" id="savebtn" value="保存" onclick="save()"><input type="
button" id="cancelbtn" value="取消" onclick="rightinfo()"></form>'
    $('#right').html(str);                     //将str变量的值写入#right元素中
}
function save(n) {                             //发送每页显示记录数的函数
    n=$("#pagesize").val();                    //获取文本框中的值
    if (n==''||/[0-9]+/.test(n)==false) {      //判断用户输入的是否为数字
        alert("请正确填写每页显示条数!");
        return;}
      $.post("10-22.asp",{act:"save",pagesize:n});
        getweblist(1);                         //重新获取修改后第1页的数据
        setTimeout("rightinfo()",3000);        //3秒后将#right元素的原始内容写入
}
</script>
<h3 align="center">Ajax分页显示记录</h3><p align="center" id="right"></p>
<table align="center" border="1"><tr bgcolor="#e0e0e0">
    <th>标题</th><th width="100">内容</th>……<th>删除</th></tr>
<tbody id="list"> </tbody>
</table>
```

10-22.asp程序的功能分为两部分,即act="save"时和act="list"时的代码。

```
---------------------清单10-22.asp----------------------------
<!-- #include file="conn.asp" -->
<% response.Charset="gb2312"
  act=request("act")
if act="save" then                '如果是save(n)函数发送pagesize数据的话
   pagesize= Request("pagesize")
  session("page") = pagesize     '将每页显示的记录数保存到Session变量中
end if
if act="list" then                '处理getweblist(str)函数发送的数据并显示某一页
    rs.open "select * from lyb order by id desc",conn,1,1
    if not(rs.bof and rs.eof) then
    Dim pageNo,pageS
    if Request("pageNo")="" Then
    pageNo=1
    else pageNo=cInt(request("pageNo"))
end if
If session("page") = "" Then session("page") = 4  '默认情况下每页显示4条记录
rs.PageSize=session("page")                      '设置每页显示用户指定的记录数
pageS=rs.PageSize                                'PageS变量用来控制显示当前页记录
rs.AbsolutePage=pageNo                           '设置当前显示第几页
    '开始分页显示,即输出当前页的所有记录
```

```
        do while not rs.eof and pageS > 0
            response.Write "< tr >< td width = '100'>"&rs("title")&"</td >"
            response.Write "< td >"&rs("content") &"</td >< td >"&rs("author")&"</td >"
            response.Write "< td width = '80'>"&rs("email")&"</td >< td >"&rs("ip") &"</td >"
            response.Write "< td >< a onclick = 'edit1("&rs("id")&")'>编辑</a ></td >"
            response.Write "< td >删除</td > </tr >"
            rs.movenext
            pageS = pageS - 1
    loop
    end if
    Str = Str & "< div >"                  'Str 保存分页链接
    Str = Str & "< a href = 'javascript:void(getweblist(1))'><<</a > "
    For i = 1 To rs.pagecount
      If i = pageNo Then
         Str = Str & "< b style = 'color:red;font - size:16px;'>" & i & "</b > "
      Else
         Str = Str & "< a href = javascript:getweblist(" & i & ")>" & i & "</a > "
      End If
    Next
      Str = Str & " < a href = 'javascript:getweblist(" & rs.pagecount & ")'>>></a >"
      Str = Str & "</div >"
      Response.Write Str                  '输出分页链接
    End if  % >
```

10.6.3　同时具有删除记录功能的分页程序

有时可能希望分页显示记录的程序同时还具有添加、编辑、删除记录或查找记录的功能。例如在图 10-21 中，当在某一页中执行添加或删除记录后，仍然能正确显示更新后这一页的记录。

以删除记录为例，当单击“删除”链接后，就执行 del1(id,str)函数，该函数比原来的 del1(id)函数增加了一个参数 str，用来保存当前页的页码。这样通过发送参数 id 将记录删除后，再调用分页的过程 fy()，分页过程获取到页码参数后，就发送当前页给客户端。具体制作步骤如下。

首先在分页程序的客户端页面(10-21.html)中添加处理删除的函数 del1(id,str)的代码。也就是把 10-21.html 的 JavaScript 代码修改如下，html 代码不变。

```
 $ (function(){
        getweblist(1);                        //页面加载时显示第 1 页
 });
 function getweblist(str) {                   //单击分页链接执行的函数
    $ .get("10 - 25.asp",{act:"list",pageNo:str,n:Math.random()},
         function(data){
             $ ("#list").html(data);  });
         }
 function del1(id,str){                       //单击"删除"链接将调用的函数
     $ .get("10 - 25.asp",{id:id,act:"del",pageNo:str},
         function(data){
             $ ("#list").html(data); } );  //删除完成后重新载入当前页的记录
    }
```

然后修改 10-21. asp 的代码,主要改动是在删除记录后重新调用了分页程序。为此,可以将 10-21. asp 中的分页代码(代码段 A)写在一个过程 fy()中,再在服务器端删除记录完成后调用过程 fy(),这就相当于重新载入了更新后的当前页。代码如下:

```
<!-- #include file = "conn.asp" -->
<% response.Charset = "gb2312"
    act = request("act")
        if act = "del" then         '删除记录
            id = request("id")
            conn.execute "delete from lyb where id = "&id
            call fy()
        End If
    if act = "list" then call fy()
sub fy()
        '此处插入 10 - 21.asp 中的代码段 A
End sub  %>
```

对于添加记录或查找记录的 Ajax 程序,如果要使其具有分页功能,一般也是在客户端传递页码给服务器,服务器端添加或查找完后重新调用过程 fy(),实现思路和上例类似。

10.7 编写 Ajax 程序的一些技巧

10.7.1 将原始 Ajax 程序转换成 jQuery Ajax 程序

实际上,原始的 Ajax 程序很容易转换成 jQuery Ajax 程序。在转换之前,来对两者做个比较,如表 10-1 所示。

表 10-1 原始的 Ajax 程序与 jQuery Ajax 程序的比较

	原始的 Ajax	jQuery Ajax 程序
载入文档	XMLHttpRequest 对象的实例的 open()方法 如: xmlHttpReq. open (" GET ", " 9-2. html", True);	通过 $. get()方法的第 1 个参数
发送数据	① 通过 URL 字符串 ② 通过 XMLHttpRequest 对象的 send 方法	① 通过 $. get()方法的第 2 个参数 ② 通过 URL 字符串
服务器返回的数据	存放在 responseText 或 responseXML 中	回调函数 function(data)中的 data 参数

处理服务器返回数据的代码	function RequestCallBack(){
	if(xmlHttpReq. readyState == 4
	&& xmlHttpReq. status == 200){
	//位于此处
	}
	}
		function(data){
		//位于此处
		}

以程序 10-9.html 为例，如果要将其用原始 Ajax 程序编写，则代码如下：

```
<script>
  function check() {
     var xmlhttp;                              //创建 XMLHttpRequest 对象
    if (window.ActiveXObject){                 //针对 IE6
        xmlhttp = new ActiveXObject("Microsoft.XMLHTTP");
    }
    else if (window.XMLHttpRequest){          //针对除 IE6 以外的浏览器
        xmlhttp = new XMLHttpRequest();  //实例化一个 XMLHttpRequest
    }
user = document.getElementById("user").value;
  if (user == "") {
    msg = "用户名不能为空";
    var ch = document.getElementById("prompt");
    ch.innerHTML = "<font color = '#aaaaaa'>" + msg + "</font>";
    return false;
  }
  //发送请求
   xmlhttp.open("get","10 - 9.asp?username = " + user + "&n = " + Math.random());
   xmlhttp.onreadystatechange = function() {
     if(xmlhttp.readyState == 4) {
      if(xmlhttp.status == 200) {
       if (xmlhttp.responseText == 1){    //如果返回的数据是 1
          msg = "<font color = #0000ff>可以注册</font>";
       }
         else {
          msg = "<font color = #ff0000>此用户名已经注册</font>";
       }   }
      else { msg = "网络连接失败"; }
      var ch = document.getElementById("prompt");
      ch.innerHTML = msg; }
  }
  xmlhttp.send(null);
}
</script>
<! -- 下面仅给出对 10 - 9.html 作了修改的 html 代码，其他 html 代码同 10 - 9.html -->
<input type = "text" id = "user" size = "15" onblur = "check()">
```

由此可见，如果要将原始 Ajax 程序转换成 jQuery 的 Ajax 程序，可以将创建 XMLHttpRequest 对象的代码全部忽略，因为 jQuery 会自动创建。然后再找 xmlhttp.open()中的内容，将 URL 地址中的文件名写在 $.get()方法的第 1 个参数中；将“?”后的 URL 字符串写成 JSON 格式（如{username:user,n:Math.random()}）作为 $.get()方法的第 2 个参数；再将处理服务器返回数据的代码写在 $.get()方法的第 3 个参数回调函数中即可。

最后可将 DOM 获取元素的方法（如 document.getElementById）、DOM 设置元素内容的方法（如 ch.innerHTML）全部改写成 jQuery 获取元素或设置内容的方法。

提示：*原始的 Ajax 程序也可以用 XMLHttpRequest 对象的 send 方法发送数据给服务*

器，但必须使用POST方式发送，并且还需设置请求的头部信息。以上面的代码为例。

```
xmlhttp.open("get","10-9.asp?username="+user+ "&n=" + Math.random());
xmlhttp.send(null);
```

如果使用send方法发送数据，则可改写为：

```
xmlhttp.open("post","10-9.asp");
xmlhttp.setRequestHeader('Content-type','application/x-www-form-urlencoded');
xmlhttp.send("username="+user+ "&n=" + Math.random());
```

为了使读者能深入了解XMLHttpRequest对象，表10-2和表10-3分别列出了XMLHttpRequest对象的所有方法和属性。

表10-2　XMLHttpRequest对象的方法

方　法	说　明
open()	创建一个新的HTTP请求，并指定此请求的方式、URL及是否异步发送
send()	发送请求给服务器
setRequestHeader()	在发送请求之前，单独指定请求的某个HTTP头
getAllResponseHeaders()	获取响应的所有HTTP头
getResponseHeader()	从响应信息中根据HTTP头的名称获取指定的HTTP头
abort	停止发送当前请求

表10-3　XMLHttpRequest对象的属性

属　性	说　明
onreadystatechange	该属性用于指定XMLHttpRequest对象状态改变时的事件处理函数
readyState	XMLHttpRequest请求的处理状态
responseText	将服务器对请求的响应表示为一个文本字符串
responseXML	将服务器对请求的响应表示为XML格式的文档
status	服务器返回的状态码，如200对应OK，403对应Forbidden
statusText	服务器返回的状态文本信息，如OK、Forbidden、Not Found

注：只有当服务器的响应已经完成，才能获取status和statusText属性的信息。

10.7.2 调试Ajax程序的方法

Ajax程序的运行过程是，先运行前台的HTML页面，然后执行前台页面中的JavaScript Ajax代码，Ajax代码通常会向后台页面发送请求，此时会执行后台的动态页面(如asp)，动态页面执行完毕后，会输出结果，最后前台页面载入后台页面执行的结果。

1. 后台动态页面的调试

调试Ajax程序时，应从后往前进行，也就是说，首先执行后台页面，看后台页面运行是否正常。这是因为，如果后台页面有错误，则前台页面调用后台页面只是接收不到数据，前台页面并不会报任何错误。测试后台动态页面又分为两种情况。

(1) 如果该动态页面不需要获取参数就可以运行，那么直接运行该文件即可。

(2) 如果动态页面需要先获取参数才能运行，那么可以自己在地址栏中输入参数，如要运行 10-9.asp，则直接在地址栏中输入 http://localhost/10-9.asp? username=tang，看运行结果是否正确。如果有错误(最常见的是访问数据库的错误)，则根据提示的 ASP 脚本错误信息来调试解决。

2. 前台页面的调试

如果后台页面单独调试显示的信息正常，则表明错误是在前台页面发生的，此时可以在可能出错的位置添加 alert 语句，输出某些变量的信息。如在回调函数 function (data){}中，添加类似 alert(data)、alert(data[1].username)、alert($(data))之类的调试语句，看弹出的内容和后台动态页面输出的内容是否一致，如果不一致，应考虑是编码问题；如果一致，则应考虑字符串未转换成 JSON 对象，或数组未转换成字符串等。

3. 关于引用的 jQuery 框架版本的问题

jQuery1.5 后的版本将 Ajax 部分重写了，不再返回 XMLHttpRequest 对象，而是返回 jqXHR 对象。因此，本书中有少数程序只能在 jQuery1.4 程序中通过(如级联下拉框的程序和股票查询系统程序)，升级到 jQuery1.5+后这些程序会出错。建议读者使用 jQuery1.4 版本的文件进行调试。但也不要选择更低的版本，否则因为有些 jQuery 方法不支持也会出错。

习题 10

一、简答题

1. 在 Ajax 程序中，显示记录的程序和查询记录的程序有何区别？

2. 在 Ajax 程序中，如果要以自定义的格式显示从服务器传来的数据，通常有哪两种方法？

3. 用 Ajax 程序向数据表添加记录时，如何在客户端和服务器端分别添加记录？

二、实操题

在网页上制作一个仿 Excel 可编辑表格的界面，它可读取数据库中的整个数据表到网页上，并且可以在网页上对该数据表进行编辑，数据表中的数据将同步更新。

附录A

实　验

A.1　实验1：搭建ASP的运行和开发环境

【实验目的】

了解动态网站的工作原理。掌握IIS运行环境的安装；掌握IIS服务器的有关配置；学会在Dreamweaver中建立ASP动态站点；学会运行简单的ASP程序。

【实验准备】

在Windows下安装或提供以下软件：

① Dreamweaver 8；② IIS(不必安装)。

【实验内容和步骤】

(1) 安装IIS,并测试IIS是否安装成功。查看IIS安装后的目录,以及进入IIS的管理界面(步骤见1.3.1节的内容)。

(2) 用记事本新建一个ASP文件,并运行(步骤见1.3.2节的内容)。

(3) 设置IIS服务器的主目录为E:\web,网站首页文件名为index.asp,端口为88,并新建一个虚拟目录eshop对应E:\eshop(步骤见1.3.3节或1.3.4节的内容)。

(4) 在DW中新建一个ASP动态站点,新建完成后在DW代码视图中新建一个ASP文件,并能单击"预览"按钮运行(步骤见1.4节的内容)。

A.2　实验2：VBScript语言基础

【实验目的】

了解VBScript代码的嵌入方法和基本语法；了解ASP注释的使用方法；了解ASP的数据类型；掌握ASP常量、变量的定义及使用；理解变量的作用域和有效期；掌握ASP处理字符串的方法；掌握使用ASP的常用语句；掌握ASP数组的创建和使用方法。

【实验准备】

安装有 Dreamweaver 8 和 IIS 的计算机，并且已在 Dreamweaver 8 中配置好 ASP 动态站点。

【实验内容和步骤】

(1) 编写1个最简单的 ASP 程序(程序见 5.1.1 节 5-1.asp)。

(2) 测试变量的作用域和有效期，编写 5.1.2 节中的程序，验证连接运算符的用法，编写 5.1.3 节中的程序。

(3) 编写条件语句结构的程序：如果变量 i 的值是 1，就将 0 赋值给 i，否则将 1 赋值给 i。

(4) 编写循环语句结构的程序(参照 5.2.2 节中画金字塔的程序)。

(5) 编写创建数组、引用数组元素和使用操作数组的内置函数的程序(参照 5.1.4 节的内容)。

(6) 对于学有余力的同学本次实验可编写习题 5 中的实操题 1～3 题。

A.3 实验 3：函数的定义和调用

【实验目的】

了解函数的概念；学会创建和调用函数的方法；领会自定义函数中参数和返回值的使用方法；能运用函数解决实际问题；熟记 ASP 常用的内置函数。

【实验准备】

安装有 Dreamweaver 8 和 IIS 的计算机，并且已在 Dreamweaver 8 中配置好 ASP 动态站点。

首先要了解函数(function)由若干条语句组成，用于实现特定的功能。函数包括函数名、若干参数和返回值。一旦定义了函数，就可以在程序中调用该函数。

【实验内容和步骤】

(1) 练习使用 ASP 字符串处理内置函数(程序见 5.3.1 节例 5-1 至例 5-2)。

(2) 编写自定义函数(或过程)并调用函数(或过程)(程序参见 5.4 节)。

(3) 自定义函数解决实际问题(编写习题 5 中的实操题 8～11 题)。

(4) 练习使用文件包含命令 include(程序代码参考 5.5.1 节)。

A.4 实验 4：获取表单及 URL 参数中的数据

【实验目的】

理解 GET 和 POST 两种 HTTP 请求发送的基本方式；学会使用 Request 对象获取表单中的数据；学会获取表单中一组复选框的数据；学会设置和获取 URL 字符串数据；学会使用 Request 对象获取环境变量信息。

【实验准备】

安装有 Dreamweaver 8 和 IIS 的计算机，并且已在 Dreamweaver 8 中配置好 ASP 动态站点。

首先要了解浏览器发送 HTTP 请求有 POST 和 GET 两种基本方式，获取不同的 HTTP 请求信息需要使用不同的超全局数组。

【实验内容和步骤】

(1) 编写表单页面及获取表单数据的程序(程序见 6.1.1 节 6-1.asp 和 6-2.asp)。

(2) 改写 6-1.asp 和 6-2.asp，将表单页面和获取表单数据的程序写在一个文件中(程序见 6.1.1 节 6-3.asp)。

(3) 编写复杂的表单页面和获取有复选框的表单数据程序(程序见 6.1.1 节 6-4.asp 和 6-5.asp)。

(4) 编写一个简单计算器程序，具体要求见习题 6 中的实操题第 1 题。

(5) 改写 6-1.asp 和 6-2.asp，采用 GET 方式发送，并采用 $_GET 接收数据。

(6) 编写使用 Request.QueryString 获取 URL 字符串信息的程序(程序参见 6.1.3 节)。

A.5 实验 5：Session 和 Cookie 的使用

【实验目的】

了解会话处理技术产生的背景；了解 Session 的工作原理；了解 Cookie 的工作原理；学习设置、获取和删除 Session 变量的方法；学习设置、读取和删除 Cookie 变量的方法。

【实验准备】

安装有 Dreamweaver 8 和 IIS 的计算机，并且已在 Dreamweaver 8 中配置好 ASP 动态站点。首先要了解由于 HTTP 是一个无状态协议而造成的问题，及常用的解决方案，包括 Session 和 Cookie 两种。了解 Session 可以实现客户端和服务器的会话，Session 数据以"键—值"对的形式存在于服务器内存中。了解 Cookie 是 Web 服务器存放在用户硬盘中的一段文本，其中存储着一些"键—值"对信息，每个网站都可以向用户机器上存放 Cookie，每个网站都可以读取自己写入的 Cookie。

【实验内容和步骤】

(1) 编写创建和修改 Cookie 变量的程序(程序见 6.3.1 节和 6.3.2 节)。

(2) 编写使用 Cookie 实现用户自动登录的程序(程序见 6.3.3 节 6-8.asp 和 6-9.asp)。

(3) 编写利用 Cookie 记录用户浏览路径的程序(程序见 6.3.3 节 6-10.asp 和 6-11.asp)。

(4) 练习设置和获取 Session 变量信息(程序见 6.4.1 节)。

(5) 编写利用 Session 限制未登录用户访问的程序(程序见 6.4.2 节 6-12.asp 和 6-13.asp)。

(6) 编写通过删除 Session 实现用户注销功能的程序(程序见 6.4.4 节 6-14.asp)。

A.6 实验 6：使用 Access 数据库

【实验目的】

了解数据库的基本概念；学会使用 Access 数据库管理系统；学会创建和维护数据库及表；学会迁移数据库；了解 MySQL 数据库中常见的几种数据类型；学会使用基本的 SQL 语句进行查询。

【实验准备】

安装有 Dreamweaver 8、IIS 和 Access 的计算机，并且已在 Dreamweaver 8 中配置好 ASP 动态站点，以及“风诺 ASP 新闻系统”源程序包和“. mdb”的 Access 数据库文件。

首先要了解数据库由若干个表组成，每个表中含有若干个字段，定义表时必须定义每个字段的字段名、数据类型、长度等(通常还必须定义主键和自动递增字段)。

【实验内容和步骤】

(1) 创建数据库 test(步骤见 7.1.2 节的内容)。

(2) 在 test 数据库中创建两个表 lyb 和 admin(id, user, pw)，并向表中添加数据(步骤见 7.1.2 节的内容)。

(3) 修改数据表 lyb 的结构，在其中添加一个字段 memo(步骤见 7.1.2 节的内容)。

(4) 在 Access 中创建一个查询，查询语句为 Select author, title from lyb，将查询保存为 qrytest。

(5) 使用 Access 运行基本 SQL 语句，实现查询、添加、删除和更新操作。

A.7 实验 7：ASP 访问 Access 数据库

【实验目的】

理解使用 ADO 访问 Access 数据库的基本原理和步骤；学会使用 Connection 对象连接数据库；学习使用 Execute 方法创建记录集；学习创建 Recordset 对象，并使用 open 方法创建记录集；学习使用循环语句循环输出记录集中的记录到页面上；学习使用 Execute 方法添加、删除、修改记录；使用 Recordset 对象添加、删除和修改记录。

【实验准备】

安装有 Dreamweaver 8 和 IIS 的计算机，已经在 Dreamweaver 8 中配置好 ASP 动态站点，并且 Access 数据库中已经存在 guestbook. . mdb 的数据库。

【实验内容和步骤】

(1) 使用 Connection 对象连接数据库，将连接代码保存为 conn. asp(程序见 7.3.1 节清单 7-1)。

(2) 编写创建记录集并以表格形式输出数据的程序(程序见 7.3.2 节清单 7-2)。

(3) 在清单 7-2 的基础上添加显示总共有多少条记录的功能。

(4) 编写使用 conn. execute 方法执行 insert、delete、update 语句的程序(程序见 7.3.4 节清单 7-3 至 7-5)。

(5) 编写添加、删除和修改记录综合实例的程序(程序见 7.4 节清单 7-6 至 7-11)。

(6) 编写查询记录的程序(程序见 7.5.3 节)。

A.8 实验 8：制作新闻网站首页

【实验目的】

了解动态网站一般需要的 3 个页面；学会使用 include 命令嵌入网站的页头和页尾文件；学习使用在网站首页各栏目显示对应新闻的方法。

【实验准备】

安装有 Dreamweaver 8 和 IIS 的计算机，已经在 Dreamweaver 8 中配置好 ASP 动态站点，并且 IIS 数据库中已经存在 news 的数据库。

【实验内容和步骤】

(1) 分离首页静态页面的页头和页尾部分，将首页另存为 index. asp 文件，再用 include 命令嵌入网站的页头和页尾文件。

(2) 创建数据库连接文件 conn. asp，并在 index. asp 中包含该文件。

(3) 根据栏目名创建相应的记录集。

(4) 循环输出记录到这个栏目框。

(5) 关闭记录集。

(6) 根据下一个栏目名创建相应的记录集(程序参考 7.6.2 节)。

A.9 实验 9：制作新闻网站列表页和内容页

【实验目的】

了解列表页的输出原理：输出单个记录集中的多条记录；掌握获取查询字符串并将查询字符串嵌入 SQL 语句中执行查询的方法；掌握分页显示记录的原理。

【实验准备】

安装有 Dreamweaver 8 和 IIS 的计算机，已经在 Dreamweaver 8 中配置好 ASP 动态站点，并且 IIS 数据库中已经存在 news 的数据库。

【实验内容和步骤】

(1) 连接数据库。

(2) 根据首页传过来的栏目名创建记录集(列表页)，根据传过来的新闻 id 值创建记录集(内容页)。

(3) 列表页输出所有记录到列表页列表区域中，内容页输出单条记录的各个字段值到页面的指定区域。

(4) 关闭记录集。

(5) 在列表页中实现一级栏目下的二级栏目列表功能。

(6) 在列表页中实现记录分页功能(程序参考 7.6.5 节)。

A.10 实验 10：分页程序的设计

【实验目的】

了解分页程序实现的步骤；学会分页显示结果集的方法，即在数据库端实现分页和在 Web 服务器端实现分页；学会将分页功能写成函数；学会对条件查询的结果集进行分页显示。

【实验准备】

安装有 Dreamweaver 8 和 IIS 的计算机，已经在 Dreamweaver 8 中配置好 ASP 动态站点，并且 IIS 数据库中已经存在 news 的数据库。

【实验内容和步骤】

(1) 编写程序在表格中只显示第 3 页的记录(每页显示 4 条记录),参考 7.5.7 节中的程序。

(2) 编写分页显示程序的完整代码(程序见 7.5.7 节 7-20.asp)。

(3) 编写通过移动结果集指针进行分页的程序(程序见 7.5.7 节的内容)。

(4) 编写对查询结果进行分页的程序(程序见 7.5.7 节的内容)。

(5) 编写可人工设置每页显示记录数的分页程序(程序可参考 10.6.2 节 10-22.asp)。

A.11 实验 11:编写简单的 Ajax 程序

【实验目的】

了解 Ajax 程序运行的原理;了解 XMLHttpRequest 对象的功能;熟记 XMLHttpRequest 对象的常用方法及属性;能运用 XMLHttpRequest 对象异步向服务器发送和接收数据,以实现 Ajax 技术。

【实验准备】

安装有 Dreamweaver 8 和 IIS 的计算机,已经在 Dreamweaver 8 中配置好 ASP 动态站点,并且 IIS 数据库中已经存在 news 的数据库。

【实验内容和步骤】

(1) 编写用 XMLHttpRequest 对象载入文档的程序(程序见 9.1.4 节清单 9-1 和 9-2)。

(2) 在 Dreamweaver 中将两个文件的编码设置为“UTF-8”(方法见图 9-7)。

(3) 修改 9-2.html 的代码,在 IE 中运行,观察 9-1.html 载入的内容是否会发生变化。如果没有变化,按照 9.1.5 节中的方法解决 IE 浏览器的缓存问题。

(4) 用 XMLHttpRequest 对象载入 ASP 程序(程序见 9.1.6 节清单 9-3)。

(5) 编写用 XMLHttpRequest 对象发送数据给服务器的程序,要求分别用 GET 方式发送和 POST 方式发送(程序见 9.1.7 节清单 9-4 和 9-5)。

(6) 用 jQuery 的 load 方法载入 ASP 程序 9-3.asp(程序见 9.2.1 节 9-4.html)。

附录 B

ASP与ASP.NET的区别

ASP 和 ASP. NET 的最大区别在于编程思维的转换，而不仅仅在于功能的增强。ASP 使用 VBScript 或 JavaScript 这样的脚本语言混合 HTML 来编程，而这些脚本语言属于弱类型、面向结构的编程语言，而非面向对象，这就明显产生以下几个问题。

(1) 代码逻辑混乱，难以管理。由于 ASP 是脚本语言混合 HTML 编程，因此编写时很难看清程序代码的逻辑关系，并且随着程序的复杂性增加，使得代码的管理十分困难，甚至超出一个程序员所能达到的管理能力，从而造成出错或这样那样的问题。

(2) 代码的可重用性差。由于是面向结构的编程方式，并且混合 HTML，因此可能页面原型修改一点，整个程序都需要修改，更别提代码重用了。

(3) 弱类型造成潜在的出错可能。尽管弱数据类型的编程语言使用起来会方便一些，但相对于它所造成的出错概率是远远得不偿失的。

以上是语言本身的弱点，在功能方面 ASP 同样存在问题，首先是功能太弱，一些底层操作只能通过组件来完成，在这点上远远比不上 ASP/JSP，其次就是缺乏完善的纠错/调试功能，这点上 ASP/ASP/JSP 差不多。

1. ASP 与 ASP. NET 的功能区别

(1) 运行环境不同，ASP 运行在 IIS 环境下，ASP. NET 需要运行在安装了. NET Framework 的 IIS 环境下。

(2) ADO 与 ADO. NET 的区别。ADO 与 ADO. NET 的体系结构有很大不同，如图 B-1 所示。ASP 的数据库访问基于记录集 RecordSet 对象，记录集是内存中的一个表，而 ASP. NET 的数据库访问是基于数据集 DataSet 对象，数据集是内存中的一个数据库，可以放置多个表。

一个数据集中可以放置多张数据表，但是每个数据适配器 DataAdapter 只能对应于一张数据表。

(3) 数据集和记录集的区别。数据集相当于内存中暂存的数据库，不仅可以包括多张数据表(DataTable)，还可以包括数据表之间的关系和约束。数据集从数据源获取数据后就自动断开了和数据源的连接，这就是所谓的离线数据集。

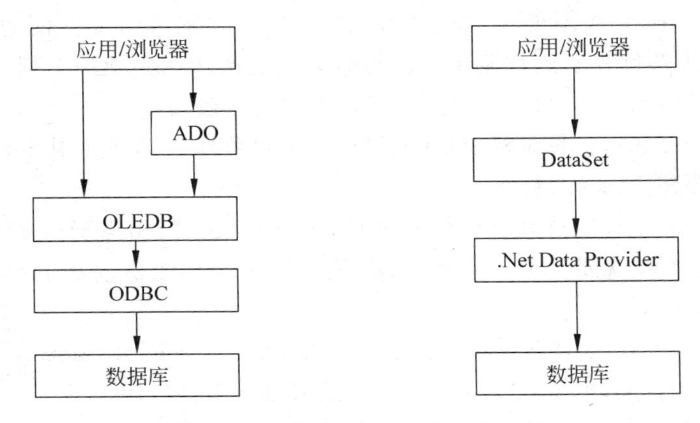

图 B-1 ADO 与 ADO. NET 的区别

(4) ASP 中的对象,如记录集对象需用语句手动关闭,如 rs. close,而数据集对象可以自动关闭。

(5) ASP 中,Response. Redirect 方法无法重载,它总是在内部调用 Response. end 方法使后面的语句停止执行。而 ASP. NET 则不同,它的 Response. Redirect 方法可以带两个参数,第二个参数表示是否在内部调用 Response. end 方法,为 False 表示不调用,因此,Response. Redirect ("nextpage. aspx", false);就可以使网页转向后仍然继续执行 Response. Redirect 语句后的代码。

在 ASP. NET 中,如果 Response. write 后输出的是字符串,则括号是不能省略的,如 Response. write("Hello")。

(6) 在 ASP 中,如果用户将浏览器上面的 Cookies 设置为"禁用",那么,Session 就不能再被传递,显然,这样设置让使用了 Session 的程序无法正常运行。但是,在 ASP. NET 中有了解决方法,在 config. web 文件中,将<sessionstate cookieless="false" />设置为 true 就可以不依靠 Cookies 也能传递 Session 了。这样,程序就可以在不同的访问者的环境中顺利运行。

(7) 在 ASP 中,任何代码都可以放置在<%和%>之间,但在 ASP. NET 中,普通代码可放置在<%和%>之间,但是对于过程和函数的定义代码必须放置在< script runat="server">…</script >中。

(8) ASP. NET 中新增了 HTML 服务器控件的概念。HTML 标记和 HTML 服务器控件的区别是:HTML 标记如果加上了 runat="server"属性,就成为了一个 HTML 服务器控件。它可以理解为该代码段将在服务器端运行。注意,一个. aspx 页面只能有一个 runat="server"的< form >。

2. ASP 的 VBScript 与 ASP. NET 的 VB. NET 的语法区别

ASP 通常使用 VBScript 作为脚本语言,而 ASP. NET 可以使用 VB. NET 或 C# 作为开发语言,其开发语言的区别如下。

(1) VBScript 中,变量可以声明也可以不声明,但 VB. NET 中要求所有变量必须先声明才能使用。在声明数组时,VBScript 可以不指定数据类型,如 Dim a(5),但在 VB. NET 中必须指定数据类型,如 Dim a(5) As Integer。

(2) VBScript中，如果不使用Call关键字，则过程和函数的参数两边可以不加括号。在VB.NET中，所有过程和函数调用时的参数列表的两边都必须加上括号；否则，程序会出现错误，如GetUser(001, "张三")是VB.NET中的正确写法。

(3) 在VBScript中，定义对象变量(即引用一个对象)时，必须使用Set关键字，在VB.NET中，则不需要使用Set关键字。

(4) 在VBScript中，支持默认属性的使用，如rs("title")相当于rs("title").value，在VB.NET中，对这类默认属性是不支持的，必须在程序中指明所使用的属性名称，如rs("title").value。

(5) 在VBScript中，支持数据类型的自动转换，如c=now: d=now : Response.Write (c+d)，结果是一个日期，但是在VB.NET中，结果是一个字符串。

(6) 在VB.NET中，IF语句中如果有Else语句，则必须使用多行IF语句结构。While语句是用End While来结束，而不是Wend来结束。

(7) 在VB.NET中，增加了+=、-=、*=、/=这些类C语言才有的运算符。

参考文献

[1] 唐四薪. Web标准网页设计与PHP[M]. 北京：清华大学出版社，2016.

[2] 唐四薪. Web标准网页设计与ASP[M]. 北京：清华大学出版社，2011.

[3] 唐四薪. PHP动态网站开发[M]. 北京：清华大学出版社，2015.

[4] 唐四薪. 基于Web标准的网页设计与制作(第2版)[M]. 北京：清华大学出版社，2015.

[5] 唐四薪. PHP Web程序设计与Ajax技术[M]. 北京：清华大学出版社，2014.

[6] 唐四薪. 电子商务安全[M]. 北京：清华大学出版社，2013.

[7] 张景峰. 脚本语言与动态网页设计[M]. 北京：中国水利水电出版社，2004.

[8] Jonathan Chaffer, Karl Swedberg 著. jQuery基础教程(第2版)[M]. 李松峰，卢玉平，译. 北京：人民邮电出版社，2009.

[9] 尚俊杰. 网络程序设计——ASP(第3版)[M]. 北京：清华大学出版社，2009.

[10] 单东林，张晓菲，魏然. 锋利的jQuery[M]. 北京：人民邮电出版社，2009.

[11] 吴以欣，陈小宁. 动态网页设计与制作——CSS+JavaScript[M]. 北京：人民邮电出版社，2009.

[12] 潘晓南. 动态网页设计基础(第2版)[M]. 北京：中国铁道出版社，2008.